plurall

Parabéns!
Agora você faz parte do Plurall, a plataforma digital do seu livro didático!
Acesse e conheça todos os recursos e funcionalidades disponíveis para as suas aulas digitais.

CB026436

Baixe o aplicativo do Plurall para Android e IOS ou acesse www.plurall.net e cadastre-se utilizando o seu código de acesso exclusivo:

AAPFAKK7Q

Este é o seu código de acesso Plurall.
Cadastre-se e ative-o para ter acesso aos conteúdos relacionados a esta obra.

@plurallnet
@plurallnetoficial

SOMOS
EDUCAÇÃO

Ensino Fundamental
Anos Finais

6º ANO

MATEMÁTICA E REALIDADE

GELSON IEZZI
Engenheiro metalúrgico pela Escola Politécnica da Universidade de São Paulo (Poli-USP).
Licenciado em Matemática pelo Instituto de Matemática e Estatística da Universidade de São Paulo (IME-USP).
Ex-professor da Pontifícia Universidade Católica de São Paulo (PUC-SP).
Ex-professor da rede particular de ensino de São Paulo.

OSVALDO DOLCE
Engenheiro civil pela Escola Politécnica da Universidade de São Paulo (Poli-USP).
Ex-professor da rede pública de ensino do Estado de São Paulo.
Ex-professor de cursos pré-vestibulares.

ANTONIO MACHADO
Licenciado em Matemática e mestre em Estatística pelo Instituto de Matemática e Estatística da Universidade de São Paulo (IME-USP).
Ex-professor do Instituto de Matemática e Estatística da Universidade de São Paulo (IME-USP).
Professor de escolas particulares de São Paulo.

Presidência: Mario Ghio Júnior

Direção executiva: Daniela Villela (Plataforma par)

Vice-presidência de educação digital: Camila Montero Vaz Cardoso

Direção editorial: Lidiane Vivaldini Olo

Gerência de conteúdo e design educacional: Renata Galdino

Gerência editorial: Julio Cesar Augustus de Paula Santos

Coordenação de projeto: Luciana Nicoleti

Edição: Rani de Oliveira e Souza e Thais Bueno de Moura

Planejamento e controle de produção: Flávio Matuguma (ger.), Juliana Batista (coord.), Vivian Mendes (analista) e Jayne Santos Ruas (analista)

Revisão: Letícia Pieroni (coord.), Aline Cristina Vieira, Anna Clara Razvickas, Brenda T. M. Morais, Carla Bertinato, Daniela Lima, Danielle Modesto, Diego Carbone, Kátia S. Lopes Godoi, Lilian M. Kumai, Malvina Tomáz, Marília H. Lima, Paula Rubia Baltazar, Paula Teixeira, Raquel A. Taveira, Ricardo Miyake, Shirley Figueiredo Ayres, Tayra Alfonso e Thaise Rodrigues

Arte: Fernanda Costa da Silva (ger.), Catherine Saori Ishihara (coord.), Lisandro Paim Cardoso (edição de arte)

Diagramação: Fórmula Produções Editoriais

Iconografia e tratamento de imagem: Roberta Bento (ger.), Claudia Bertolazzi (coord.), Karina Tengan (pesquisa iconográfica) e Fernanda Crevin (tratamento de imagens)

Licenciamento de conteúdos de terceiros: Roberta Bento (ger.), Jenis Oh (coord.), Liliane Rodrigues; Flávia Zambon e Raísa Maris Reina (analistas de licenciamento)

Ilustrações: Alberto De Stefano, Artur Fujita, Cecília Iwashita, Ericson Guilherme Luciano, Estúdio Mil, Hélio Senatore, Ilustra Cartoon, Luis Ricardo Montanari, Paulo Cesar Pereira, Tiago Donizete Leme e Wilson Jorge Filho

Cartografia: Eric Fuzii (coord.) e Robson Rosendo da Rocha

Design: Erik Taketa (coord.) e Pablo Maury Braz (proj. gráfico)

Foto de capa: Michael Runkel/Alamy/Fotoarena

Avenida Paulista, 901, 6º andar – Bela Vista
São Paulo – SP – CEP 01310-200
http://www.somoseducacao.com.br

Dados Internacionais de Catalogação na Publicação (CIP)

Iezzi, Gelson
Matemática e realidade 6º ano / Gelson Iezzi, Antonio Machado e Osvaldo Dolce. - 10. ed. - São Paulo : Atual, 2021.

ISBN 978-65-5945-010-7 (livro do aluno)
ISBN 978-65-5945-011-4 (livro do professor)

1. Matemática (Ensino fundamental) - Anos finais I. Título II. Machado, Antonio III. Dolce, Osvaldo

21-2201 CDD 372.7

Angélica Ilacqua – Bibliotecária – CRB-8/7057

2025
10ª edição
4ª impressão
De acordo com a BNCC.

Impressão e acabamento: A.R. Fernandez

OP 256516

Uma publicação SOMOS EDUCAÇÃO

APRESENTAÇÃO

Esta é a mais nova edição da coleção *Matemática e realidade*. Por se tratar de uma obra com finalidade didática, esta coleção procura apresentar a teoria de maneira lógica e em linguagem acessível.

Nas séries de atividades e na introdução de alguns capítulos aparecem situações-problema ligadas quase sempre à realidade cotidiana. Algumas dessas propostas são apresentadas por meio da seção **Na real** ou do boxe **Participe**, que estimulam ações reflexivas, estratégias pessoais, compartilhamento de ideias e conhecimentos prévios para introduzir o tema a ser tratado.

Ao longo do livro, nos boxes **Na Olimpíada**, são reproduzidas questões da Olimpíada Brasileira de Matemática (OBM) e da Olimpíada Brasileira de Matemática das Escolas Públicas (Obmep), cujo objetivo é colocar você diante de situações novas, inesperadas, que o levem a analisar soluções, pensar e desenvolver a iniciativa de forma leve, divertida e espontânea.

A seção de leitura **Na mídia**, na qual é apresentada a reprodução de um texto de jornal, revista ou *site* ligado à Matemática, procura mostrar que a aplicação do conhecimento adquirido é essencial para o acesso aos meios de comunicação.

Em outra seção de leitura, **Na História**, você entrará em contato com a interessante história das descobertas matemáticas por meio da abordagem de um tema ligado ao assunto que está sendo estudado.

Em **Educação financeira**, você encontrará atividades individuais e coletivas sobre temas de educação financeira que podem ajudá-lo no planejamento financeiro – seu e/ou de sua família –, buscando sempre melhorar a qualidade de vida.

A seção **Matemática e tecnologia**, novidade desta edição e presente em todos os volumes, explora o uso de *softwares* e aplicativos de Matemática para resolver e modelar problemas.

Nesta edição, procuramos favorecer o desenvolvimento das competências e das habilidades propostas na Base Nacional Comum Curricular (BNCC), porque acreditamos que esse planejamento curricular facilitará a organização dos conteúdos e das abordagens das mais variadas escolas.

Esperamos que você goste deste livro e que aceite nossa companhia nesta viagem de descoberta dos números e das formas. Se quiser expressar sua opinião – seja ela qual for – a respeito desta obra, escreva para a editora. Teremos muita satisfação em saber o que você pensa.

Bons estudos!

Os autores

CONHEÇA SEU LIVRO

CAPÍTULO 24 Possibilidades e probabilidade

Apresentação em Olinda, Pernambuco, 2020.

NA REAL

Qual dança será apresentada?

Determinada mostra cultural terá a apresentação de uma dança tipicamente brasileira que será decidida por meio de um sorteio. As opções de danças propostas pela organização são as seguintes: samba, maracatu, catira, carimbó, fandango e frevo.

Haverá um sorteio para decidir qual dessas danças será apresentada na mostra cultural. O sorteio será realizado da seguinte maneira: serão colocadas bolinhas, idênticas, cada uma com o nome de uma das danças, em uma urna, e uma das bolinhas será sorteada ao acaso.

Alguma dança tem mais chance de ser sorteada que outras? Qual é a chance de ser sorteado o maracatu?

Na BNCC
EF06MA30
EF06MA34

342

NA REAL

O objetivo da seção é mobilizar conhecimentos prévios e introduzir o conteúdo que será tratado no capítulo.

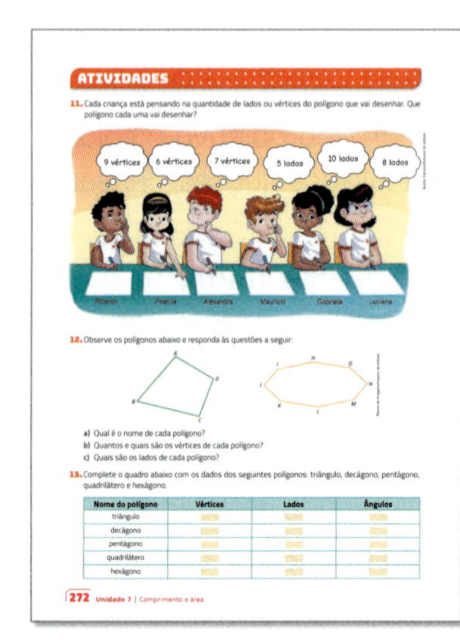
ATIVIDADES

ATIVIDADES

As atividades são apresentadas em gradação de dificuldade e têm por objetivo consolidar o conteúdo estudado.

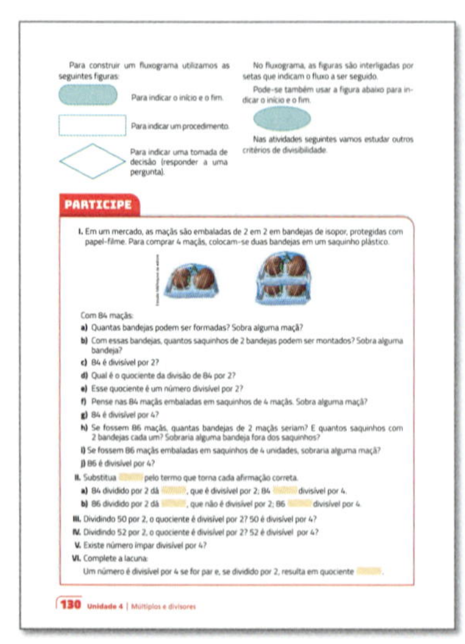
PARTICIPE

PARTICIPE

Neste boxe, são apresentadas questões que visam estimular o levantamento de hipóteses e a resolução de problemas por meio de estratégias pessoais.

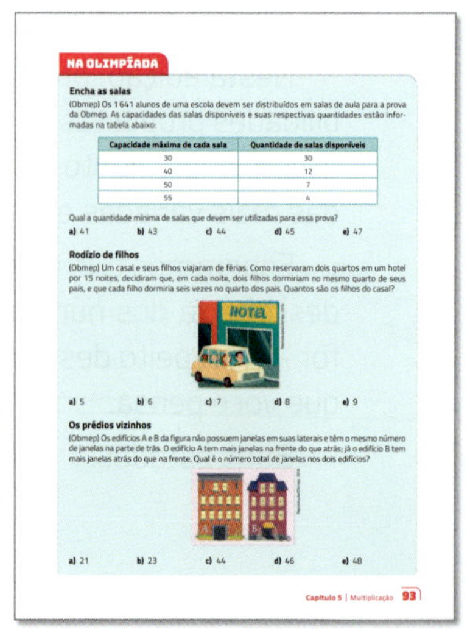
NA OLIMPÍADA

NA OLIMPÍADA

Este boxe propõe questões desafiadoras que levam a analisar, pensar e relacionar conteúdos diversos.

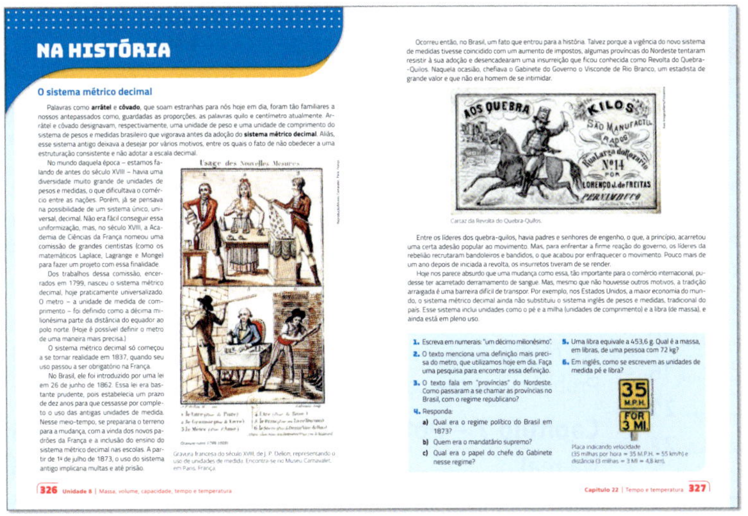

NA HISTÓRIA

Esta seção permite que você entre em contato com relatos históricos e questionamentos científicos relacionados a assuntos ligados ao conteúdo.

NA MÍDIA

Apresenta textos de jornais, revistas ou *sites* que levam a observar a realidade com visão crítica, usando a Matemática para comparar dados e situações apresentadas.

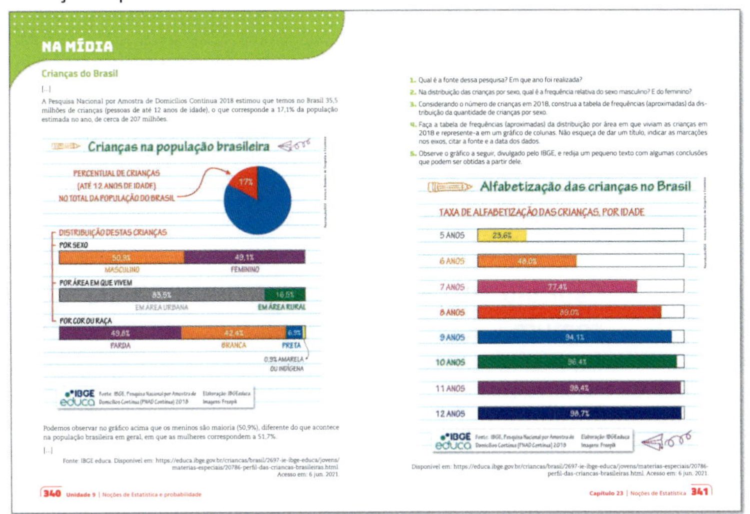

EDUCAÇÃO FINANCEIRA

Esta seção propõe atividades individuais e coletivas, permitindo uma reflexão sobre o consumo excessivo.

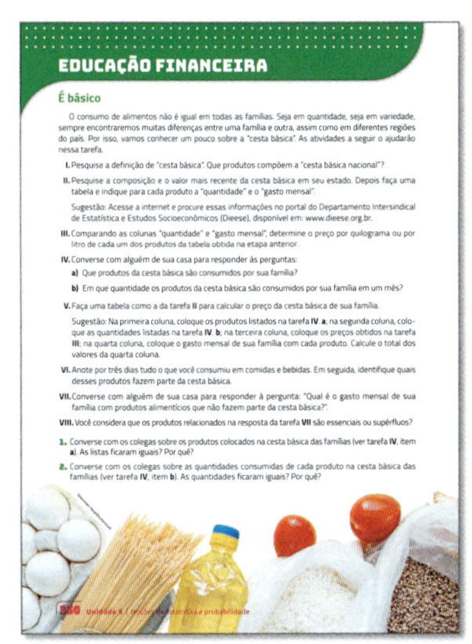

MATEMÁTICA E TECNOLOGIA

Esta seção propõe o uso de tecnologia para modelar e resolver problemas. Nela, são apresentados alguns *softwares* e aplicativos de Matemática.

ÍCONES

Calculadora Convém usar a calculadora quando encontrar este ícone.

Compasso Indica o uso de régua, compasso, esquadro, entre outros instrumentos.

SUMÁRIO

UNIDADES TEMÁTICAS DA BNCC: Números | Geometria | Álgebra | Grandezas e medidas | Probabilidade e Estatística

UNIDADE 1

Números e sistemas de numeração

NESTA UNIDADE VOCÊ VAI

- Ler e escrever números naturais.
- Comparar e ordenar números naturais.
- Identificar as características comuns e as diferentes entre o sistema de numeração decimal e outros sistemas de numeração.
- Compor e decompor números naturais.
- Resolver problemas envolvendo números naturais utilizando estratégias diversas, inclusive o uso da calculadora.
- Resolver e elaborar problemas envolvendo adição e subtração de números naturais.

CAPÍTULOS

1 Números

2 Adição e subtração

CAPÍTULO 1

Números

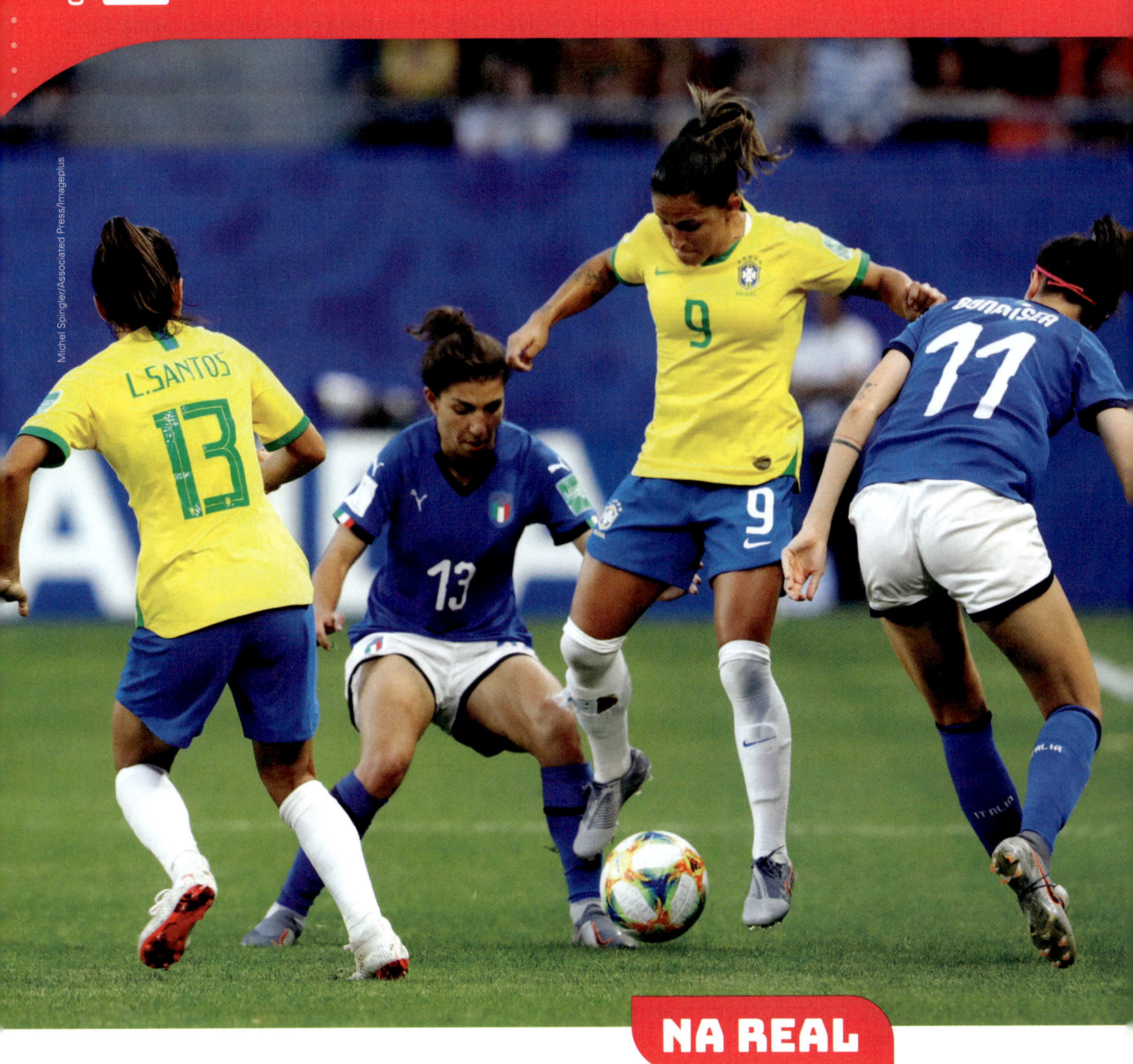

Michel Spingler/Associated Press/Imageplus

NA REAL

E se não existissem os números?

Você já imaginou um mundo sem números? Imagine que você acordou em um mundo no qual não existe nenhum número. Nesse mundo, você é árbitro de futebol e vai apitar uma partida da Copa do Mundo de futebol feminino e, logo no início da partida, você precisou advertir uma jogadora com cartão amarelo.

Como você registraria esse cartão amarelo?

Na BNCC
EF06MA01
EF06MA02
EF06MA03

A criação dos números

Os números foram inventados pelo ser humano. No entanto, não foram criados de repente: eles foram surgindo da necessidade de contar coisas.

Por exemplo, para contar, o homem primitivo traçava riscos em madeira e em ossos ou, ainda, fazia nós em uma corda.

Ilustra cartoon/Arquivo da editora

Até hoje, às vezes fazemos contagens anotando tracinhos, como no exemplo abaixo.

Exemplo

Em uma atividade, cada aluno do 6º ano deveria responder "sim" ou "não" à pergunta do professor. Paulo estava fazendo a contagem dos alunos que respondiam "sim". Joana, a dos que respondiam "não".

Veja como eles estavam anotando as contagens:

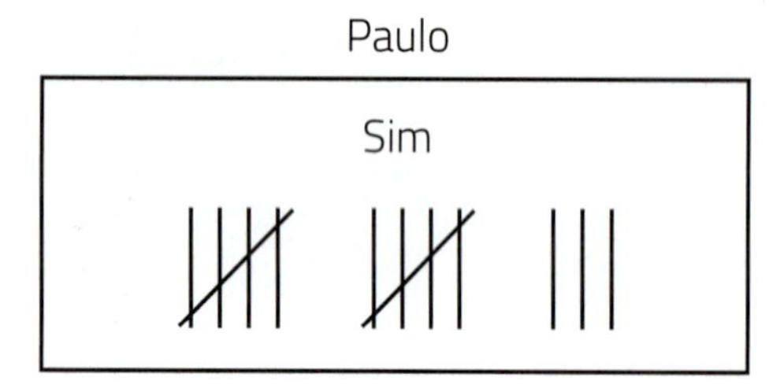

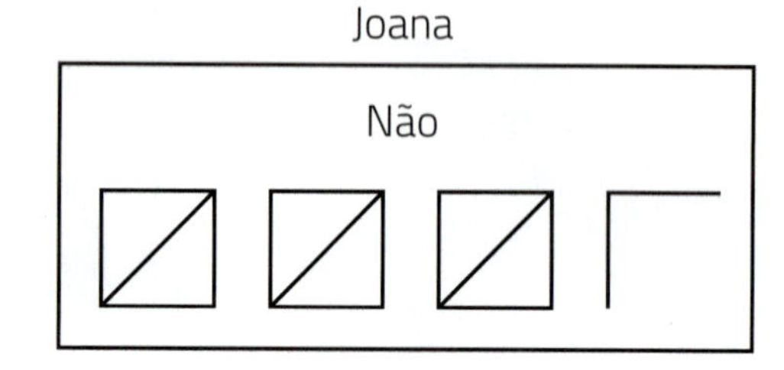

Quantos alunos Paulo já havia contado? E Joana?

Porém, é difícil contar quantidades grandes e efetuar cálculos com pedras, nós ou riscos simples.

A necessidade de efetuar cálculos com maior rapidez levou o ser humano a criar símbolos para representar quantidades.

Foram os hindus que inventaram os símbolos que usamos até hoje:

0, 1, 2, 3, 4, 5, 6, 7, 8 e 9

Esses símbolos, divulgados pelos árabes, são conhecidos como algarismos **indo-arábicos**. Com eles escrevemos todos os números.

Como escrevemos os números

Os hindus contavam juntando os elementos em grupos de dez. Por esse motivo, o sistema de numeração que usavam é chamado **sistema decimal**, o mesmo que empregamos até hoje. Chamamos:

- dezena: grupo de dez unidades;
- centena: grupo de dez dezenas;
- milhar: grupo de dez centenas.

Exemplos

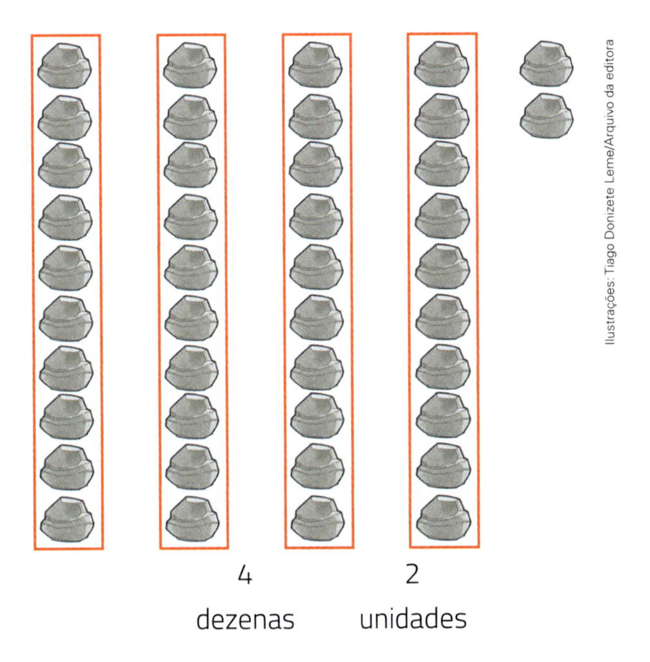

Acima, temos a representação de quatro dezenas e duas unidades de pedras. Representamos essa quantidade pelo número 42 (lê-se: quarenta e dois).

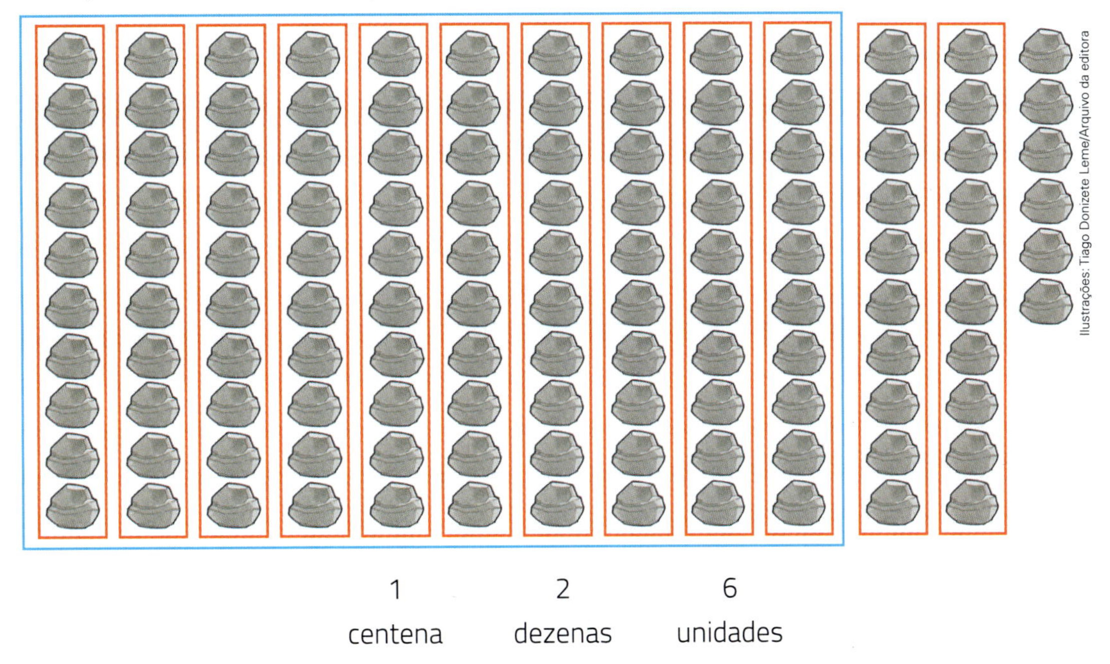

Acima, temos a representação de uma centena, duas dezenas e seis unidades de pedras. Representamos essa quantidade pelo número 126 (lê-se: cento e vinte e seis).

No sistema decimal, cada número é representado indicando, da direita para a esquerda, a quantidade de unidades simples (até 9), de dezenas (até 9), de centenas (até 9), de unidades de milhar (até 9), de dezenas de milhares (até 9), e assim por diante. Além disso:

- 10 representa 1 dezena;
- 100 representa 1 centena;
- 1 000 representa 1 milhar;
- 10 000 representa 1 dezena de milhar;
- 100 000 representa 1 centena de milhares;
- 1 000 000 representa 1 milhão (são mil milhares);
- 1 000 000 000 representa 1 bilhão (são mil milhões).

Pesquise como se representam 1 trilhão, 1 quatrilhão e 1 quintilhão.

Exemplo

Para o número 37 514 (lê-se: trinta e sete mil, quinhentos e catorze), temos:

$$\underbrace{\overset{3}{\text{dezenas de milhar}}}_{30\,000} \quad \underbrace{\overset{7}{\text{unidades de milhar}}}_{7\,000} \quad \underbrace{\overset{5}{\text{centenas}}}_{500} \quad \underbrace{\overset{1}{\text{dezena}}}_{10} \quad \underbrace{\overset{4}{\text{unidades}}}_{4}$$

Ou seja:

$$37\,514 = 30\,000 + 7\,000 + 500 + 10 + 4$$

No sistema decimal de numeração, 205 representa 2 centenas, 0 dezena e 5 unidades.
O **valor posicional** do algarismo 2 é 200 e o do algarismo 5 é 5:

$$205 = 200 + 5$$

ATIVIDADES

1. Complete o quadro:

Quantidade agrupada	Representação	Leitura
seis dezenas e três unidades	63	sessenta e três
quatro dezenas	▨	▨
duas centenas e uma dezena	▨	▨
▨	708	▨
▨	▨	quatro mil e cem
nove dezenas de milhares	▨	▨
seis centenas de milhares	▨	▨
um milhão, oito milhares e nove centenas	▨	▨

2. Escreva como se lê cada número a seguir.

a) 64
b) 391
c) 404
d) 2 913
e) 50 617
f) 101 010

3. Em cada item, substitua ▨ pelo número correto.

a) 99 = 90 + ▨
99 = ▨ dezenas e ▨ unidades

b) 428 = 400 + 20 + ▨
428 = ▨ centenas, ▨ dezenas e ▨ unidades

c) 701 = ////////// + ////////// + //////////

701 = ////////// centenas, ////////// dezena e ////////// unidade

d) 110 = ////////// + ////////// + //////////

110 = ////////// centena, ////////// dezena e ////////// unidade

e) 2 473 = ////////// + ////////// + ////////// + //////////

2 473 = ////////// milhares, ////////// centenas, ////////// dezenas e ////////// unidades

4. Que número é?

a) 300 + 40 + 7

b) 8 000 + 600 + 30 + 2

c) 3 000 + 500 + 2

d) 2 000 + 20 + 5

5. Faça em duplas: escolha os algarismos que devem substituir cada ////////// para formar um número de 4 algarismos. Peça ao colega que leia os números que você formou. Depois, leia os dele.

a) ////////// ////////// 0 //////////

b) ////////// 0 ////////// 0

6. Leia a informação abaixo e escreva como se lê cada número que aparece nela.

De acordo com o IBGE (Instituto Brasileiro de Geografia e Estatística), o Brasil tinha no primeiro dia de julho de 2020 uma população estimada em 211 766 882 habitantes.

7. Represente numericamente:

a) cinquenta e quatro

b) cento e dezessete

c) quinhentos e sessenta

d) trezentos e cinco

e) um mil e quinhentos

f) oito mil, setecentos e dez

g) vinte e cinco mil e quinze

h) novecentos mil, novecentos e nove

Texto para as atividades **8** a **10**.

Em um número representado no sistema de numeração decimal, cada algarismo ocupa uma ordem. Eles são agrupados em classes de três algarismos, da direita para a esquerda: classe das unidades simples, classe dos milhares, classe dos milhões, etc.

milhões			milhares			unidades simples		
centenas	dezenas	unidades	centenas	dezenas	unidades	centenas	dezenas	unidades
↓	↓	↓	↓	↓	↓	↓	↓	↓
9ª ordem	8ª ordem	7ª ordem	6ª ordem	5ª ordem	4ª ordem	3ª ordem	2ª ordem	1ª ordem

8. Responda:

a) Em 25 673, qual é o algarismo da ordem das centenas de unidades simples?

b) Em 492 108, qual é o algarismo da ordem das dezenas de milhares?

c) Em 8 432 796, o algarismo 4 está na ordem do quê? E o 2? E o 8?

d) Em 12 084, o que indica o algarismo 0?

9. Em cada número abaixo, em que ordem está o algarismo 5? Qual é o valor posicional dele?

a) 345

b) 345 678

c) 3 456 789

d) 34 567 890

10. Em cada item da atividade anterior, em que ordem está o algarismo 3? Qual é o valor posicional dele?

Como os maias escreviam os números

Os maias – povos pré-colombianos que viveram na América Central entre 250 d.C. e 900 d.C. – formaram uma civilização bastante avançada para a época. Seus conhecimentos de astronomia eram impressionantes.

Veja como eles escreviam os números de 0 a 19:

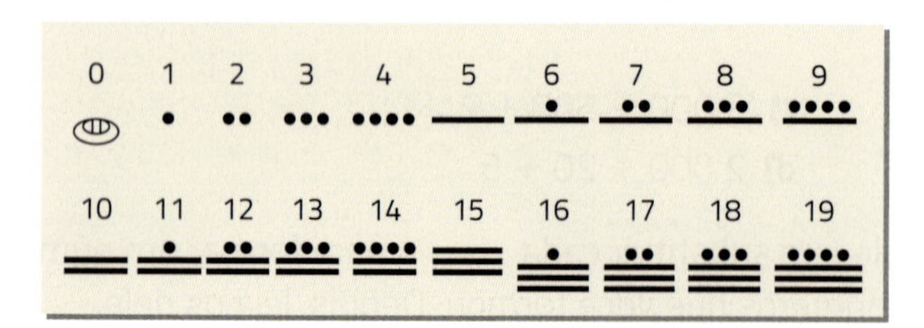

Cinco pontinhos eram trocados por um tracinho horizontal. Assim, para contar até 19, eles agrupavam as unidades em grupos de 5. Para contar a partir de 20, eles usavam outras combinações dos símbolos.

Leemage/AFP

Na imagem podemos ver alguns números representados no sistema maia, em um registro do Período Pré-Colombiano.

A numeração dos romanos

Os romanos representavam quantidades utilizando as seguintes letras:

I → uma unidade

V → cinco unidades

X → dez unidades

L → cinquenta unidades

C → cem unidades

D → quinhentas unidades

M → mil unidades

Essas letras são chamadas de **algarismos romanos**. No sistema romano não há um símbolo para representar o número zero.

Para representar quantidades, os símbolos eram escritos lado a lado, seguindo algumas regras. Veja como se escreviam os números abaixo:

números de 1 a 9								
I	II	III	IV	V	VI	VII	VIII	IX
1	2	3	4	5	6	7	8	9
dezenas								
X	XX	XXX	XL	L	LX	LXX	LXXX	XC
10	20	30	40	50	60	70	80	90
centenas								
C	CC	CCC	CD	D	DC	DCC	DCCC	CM
100	200	300	400	500	600	700	800	900

Símbolos iguais juntos, até três, significam soma de valores. Por exemplo:

- II: 1 + 1 = 2
- XXX: 10 + 10 + 10 = 30
- CCC: 100 + 100 + 100 = 300

Dois símbolos diferentes juntos, com o número maior antes do menor, significam soma de valores. Por exemplo:

- VI: 5 + 1 = 6
- LX: 50 + 10 = 60
- DC: 500 + 100 = 600
- MD: 1 000 + 500 = 1 500

Dois símbolos diferentes juntos, com o número menor antes do maior, significam subtração de valores. Por exemplo:

- IV: 5 − 1 = 4
- XL: 50 − 10 = 40
- XC: 100 − 10 = 90

Para escrever os números de 11 a 99, indicamos as dezenas seguidas das unidades. Por exemplo:

- XXXIV: 30 + 4 = 34
- LVI: 50 + 6 = 56
- XCII: 90 + 2 = 92

Os números de 101 a 999 são escritos indicando-se as centenas, seguidas das dezenas e, por fim, as unidades. Por exemplo:

- CCXLVII: 200 + 40 + 7 = 247
- CDLXXX: 400 + 80 = 480
- DCCCXCVI: 800 + 90 + 6 = 896

A letra M indica mil unidades e pode se repetir até 3 vezes para representar quantidades. Por exemplo:

- M: 1 000
- MM: 1 000 + 1 000 = 2 000
- MMM: 1 000 + 1 000 + 1 000 = 3 000

Para indicar quantidades a partir de 4 000, os romanos usavam um traço horizontal sobre as letras correspondentes à quantidade de milhares. Por exemplo:

- $\overline{\text{IV}}$: 4 000
- $\overline{\text{V}}$: 5 000
- $\overline{\text{DC}}$: 600 000
- $\overline{\text{MD}}$: 1 500 000

Outros exemplos:

- MMMD: 3 000 + 500 = 3 500
- $\overline{\text{IV}}$CL: 4 000 + 100 + 50 = 4 150
- MDCCCLXXXIX: 1 000 + 800 + 80 + 9 = 1 889

Ainda hoje a numeração romana antiga é usada em algumas situações, como em nomeações de imperadores, papas e reis, em marcadores de relógio ou em indicações dos volumes de uma coleção de livros.

De Agostini Picture Library/Album/Fotoarena/Museu Histórico Nacional, Rio de Janeiro, RJ.

Pintura do imperador dom Pedro II localizada no Museu Histórico Nacional, no Rio de Janeiro.

Relógio de pulso com números em algarismos romanos.

Cultura Motion/Shutterstock

picross/Shutterstock

Livros numerados com algarismos romanos.

ATIVIDADES

11. Escreva como os romanos representavam os números abaixo:

56 65 88 100 110 190 200

12. Escreva os números de cada item empregando os algarismos romanos:

a) 428
b) 674
c) 2 026
d) 999
e) 1 119
f) 5 501

13. Reescreva as informações abaixo usando algarismos indo-arábicos.

a) Várias pessoas contribuíram para o desenvolvimento da televisão, principalmente o estadunidense Philo Taylor Fainsworth, em MCMXXVII.

b) O voleibol foi criado nos Estados Unidos, em MDCCCXCV, pelo professor William G. Morgan.

c) O paraquedas foi inventado no ano de MDCCLXXXIII pelo francês L. S. Lenormand.

d) A bicicleta foi inventada em MDCCXC pelo conde francês Sivrac.

e) A batata frita foi criada em MDCCLXXII pelo médico francês Antoine Augustin.

Alex Tsuper/Shutterstock

Paraquedista em Quieve, na Ucrânia. Foto de 2020.

Os números naturais

Números, numerais e algarismos

Número é a ideia que formamos de uma quantidade.

Por exemplo, as fotografias ao lado apresentam a mesma quantidade e transmitem a ideia do mesmo número.

Marekuliasz/Shutterstock

Na imagem são representados seis gizes de lousa.

Numeral é a forma como representamos o número.

Por exemplo: XV, 15 e quinze são numerais que representam o mesmo número.

Algarismos são símbolos numéricos que utilizamos para escrever numerais.

Por exemplo: os algarismos romanos (I, V, X, L, C, D, M); os algarismos indo-arábicos (0, 1, 2, 3, 4, 5, 6, 7, 8, 9).

Sistema de numeração é um conjunto de regras que se aplicam ao dispor os algarismos para formar os numerais.

Cada sistema de numeração tem as próprias regras. Por exemplo, a quantidade representada pelo número 51, no sistema decimal, não é 5 + 1, e sim 50 + 1 (cinquenta e um). Já no sistema romano, VI é V + I (seis).

Leia o texto "Os números nas origens da Matemática", na seção "Na História", no capítulo 7.

Monkey Business Images/Shutterstock

A imagem representa seis crianças.

Números naturais

Quando contamos quantidades de objetos, animais, estrelas, pessoas, etc., empregamos os números:

0, 1, 2, 3, 4, 5, 6, 7, 8, 9, 10, 11, 12, 13, 14, 15, ...

Esses números são chamados **números naturais**.

finito: o que tem fim.
infinito: o que não tem fim (*in* = prefixo de negação).

Colocamos as reticências porque existem mais números além dos representados. Depois do 15 vêm o 16, o 17, o 18, e assim por diante, formando uma sequência que não tem fim. Existem infinitos números naturais.

Os números naturais podem ser representados em uma reta chamada **reta numérica** por pontos igualmente espaçados:

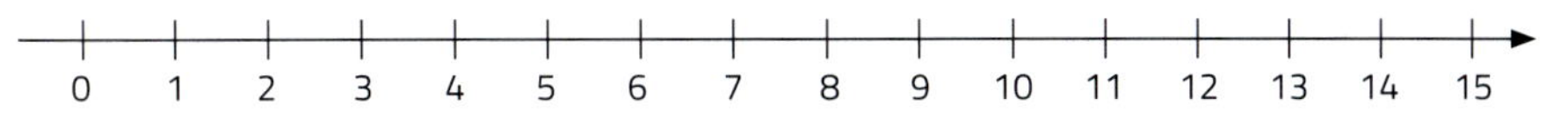

A seta indica que os números aumentam da esquerda para a direita.

Os números que são vizinhos na sequência acima são chamados **números consecutivos**.

Exemplos

- 12 e 13 são dois números naturais consecutivos.
- 8, 9 e 10 são três números naturais consecutivos.

Sucessor de um número natural é o número que vem logo em seguida a ele na sequência numérica; **antecessor** é o número que vem imediatamente antes.

Exemplos

- O sucessor de 39 é 39 + 1; portanto, 40.
- O antecessor de 39 é 39 − 1; portanto, 38.

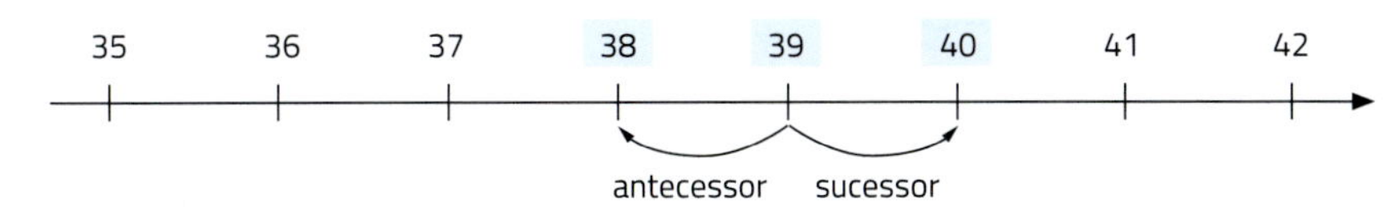

Nos números naturais, todo número tem um sucessor e somente o zero não tem antecessor.

Par ou ímpar?

Ilustra Cartoon/ Arquivo da editora

Um número natural é par quando seu algarismo das unidades é igual a 0, 2, 4, 6 ou 8. Dizemos que ele termina em 0, 2, 4, 6 ou 8. Os números pares são: 0, 2, 4, 6, 8, 10, 12, 14, 16, ...

Um número natural é ímpar quando termina em 1, 3, 5, 7 ou 9. Os números ímpares são: 1, 3, 5, 7, 9, 11, 13, 15, 17, ...

ATIVIDADES

14. Observe a reta numérica abaixo.

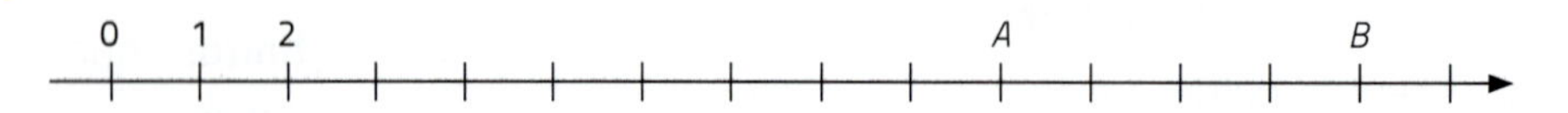

a) Que número é representado pelo ponto *A*?

b) Qual é o sucessor do número representado pelo ponto *B*?

15. Observe abaixo um trecho de uma reta numérica.

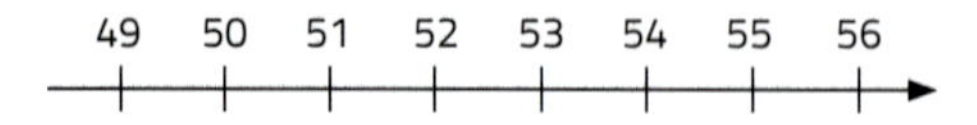

a) Dos números nela representados, quantos são números pares? Quais são eles?

b) Qual é o antecessor de 49?

c) Qual é o sucessor do sucessor de 56?

16. Responda às questões a seguir.

a) Qual é o sucessor de 9 999?

b) Qual é o antecessor de 100 010?

c) Qual é o antecessor do antecessor de 1 000 000?

d) Qual é o sucessor do antecessor de 99 999?

17. Em uma viagem, Amanda saiu da cidade de São Paulo, parou em Campinas, em São Carlos, em Araraquara e, por fim, chegou a Olímpia.

Mapa ilustrativo com desenhos fora de escala.

Fonte: IBGE.

Nesse trajeto:

a) que cidade sucedeu São Carlos?

b) que cidade antecedeu São Carlos?

18. Escreva com algarismos romanos:

a) o sucessor de XV;

b) o antecessor de XV;

c) o antecessor de LXIII;

d) o sucessor de LXIII.

19. Veja o significado dos sinais no quadro abaixo:

Sinal	$=$	$\neq$	$>$	$<$
Lê-se	é igual a	é diferente de	é maior que	é menor que

Agora responda: certo ou errado?

a) $43 = 34$

b) $43 \neq 34$

c) $43 > 34$

d) $43 < 34$

e) $34 > 43$

f) $34 < 43$

20. Talita, Marco Antônio, Nicole e João estão colecionando figurinhas. No quadro abaixo estão os números de figurinhas que eles já colaram em seus álbuns e quantas figurinhas repetidas tem cada um deles.

	Figurinhas no álbum	Figurinhas repetidas
Talita	78	12
Marco Antônio	83	23
Nicole	59	21
João	75	32

a) Quem já colou mais figurinhas no álbum?

b) Quem tem menos figurinhas repetidas?

c) Escreva em ordem crescente (do menor para o maior) o número de figurinhas que cada um deles já colou no álbum.

d) Escreva em ordem decrescente (do maior para o menor) o número de figurinhas repetidas que cada um deles tem.

21. Para uma corrida, cada carro recebeu um dos seguintes números: 213, 231, 312, 132, 123 e 321. Os carros devem ser alinhados de forma que os números fiquem em ordem decrescente, isto é, do maior para o menor. Qual é a cor do primeiro carro? E a do segundo? E a do último?

Ilustra Cartoon/Arquivo da editora

22. Organize os trechos a seguir de forma a compor um texto coerente, colocando os números escritos em numerais romanos em ordem crescente, do menor para o maior.

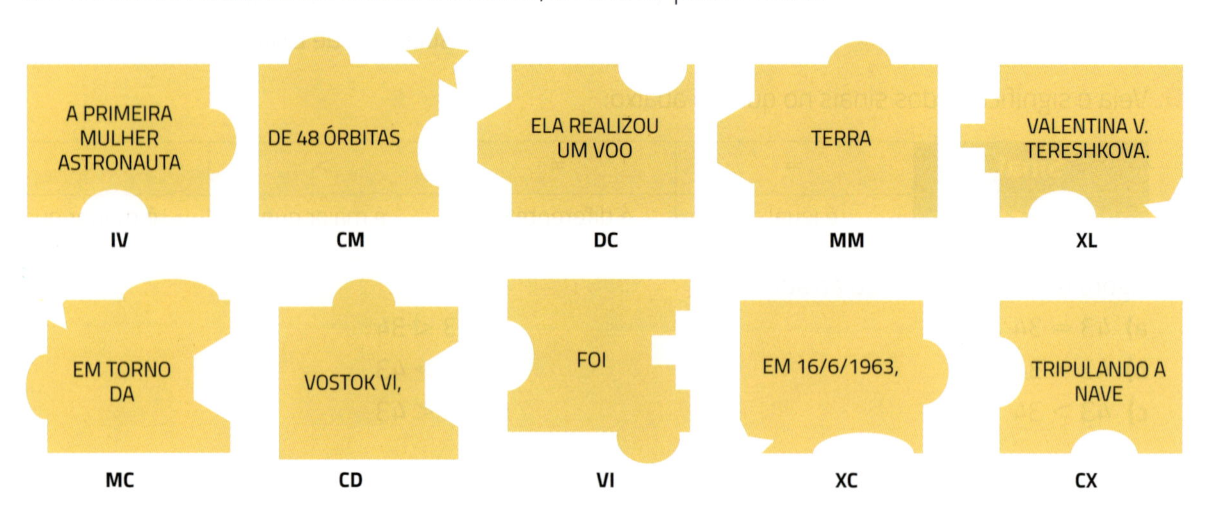

23. Sobre todos os números naturais que se escrevem com dois algarismos, responda:

a) quantos são pares?

b) quantos são ímpares?

24. Usando apenas os algarismos 1, 2, 3 e 4 e sem repetir algarismos em um mesmo número, escreva os números pares maiores que 100 e menores que 1 000.

a) Qual é o menor desses números?

b) Qual é o maior desses números?

c) Quantos números é possível escrever?

NA OLIMPÍADA

A lista de Maria

(Obmep) Maria faz uma lista de todos os números de dois algarismos usando somente os algarismos que aparecem no número 2015. Por exemplo, os números 20 e 22 estão na lista de Maria, mas 02 não. Quantos números diferentes há nessa lista?

a) 8 **b)** 9 **c)** 10 **d)** 12 **e)** 16

Reprodução/Obmep, 2015.

NA MÍDIA

O quadro de medalhas

Em competições como os Jogos Pan-Americanos, as Olimpíadas e os Jogos Paralímpicos (restritos a atletas com deficiências físicas ou mentais), a classificação dos países é feita levando em conta a quantidade de medalhas de ouro. Havendo empate, contam-se as medalhas de prata; permanecendo o empate, contam-se as de bronze.

Veja os dez primeiros colocados nos Jogos Olímpicos de 2016:

QUADRO DE MEDALHAS

	País	Ouro	Prata	Bronze	Total
1º	EUA	46	37	38	**121**
2º	Reino Unido	27	23	17	**67**
3º	China	26	18	26	**70**
4º	Rússia	19	18	19	**56**
5º	Alemanha	17	10	15	**42**
6º	Japão	12	8	21	**41**
7º	França	10	18	14	**42**
8º	Coreia do Sul	9	3	9	**21**
9º	Itália	8	12	8	**28**
10º	Austrália	8	11	10	**29**

Ouro Prata Bronze

Informações obtidas em: https://brasil.elpais.com/resultados/deportivos/juegos-olimpicos/medallero/. Acesso em: 15 mar. 2021.

Shahjehan/Shutterstock

Festa de abertura dos Jogos Olímpicos de 2016, no Rio de Janeiro.

Agora, observe a tabela a seguir, em que constam os países classificados do 11º ao 25º lugar, em ordem alfabética, e depois faça o que se pede.

País	Ouro	Prata	Bronze	Total
Brasil	7	6	6	19
Canadá	4	3	15	22
Cazaquistão	3	5	9	17
Colômbia	3	2	3	8
Croácia	5	3	2	10
Cuba	5	2	4	11
Espanha	7	4	6	17
Hungria	8	3	4	15
Irã	3	1	4	8
Jamaica	6	3	2	11
Nova Zelândia	4	9	5	18
Países Baixos	8	7	4	19
Quênia	6	6	1	13
Suíça	3	2	2	7
Uzbequistão	4	2	7	13

Informações obtidas em: https://brasil.elpais.com/resultados/deportivos/juegos-olimpicos/medallero/. Acesso em: 15 mar. 2021.

1. Escreva, na ordem de classificação nos Jogos Olímpicos, os países classificados do 11º ao 20º lugar.
2. De acordo com a tabela acima, quais países terminaram empatados?
3. Qual foi a classificação do Brasil?
4. Pesquise em qual país e quando será realizada a próxima edição dos Jogos Olímpicos.
5. Pesquise os dados da participação do Brasil nos Jogos Olímpicos deste século. Considere as medalhas obtidas, bem como as respectivas modalidades esportivas e as modalidades nas quais o país tem conquistado mais medalhas.

Vamos usar a calculadora

Um instrumento que facilita, e muito, o trabalho de operar com números é a calculadora. Vamos conhecer algumas teclas desse aparelho:

ON/C – liga a calculadora ("ON", em português, significa ligado).

OFF OFF – desliga a calculadora ("OFF", em português, significa desligado).

CE – limpa as informações que estão na tela da calculadora.

0 1 2 3 4 5 6 7 8 9 – algarismos do sistema decimal, utilizados para realizar as operações.

. – nas calculadoras é utilizado o ponto para representar a vírgula.

+ – × ÷ – indicam as operações a serem realizadas.

= – indica o resultado da operação.

Agora que já sabemos quais são as principais teclas de uma calculadora, vamos começar a utilizá-la realizando uma adição. Veja como calcular 15 + 37.

Primeiro, ligue a calculadora utilizando a tecla ON/C; em seguida, digite os algarismos 1 e 5 (nessa ordem). Vai aparecer o número 15 na tela:

15

Agora, pressione a tecla + e, em seguida, os algarismos 3 e 7. Você pode observar que o número 15 foi substituído pelo número 37:

37

Finalmente, pressione a tecla =. Vai aparecer o resultado 52 na tela:

52

Ao seguirmos esses passos, realizamos a operação 15 + 37 = 52. Viu como é simples?

Agora é a sua vez! Efetue a adição de 45 com 138 e anote o resultado para comparar com o dos colegas.

Mudando a operação, calcule a diferença entre 1 365 e 1 267 utilizando a tecla –. Não se esqueça de anotar o resultado no caderno.

Faça a multiplicação de 27 por 133 utilizando a tecla ×.

Por último, faça a divisão de 3 072 por 48 utilizando a tecla ÷.

Uma das importantes aplicações da calculadora é sua utilização durante as compras em um supermercado, pois temos de adquirir diversos produtos com valores diferentes e em muitas quantidades.

Acompanhe o exemplo:

Se um litro de leite custa R$ 2,61, quanto custarão 6 litros de leite?

Para resolver esse problema, basta multiplicar o valor de um litro (2,61) pela quantidade desejada, ou seja, digite , ,  e 1 seguido da operação  e, por fim,  e =. Observe o resultado obtido e anote em seu caderno.

Se você usar uma nota de R$ 20,00 para pagar uma conta de R$ 13,55, quanto vai receber de troco?

Para responder a essa pergunta, devemos calcular 20 − 13,55. Faça essa conta na calculadora e anote o resultado em seu caderno.

Veja na imagem os preços de alguns produtos em determinado supermercado.

Italian Food Production/Shutterstock; s-ts/Shutterstock; rocharibeiro/Shutterstock; akf ffm/Shutterstock; AlenKadr/Shutterstock

Você deseja comprar, utilizando uma calculadora, produtos para o preparo de uma macarronada. Qual será o valor gasto se você comprar dois pacotes de macarrão, três latas de molho de tomates, um vidro de palmitos, um vidro de azeitonas e uma garrafa de azeite? Para ajudar, complete a tabela com os valores.

Produto	Quantidade	Valor unitário (R$)	Valor total (R$)
Macarrão			
Molho de tomates			
Palmito			
Azeitona			
Azeite			
Total da compra			

CAPÍTULO 2

Adição e subtração

Viktoriia Hnatiuk/Shutterstock

NA REAL

Quanto custa não contabilizar?

O ano é 2035 e você, ao final do expediente de trabalho, lembrou que sua geladeira está vazia! Você foi ao supermercado fazer compras e, na hora de passar pelo caixa, notou que o atendente precisa fechar sua compra sem utilizar a operação de adição ou um programa que calcule o total a pagar. Como isso poderia ser feito?

Agora, ao consultar o saldo de sua conta bancária, você percebeu que o valor gasto no supermercado foi descontado. Qual foi a operação feita pelo banco? Justifique.

Para ter uma vida financeira equilibrada, é fundamental que os gastos sejam inferiores aos ganhos. Explique como seria possível calcular o saldo financeiro no final de um mês. Esse cálculo poderia ser feito sem as operações de adição e subtração? Por quê?

Na BNCC
EF06MA03
EF06MA14

Adição

Juntando, quantas páginas dá?

A professora de Língua Portuguesa indicou aos alunos do 6º ano os livros que eles deverão ler no primeiro bimestre do ano letivo:

A criação das criaturas tem 80 páginas, e *Machado e Juca*, 176 páginas.

Reprodução/Edições SM
Reprodução/Editora Saraiva

Juntando as páginas desses dois livros, quantas páginas, ao todo, os alunos vão ler?

Para responder, devemos contar as 80 páginas de um livro **mais** as 176 páginas do outro. Isto é, devemos fazer: 80 + 176 = 256.

Os alunos vão ler 256 páginas.

Relembre o passo a passo dessa conta:

$$\begin{array}{r} 80 \\ +\ 176 \\ \hline \end{array} \longrightarrow \begin{array}{r} 80 \\ +\ 176 \\ \hline 6 \end{array} \longrightarrow \begin{array}{r} 80 \\ +\ 176 \\ \hline 56 \end{array} \longrightarrow \begin{array}{r} {}^{1}80 \\ +\ 176 \\ \hline 256 \end{array}$$

PARTICIPE

I. Roberto, de 46 anos, e Camila, de 45 anos, são os pais de Maria Clara, de 19 anos.

a) Para saber quantos anos têm Roberto e Camila juntos, que conta devemos fazer?

b) Qual é o resultado dessa conta?

c) Para saber quantos anos têm Maria Clara e sua mãe juntas, que conta devemos fazer?

d) Qual é o resultado dessa conta?

e) Para saber quantos anos têm os três juntos, que contas podemos fazer?

f) Quantos anos têm os três juntos?

II. Roberto trabalha em um banco e ganha 3 950 reais por mês; Camila trabalha em uma loja e ganha 2 280 reais por mês. Maria Clara é estudante, mas ganha 960 reais por mês trabalhando meio período.

a) Juntando os salários, calculamos a renda familiar. De quanto é a renda familiar deles sem contar o salário de Maria Clara?

b) E de quanto é a renda familiar deles contando o salário dos três?

Adicionar significa somar, juntar, ajuntar, acrescentar.

Na adição ao lado, os números 80 e 176 são as **parcelas** da adição. O resultado, 256, é chamado **soma**.

$$\begin{array}{r} {}^{1}80 \\ +\ 176 \\ \hline 256 \end{array}$$

Veja outros exemplos:

600 + 280 = 880 (600 e 280: parcelas; 880: soma)

$$\begin{array}{r} {}^{1\,1}\ \ \\ 744 \\ +\ 657 \\ \hline 1401 \end{array}$$

(744 e 657: parcelas; 1401: soma)

ATIVIDADES

1. Jacir, pai de Gabriel, comprou uma bicicleta de presente para ele. Jacir vai pagar a bicicleta em quatro parcelas: a primeira de R$ 115,00; a segunda de R$ 50,00 a mais que a primeira; a terceira de R$ 60,00 a mais que a segunda; e a quarta parcela igual à primeira e à segunda juntas.

LightField Studios/Shutterstock

a) Qual é o valor da segunda parcela?

b) Qual é o valor da terceira parcela?

c) E da quarta?

d) Quanto custou a bicicleta?

2. Calcule a soma:

a) do número 137 com o sucessor dele.

b) do número 295 com o antecessor dele.

3. Observe estes cartões:

$$\begin{array}{r} 73\,257 \\ +\ 32\,435 \\ \hline \end{array} \qquad \begin{array}{r} 62\,748 \\ +\ 43\,104 \\ \hline \end{array}$$

Calcule:

a) as somas indicadas nos dois cartões;

b) a soma das somas obtidas nos dois cartões;

c) a soma da primeira parcela do cartão azul com a segunda parcela do cartão rosa;

d) a soma da segunda parcela do cartão azul com a primeira parcela do cartão rosa;

e) a soma da menor parcela do cartão azul com a menor parcela do cartão rosa;

f) a soma da maior parcela do cartão azul com a maior parcela do cartão rosa.

Confirme todas as respostas usando uma calculadora.

4. Uma livraria vendeu neste mês 3 216 exemplares do livro *O picapau amarelo* (R$ 26,00), de Monteiro Lobato, 1 965 exemplares do livro *Nó na garganta* (R$ 20,00), de Mirna Pinsky, 706 exemplares do livro *O Saci* (R$ 16,00), de Monteiro Lobato, e 940 exemplares do livro *O canguru emprestado* (R$ 18,00), de Mirna Pinsky.

a) Adicionando as vendas das quatro obras, quantos exemplares a livraria vendeu no total?

b) Quantos livros de Monteiro Lobato foram vendidos?

c) Quantos livros de Mirna Pinsky foram vendidos?

d) Considerando o preço unitário de cada livro indicado entre parênteses, quanto gastou uma pessoa que comprou os dois livros de Mirna Pinsky?

e) Quanto gastou quem comprou os dois livros de Monteiro Lobato?

f) Quanto gastou quem comprou os quatro livros?

5. Quando Roberto nasceu, Sônia, sua tia, tinha 26 anos. Agora Roberto tem 19 anos e está com o casamento marcado. Para mobiliar sua casa, ele comprou os utensílios ilustrados abaixo.

Tiago Donizete Leme/Arquivo da editora

a) Quantos anos Sônia tem agora?

b) Quanto Roberto gastou nas compras?

c) Se depois das compras Roberto ainda ficou com R$ 789,00, quanto dinheiro ele tinha para gastar com as compras?

6. Fernanda é doze anos mais nova que Neusa e cinco anos mais velha que Nice. Nice tem 30 anos. Quantos anos Neusa, Fernanda e Nice têm juntas?

Rawpixel.com/Shutterstock

Nas próximas atividades vamos estudar a leitura de tabelas.

7. A tabela abaixo resume o número de matrículas de certa escola.

Número de matrículas

	Manhã		Tarde	
	Meninos	**Meninas**	**Meninos**	**Meninas**
6º ano	109	132	165	110
7º ano	82	116	94	61
8º ano	71	84	53	29
9º ano	55	62	25	14

Dados fictícios.

a) Quantos jovens (meninos e meninas) cursam o 6º ano?

b) Quantos jovens (de ambos os sexos) cursam o 8º ano?

c) Quantas meninas estão matriculadas no período da tarde?

d) Em que período há mais meninos matriculados?

e) Quantas meninas cursam o 9º ano?

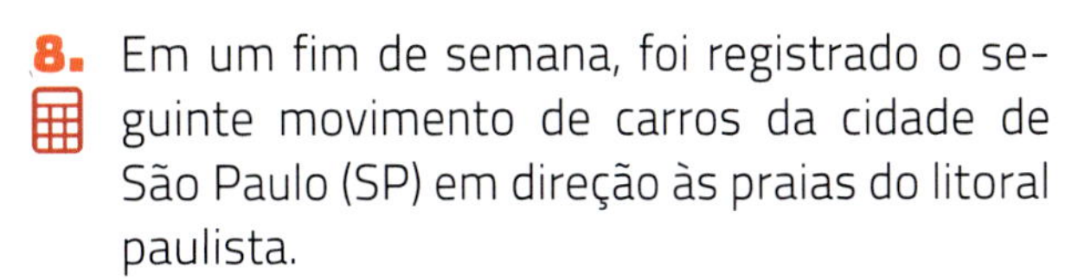

8. Em um fim de semana, foi registrado o seguinte movimento de carros da cidade de São Paulo (SP) em direção às praias do litoral paulista.

	Ida	Volta
Sexta-feira	14 687	6 302
Sábado	34 212	4 825
Domingo	26 104	60 490

Luis Lima Jr/Fotoarena

Rodovia dos Tamoios, em Jambeiro (SP), uma das rodovias que ligam São Paulo ao litoral.

a) Nesse fim de semana, quantos carros desceram a serra em direção ao litoral? Em que dia desceu a maioria dos carros?

b) Quantos carros voltaram do litoral para São Paulo? Em que dia voltou a maioria dos carros?

9. Em 4 de março de 2021, pelo campeonato brasileiro de basquete, a equipe do Flamengo enfrentou a do Bauru e as pontuações em cada quarto da partida foram as que estão na tabela abaixo. Observe.

Pontuação da partida de 4/3/2021

	1º quarto	2º quarto	3º quarto	4º quarto
Flamengo	23	19	25	24
Bauru	22	25	22	17

Disponível em: https://lnb.com.br/noticias/flamengo-91-x-86-bauru/. Acesso em: 16 mar. 2021.

Elabore um problema utilizando os dados da tabela. Depois, troque com um colega para que ele resolva o problema que você criou e você resolva o dele.

Com as atividades seguintes, vamos estudar as propriedades da adição e aplicá-las para fazer contas mentalmente.

10. Vamos adicionar os números 272 e 339 e repetir a conta alterando a ordem das parcelas. Faça os cálculos e compare os resultados.

a)
$$\begin{array}{r} 272 \\ +\ 339 \\ \hline \end{array}$$

b)
$$\begin{array}{r} 339 \\ +\ 272 \\ \hline \end{array}$$

Propriedade comutativa da adição:

A ordem das parcelas não altera a soma.

PARA QUE SERVE?

Você pode usar essa propriedade para conferir o resultado de uma adição: troque a ordem das parcelas e refaça a conta. O resultado será sempre o mesmo.

Na prática, para efetuar qualquer adição, você pode colocar as parcelas na ordem que preferir.

11. Calcule:

$$\begin{array}{r} 3\,725 \\ 18\,432 \\ +\ 6\,005 \\ \hline \end{array}$$

Agora, sem calcular, indique o resultado de cada conta e justifique sua resposta.

a)
$$\begin{array}{r} 18\,432 \\ 3\,725 \\ +\ 6\,005 \\ \hline \end{array}$$

b)
$$\begin{array}{r} 6\,005 \\ 3\,725 \\ +\ 18\,432 \\ \hline \end{array}$$

12. Calcule a soma dos números 131, 47 e 84, efetuando primeiro a conta indicada entre parênteses:

a) (131 + 47) + 84

b) 131 + (47 + 84)

c) (131 + 84) + 47

Agora, compare os resultados obtidos nas três expressões.

Propriedade associativa da adição:

Na adição de três números, associando os dois primeiros ou os dois últimos, obtemos resultados iguais.

PARA QUE SERVE?

Quando precisamos adicionar três ou mais parcelas, podemos escolher duas quaisquer para adicionar primeiro. Ao resultado adicionamos outra parcela, e assim por diante.

13. Para calcular 36 + 58, podemos pensar assim:

36 é 30 mais 6.
58 é 50 mais 8.
30 mais 50 é 80,
e 6 mais 8 é 14.
80 mais 14 dá 94.
O resultado da conta é 94.

umarazak/Shutterstock

Faça você, mentalmente:

a) 32 + 77

b) 81 + 16

c) 28 + 43

d) 65 + 47

e) Proponha uma adição para seu colega resolver de cabeça e resolva a que ele vai propor.

14. Quanto é?

a) 1 990 + 0

b) 0 + 1 990

15. Calcule 64 + 128 e responda:

a) Quanto é 64 + 128 + 0?

b) Quanto é 128 + 0 + 64?

Zero é chamado **elemento neutro da adição**.

Estimativas

Experimente:

- indicar com as mãos espalmadas uma distância de 1 metro de uma mão à outra;
- indicar com o polegar e o indicador uma distância de 1 centímetro de um dedo ao outro;
- escrever quanto é a altura da parede da sua sala de aula, sem fazer a medição.

As distâncias que você indicou, assim como o valor que escreveu para a altura da parede, não são exatas, mas você deve ter procurado dar uma boa ideia de quanto são exatamente essas medidas. O que você fez foi **estimar** essas medidas.

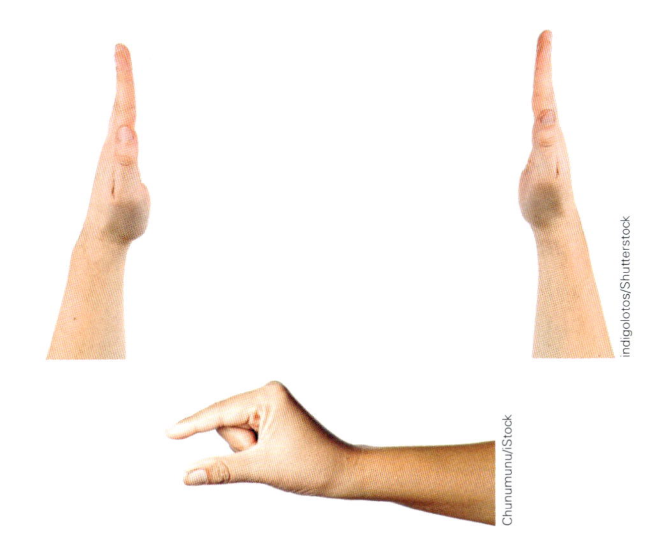
indigolotos/Shutterstock
Chunumunu/iStock

Estimar uma quantia ou uma medida ou o resultado de uma conta é dar um valor aproximado daquela quantia, daquela medida ou daquele resultado. Esse valor aproximado é chamado de **estimativa**.

ATIVIDADES

16. Dê uma estimativa de quanto tempo você leva no trajeto entre sua casa e a escola.

17. Imagine que sua classe esteja totalmente vazia, sem nenhuma carteira ou mesa. Quantas pessoas você acha que caberiam na sala, em pé e bem juntinhas?

Nas atividades **18** a **20** vamos fazer algumas estimativas de resultados de adições. Para isso, leia o texto seguinte.

Fátima precisa comprar um liquidificador e uma batedeira. Ela pesquisou preços de três modelos de liquidificadores e dois de batedeiras.

Liquidificador *L*

nito100/iStock

R$ 179,00

Liquidificador *Q*

Eliza317/iStock

R$ 164,00

Liquidificador *F*

dancestrokes/iStock

R$ 138,00

Batedeira *A*

Stephen VanHorn/Shutterstock

R$ 419,00

Batedeira *B*

Vereshchagin Dmitry/Shutterstock

R$ 489,00

Para ter ideia de quanto vai gastar, Fátima fez as contas mentalmente, arredondando os preços para as centenas exatas mais próximas. Por exemplo:

- 179 está entre 100 e 200, sendo mais próximo de 200. Então, ela arredondou o preço do liquidificador *L* para R$ 200,00.
- 419 está entre 400 e 500, sendo mais próximo de 400. Então, ela arredondou o preço da batedeira *A* para R$ 400,00.

Adicionando R$ 200,00 a R$ 400,00, Fátima estimou que gastaria aproximadamente R$ 600,00 se comprasse o liquidificador *L* e a batedeira *A*.

O valor exato do gasto seria de:

R$ 179,00 + R$ 419,00 = R$ 598,00

Nesse caso, a estimativa ficou bem próxima do valor exato.

18. Arredondando o preço para as centenas exatas mais próximas, escreva as estimativas dos preços:

a) do liquidificador *Q*;

b) do liquidificador *F*;

c) da batedeira *A*;

d) da batedeira *B*.

19. Empregando as estimativas da atividade anterior, calcule mentalmente o gasto total na compra:

a) do liquidificador *Q* e da batedeira *A*;

b) do liquidificador *F* e da batedeira *A*;

c) do liquidificador *Q* e da batedeira *B*;

d) do liquidificador *F* e da batedeira *B*.

20. Calcule os preços exatos em cada item da atividade anterior.

21. No quadro a seguir encontram-se as populações de algumas capitais brasileiras em 2020, segundo o IBGE.

População em 2020

Capital	População
João Pessoa (PB)	817 511
Natal (RN)	890 480
Cuiabá (MT)	618 124
Porto Velho (RO)	539 354
Rio Branco (AC)	413 418

Fonte: IBGE.

Banco de imagens/Arquivo da editora

Agora, responda:

a) Arredondando para centenas de milhares exatas de habitantes, João Pessoa tinha aproximadamente 800 000 habitantes. E as demais capitais?

b) Utilizando os arredondamentos do item anterior, estime a soma dos habitantes das duas capitais desse quadro que estão situadas na região Nordeste do país. Você pode consultar o mapa acima.

22. Em 2020, segundo o IBGE, a quantidade de habitantes em cada estado da região Sul do país era:

- Rio Grande do Sul – 11 422 973 habitantes;
- Santa Catarina – 7 252 502 habitantes;
- Paraná – 11 516 840 habitantes.

Elabore um problema com os dados apresentados que possa ser resolvido utilizando aproximações.

Subtração

Quanto sobrou? Quanto faltou?

Na final da Copa do Mundo de futebol masculino de 2014, a Alemanha ganhou da Argentina e se tornou campeã mundial pela quarta vez.

A esse jogo, compareceram 74 738 torcedores, lotando completamente o estádio do Maracanã, no Rio de Janeiro.

A capacidade do Maracanã já foi maior, mas na reforma feita para essa Copa ela ficou reduzida a 74 738 espectadores.

Osvaldo Aguilar/Mexsport/AFP

A final da Copa do Mundo de futebol masculino de 2014 foi disputada no estádio do Maracanã, no Rio de Janeiro (RJ).

Confira o público presente em outras partidas da Copa do Mundo de 2014 realizadas nesse estádio:

Partida	Número de torcedores
Argentina 2 × 1 Bósnia-Herzegovina	74 738
Espanha 0 × 2 Chile	74 101
Bélgica 1 × 0 Rússia	73 819
Equador 0 × 0 França	73 749
Colômbia 2 × 0 Uruguai	73 804
França 0 × 1 Alemanha	74 240

- No jogo Espanha × Chile, quantos lugares sobraram no estádio? Para responder, devemos tirar da capacidade total do estádio os lugares que foram ocupados pelos torcedores presentes:

$$\begin{array}{r} 74\,738 \\ -\ 74\,101 \\ \hline 637 \end{array}$$

  Sobraram 637 lugares.

- No jogo França × Alemanha, quantos torcedores faltaram para lotar completamente o estádio? Para responder, calculamos quantos faltam de 74 240 para 74 738 fazendo:

$$\begin{array}{r} 74\,738 \\ -\ 74\,240 \\ \hline 498 \end{array}$$

  Faltaram 498 torcedores.

Relembre o passo a passo dessa conta:

$$\begin{array}{r} 74\,738 \\ -\ 74\,240 \\ \hline 8 \end{array} \longrightarrow \begin{array}{r} {}^{6\,13} \\ 74\,\not{7}\not{3}8 \\ -\ 74\,240 \\ \hline 98 \end{array} \longrightarrow \begin{array}{r} {}^{6\,13} \\ 74\,\not{7}\not{3}8 \\ -\ 74\,240 \\ \hline 498 \end{array} \longrightarrow \begin{array}{r} 74\,738 \\ -\ 74\,240 \\ \hline 00\,498 \end{array}$$

PARTICIPE

Veja os preços de dois celulares, *A* e *B*, anunciados em um jornal e responda às questões a seguir.

Bobnevv/Shutterstock
Unlisted/Stock Photos

a) O que é o preço à vista?

b) Qual é o celular mais caro?

c) Qual é o celular mais barato?

d) O celular mais caro custa quanto a mais do que o mais barato?

e) O que é uma compra a prazo?

f) Joana dispõe de 200 reais e quer comprar um celular. Para isso, vai pedir um empréstimo ao seu irmão para pagar o preço à vista. Quanto ela vai ficar devendo para o irmão se comprar:
- o celular *A*?
- o celular *B*?

Subtrair significa tirar, diminuir.

Na subtração ao lado, o número 428 é o **minuendo**, e o número 316 é o **subtraendo**.

O resultado, 112, é chamado **diferença** ou **resto**.

$$\begin{array}{r} 428 \\ -\ 316 \\ \hline 112 \end{array}$$

Quanto tirou?

Jorge tinha 80 000 reais no banco. Ele tirou uma parte desse dinheiro para pagar uma casa que ele comprou e ainda restaram 25 000 reais no banco. Quantos reais ele usou para pagar a casa?

Monkey Business Images/Shutterstock

Ele usou a diferença entre o que tinha antes e o que ficou no banco:

Ele usou 55 000 reais para pagar a casa.

De fato, somando 55 000 com 25 000, temos:

55 000 + 25 000 = 80 000

Observe:

$$\begin{array}{r} 80000 \\ -\ 25000 \\ \hline 55000 \end{array}$$

80000 ← minuendo
25000 ← subtraendo
55000 ← diferença ou resto

$$\begin{array}{r} 55000 \\ +\ 25000 \\ \hline 80000 \end{array}$$

Note que, ao somar a diferença e o subtraendo da subtração, obtemos o minuendo. Assim, para saber se uma subtração está correta, podemos fazer essa adição. Dizemos que a subtração é a operação inversa da adição.

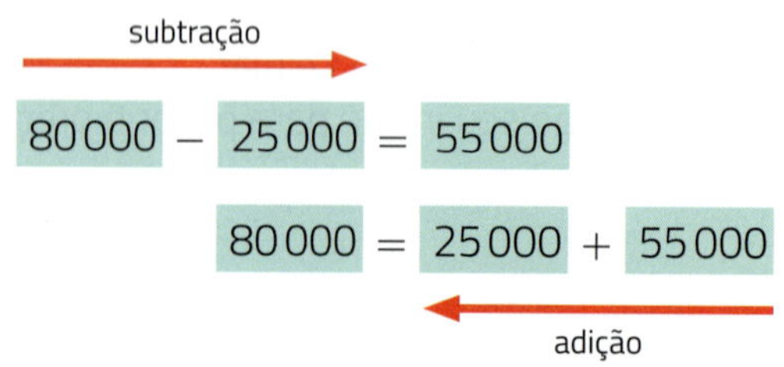

ATIVIDADES

23. Calcule as diferenças.

a) 72 224 − 6 458

b) 701 − 638

c) 131 003 − 88 043

d) 1 138 − 909

Verifique se você acertou os cálculos usando a operação inversa (adição).

> A operação de subtração pode ser empregada para calcular:
> - quanto sobrou;
> - quanto foi tirado;
> - quanto falta;
> - quanto a mais ou quanto a menos.

24. Leia com atenção as seguintes questões e responda:

a) Talita ganhou um pacote com 500 folhas de papel para desenhar. No mesmo dia em que ganhou, usou 17 delas. Quantas folhas sobraram?

b) Luana foi à feira com R$ 75,00. Comprou verduras e frutas e voltou com R$ 48,00. Quanto ela gastou na feira?

c) Ênio está fazendo uma poupança para comprar um carro. Ele já tem R$ 19 650,00. O carro custa R$ 28 325,00. Quanto falta para ele comprar o carro?

d) Enzo e Laís encheram seus cofrinhos. Quando abriram, Laís contou 106 moedas, e Enzo, 89. Quantas moedas Laís tinha a mais que Enzo?

25. No ginásio de esportes do Colégio Municipal há 3 250 lugares para o público. Na decisão de um torneio intercolegial de basquete, compareceram ao ginásio 2 628 pessoas, sendo 1 863 homens.

a) Quantas mulheres compareceram ao ginásio?

b) Quantos lugares ficaram vazios?

c) Nos jogos do dia anterior, 1 384 lugares haviam ficado vazios. Quantas pessoas compareceram ao ginásio naquele dia?

26. Maurício nasceu em 1987.

a) Quantos anos ele terá em 2025?

b) E você, quantos anos terá em 2025?

Calcular número desconhecido numa igualdade

PARTICIPE

As balanças representadas a seguir estão equilibradas.

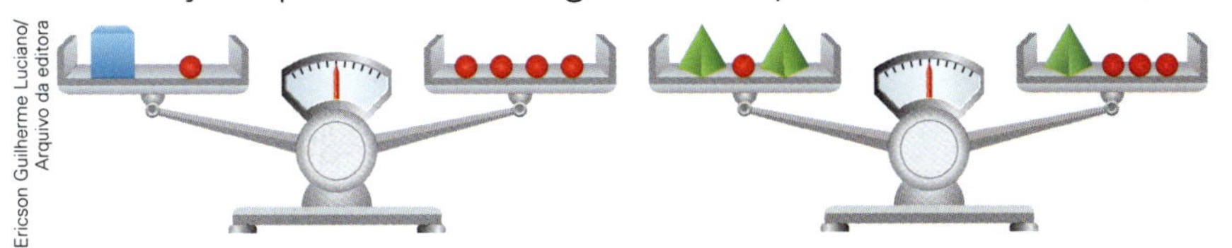

Ericson Guilherme Luciano/Arquivo da editora

> Em uma igualdade, a expressão matemática à esquerda do sinal = é chamada de **primeiro membro da igualdade** e a que fica à direita do sinal é o **segundo membro da igualdade**.

a) Quantas ● são necessárias para equilibrar um ■?

b) Qual é o número que ■ representa na igualdade ■ + 1 = 4?

c) Na igualdade ■ + 1 = 4, qual é o primeiro membro? E o segundo?

d) Subtraindo 1 nos dois membros da igualdade ■ + 1 = 4, que igualdade obtemos?

e) Quantas ● são necessárias para equilibrar um ▲?

f) Qual é o número que ▲ representa na igualdade ▲ + 1 + ▲ = ▲ + 3?

g) Escreva a igualdade obtida subtraindo um ▲ em cada membro da equação ▲ + 1 + ▲ = ▲ + 3.

Propriedade da igualdade

As situações que você acabou de ver ilustram uma importante propriedade da relação de igualdade matemática.

A relação de igualdade matemática não se altera ao adicionar (ou subtrair) os seus dois membros por um mesmo número.

Empregamos essa propriedade para calcular números desconhecidos em uma igualdade, o que pode ser uma boa estratégia para descobrir valores desconhecidos na resolução de problemas.

ATIVIDADES

27. Que números devemos escrever no lugar dos ////////?

a) //////// + 2 194 = 4 000

b) 614 + //////// = 901

28. Que números devemos colocar nos quadrinhos *A*, *B* e *C* de modo que as somas dos números nas fileiras horizontais e nas fileiras verticais sejam todas iguais a 1 000?

A	B
771	C

29. Observe o esquema na lousa abaixo e responda:

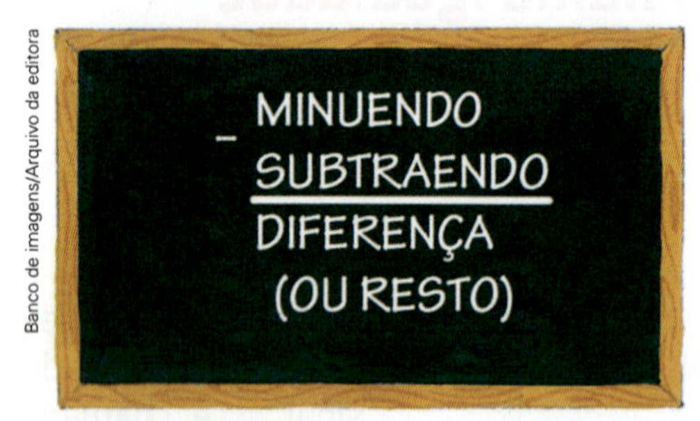

Banco de imagens/Arquivo da editora

a) O minuendo é 1 111; o subtraendo é 777. Qual é a diferença?

b) O subtraendo é 152; o resto é 89. Qual é o minuendo?

c) O minuendo é 2 007; a diferença é 939. Qual é o subtraendo?

30. Que números devemos escrever no lugar das letras *x* e *y*?

a) $x - 234 = 567$

b) $1\,750 - y = 175$

31. Pensei em um número. A ele adicionei 55 e do resultado subtraí 66. Encontrei 33. Em que número pensei?

32. Para ir de casa à lanchonete, saindo no mesmo horário, Alexandre levou meia hora, e Gabriela, 45 minutos.

a) Quem chegou primeiro à lanchonete?

b) Quanto tempo antes?

33. Eu tinha R$ 380,00. Emprestei R$ 120,00 para Júlia e R$ 112,00 para Ricardo. Júlia já me pagou R$ 55,00. Que quantia tenho agora?

34. Calcule mentalmente:

a) 100 − 77

b) 95 − 49

c) 143 − 128

d) 206 − 162

35. Comprando verduras, legumes e frutas em um mercadinho, Rita gastou R$ 67,00. Ela pagou com uma cédula de R$ 100,00. Quantos reais recebeu de troco?

36. Complete o quadro a seguir de modo que as somas dos números nas linhas verticais e nas linhas horizontais sejam todas iguais a 100. Faça os cálculos mentalmente.

		10
	15	25
20		

Depois de totalmente preenchido, o quadro ficou com mais números pares ou com mais números ímpares?

Fazendo subtrações mentalmente

- Quanto é 80 − 37?

De 37 para 40 faltam 3.

De 40 para 80 faltam 40.

Então, de 37 para 80 faltam 3 + 40; logo, 43.

Outro modo

De 80 tira 30: fica 50.

De 50 tira 7: fica 43.

Então, 80 − 37 = 43.

- Quanto é 161 − 94?

De 94 para 100 faltam 6.

De 100 para 161 faltam 61.

6 + 61 = 67

Então, 161 − 94 = 67.

Outro modo

De 161 tira 90: fica 71.

Tira mais 4: fica 67.

- Quem nasceu em 1995 fará quantos anos em 2033?

Precisamos calcular 2033 − 1995.

De 1995 para 2000 faltam 5.

De 2000 para 2033 faltam 33.

5 + 33 = 38

Fará 38 anos.

NA OLIMPÍADA

A maior diferença

(Obmep) Ana listou todos os números de três algarismos em que um dos algarismos é par e os outros dois são ímpares e diferentes entre si. Beto fez outra lista com todos os números de três algarismos em que um dos algarismos é ímpar e os outros dois são pares e diferentes entre si. Qual é a maior diferença possível entre um número da lista de Ana e um número da lista de Beto?

a) 795 **b)** 863 **c)** 867 **d)** 873 **e)** 885

As sementes da abóbora

(Obmep) Três amigos fizeram uma aposta tentando adivinhar quantas sementes havia dentro de uma abóbora. Os palpites foram os seguintes: 234, 260 e 274.

Reprodução/Obmep, 2016.

Quando abriram a abóbora e contaram as sementes, viram que um dos palpites estava errado por 17, outro por 31 e o outro por 9, para mais ou para menos. Na contagem das sementes, elas foram agrupadas em vários montinhos, cada um deles com 10, e um último montinho com menos de 10 sementes. Quantas sementes havia no último montinho?

a) 1 **b)** 3 **c)** 5 **d)** 7 **e)** 9

Expressões aritméticas com adição e subtração

Qual é o troco?

Observe a cena e o que Aline diz aos meninos.

Como Aline havia levado uma cédula de 50 reais, com quanto ela ficou de troco?

Para resolver esse problema, seu colega Danilo subtraiu da quantia que ela levou o valor pago pela primeira camiseta:

$$50 - 22 = 28$$

Do que restou, subtraiu o valor pago pela segunda camiseta:

$$28 - 16 = 12$$

Gustavo adicionou primeiro os gastos:

$$22 + 16 = 38$$

Depois subtraiu essa soma de 50:

$$50 - 38 = 12$$

Ambos os raciocínios estão corretos e suas contas também. Aline ficou com 12 reais. O raciocínio de Danilo pode ser representado assim:

$$50 - 22 - 16$$

E o raciocínio de Gustavo indicamos assim:

$$50 - (22 + 16)$$

Os parênteses, ( ), são colocados na conta que deve ser feita primeiro. As representações $50 - 22 - 16$ e $50 - (22 + 16)$ são exemplos de **expressões aritméticas**.

Expressão aritmética é uma representação de operações aritméticas. Quando a expressão só contém adições e subtrações, sem sinais de associação (como parênteses, por exemplo), estas devem ser efetuadas na ordem em que aparecem. Veja a expressão correspondente ao raciocínio de Danilo:

$$\underbrace{50 - 22}_{\downarrow} - 16 =$$
$$= 28 - 16 = 12$$

Veja agora a expressão do raciocínio de Gustavo. A primeira operação que ele fez fica indicada entre parênteses:

$$50 - \underbrace{(22 + 16)}_{\downarrow} =$$
$$= 50 - 38 = 12$$

Note como os parênteses são importantes. Sem eles, o cálculo de $50 - 22 + 16$ ficaria assim:

$$\underbrace{50 - 22}_{\downarrow} + 16 =$$
$$= 28 + 16 = 44$$

Mas 44 não é o troco de Aline, já que ela levou 50 reais.

Assim, em uma expressão numérica devemos efetuar primeiro as contas que estão entre parênteses.

ATIVIDADES

37. A professora de Matemática incluiu as questões a seguir na prova do 6º ano. Resolva-as você também.

a) Escreva uma expressão numérica que possa ser usada para resolver o problema: "Marcelo tinha 62 figurinhas; Alexandre, 48; e André, 29. Marcelo resolveu dar a André tantas figurinhas quantas tinha a mais que Alexandre. Com quantas figurinhas André ficou?".

b) Calcule a expressão elaborada por você.

38. Cada aluno calculou uma expressão com os mesmos números, mas com sinais associativos em posições diferentes. Observe:

Enzo: $20 - 8 - (3 + 4 - 1)$
Ingo: $20 - 8 - (3 + 4) - 1$
Laís: $20 - (8 - 3 + 4 - 1)$
Talita: $20 - (8 - 3) + 4 - 1$
Marco Antônio: $20 - (8 - 3 + 4) + 1$

Quem encontrou o maior resultado? E o menor?

39. Substitua cada ////////// pelos sinais + ou −, formando sentenças verdadeiras.

a) 13 ////////// 10 ////////// 12 = 11

b) 18 ////////// 7 ////////// 8 ////////// 3 = 6

c) 13 ////////// 4 ////////// 1 ////////// 7 = 9

40. Faça o que é pedido em cada item.

a) Corrija os resultados das expressões a seguir:

I. $5 - 3 + 1 = 1$
II. $6 - 4 - 2 = 4$
III. $12 - 5 - 3 = 10$

b) Agora coloque parênteses nas expressões para obter os resultados indicados.

I. $5 - 3 + 1 = 1$
II. $6 - 4 - 2 = 4$
III. $12 - 5 - 3 = 10$

41. Crie um problema que possa ser resolvido pela seguinte expressão aritmética.

$$40 - (5 + 8) - (7 + 4 + 6)$$

Depois, resolva-o.

42. Catarina, filha de Marília, tem de resolver questões de Matemática e pediu ajuda à mãe. Vamos resolver as questões também?

a) Em uma adição, se aumentarmos 16 unidades na primeira parcela e diminuirmos 12 na segunda, a soma aumentará ou diminuirá? Quanto?

b) Em uma subtração, se acrescentarmos 15 unidades ao minuendo e 10 unidades ao subtraendo, o resto aumentará ou diminuirá? Quanto?

c) Em uma subtração, se aumentarmos 20 unidades no minuendo e diminuirmos 30 unidades no subtraendo, o resto aumentará ou diminuirá? Quanto?

Texto para as atividades **43** e **44**.

A tabela abaixo indica a quantidade de pessoas que assistiram aos jogos de um torneio de futebol.

Público por jogo

Jogo	Público
Cruzeiro × Flamengo	32 698
São Paulo × Ceará	26 437
Ceará × Flamengo	35 203
São Paulo × Cruzeiro	22 298
Ceará × Cruzeiro	17 315
Flamengo × São Paulo	44 281

Dados fictícios.

43. Analisando a tabela, e sem fazer conta, responda: O total de público foi maior nos jogos do São Paulo ou do Flamengo?

44. Responda fazendo a conta ou, então, indique-a e use a calculadora:

a) Faça uma estimativa de quantas mil pessoas assistiram aos jogos do Flamengo.

b) Faça uma estimativa de quantas mil pessoas assistiram aos jogos do São Paulo.

c) Aproximadamente, quantas mil pessoas assistiram ao torneio?

d) Qual foi o total exato de público nos jogos do Flamengo?

e) Qual foi o total exato de público nos jogos do São Paulo?

f) Qual foi o total de público do torneio?

EDUCAÇÃO FINANCEIRA

De que eu preciso mesmo?

Nem tudo o que a gente vê em uma papelaria é necessário no dia a dia da escola. Na hora de comprar material escolar, verificar o que é realmente necessário e comparar os preços são atitudes muito importantes. As tarefas a seguir apresentam uma maneira de organizar suas compras. Use os conceitos aprendidos sempre que for fazer uma compra – e isso não vale só para material escolar.

I. Pesquise no dicionário o significado da palavra "essencial" e anote dois sinônimos.

II. Pesquise no dicionário o significado da palavra "supérfluo" e anote dois sinônimos.

III. Abaixo há uma lista de 22 materiais de papelaria:

- lápis preto;
- borracha;
- caneta esferográfica azul;
- régua;
- apontador de lápis;
- caneta esferográfica vermelha;
- caixa de elásticos;
- caixa com lápis coloridos;
- caixa de clipes;
- caixa com canetas hidrográficas coloridas;
- compasso;
- tesoura;
- lápis borracha;
- tubo de cola branca;
- fita adesiva;
- lapiseira;
- caderno espiral de 100 folhas;
- esquadro;
- transferidor;
- agenda;
- estojo simples;
- grampeador.

Fotografias: photka/Shutterstock

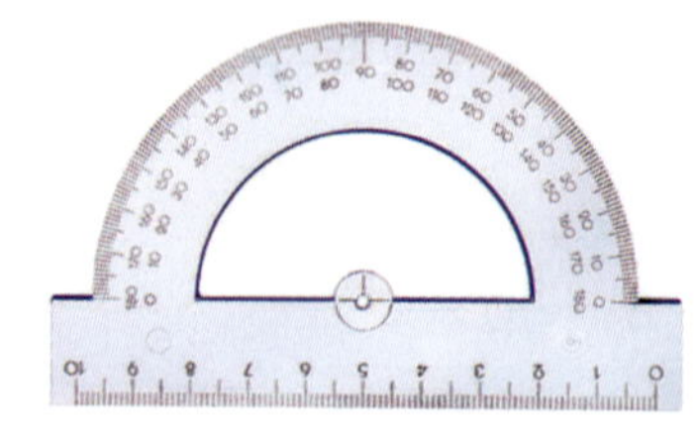

De acordo com sua opinião, separe os materiais em duas listas:

- uma com os materiais que você julga essenciais na escola;
- outra com os materiais que você julga supérfluos na escola.

IV. Vá a uma papelaria e pesquise os preços dos materiais das duas listas. Organize as informações em uma tabela.

V. Faça uma estimativa da quantia necessária para comprar os objetos de sua lista de materiais essenciais. Considere um objeto de cada tipo.

VI. Faça uma estimativa da quantia necessária para comprar os objetos de sua lista de materiais supérfluos. Considere um objeto de cada tipo.

VII. Na sua lista de materiais essenciais, há alguns que você poderá usar durante todo o ano letivo e há outros que se gastarão com o uso e deverão ser repostos. Pensando nisso, separe os objetos dessa lista em duas colunas, uma com os materiais que deverão ser repostos e outra com os que não terão essa necessidade.

VIII. Faça uma lista dos materiais essenciais indicando a quantidade que você acha que precisará de cada um deles durante todo o ano letivo.

IX. Faça uma estimativa da quantia necessária para comprar o total dos materiais essenciais que você relacionou na tarefa VIII.

Forme um grupo com três colegas e faça o que se pede.

1. Converse com os colegas de seu grupo sobre os objetos colocados em cada lista elaborada na tarefa III. As listas de materiais essenciais ficaram iguais? Todos têm a mesma opinião sobre o que é essencial e o que é supérfluo?

2. Converse com os colegas de seu grupo sobre os preços encontrados na tarefa IV. Todas as papelarias têm os mesmos preços? O que pode ter causado diferentes preços para o mesmo tipo de material?

3. Converse com os colegas de seu grupo sobre quais materiais da lista da tarefa III podem ser utilizados no ano seguinte na escola. Elabore uma lista com pelo menos 5 itens.

4. Com base na lista da tarefa III, elabore uma lista com 5 materiais que são muito consumidos e que cuidados poderiam ser tomados para fazer com que sejam menos consumidos.

Noções iniciais de Geometria

NESTA UNIDADE VOCÊ VAI

- Identificar ponto, reta, semirreta, segmento de reta e plano.
- Associar pares ordenados de números a pontos do plano cartesiano.
- Resolver problemas envolvendo vértices, faces e arestas de prismas e pirâmides.
- Construir retas paralelas, retas perpendiculares e ângulos utilizando instrumentos de desenho e tecnologia digital.
- Construir algoritmo para resolver situações passo a passo.
- Resolver problemas envolvendo ângulos.
- Determinar a medida de ângulos.

CAPÍTULOS

CAPÍTULO 3

Noções fundamentais de Geometria

gornostay/Shutterstock

Conjunto de ferramentas com diferentes tipos de chaves.

NA REAL

Para que observar características?

Para quem trabalha com montagens ou manutenção, mesmo que realizando pequenos consertos em casa, o uso de ferramentas adequadas é muito importante. Além das ferramentas, são importantes os equipamentos de segurança, como luvas e óculos de proteção.

Um dos tipos mais comuns de ferramenta, presentes na maioria das casas e oficinas, são as chaves. Elas são usadas para girar porcas e parafusos, sendo encaixadas na parte interna ou externa deles.

A imagem ao lado mostra alguns tipos de porcas e parafusos. É possível girar todos eles utilizando o mesmo tipo de chave? Que características devem ser observadas para escolhermos entre os tipos existentes?

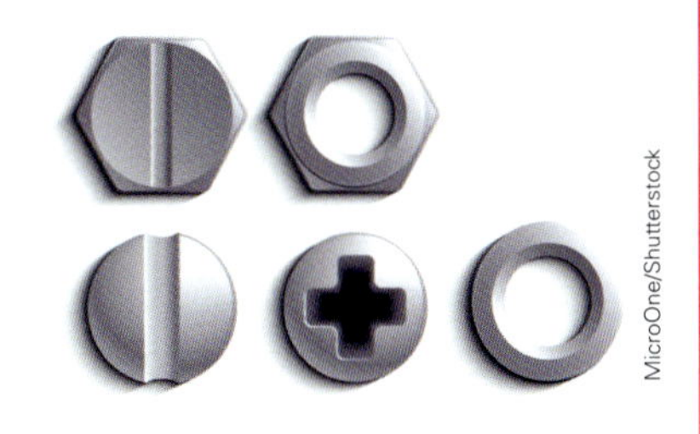
MicroOne/Shutterstock

Na BNCC
EF06MA16
EF06MA17

Um pouco de História

Muito antes de criar as linguagens escritas – tradicional marco do início da civilização –, o ser humano já tinha atentado para as formas dos seres e dos objetos existentes no mundo.

Para sobreviver, desenvolveu, já nos tempos pré-históricos, centenas de objetos com as mais variadas formas. Eram utensílios domésticos, armas de caça, armas de defesa, calçados, roupas, etc.

Nossos antepassados passaram também a retratar, em pinturas e esculturas, as formas de animais, paisagens e objetos com os quais estavam em contato.

Guillemot/akg-images/Album/Fotoarena/Museu Barbier-Mueller, Genebra, Suíça.

Utensílios egípcios de cozinha de cerca de 4500 a.C.

Sandra Moraes/Shutterstock

Pinturas rupestres do Parque Nacional Serra da Capivara (PI), em foto de 2016. Existem pinturas nessa região datadas de 12 mil anos atrás.

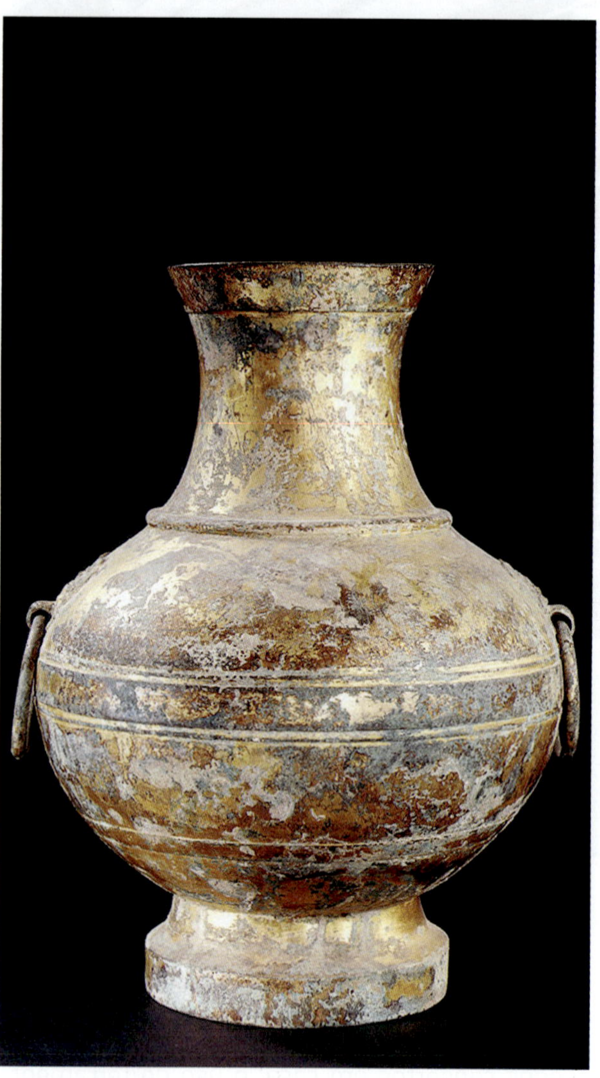

Laurent Lecat/akg-images/Album/Fotoarena

Vaso chinês de bronze datado de 200 a.C.

O desenvolvimento de importantes sociedades humanas na Antiguidade, por volta de 4000 a.C., criou condições para a construção de grandes obras, cuja execução exigiu um profundo estudo de formas e figuras.

Das civilizações antigas, chineses, egípcios, assírios, babilônios e sobretudo os gregos deram grandes contribuições ao estudo das formas.

Na Grécia, entre os séculos V e III a.C., vários pensadores se dedicaram ao estudo das formas e do espaço. Hoje, o nome desses pensadores aparece relacionado às suas descobertas nessa área do conhecimento chamada de Geometria.

A Geometria tem por objetivo estudar as formas (de objetos ou figuras) e estabelecer relações entre as medidas de suas partes e entre diferentes figuras.

O pensador grego que mais se destacou em Geometria foi Euclides (século III a.C.). Ele reuniu as descobertas já feitas, complementou-as e organizou-as de modo sistemático em uma obra chamada de *Os elementos*, escrita em treze volumes.

Essa obra serviu de guia e de base para as pesquisas em Geometria por mais de dois milênios.

A importância do trabalho de Euclides para a Geometria foi tanta que os conhecimentos reunidos em *Os elementos* – adicionados aos que derivaram deles – passaram a ser conhecidos como **Geometria euclidiana**.

No mundo de hoje, as inúmeras obras de engenharia, arquitetura, artes plásticas, etc. mostram a variedade de formas que o homem desenvolveu partindo dos conhecimentos de Geometria.

gmlykin/Shutterstock

Torre Eiffel, Paris, França. Foto de 2017.

A palavra **geometria** resulta de duas palavras gregas: *geo*, que significa "terra", e *metria*, que significa "medida".

R.M. Nunes/Shutterstock

Catedral de Brasília (DF), projetada pelo arquiteto Oscar Niemeyer. Foto de 2017.

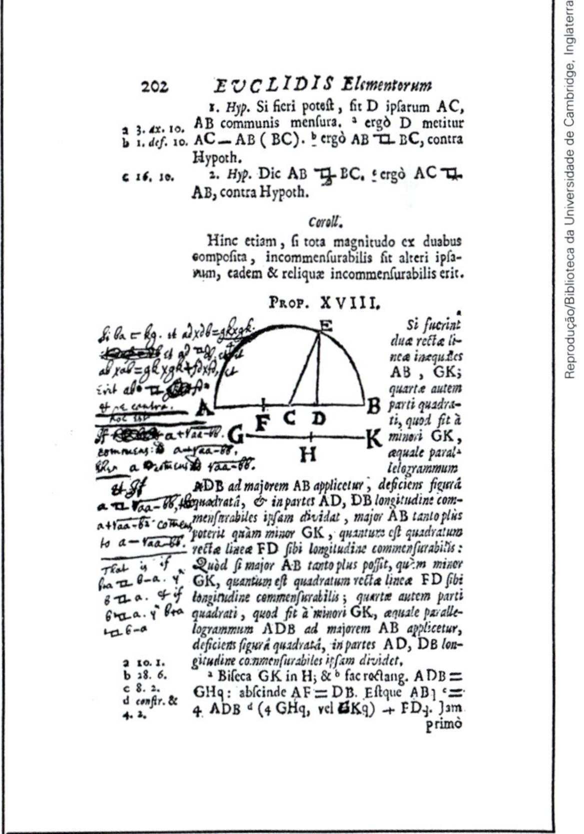
202 *EUCLIDIS Elementorum*

1. *Hyp.* Si fieri potest, sit D ipsarum AC, AB communis mensura. [a] ergò D metitur AC – AB (BC). [b] ergò AB ⊓⊔ BC, contra Hypoth.

2. *Hyp.* Dic AB ⊓⊔ BC. [c] ergò AC ⊓⊔ AB, contra Hypoth.

a 3. ax. 10. b 1. def. 10. c 16. 10.

Coroll.

Hinc etiam, si tota magnitudo ex duabus composita, incommensurabilis sit alteri ipsarum, eadem & reliquæ incommensurabilis erit.

PROP. XVIII.

Si fuerint duæ rectæ lineæ inæquales AB, GK; *quartæ autem parti quadrati, quod fit à minori* GK, *æquale parallelogrammum* ADB *ad majorem* AB *applicetur, deficiens figurâ quadratâ, & in partes* AD, DB *longitudine commensurabiles ipsam dividat, major* AB *tanto plus poterit quàm minor* GK, *quantum est quadratum rectæ lineæ* FD *sibi longitudine commensurabilis: Quòd si major* AB *tanto plus possit, quàm minor* GK, *quantum est quadratum rectæ lineæ* FD *sibi longitudine commensurabilis; quartæ autem parti quadrati, quod fit à minori* GK, *æquale parallelogrammum* ADB *ad majorem* AB *applicetur, deficiens figurâ quadratâ, in partes* AD, DB *longitudine commensurabiles ipsam dividet.*

[a] Biseca GK in H; & [b] fac rectang. ADB = GHq: abscinde AF = DB. Estque ABq [c] = 4 ADB [d] (4 GHq, vel GKq) + FDq. Jam primò

a 10. 1. b 28. 6. c 8. 2. d constr. & 4. 2.

No. 2372 (*actual size*).

Reprodução/Biblioteca da Universidade de Cambridge, Inglaterra.

Página de *Os elementos*, de Euclides, com notas manuscritas de Isaac Newton.

Formas reais e formas geométricas

Observe a seguir fotos de objetos que constituem formas reais, com as quais temos contato. Ao lado de cada foto está representada a mesma forma, como idealizada pela Geometria, e os respectivos nomes.

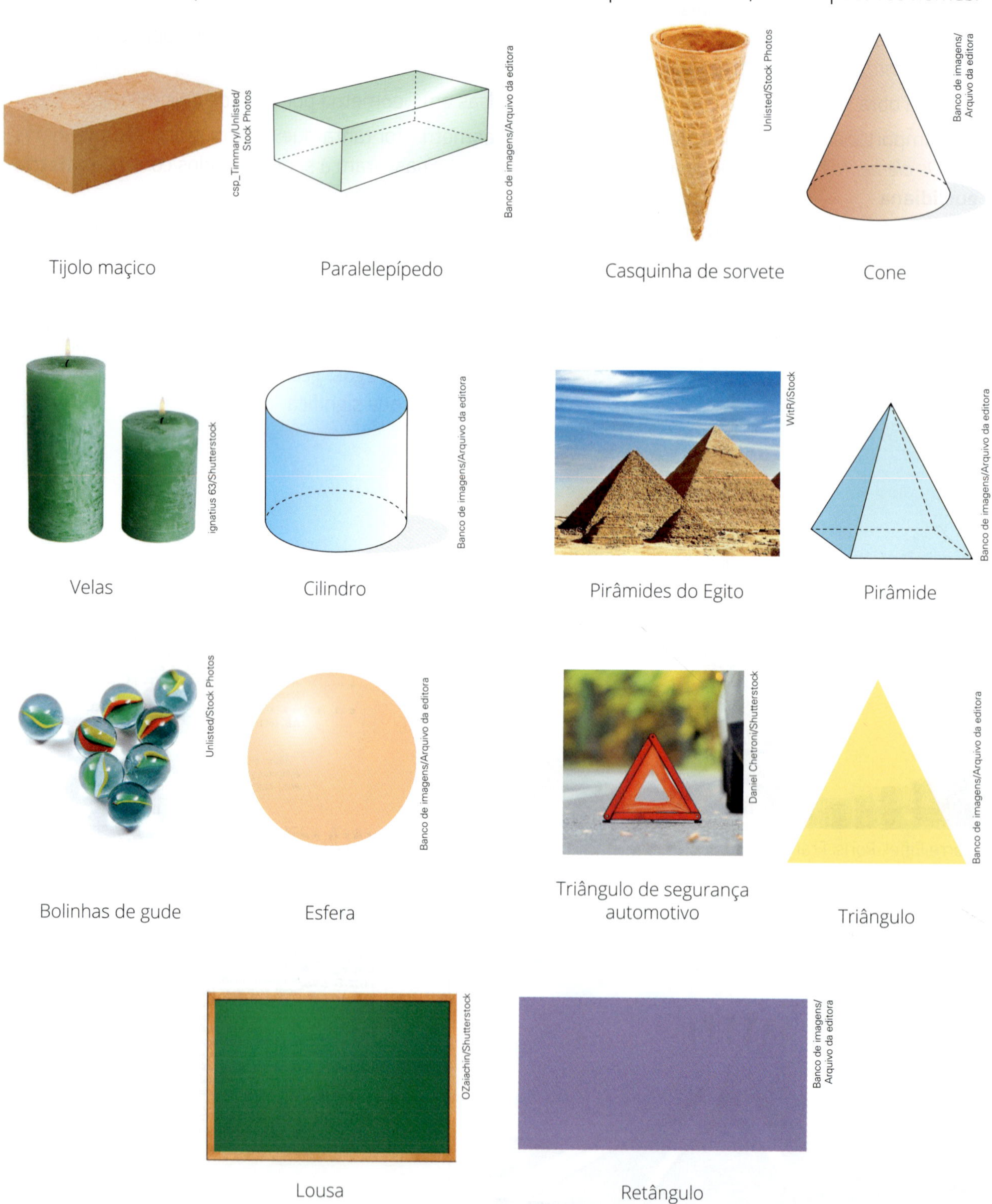

Tijolo maçico | Paralelepípedo | Casquinha de sorvete | Cone

Velas | Cilindro | Pirâmides do Egito | Pirâmide

Bolinhas de gude | Esfera | Triângulo de segurança automotivo | Triângulo

Lousa | Retângulo

Como você pode perceber, as formas geométricas são formas idealizadas. Por exemplo, as bolinhas de gude que aparecem na foto lembram o formato da esfera, independentemente da aparência que têm.

ATIVIDADES

1. Reproduza o desenho a seguir em uma folha de cartolina. Em seguida, recorte, dobre e cole conforme indicado. Que modelo de figura geométrica você deve obter?

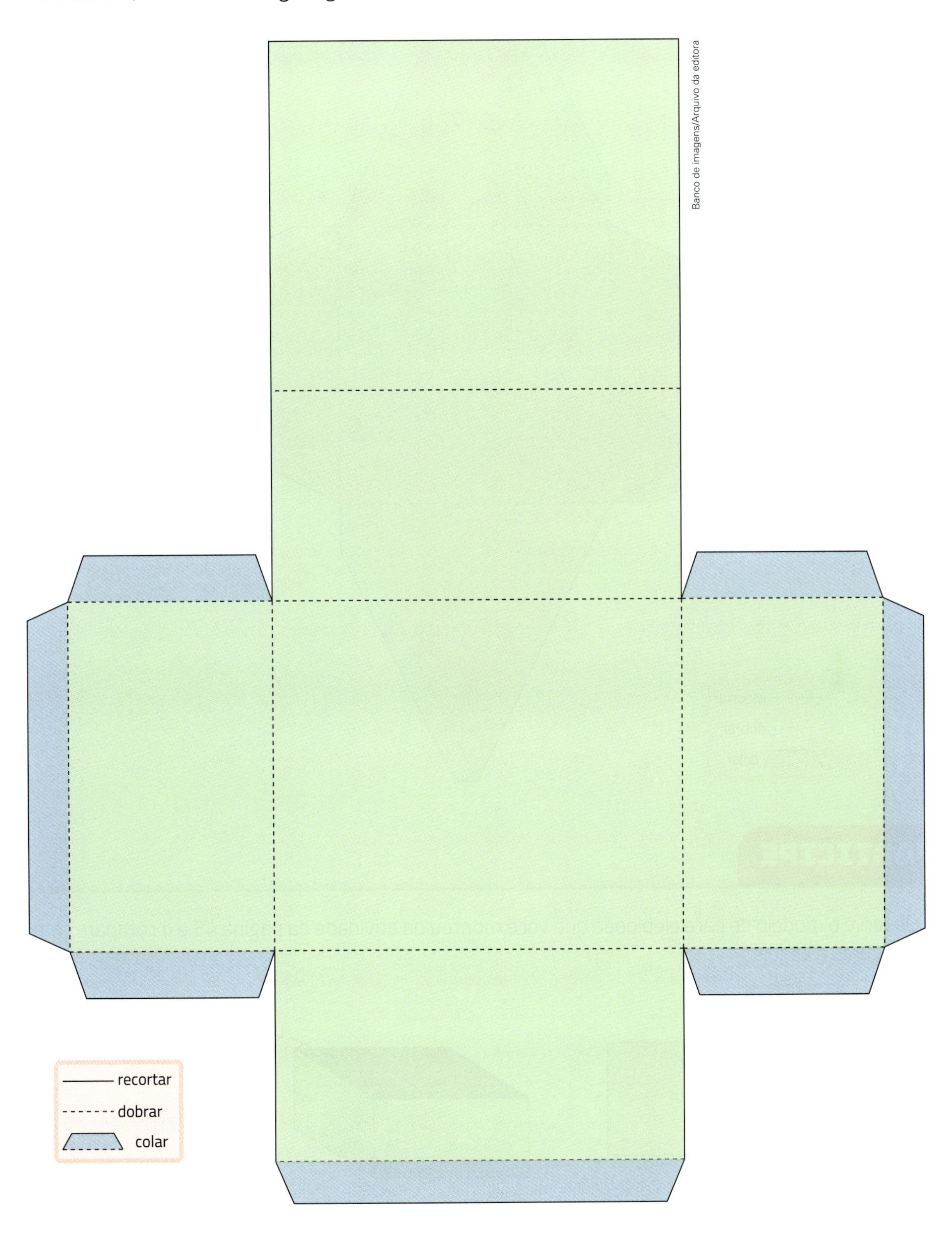

2. Agora, reproduza o desenho a seguir em uma folha de cartolina. Em seguida, recorte, dobre e cole conforme indicado. Que modelo de figura geométrica você deve obter?

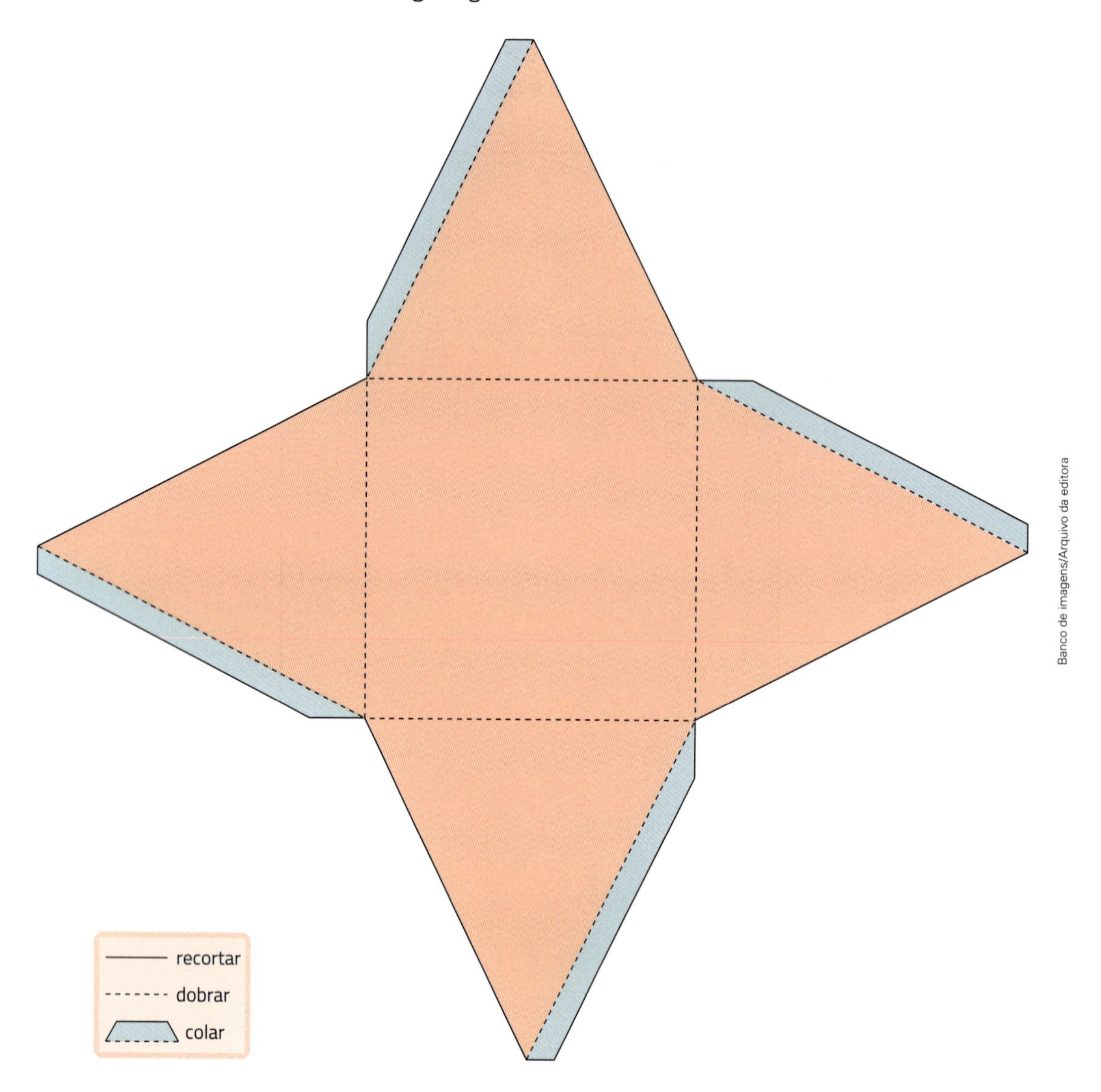

Banco de imagens/Arquivo da editora

PARTICIPE

Observe o modelo de paralelepípedo que você montou na atividade da página 45 e o compare com as figuras a seguir.

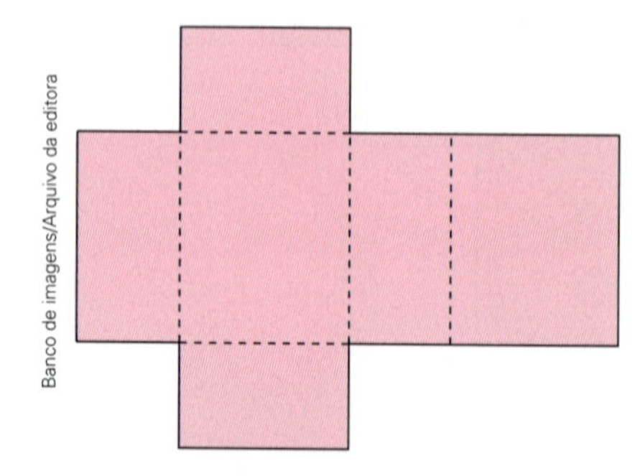

Banco de imagens/Arquivo da editora

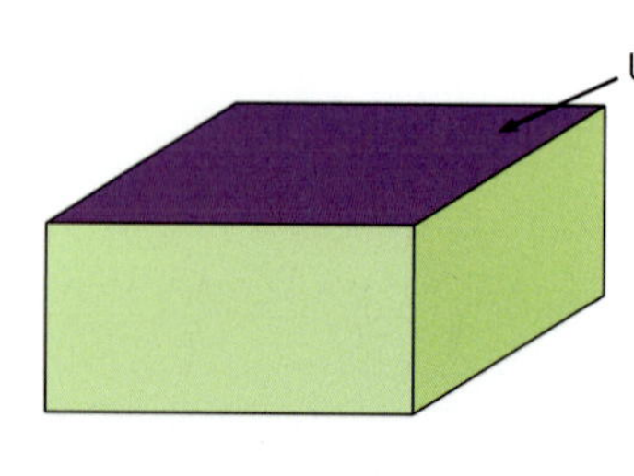

Banco de imagens/Arquivo da editora

Agora, responda:

a) O que é aresta de um paralelepípedo?

b) O que é vértice de um paralelepípedo?

c) Qual das duas figuras anteriores representa a planificação de um paralelepípedo?

Ponto, reta e plano: as formas geométricas mais simples

Observe novamente o modelo de paralelepípedo que você montou anteriormente.

Cada um de seus 8 vértices dá a ideia de **ponto**.

Cada uma de suas 12 arestas dá a ideia de "pedaço" de reta. Se pudéssemos prolongar cada aresta indefinidamente, teríamos uma **reta**.

Cada uma de suas 6 faces dá a ideia de "pedaço" de plano. Se pudéssemos ampliar cada face indefinidamente, em todas as direções, teríamos um **plano**.

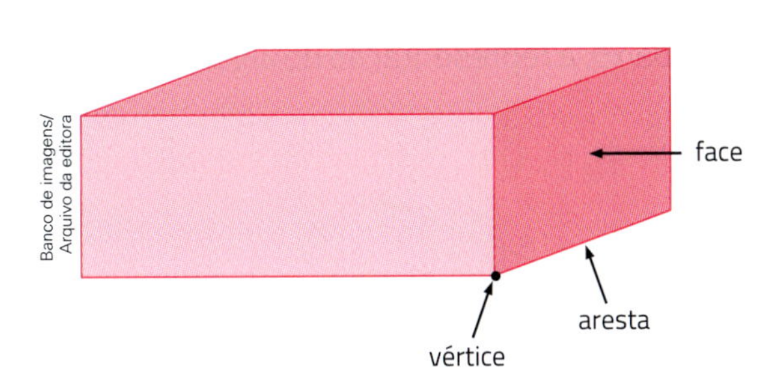

Banco de imagens/Arquivo da editora

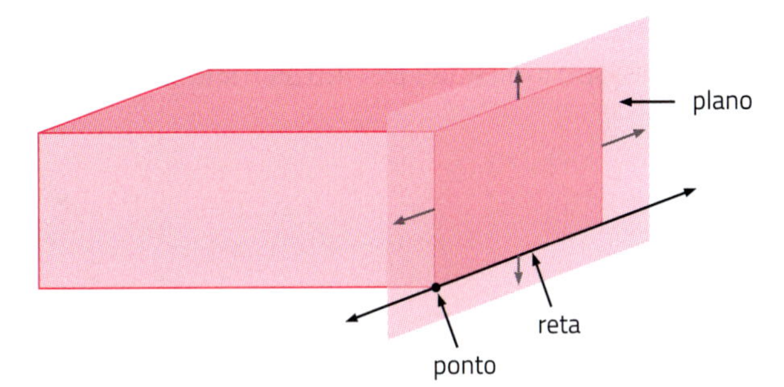

Representação de ponto, reta e plano

A figura ao lado representa um **geoplano**, formado por uma placa quadriculada, com pregos nos vértices de cada quadradinho. As cabeças dos pregos dão a ideia de pontos.

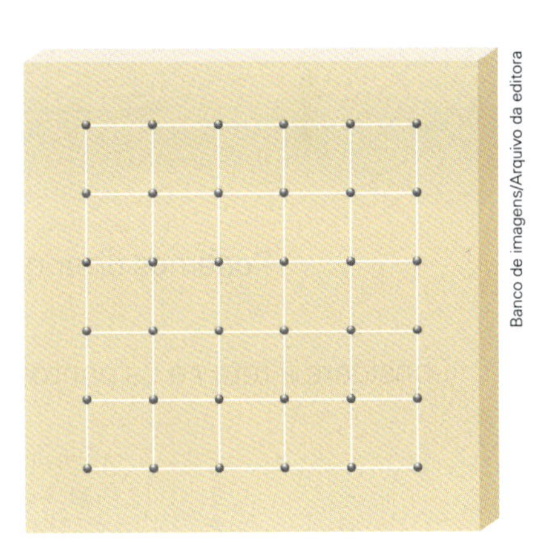

Banco de imagens/Arquivo da editora

Os pontos são indicados por letras maiúsculas. Veja, na figura a seguir, as representações de alguns deles.

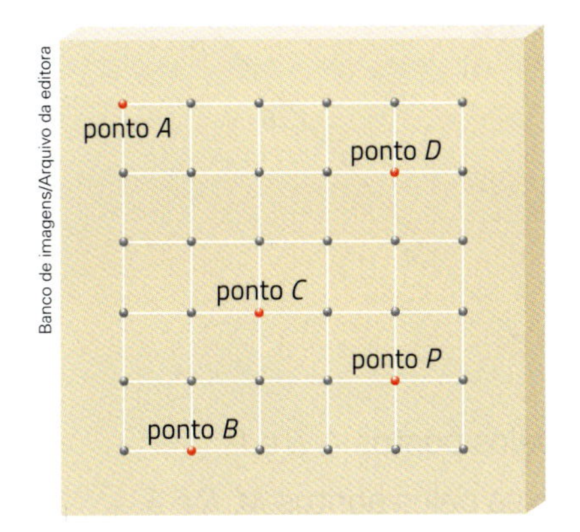

Banco de imagens/Arquivo da editora

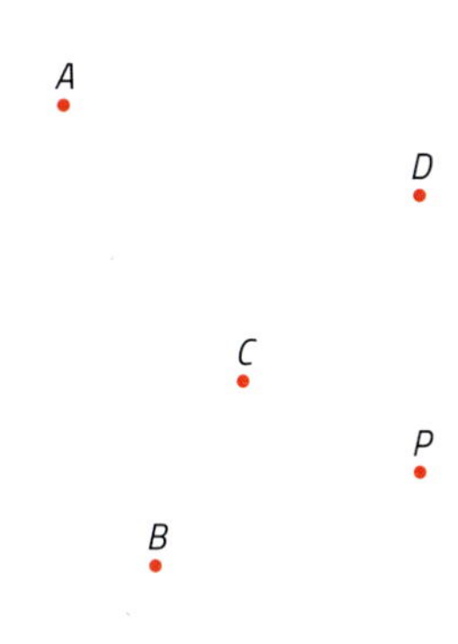

Um barbante – ou fio de linha – esticado dá a ideia de um pedaço de reta. Prolongado para um lado e para o outro, o barbante dá a ideia de uma reta.

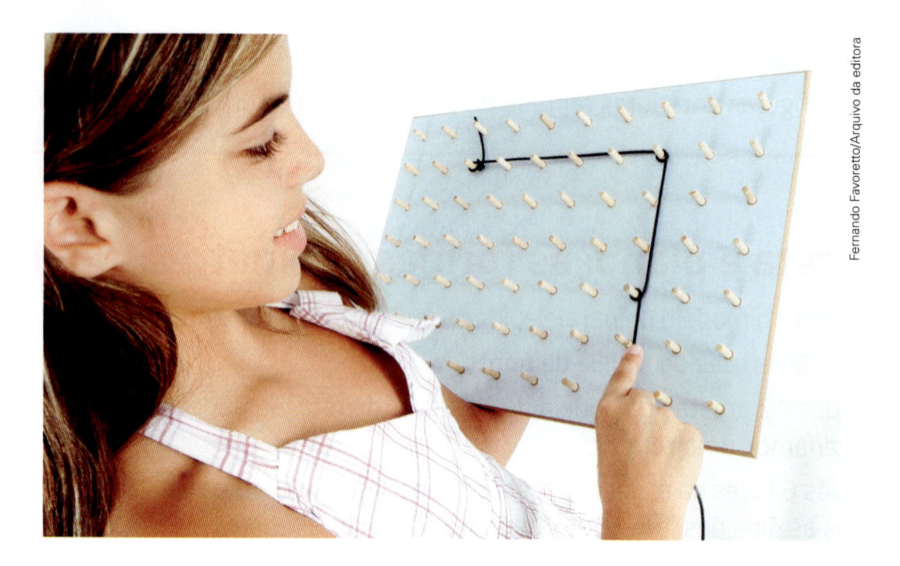
Fernando Favoretto/Arquivo da editora

As retas são indicadas por letras minúsculas. Veja, na figura abaixo, a representação de algumas delas.

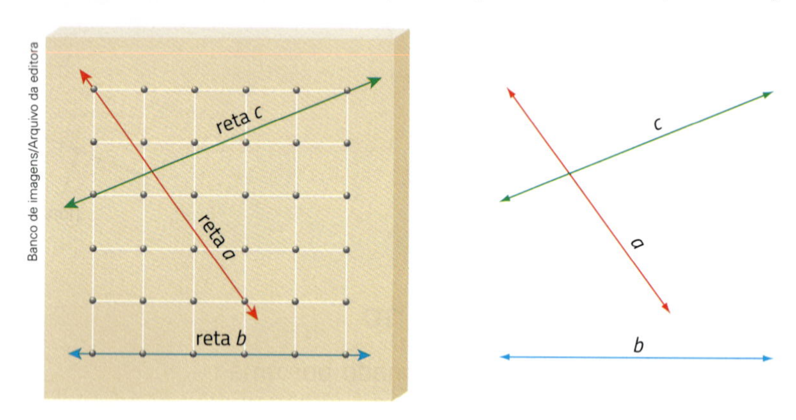

Banco de imagens/Arquivo da editora

Podemos dizer que toda reta é um conjunto cujos elementos são pontos.

Considere a reta *r* e os pontos *A*, *B*, *M*, *P*, *R* e *S* representados a seguir.

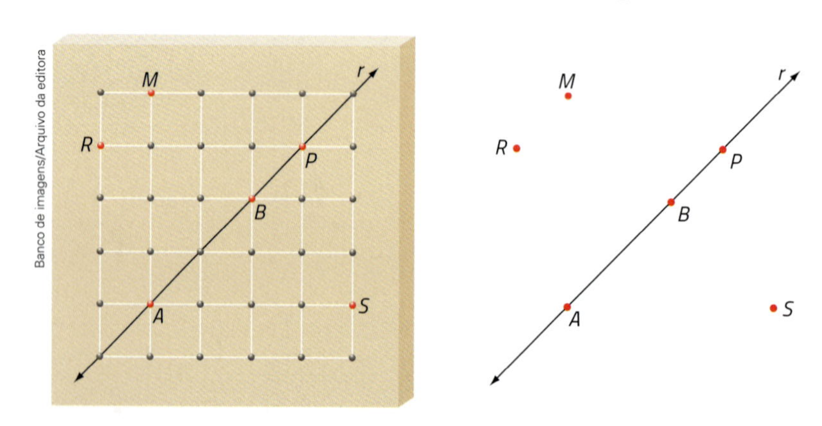

Banco de imagens/Arquivo da editora

Os pontos *A*, *B* e *P* pertencem à reta *r*. A reta *r* passa pelos pontos *A*, *B* e *P*.

Os pontos *M*, *R* e *S* não pertencem à reta *r*. A reta *r* passa pelos pontos *M*, *R* e *S*.

O geoplano ajuda na visualização de um plano. Os planos podem ser indicados por letras minúsculas do alfabeto grego: α (alfa), β (beta), γ (gama), δ (delta), etc.

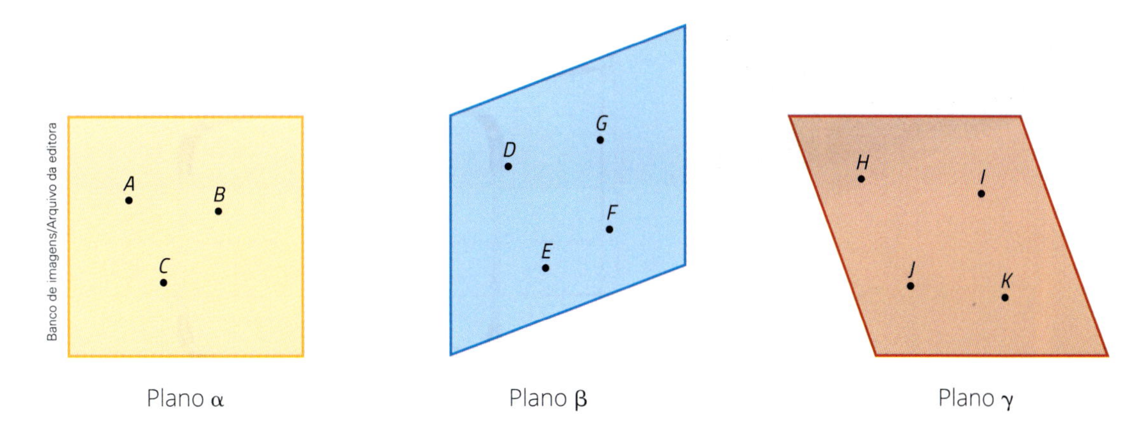

Plano α Plano β Plano γ

Considere o plano α e os pontos *A*, *P*, *Q* e *X*, representados abaixo.

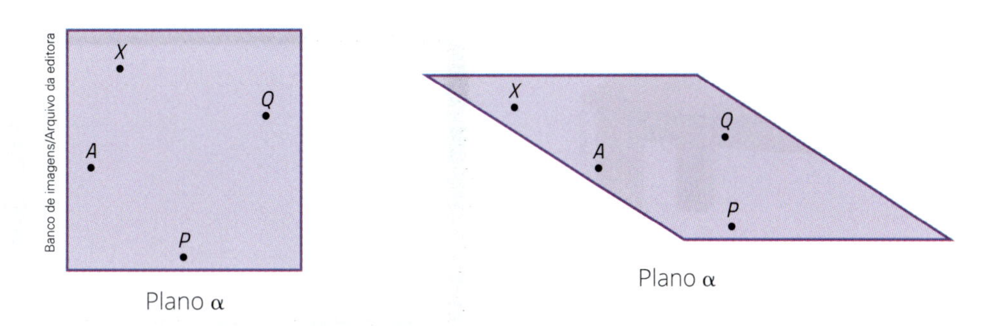

Plano α Plano α

Os pontos *A*, *P*, *Q* e *X* pertencem ao plano α.

Podemos dizer que todo **plano** é um conjunto cujos elementos são pontos.

O que mais dá a ideia de ponto?

A marca feita pela ponta de um lápis.

As estrelas no céu.

O que mais dá a ideia de reta?

As imagens desta página não estão representadas em proporção entre si.

Tappasan Phurisamrit/Shutterstock

A demarcação das vias de uma estrada.

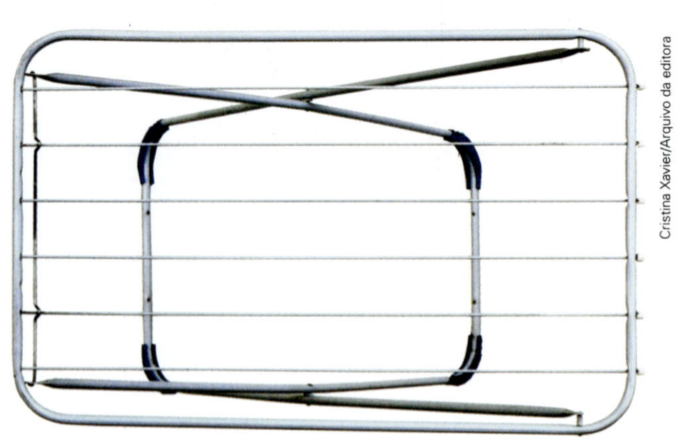
Cristina Xavier/Arquivo da editora

Os fios de um varal.

O que mais dá a ideia de plano?

Sagir/Shutterstock

A superfície do tampo de uma mesa.

Yeti studio/Shutterstock

A tela de um *tablet*.

Veja mais um exemplo de que as formas geométricas mais simples estão presentes em nosso dia a dia. Em uma quadra de futebol *society*:

- o piso dá a ideia de plano;
- a linha que divide os dois lados da quadra dá a ideia de reta;
- o centro da quadra dá a ideia de ponto.

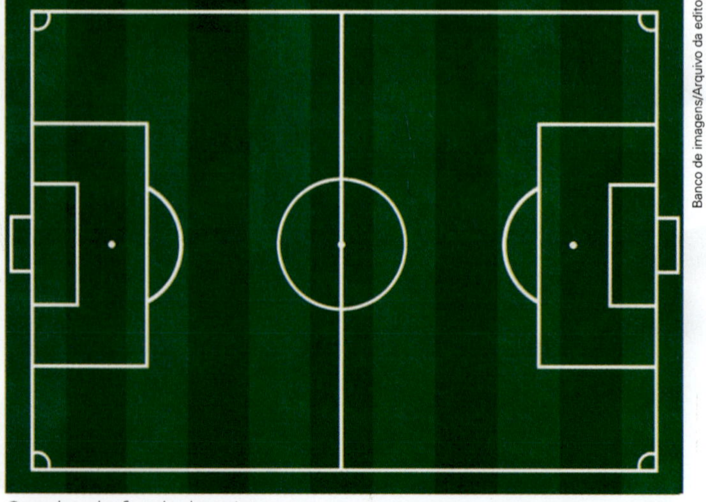
Banco de imagens/Arquivo da editora

Quadra de futebol *society*.

ATIVIDADES

3. Observe o bloco retangular ao lado.
Agora, responda:

a) Que pontos são vértices?

b) Quantas retas formam as arestas?

c) Quantos planos formam as faces?

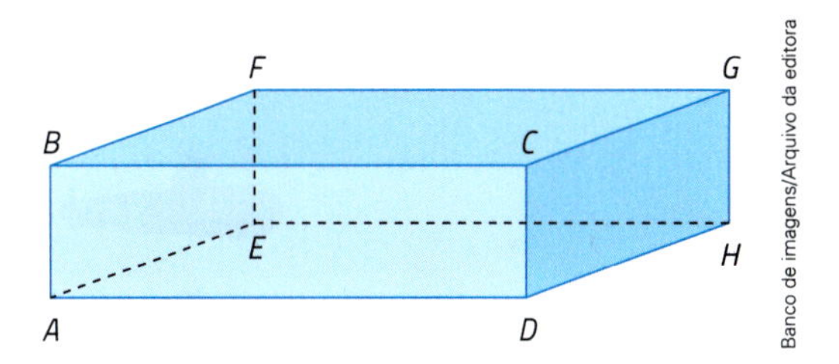

Banco de imagens/Arquivo da editora

4. Observe a pirâmide ao lado. É uma pirâmide de base triangular.
Agora, responda:

a) Que pontos são vértices?

b) Quantas retas formam as arestas?

c) Quantos planos formam as faces?

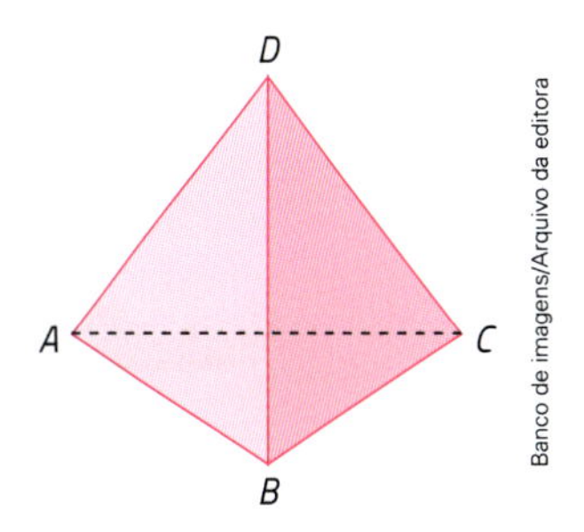

Banco de imagens/Arquivo da editora

5. A figura ao lado representa um retângulo.
Responda:

a) Qual palavra completa corretamente a afirmação a seguir?
Os ▨▨▨ *A*, *B*, *C* e *D* são os vértices desse retângulo.

b) Quantas retas formam os lados do retângulo?

Banco de imagens/Arquivo da editora

6. Complete o quadro a seguir com as informações que estão faltando.

Sólido geométrico	Número de lados do polígono da base	Número de vértices do sólido	Número de arestas do sólido	Número de faces do sólido
Bloco retangular	4	8	12	▨▨▨
Prisma de base triangular	▨▨▨	▨▨▨	▨▨▨	▨▨▨
Prisma de base hexagonal	▨▨▨	▨▨▨	▨▨▨	▨▨▨
Pirâmide de base triangular	▨▨▨	▨▨▨	▨▨▨	▨▨▨
Pirâmide de base quadrada	▨▨▨	▨▨▨	▨▨▨	▨▨▨
Pirâmide de base hexagonal	▨▨▨	▨▨▨	▨▨▨	▨▨▨
Pirâmide de base octogonal	▨▨▨	▨▨▨	▨▨▨	▨▨▨

Agora, responda às perguntas.

a) Qual é a relação entre o número de lados do polígono da base dos prismas e o número de vértices dos prismas?

b) Qual é a relação entre o número de lados do polígono da base das pirâmides e o número de vértices das pirâmides?

c) Qual é a relação entre o número de lados do polígono da base dos prismas e o número de arestas dos prismas? E das pirâmides?

d) Qual é a relação entre o número de lados do polígono da base dos prismas e o número de faces dos prismas? E das pirâmides?

Coordenadas

Nicole está jogando batalha-naval com seu primo Marcos. Cada um dispõe de 15 embarcações de guerra. Veja:

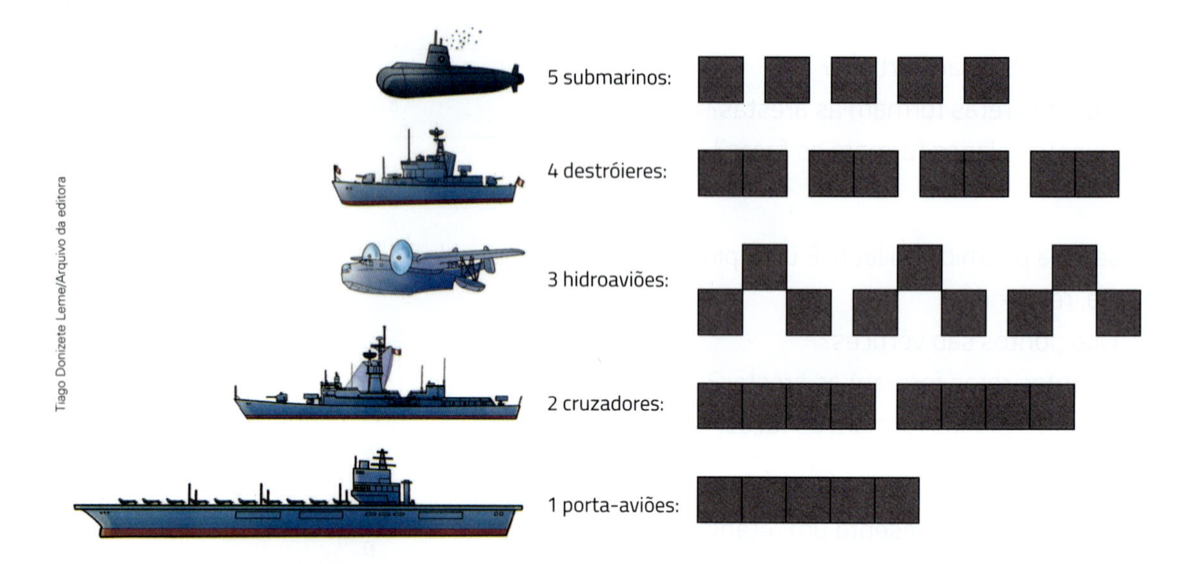

Na figura 1, observe como Nicole posicionou algumas de suas embarcações no tabuleiro. De acordo com as regras do jogo, as embarcações não podem se tocar nem ficar encostadas uma na outra.

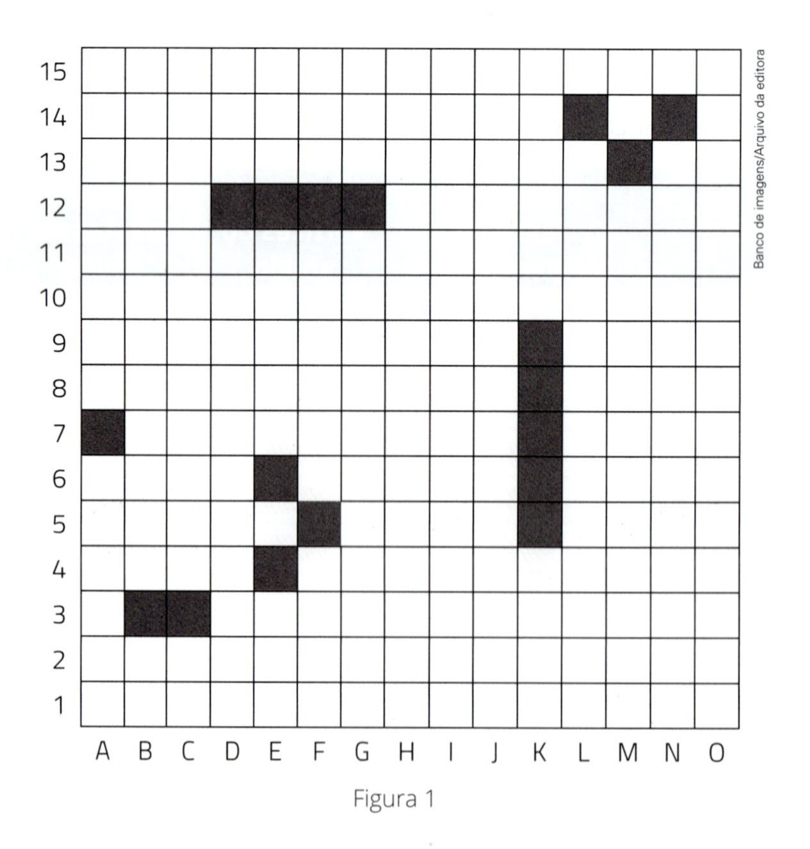

Figura 1

A posição de cada quadradinho é determinada por uma letra, de A a O, e um número, de 1 a 15. A letra indica a coluna, e o número, a linha em que a embarcação está.

Por exemplo, um submarino está na posição A7.

ATIVIDADES

7. Observe a figura 1 da página 52 e indique as posições ocupadas:

a) pelo destróier.

b) pelo cruzador.

c) pelo porta-aviões.

d) pelos hidroaviões.

8. Durante o jogo, na vez de Nicole, ela "atirou" na posição M2 do tabuleiro de Marcos e ele respondeu que ela acertou parte de um destróier. Em que posição pode estar a outra parte desse destróier?

Sistema de coordenadas

Para localizar pontos em um plano, traçamos duas retas numéricas perpendiculares, que chamamos de **eixo das abscissas** e **eixo das ordenadas**.

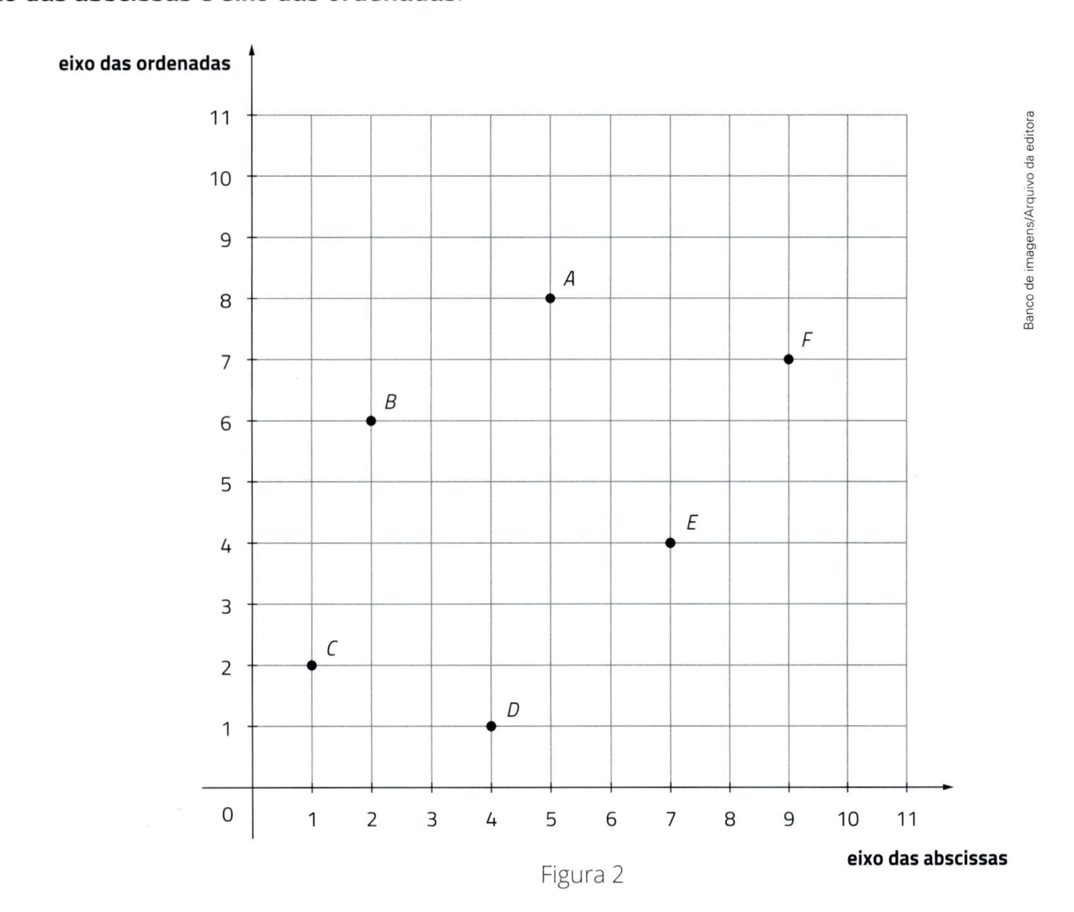

Figura 2

Os eixos formam um **sistema de coordenadas**. Eles se cruzam em um ponto que chamamos de **origem**, no qual é marcado o 0 de cada eixo.

Escolhemos uma unidade de medida de comprimento (por exemplo, o centímetro) para marcar os números em ambos os eixos. No eixo das abscissas, os números aumentam da esquerda para a direita; no das ordenadas, de baixo para cima.

Para indicar a localização de um ponto, falamos primeiro a abscissa e depois a ordenada. Por escrito, anotamos entre parênteses, separadas por vírgula (ou por ponto e vírgula), primeiro a abscissa e depois a ordenada.

Por exemplo, na figura 2, o ponto *A* tem abscissa 5 e ordenada 8. O ponto *A* tem coordenadas (5, 8).

Conhecendo as coordenadas de um ponto, podemos localizá-lo no sistema de coordenadas. Por exemplo, para chegar ao ponto *P*, de coordenadas (6, 4), partimos da origem, deslocamos 6 unidades para a direita (no eixo das abscissas) e, depois, 4 unidades para cima (paralelamente ao eixo das ordenadas). Observe a figura ao lado.

Para chegar ao ponto *Q*, de coordenadas (3, 0), basta partir da origem e deslocar 3 unidades para a direita. Para chegar ao ponto *R*, de coordenadas (0, 2), basta deslocar 2 unidades para cima a partir da origem.

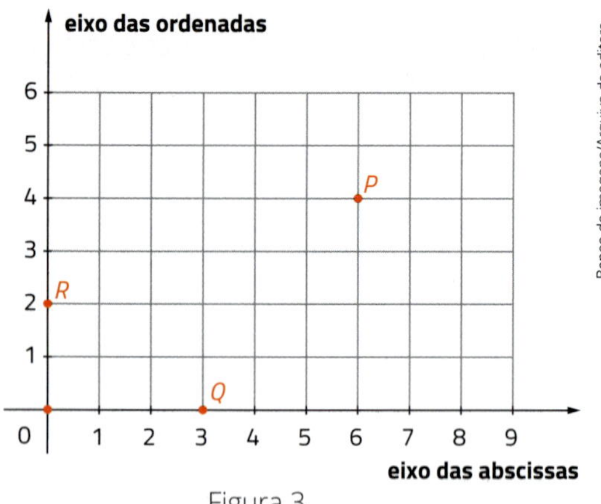

Figura 3

ATIVIDADES

9. Na figura 2 da página 53, quais são as coordenadas dos pontos *B*, *C*, *D*, *E* e *F*?

10. Quais são as coordenadas dos vértices do polígono desenhado a seguir?

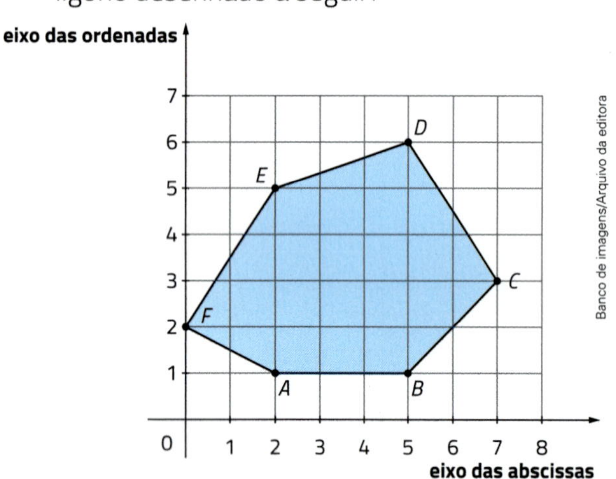

11. Localize os pontos do quadro abaixo em um sistema de coordenadas.

Ponto	*A*	*B*	*C*	*D*	*E*	*F*
Coordenadas	(4, 2)	(3, 6)	(6, 9)	(2, 4)	(7, 0)	(0, 5)

Agora, construa três sistemas de coordenadas, um para cada atividade seguinte.

12. Desenhe o triângulo com vértices de coordenadas (2, 2), (10, 4) e (4, 7).

13. Desenhe o quadrilátero com vértices de coordenadas (1, 3), (5, 1), (9, 3) e (5, 5).

14. Desenhe o polígono com vértices de coordenadas (2, 0), (5, 0), (8, 3), (5, 6), (2, 6) e (0, 3).

Pontos colineares

Observe a reta *r*, representada a seguir, que passa pelos pontos *A* e *B*.

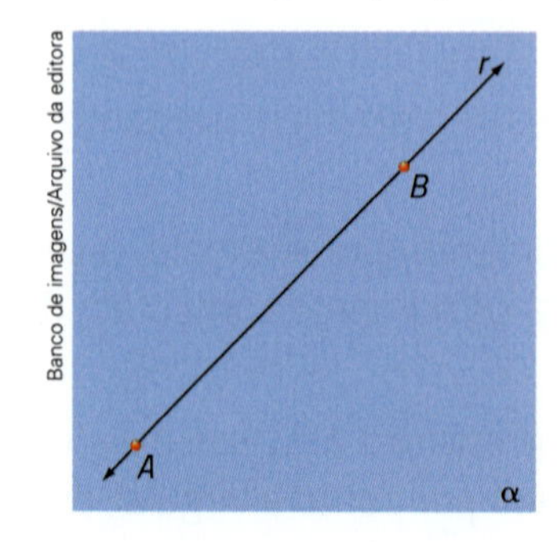

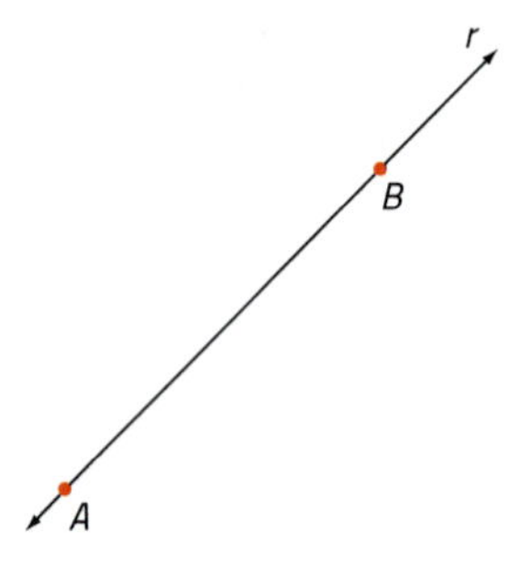

Por dois pontos distintos passa uma única reta.

Podemos também indicar essa reta por $\overleftrightarrow{AB}$.

Além de $\overleftrightarrow{AB}$, não existe outra reta que passa pelos pontos *A* e *B*.

Veja outros exemplos:

- reta *s* ou reta $\overleftrightarrow{CD}$:

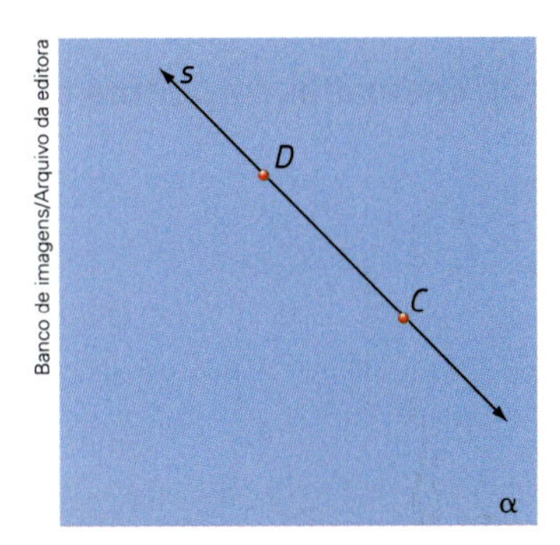

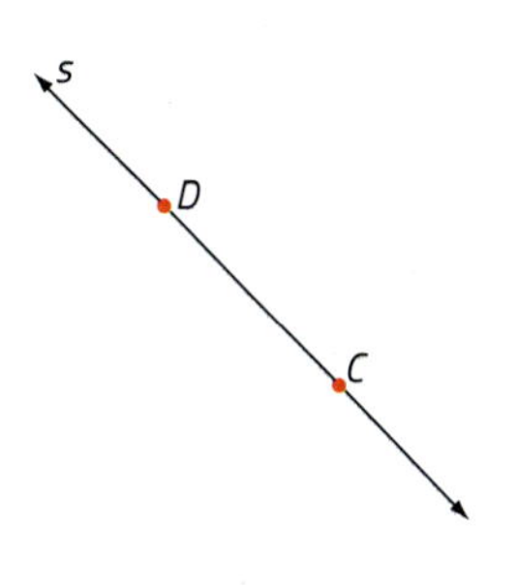

- reta *t* ou reta $\overleftrightarrow{EF}$:

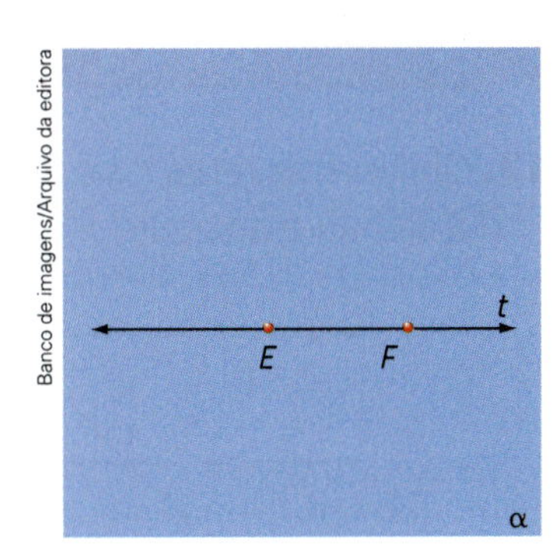

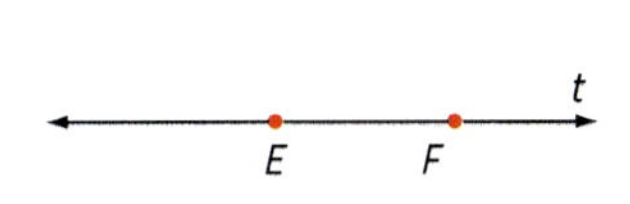

- reta *u* ou reta $\overleftrightarrow{GH}$:

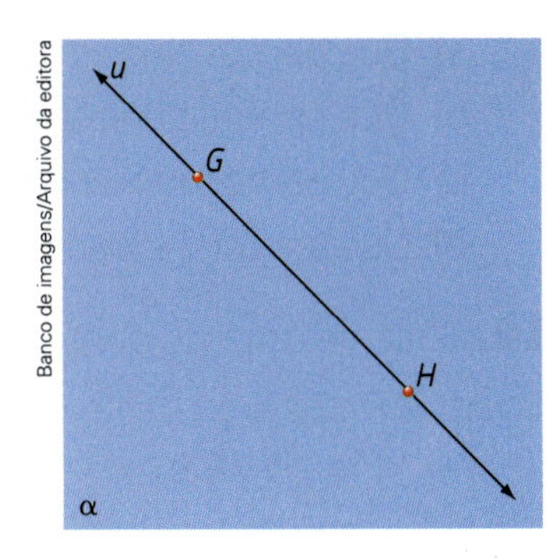

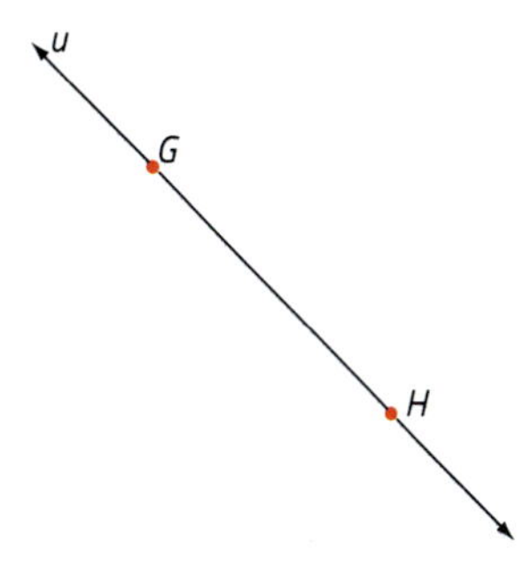

Considere agora a reta *r* e os pontos representados na figura abaixo.

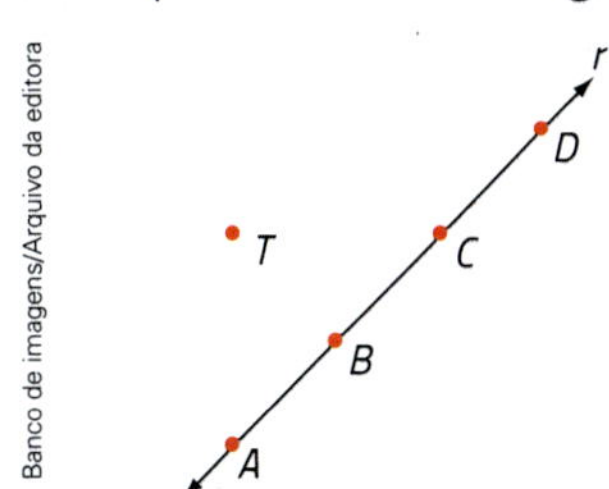

Além de *A* e de *B*, existem outros pontos indicados que pertencem à reta $\overleftrightarrow{AB}$?

A resposta a essa pergunta é: Os pontos *C* e *D* pertencem à reta $\overleftrightarrow{AB}$. O ponto *T* não pertence à reta $\overleftrightarrow{AB}$.

Em linguagem matemática, os símbolos $\in$ (pertence) e $\notin$ (não pertence) ajudam a escrever resumidamente essas sentenças. Veja:

$A \in \overleftrightarrow{AB}$ $B \in \overleftrightarrow{AB}$ $C \in \overleftrightarrow{AB}$ $D \in \overleftrightarrow{AB}$ $T \notin \overleftrightarrow{AB}$

Pontos que pertencem à mesma reta são chamados de **pontos colineares**.

Podemos concluir que:

- os pontos *A*, *B*, *C* e *D* são colineares;
- a reta *r* passa pelos pontos *A*, *B*, *C* e *D*;
- a reta *r* não passa pelo ponto *T*.

ATIVIDADES

15. Que figuras estão representadas no plano α a seguir?

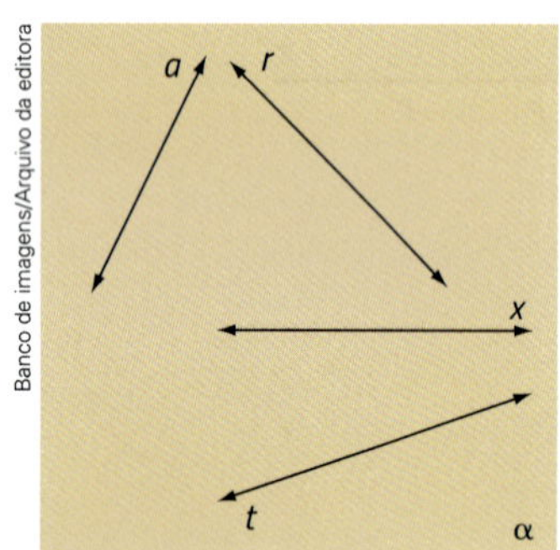

16. Observe as retas *a*, *b*, *c*, *r*, *s* e *t* representadas a seguir.

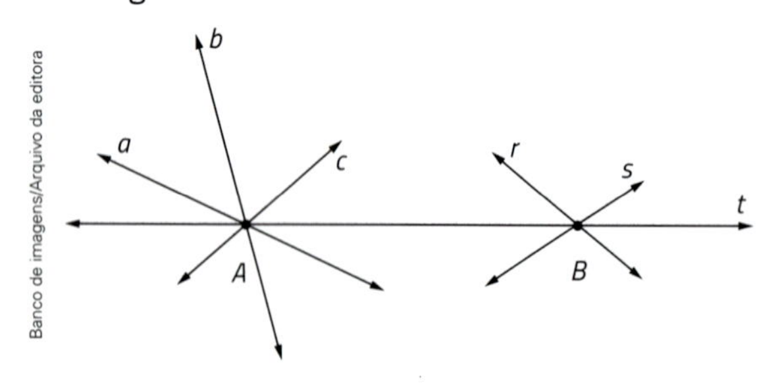

a) Quais dessas retas passam pelo ponto *A*?

b) Quais dessas retas passam pelo ponto *B*?

c) Qual(is) dessas retas passa(m) pelos pontos *A* e *B*?

17. Observe as retas *r*, *s* e *t* e os pontos *A*, *B*, *C*, *D* e *E* da figura a seguir.

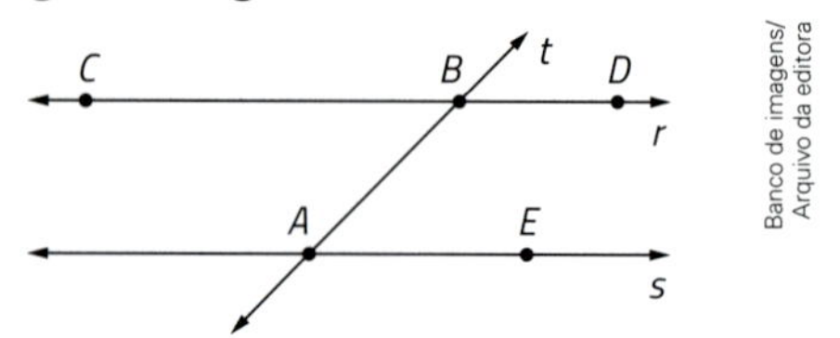

Agora, responda:

a) Que pontos pertencem à reta *r*?

b) Que pontos pertencem à reta *s*?

c) Que pontos pertencem à reta *t*?

d) Que ponto(s) é (são) colinear(es) com *B* e *D*?

18. Observe os cinco pontos *A*, *B*, *C*, *D* e *E*.

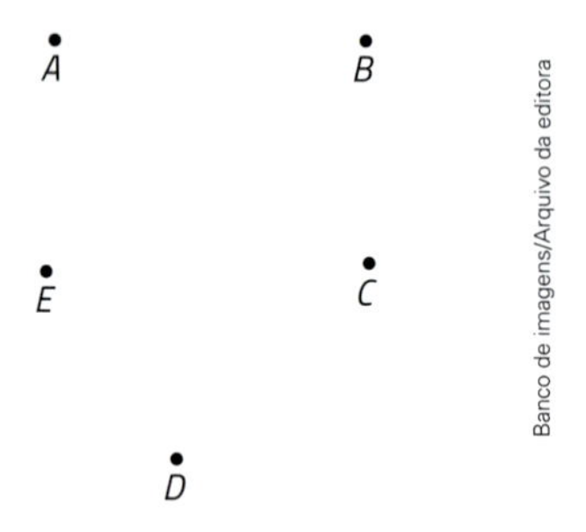

Quantas retas podemos construir passando por dois desses pontos? Quais?

CAPÍTULO 4

Semirreta, segmento de reta e ângulo

Christian Hartmann/Reuters/Fotoarena

Controlador de tráfego aéreo.

NA REAL

Por que cada avião decola em um horário?

Assim como na rodoviária, em que os ônibus têm horário de partida e de chegada, no aeroporto os aviões também têm um horário de partida e de chegada. Mas, no caso dos aviões, os horários não são definidos apenas para a organização do fluxo de pessoas. Eles também são definidos para controlar o tráfego de aviões no espaço aéreo e evitar que haja colisão entre as aeronaves.

Um profissional muito importante nesse processo é o controlador de tráfego aéreo. Ele é responsável principalmente por acompanhar o percurso realizado pelas aeronaves, desde a decolagem até o pouso.

Suponha que um controlador de voo esteja analisando o percurso dos dois aviões representados no mapa ao lado. Se o avião *A* sair do Pará com destino ao Piauí e o avião *B* sair do Distrito Federal com destino ao Maranhão, ambos em linha reta, com a mesma velocidade e altitude, existe a possibilidade de eles se cruzarem no ar? Como resolver isso?

Banco de imagens/Arquivo da editora

Na BNCC
EF06MA22
EF06MA23
EF06MA25
EF06MA26
EF06MA27

Semirreta

Considere uma reta *r*, que passa pelo ponto *O*.

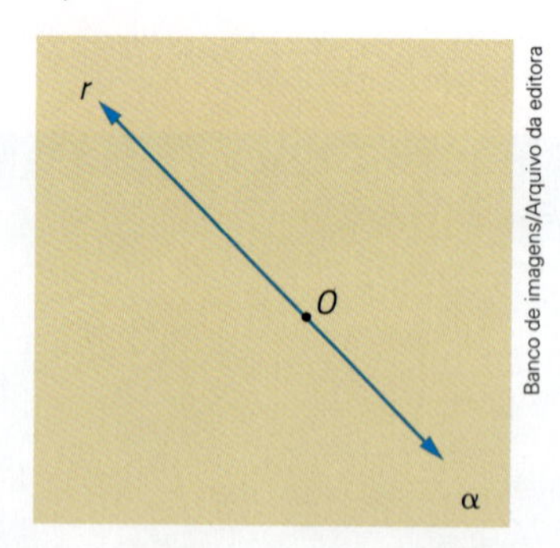

Cada uma das partes dessa reta – a verde e a vermelha, ambas incluindo o ponto *O* – é uma **semirreta**.

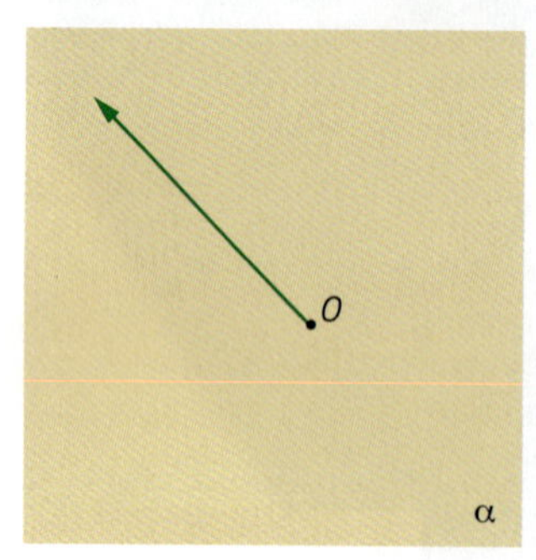

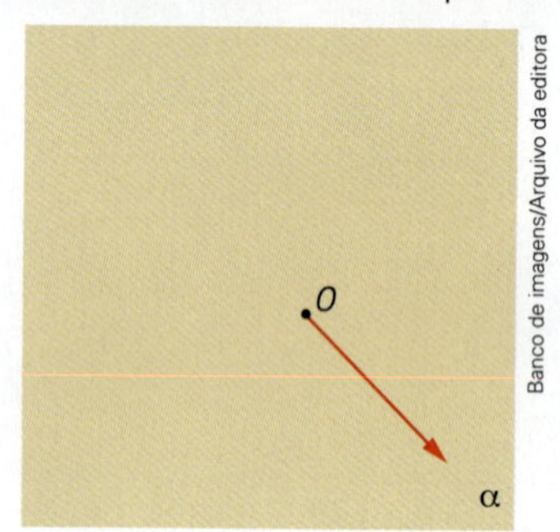

As semirretas verde e vermelha são semirretas opostas.

O ponto *O* é a origem da semirreta verde e é também a origem da semirreta vermelha.

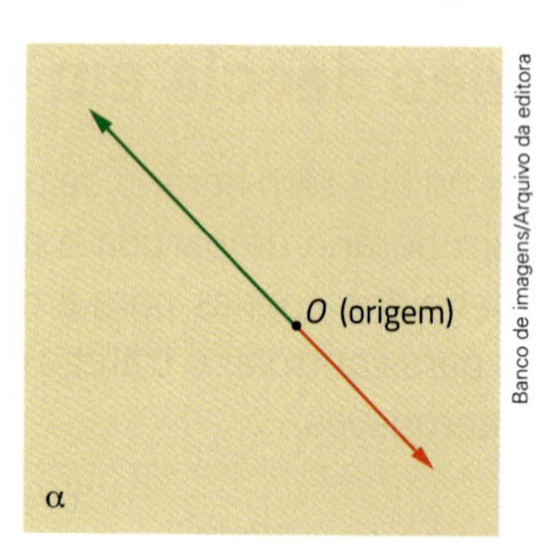

Em uma reta, um ponto determina duas semirretas opostas. Esse ponto é a origem das duas semirretas.

Agora, considere a reta *r*, representada a seguir, que passa pelos pontos *O*, *A* e *B*, e as letras *a* e *b* indicando cada sentido da reta.

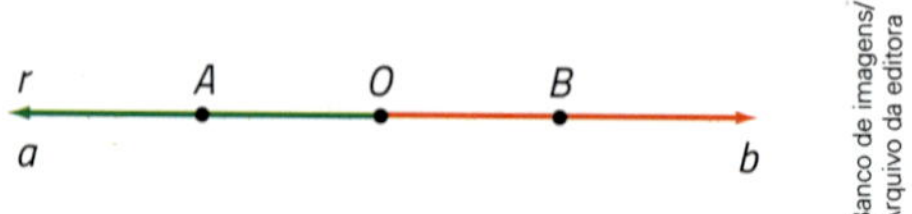

Podemos indicar por:

- $\overrightarrow{Oa}$ ou $\overrightarrow{OA}$ a semirreta de origem em *O* que contém o ponto *A*;
- $\overrightarrow{Ob}$ ou $\overrightarrow{OB}$ a semirreta de origem em *O* que contém o ponto *B*.

Segmento de reta

No dia a dia, podemos encontrar elementos que dão a ideia de segmentos de reta. Observe:

Vadarshop/Shutterstock

As bordas de uma caixa.

Unlisted/Stock Photos

As linhas de um caderno.

LittlePerfectStock/Shutterstock

Os fios dos balanços.

Cristina Xavier/Arquivo da editora

Varetas coloridas.

PARTICIPE

Juliano e Tiago marcaram de se encontrar em determinado lugar do bairro onde moram. De lá eles pretendem seguir até a biblioteca, para fazerem um trabalho escolar.

O ponto de encontro dos amigos é no cruzamento da rua Amélia Bueno com a rua Rodolfo Maia. Observe a imagem e responda às questões.

Wilson Jorge Filho/Arquivo da editora

a) Em qual rua está localizado:
- o posto de gasolina?
- o hospital?
- a praça?

b) Qual é o elemento comum entre as ruas Amélia Bueno e Rodolfo Maia?

c) Podemos dizer que esse elemento comum entre as duas ruas é o elemento de interseção entre elas? Por quê?

Interseção de conjuntos

Observe o conjunto *A*, formado pelas letras da palavra **azul**, e o conjunto *B*, formado pelas letras da palavra **anil**:

$$A = \{a, z, u, l\}$$
$$B = \{a, n, i, l\}$$

As letras **a** e **l** aparecem nos dois conjuntos; **u** e **z** estão só em *A*; **n** e **i** estão só em *B*, como representado no diagrama abaixo.

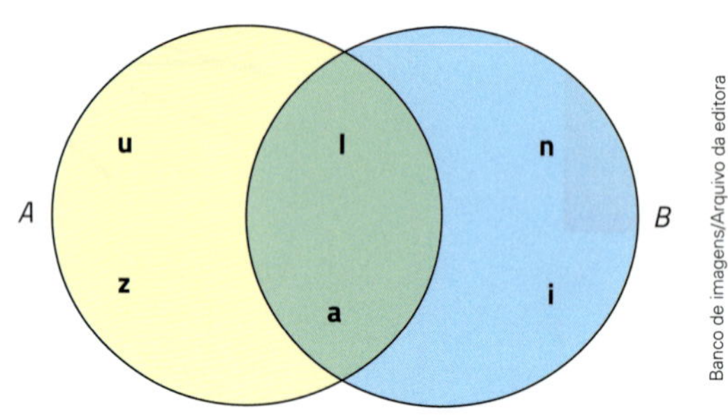

Banco de imagens/Arquivo da editora

Vamos considerar os elementos que estão em *A* e também em *B* e formar um novo conjunto, *C*:

$$C = \{a, l\}$$

O conjunto *C* é chamado **interseção** de *A* e *B*. Indicamos da seguinte maneira:

$$C = A \cap B \text{ (Lê-se: "}A \text{ inter } B\text{".)}$$
$$A \cap B = \{a, l\}$$

Interseção de semirretas

Observe a seguir a reta *r* que passa pelos pontos *A* e *B*:

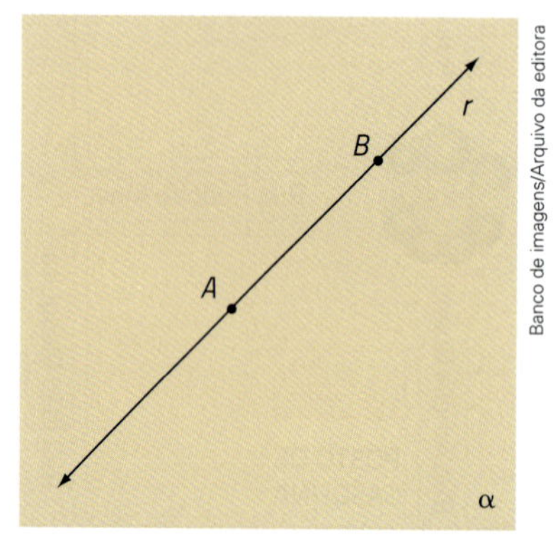

Banco de imagens/Arquivo da editora

Agora, observe as semirretas $\overrightarrow{AB}$ (de cor azul) e $\overrightarrow{BA}$ (de cor vermelha).

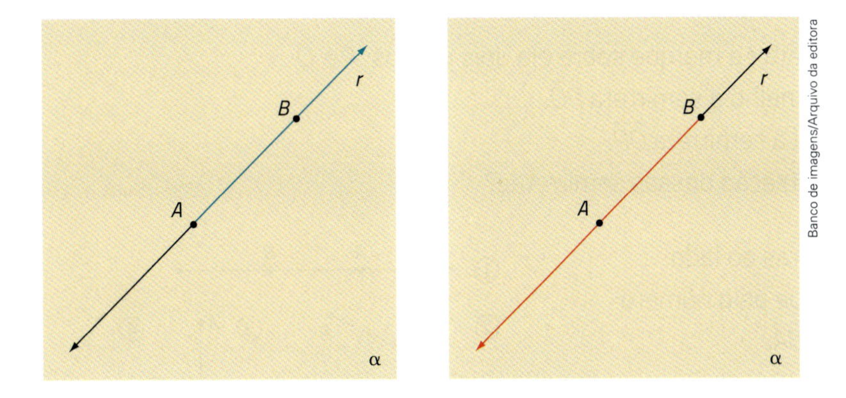

A interseção das semirretas $\overrightarrow{AB}$ e $\overrightarrow{BA}$ é "um pedaço" da reta $\overleftrightarrow{AB}$ (de cor verde).

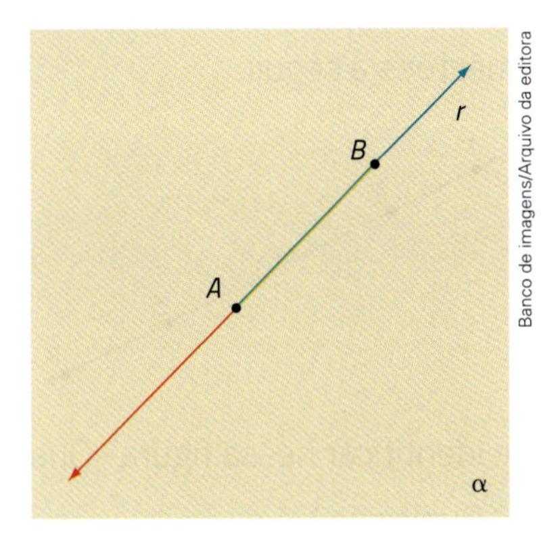

A interseção de $\overrightarrow{AB}$ com $\overrightarrow{BA}$ é chamada de **segmento de reta** e é representada por $\overline{AB}$. Dizemos que:

- A reta $\overleftrightarrow{AB}$ (ou r) é a reta suporte do segmento $\overline{AB}$.
- Os pontos A e B são as extremidades do segmento $\overline{AB}$, e os demais pontos de $\overline{AB}$ são seus pontos internos.

Observe, agora, outros segmentos de reta:

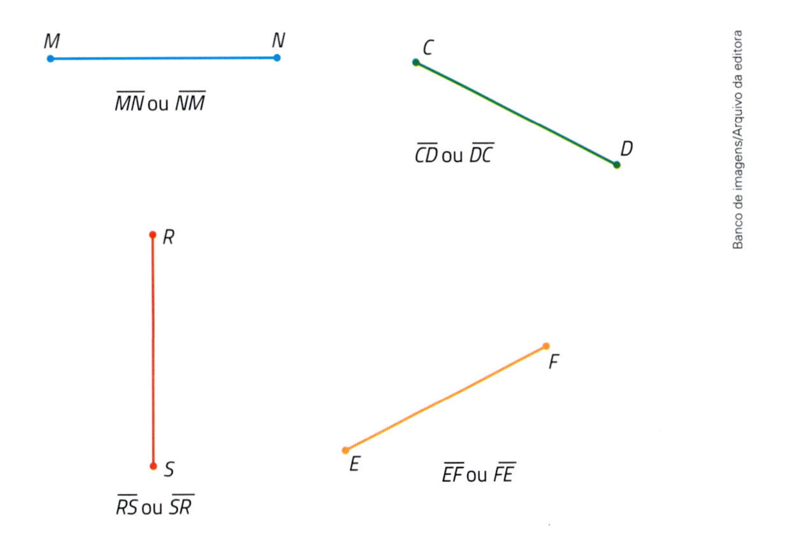

ATIVIDADES

1. Desenhe uma reta t e marque sobre ela dois pontos: P e Q.

a) Pinte de vermelho a semirreta $\overrightarrow{PQ}$.

b) Pinte de azul a semirreta $\overrightarrow{QP}$.

c) Qual é a interseção dessas semirretas?

2. Observe as figuras ao lado.

Agora, identifique pelo número:

a) a semirreta $\overrightarrow{BA}$;

b) a semirreta $\overrightarrow{AB}$;

c) a reta $\overleftrightarrow{AB}$;

d) o segmento $\overline{AB}$.

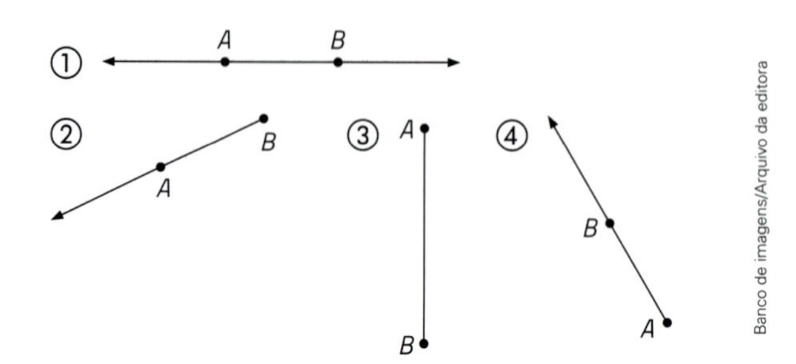

Banco de imagens/Arquivo da editora

3. Observe a figura e responda às questões a seguir.

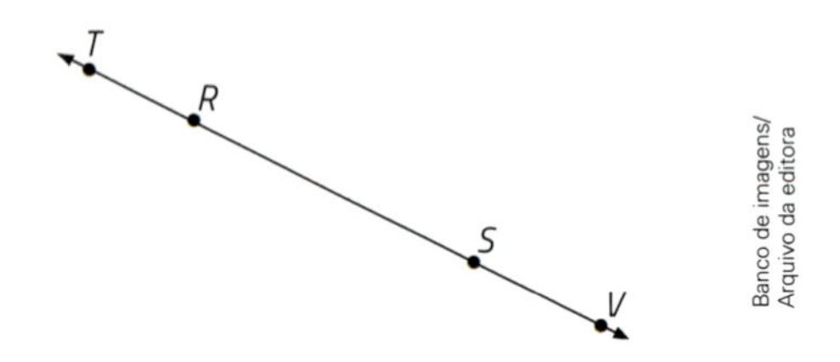

Banco de imagens/Arquivo da editora

a) Quantas semirretas você pode identificar nessa figura? Quais são?

b) E quantos segmentos de reta? Quais são?

4. Observe a figura abaixo e pinte com cores diferentes cada uma das semirretas de origem O.

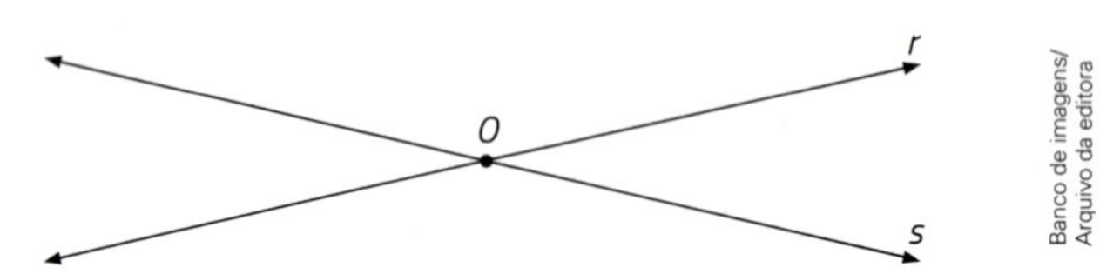

Banco de imagens/Arquivo da editora

5. Observe a figura e responda às questões a seguir.

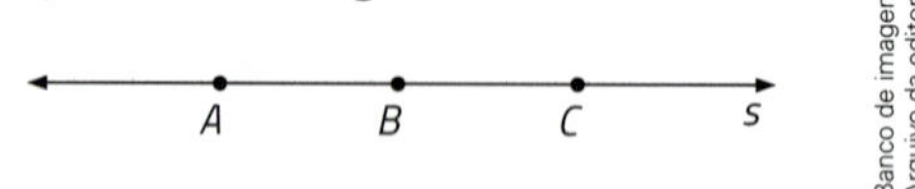

Banco de imagens/Arquivo da editora

a) Quantas semirretas da reta s com origem em B podemos obter?

b) Qual é a origem da semirreta $\overrightarrow{AC}$?

c) Quantas semirretas da reta s podemos obter com origem em A, B ou C?

6. Leia a frase abaixo. Depois, responda às questões.

Considere uma reta r e três pontos distintos dessa reta: X, Y e Z, nessa ordem.

a) Quantas semirretas de r com origem nos pontos X, Y e Z podemos obter?

b) Quais são os segmentos com extremidades em dois desses pontos que podemos obter?

c) O ponto Y é o ponto interno de qual dos segmentos obtidos no item **b**? Quais são as extremidades desse segmento?

Ângulo

A ideia de ângulo nas figuras

As imagens desta página não estão representadas em proporção entre si.

Unlisted/Stock Photos

A abertura entre o ponteiro das horas e o dos minutos de um relógio.

6348103963/Shutterstock

O movimento das pernas de uma bailarina.

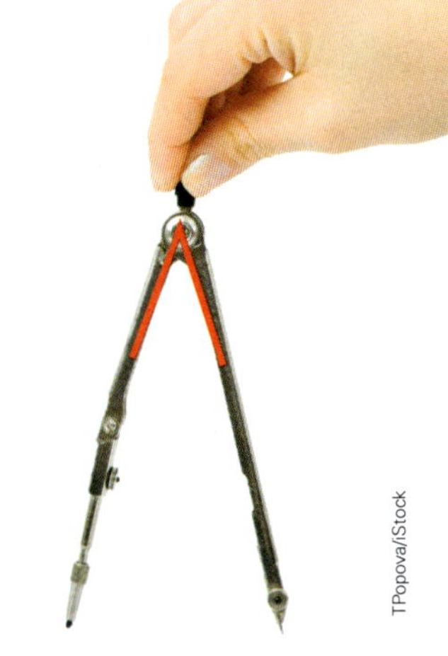
TPopova/iStock

A abertura de um compasso.

Em cada uma dessas imagens encontramos o elemento que transmite a ideia de uma figura geométrica: o ângulo.

PARTICIPE

Em um jogo de futebol, após um jogador cobrar o pênalti, o locutor gritou: "Goooool! Jonas chutou a bola no ângulo!".

Krebs Hanns/Alamy/Fotoarena

a) O que o locutor quis dizer com a expressão "Jonas chutou a bola no ângulo"?

b) Você conhece outras expressões que envolvem a ideia de ângulo? Quais?

c) O que você entende por ângulo?

União de conjuntos

Vamos retomar os conjuntos *A* e *B* da página 60:

$$A = \{a, z, u, l\} \text{ e } B = \{a, n, i, l\}$$

Vamos reunir os elementos de *A* com os de *B* em um só conjunto, *D*.

$$D = \{a, z, u, l, n, i\}$$

O conjunto *D* é chamado **união** (ou **reunião**) de *A* e *B*. Indicamos da seguinte maneira:

$D = A \cup B$ (Lê-se: "*A* união com *B*")

$$A \cup B = \{a, z, u, l, n, i\}$$

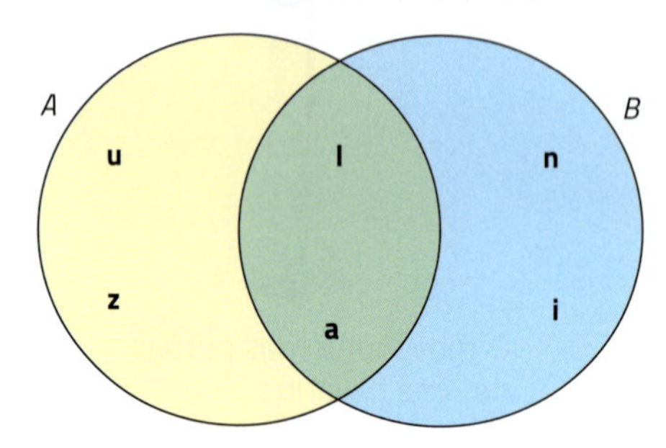

Banco de imagens/Arquivo da editora

O que é ângulo?

Vejamos agora o conceito de ângulo em Geometria.

Observe a figura ao lado, formada pelas semirretas $\overrightarrow{OA}$ e $\overrightarrow{OB}$.

O ponto *O* é origem da semirreta $\overrightarrow{OA}$ e também é origem da semirreta $\overrightarrow{OB}$. As semirretas $\overrightarrow{OA}$ e $\overrightarrow{OB}$ formam um ângulo: o ângulo $A\hat{O}B$.

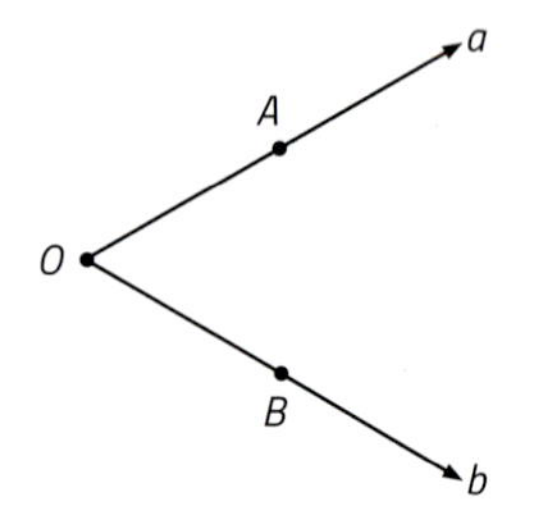

Banco de imagens/Arquivo da editora

A reunião de duas semirretas de mesma origem é um **ângulo**.

O ponto *O* é o vértice do ângulo $A\hat{O}B$ e as semirretas $\overrightarrow{OA}$ e $\overrightarrow{OB}$ são os lados do ângulo $A\hat{O}B$.

Observe a seguir mais alguns exemplos de ângulos:

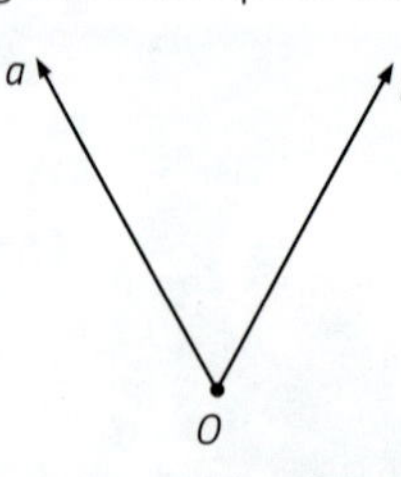

Banco de imagens/Arquivo da editora

ângulo: $a\hat{O}b$ ou $b\hat{O}a$

vértice: *O*

lados: $\overrightarrow{Oa}$ e $\overrightarrow{Ob}$

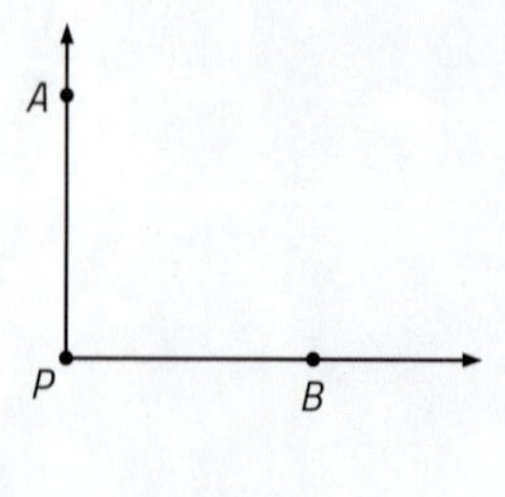

Banco de imagens/Arquivo da editora

ângulo: $A\hat{P}B$ ou $B\hat{P}A$

vértice: *P*

lados: $\overrightarrow{PA}$ e $\overrightarrow{PB}$

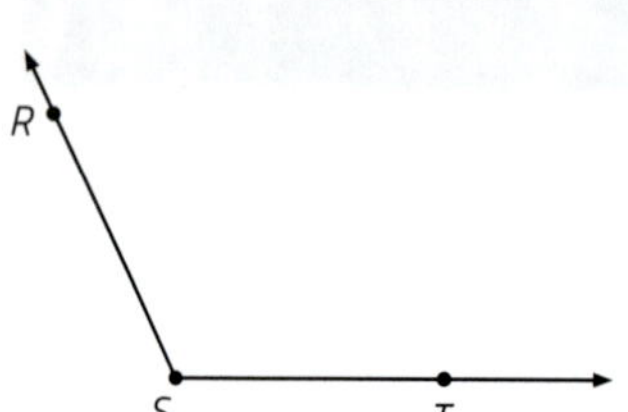

Banco de imagens/Arquivo da editora

ângulo: $R\hat{S}T$ ou $T\hat{S}R$

vértice: *S*

lados: $\overrightarrow{SR}$ e $\overrightarrow{ST}$

PARTICIPE

O gol que Jonas marcou entrou no canto da trave. Esse canto tem uma característica particular: ele tem o formato de um ângulo especial.

Observe na imagem os ângulos formados nas portas e nas janelas:

Michael Runkel/Alamy/Fotoarena

Os ângulos das portas e das janelas vistos na imagem têm o mesmo formato do ângulo formado pela trave?

Ângulo reto

Vamos observar o movimento do ponteiro dos segundos de um relógio. Ele vai partir do número 12 e dar uma volta completa no mostrador. Veja sua posição em quatro momentos diferentes:

Cristina Xavier/Arquivo da editora

Início. Após 15 segundos. Após 30 segundos. Após 60 segundos.

Em 15 segundos, o ponteiro dos segundos percorre $\frac{1}{4}$ de volta. O ângulo formado pela posição inicial do ponteiro e por sua posição 15 segundos depois é um **ângulo reto**.

Veja alguns objetos cujas linhas e formatos nos transmitem a ideia de ângulo reto:

piovesempre/iStock

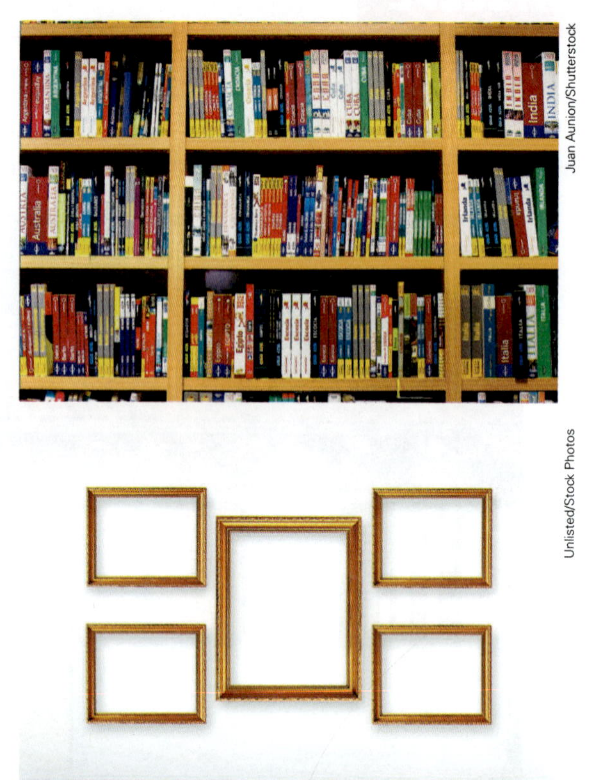

Juan Aunion/Shutterstock

Unlisted/Stock Photos

PARTICIPE

I. Observe novamente o mapa de ruas da página 59. Depois, responda às perguntas.

a) As ruas Amélia Bueno e Rodolfo Maia têm a praça como ponto comum. Podemos afirmar que essas ruas se cruzam?

b) Se imaginarmos que cada uma dessas ruas nos dá a ideia de reta e a praça nos dá a ideia de ponto, podemos afirmar que essas ruas concorrem em um ponto, que é a praça. Como podemos chamar as retas que têm um ponto em comum?

c) Todas as ruas que aparecem no mapa têm algum ponto em comum?

d) Quais ruas não têm ponto em comum?

II. Se representarmos a situação da atividade anterior por meio das mais simples formas geométricas, que são o ponto, a reta e o plano, teremos:

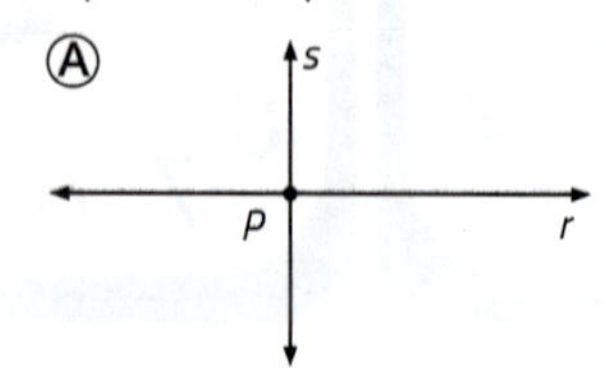

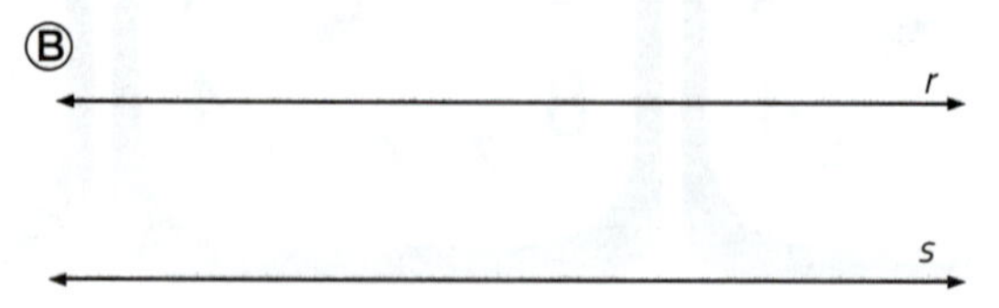

Banco de imagens/ Arquivo da editora

O que diferencia uma imagem da outra?

Ângulos formados por retas

Observe as retas da figura abaixo.

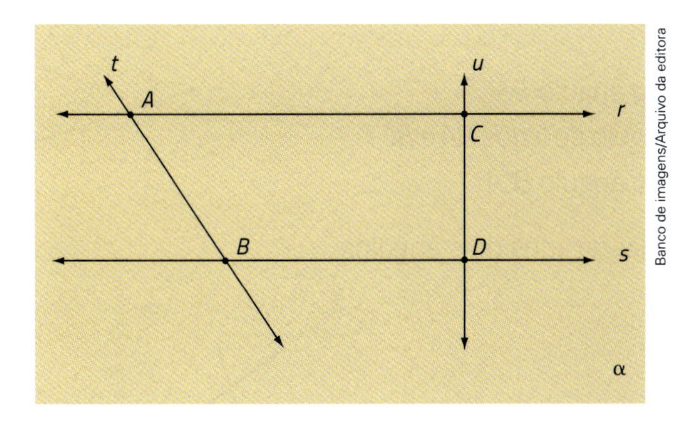

A representação acima sugere que as retas *r*, *s*, *t* e *u* estão todas no mesmo plano. Retas que estão no mesmo plano são retas **coplanares**.

Vamos observar principalmente as retas *r* e *s*, que são coplanares. Por mais que as prolonguemos, elas nunca vão se encontrar. Por essa razão, *r* e *s* são retas **paralelas**.

Retas paralelas são duas retas coplanares que não se intersectam, ou seja, não têm ponto de encontro.

Observe agora as retas *t* e *r*. Elas são coplanares e se intersectam no ponto *A*.

Por essa razão, *t* e *r* são retas **concorrentes**. Da mesma maneira, também são retas concorrentes *t* e *s*, *u* e *r*, *u* e *s*.

Retas concorrentes são duas retas coplanares que têm um único ponto de interseção (ou de cruzamento, ou de encontro).

Agora, observe novamente a representação anterior, pense e responda: *t* e *r* são retas concorrentes ou paralelas?

Quando duas retas são concorrentes, elas formam quatro ângulos. Veja:

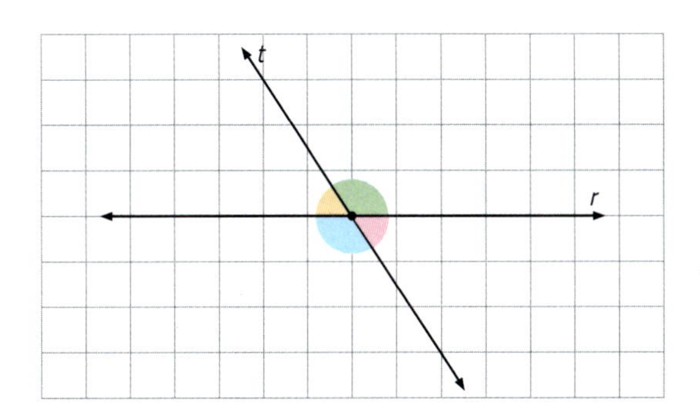

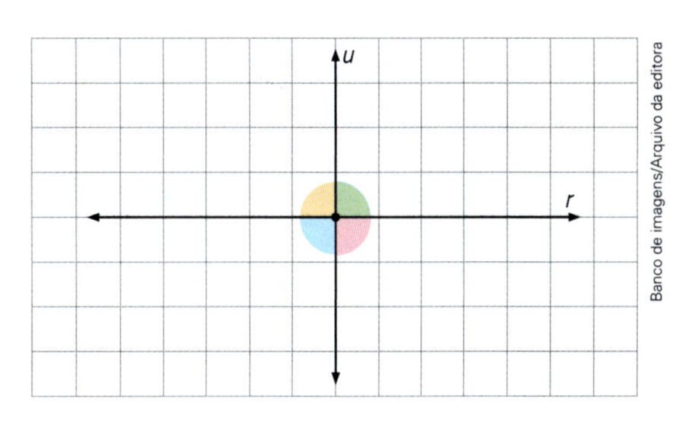

Na figura da esquerda, *t* e *r* formam quatro ângulos, mas nenhum deles é um ângulo reto. Nesse caso, as retas são **oblíquas**.

Na figura da direita, *u* e *r* formam quatro ângulos e todos são ângulos retos. Nesse caso, as retas são **perpendiculares**.

ATIVIDADES

7. Observe a figura ao lado.

Agora, responda:

a) Quais são os lados do ângulo $B\hat{A}C$?

b) Qual é o vértice do ângulo de lados $\overrightarrow{BA}$ e $\overrightarrow{BC}$?

c) Quais são os lados do ângulo $B\hat{C}A$?

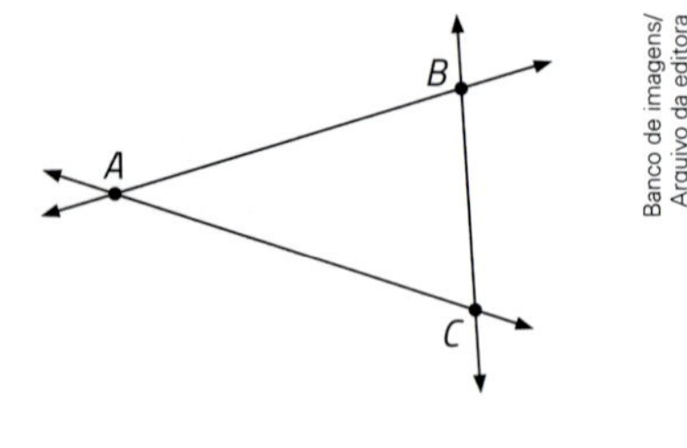

8. Na figura abaixo estão destacados dois ângulos.

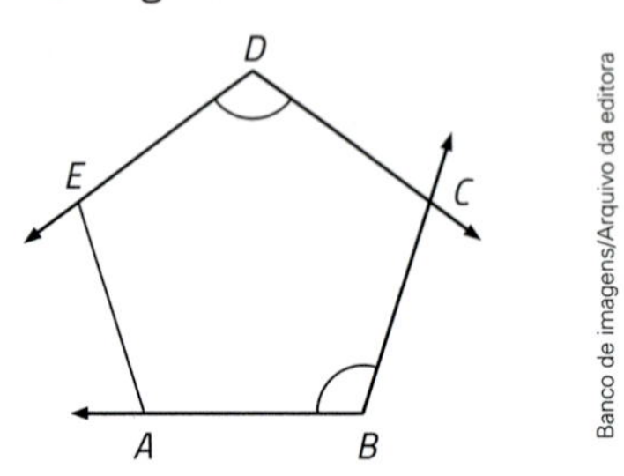

a) Quais são eles?

b) Quais são seus vértices?

c) Quais são seus lados?

9. Em qual dos horários indicados a seguir o ângulo formado pelos ponteiros das horas e dos minutos de um relógio é reto?

a) 13 h **b)** 16 h **c)** 19 h **d)** 21 h

Figura para as atividades **10**, **11** e **12**.

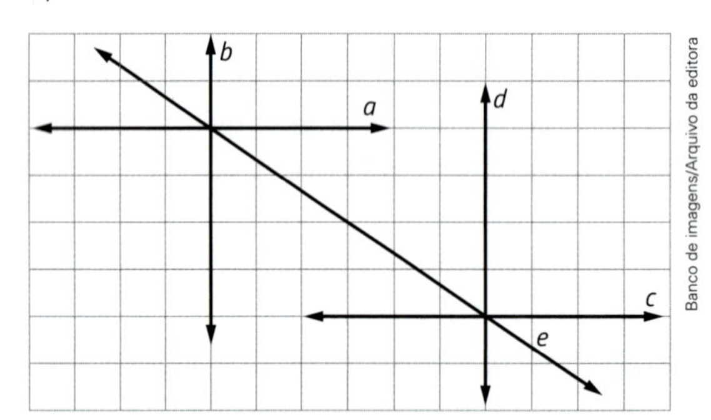

10. Complete a tabela, indicando a posição de uma reta em relação à outra. Veja os exemplos:

	a	*b*	*c*	*d*	*e*
a		concorrentes	paralelas	//////////	//////////
b	concorrentes		//////////	//////////	//////////
c	paralelas	//////////		//////////	//////////
d	//////////	//////////	//////////		//////////
e	//////////	//////////	//////////	//////////	

11. Quantos são os pares de retas paralelas? E quantos são os pares de retas concorrentes?

12. Quantos são os pares de retas perpendiculares? Quais são?

13. Observe abaixo a planta do centro de uma cidade.

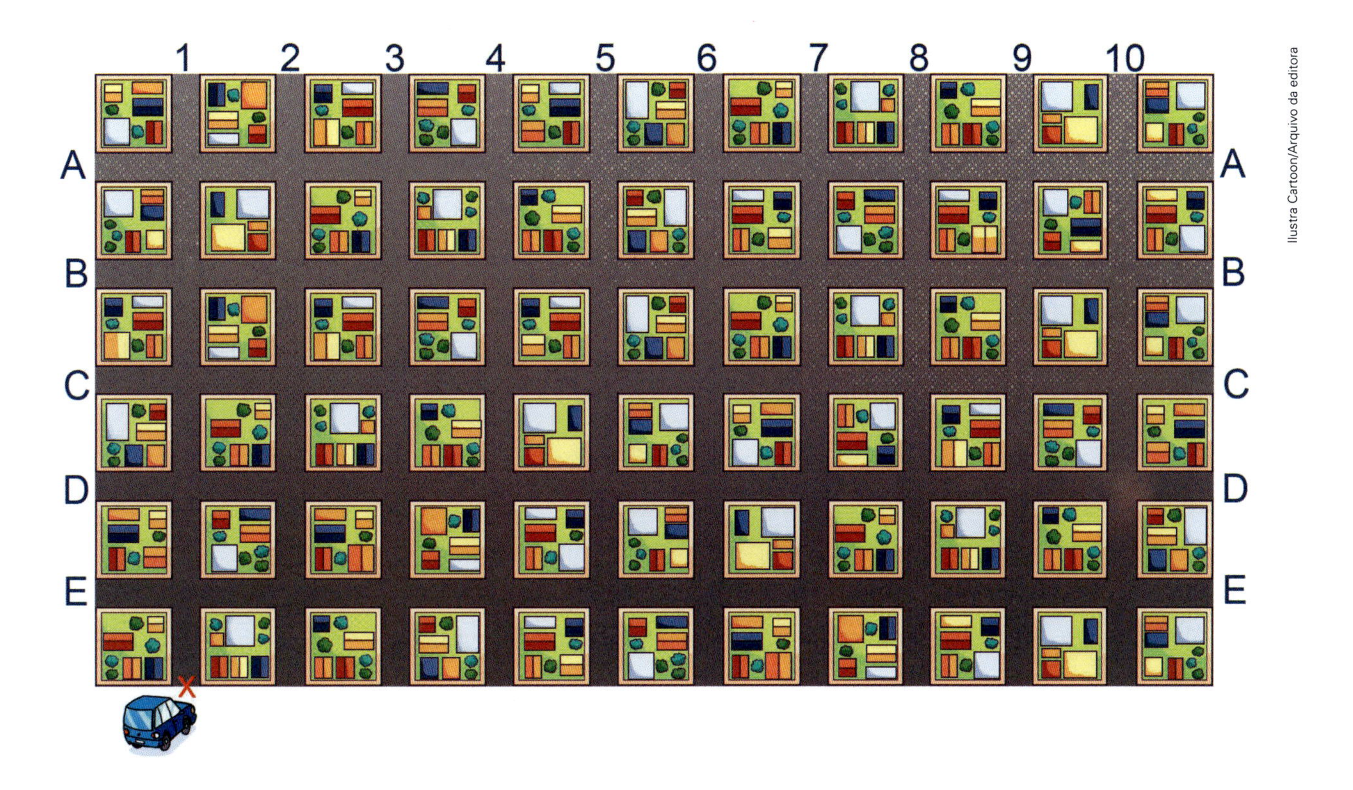

Ilustra Cartoon/Arquivo da editora

Desenhe a trajetória de um automóvel que parte de X pela rua 1, vira a terceira rua à direita, vira a segunda rua à esquerda, vira a primeira rua à direita, segue em frente sete quarteirões, vira à direita e a segunda à direita e segue mais dois quarteirões.

a) Em que cruzamento o automóvel vai parar?

b) Quantos ângulos retos existem no trajeto feito pelo automóvel?

c) Descreva o trajeto que um automóvel pode percorrer partindo de *x* até o cruzamento C10.

14. Complete as frases a seguir com os números corretos.

a) O ângulo formado pela posição inicial do ponteiro dos minutos e por sua posição ////////// minutos depois é reto.

b) O ângulo formado pela posição inicial do ponteiro dos segundos e por sua posição ////////// segundos depois é reto.

c) O ângulo formado pela posição inicial do ponteiro das horas e por sua posição ////////// horas depois é reto.

Construindo retas paralelas

Nas construções geométricas também é importante o uso do esquadro, instrumento que permite desenhar retas paralelas e perpendiculares.

Existem dois tipos de esquadro: o de 45° (1) e o de 30°/60° (2).

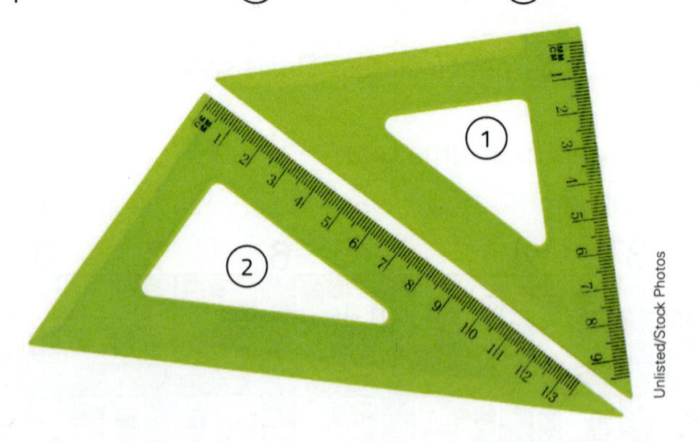

Unlisted/Stock Photos

Vamos aprender como usar um esquadro para traçar retas paralelas.

Retas paralelas

Vamos traçar uma reta paralela a um segmento $\overline{AB}$ usando régua e esquadro.

1) Traçamos um segmento $\overline{AB}$.

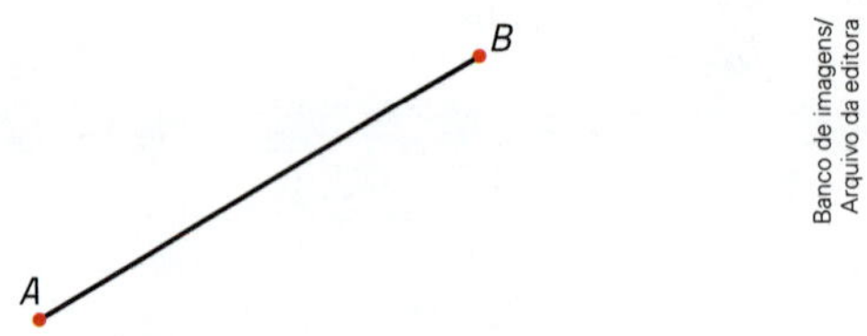

Banco de imagens/Arquivo da editora

2) Alinhamos o esquadro com o segmento $\overline{AB}$ e o apoiamos na régua.

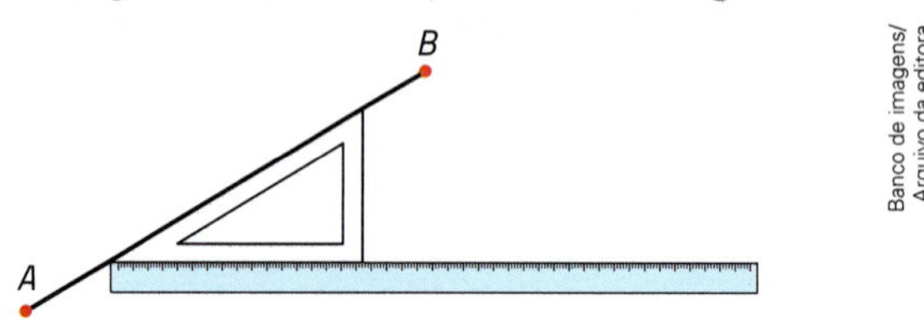

Banco de imagens/Arquivo da editora

3) Mantendo a régua firme, deslocamos o esquadro à direita para então traçar um segmento paralelo.

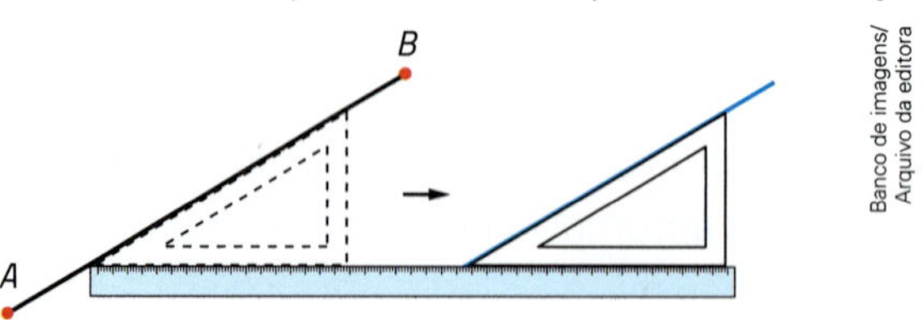

Banco de imagens/Arquivo da editora

4) Com o auxílio da régua ou do próprio esquadro, traçamos a reta paralela.

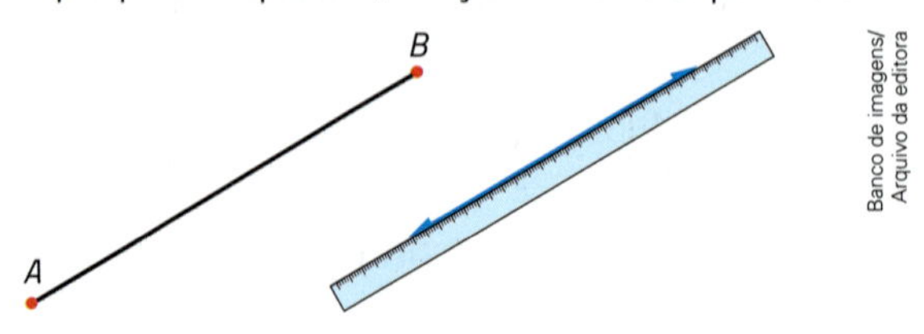

Banco de imagens/Arquivo da editora

5) Assim, obtemos a reta *r* paralela a $\overline{AB}$.

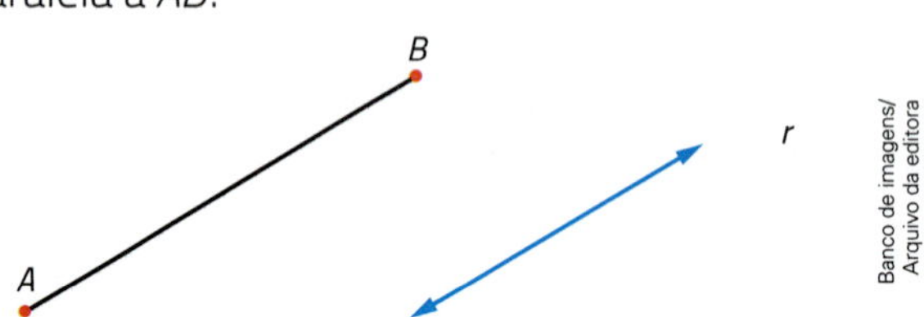

Banco de imagens/Arquivo da editora

ATIVIDADES

15. Com o auxílio de uma régua graduada, um compasso e um esquadro, faça o que se pede.

a) Construa um segmento $\overline{AB}$ de medida 4 cm.

b) Seguindo os passos do tópico "Retas paralelas", trace uma reta *r* paralela a $\overline{AB}$.

c) Transporte o segmento $\overline{AB}$ para a reta *r*, obtendo um segmento $\overline{CD}$.

d) Quanto mede $\overline{CD}$?

e) Trace outros dois segmentos unindo os pontos *A*, *B*, *C* e *D* de modo a formar um quadrilátero simples. Já sabemos as medidas de $\overline{AB}$ e $\overline{CD}$. Meça com a régua os outros dois lados do quadrilátero que você construiu e compare as medidas.

Construindo retas perpendiculares

Para traçar uma reta perpendicular a uma reta contida no plano cartesiano, utilizamos um ponto externo a essa reta como referência.

Vamos usar uma régua e um esquadro para realizar essa construção. Acompanhe:

1) Alinhamos a régua com a reta.

Cristina Xavier/Arquivo da editora

2) Apoiamos o esquadro na régua.

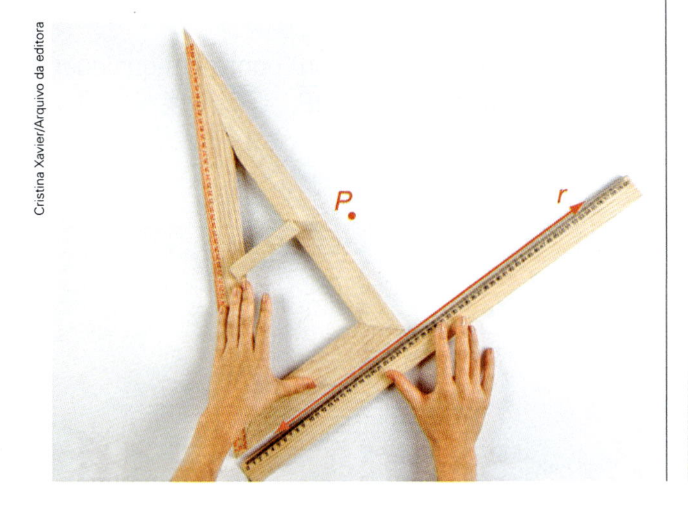

Cristina Xavier/Arquivo da editora

3) Deslizamos o esquadro até o ponto *P* e traçamos a reta perpendicular a *r* e que passa por *P*.

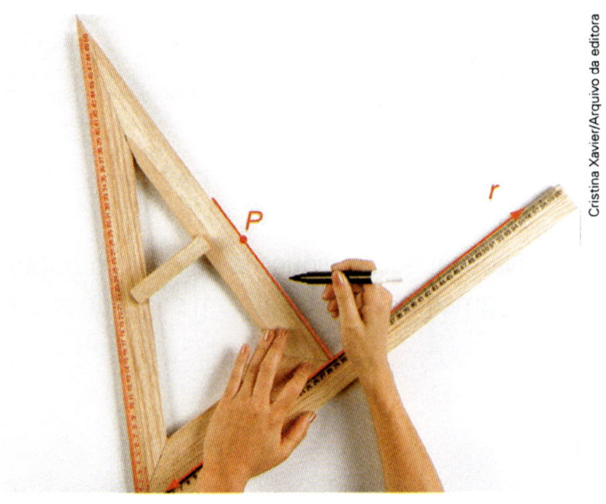

Cristina Xavier/Arquivo da editora

4) Por fim, marcamos o ponto *Q*, interseção das duas retas.

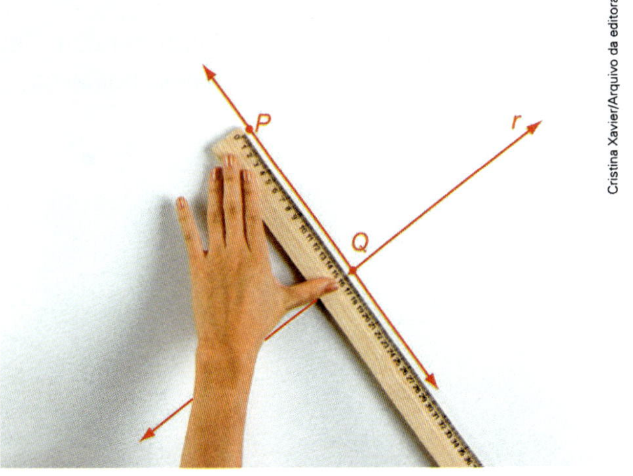

Cristina Xavier/Arquivo da editora

Construindo reta perpendicular no GeoGebra

Agora, vamos utilizar o GeoGebra para construir uma reta perpendicular a um segmento de reta. O GeoGebra é um *software* gratuito de Matemática que pode ser utilizado em computadores, realizando o *download* no *site* www.geogebra.org/download (acesso em: 26 maio 2021); em *smartphones*, baixando o app na loja oficial de aplicativos do sistema operacional do aparelho; ou pode-se acessá-lo *on-line* no *site* https://www.geogebra.org/geometry (acesso em: 26 maio 2021).

Para construir retas perpendiculares utilizando o GeoGebra, siga os seguintes passos:

1º) Selecione o ícone "Segmento" na aba "Ferramentas Básicas".

Tela do GeoGebra no 1º passo.

2º) Na sequência, clique na tela com o botão esquerdo do *mouse* para definir a posição inicial de seu segmento de reta. Com um segundo clique, você indicará a posição final do segmento.

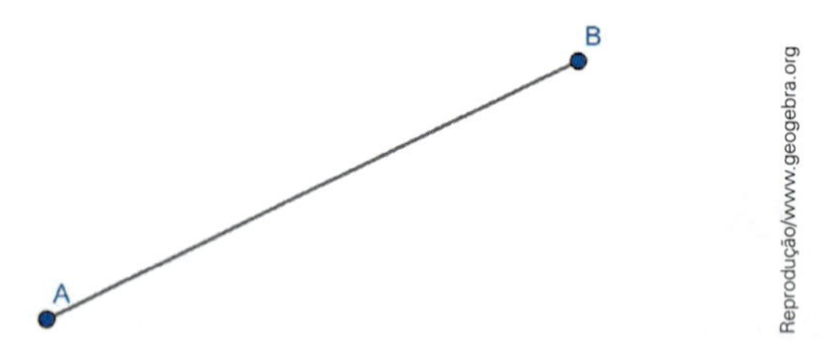

Tela do GeoGebra após o 2º passo.

3º) Agora, selecione o ícone "Ponto" na aba "Ferramentas Básicas" e marque um ponto em qualquer lugar do plano, de modo que esse ponto não pertença ao segmento de reta $\overline{AB}$.

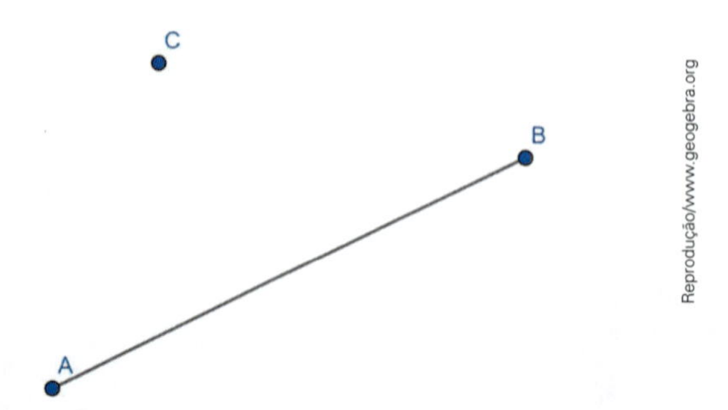

Tela do GeoGebra após o 3º passo.

4º) Selecione a opção "MAIS" na aba "Ferramentas Básicas" e, em seguida, clique no ícone "Reta Perpendicular".

Tela do GeoGebra no 4º passo.

5º) Com esse ícone selecionado, clique com o botão esquerdo do *mouse* sobre o ponto C e, em seguida, sobre o segmento de reta $\overline{AB}$, obtendo assim a reta perpendicular ao segmento de reta $\overline{AB}$ e que passa pelo ponto C.

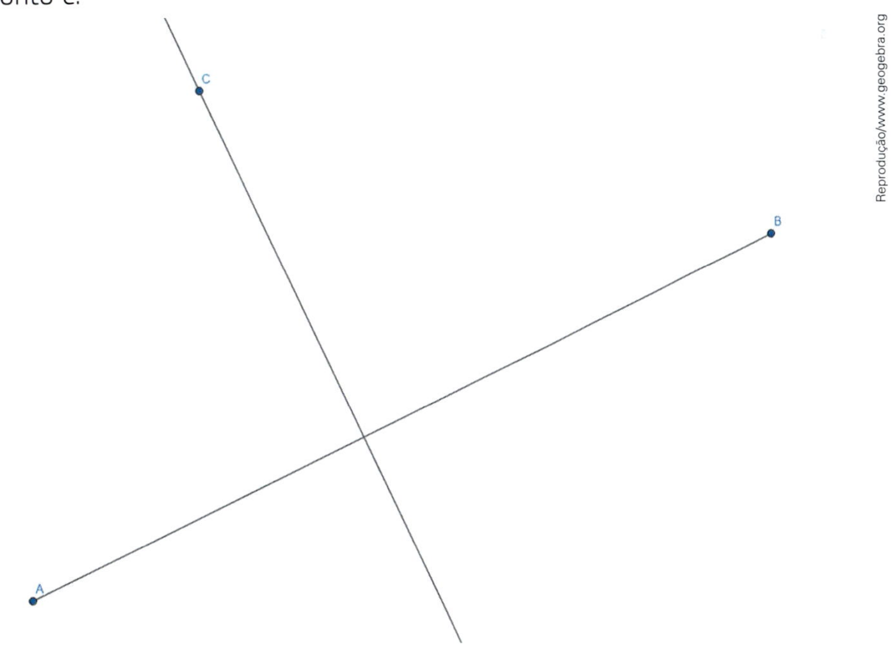

Tela do GeoGebra após o 5º passo.

1. Como são chamados os ângulos formados pela reta e pelo segmento de reta $\overline{AB}$?

2. Escreva o passo a passo para a construção de uma reta perpendicular a uma reta $\overleftrightarrow{AB}$ usando o GeoGebra.

Medida de ângulo

Caso duas semirretas de mesma origem, $\overrightarrow{OA}$ e $\overrightarrow{OB}$, sejam coincidentes, dizemos que elas formam um **ângulo nulo**.

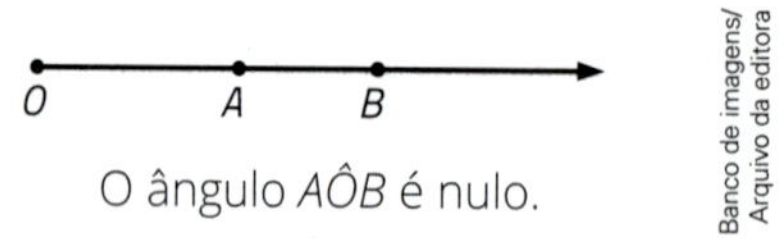

O ângulo $A\hat{O}B$ é nulo.

Banco de imagens/Arquivo da editora

Vamos aprender a medir ângulos. Observe o ângulo $a\hat{O}b$ representado a seguir.

Ele está "repartido" em 4 "partes" iguais. Cada uma delas é congruente ao ângulo $c\hat{O}d$.

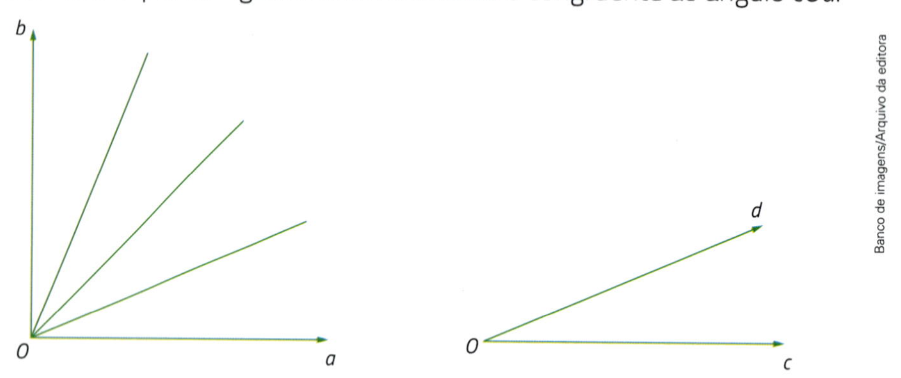

Banco de imagens/Arquivo da editora

Nesse exemplo, medimos $a\hat{O}b$ usando como unidade $c\hat{O}d$. A medida de $a\hat{O}b$ é 4.

Por conveniência, decidiu-se estabelecer o **grau** como unidade-padrão para medir ângulos.

Cada grau corresponde a $\frac{1}{180}$ de um **ângulo raso** (ângulo formado por duas semirretas opostas).

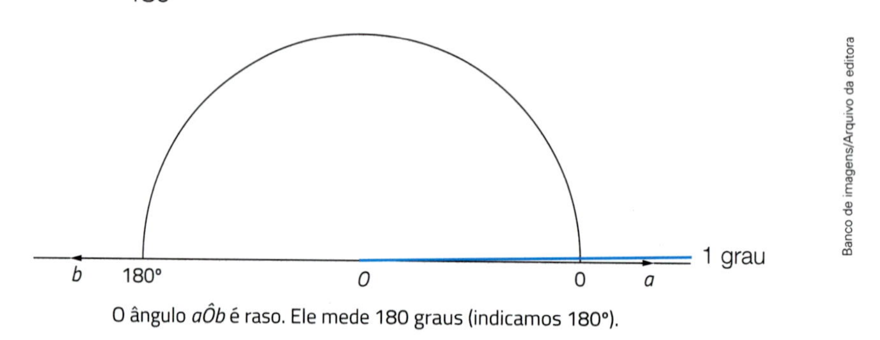

O ângulo $a\hat{O}b$ é raso. Ele mede 180 graus (indicamos 180°).

Banco de imagens/Arquivo da editora

Para medir ângulos, usamos um instrumento chamado **transferidor**.

O transferidor é dividido em graus.

Transferidor de 180°.

Banco de imagens/Arquivo da editora

Observe como devemos fazer para medir o ângulo $a\hat{O}b$.

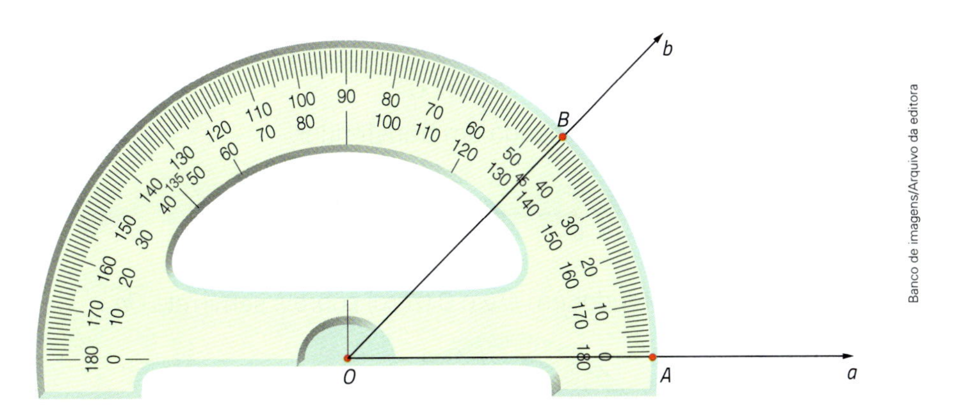

Banco de imagens/Arquivo da editora

1º) O centro do transferidor (O) deve coincidir com o vértice do ângulo (O).

2º) A semirreta $\overrightarrow{Oa}$ deve passar pelo zero do transferidor.

3º) Fazemos a leitura da medida do ângulo, indicada pela marca do transferidor.

No exemplo, o ângulo $a\hat{O}b$ mede 45°. Indicamos:

$\text{med}\left(a\hat{O}b\right) = 45°$

Veja a seguir outros exemplos.

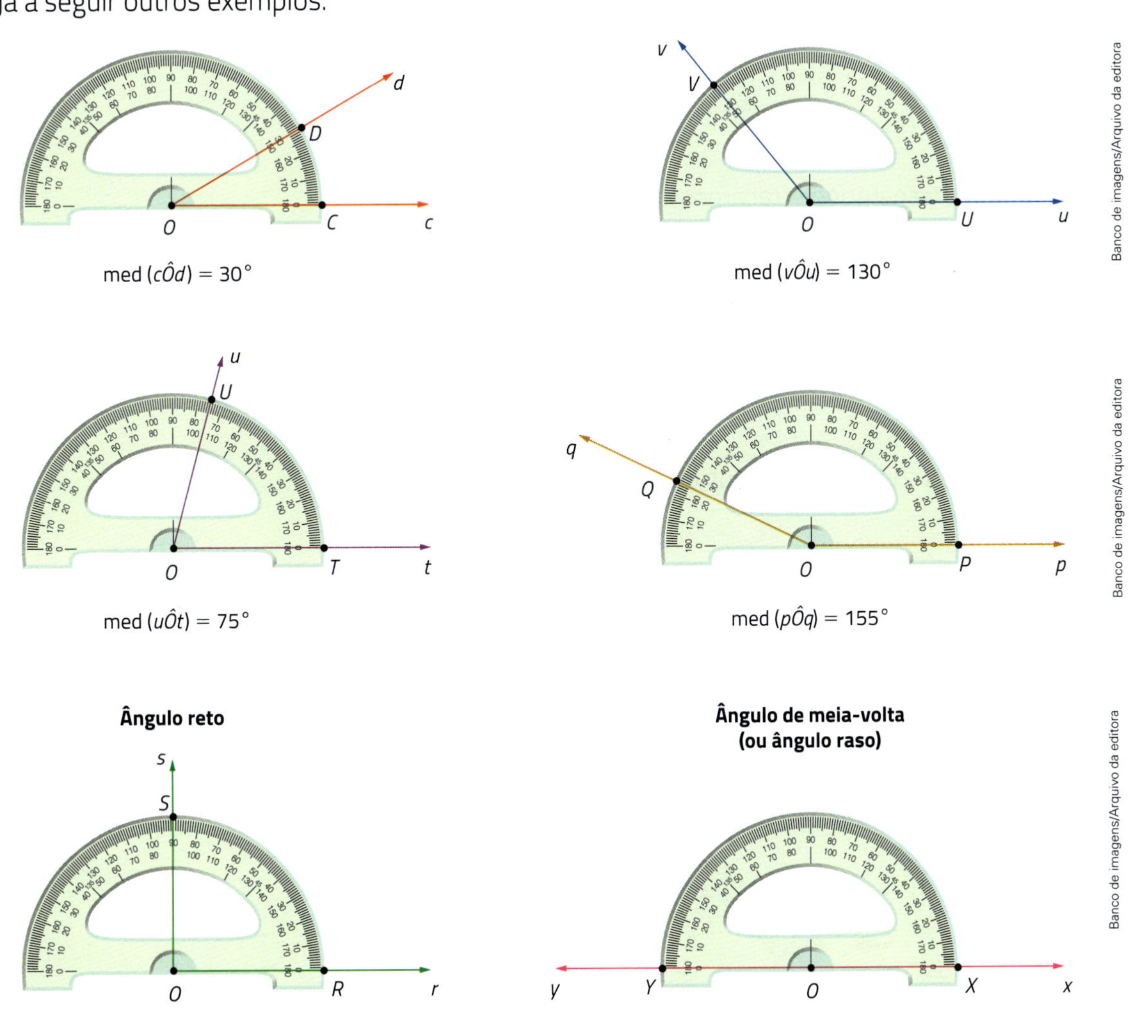

med ($c\hat{O}d$) = 30°

med ($v\hat{O}u$) = 130°

med ($u\hat{O}t$) = 75°

med ($p\hat{O}q$) = 155°

med ($r\hat{O}s$) = 90°

med ($x\hat{O}y$) = 180°

Banco de imagens/Arquivo da editora

Construção de ângulos

Já vimos como medir ângulos usando um transferidor. Agora, veremos como construí-los. Como exemplo, acompanhe a construção de um ângulo de 60°.

Vamos desenhar um ângulo de 60° utilizando um transferidor.

1) Traçamos uma semirreta $\overrightarrow{Oa}$.

Banco de imagens/Arquivo da editora

2) Colocamos o centro do transferidor em O e o 0 (zero) sobre a semirreta $\overrightarrow{Oa}$.

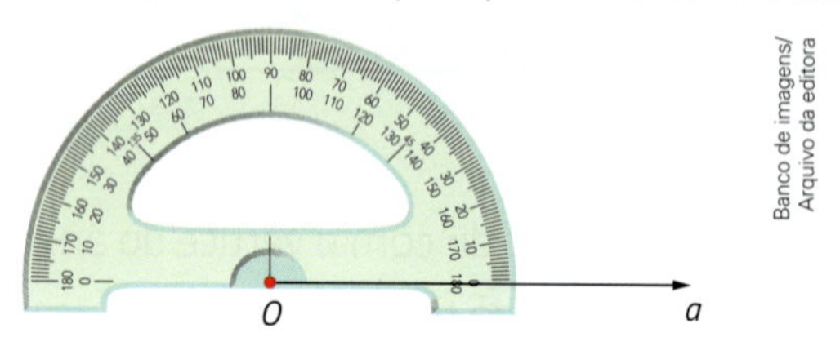

Banco de imagens/Arquivo da editora

3) Mantendo o transferidor fixo, procuramos nele a marca correspondente a 60° e marcamos o ponto B.

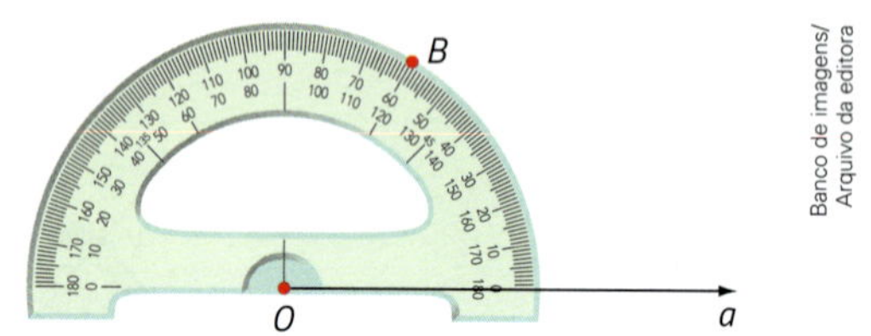

Banco de imagens/Arquivo da editora

4) Retirando o transferidor, traçamos a semirreta $\overrightarrow{OB}$.

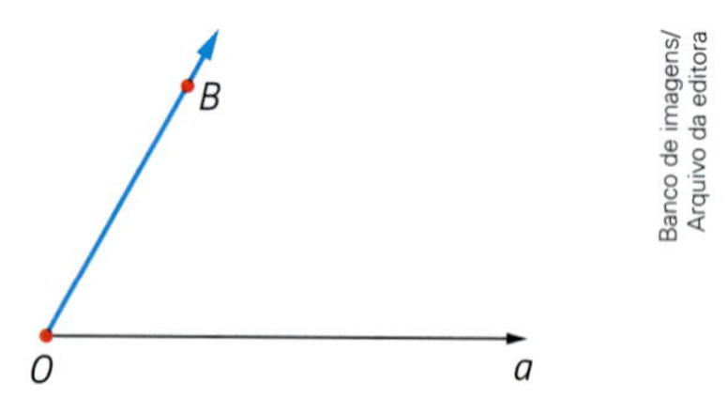

Banco de imagens/Arquivo da editora

Agora, observe a construção de outros dois ângulos.

Ângulo de 80°

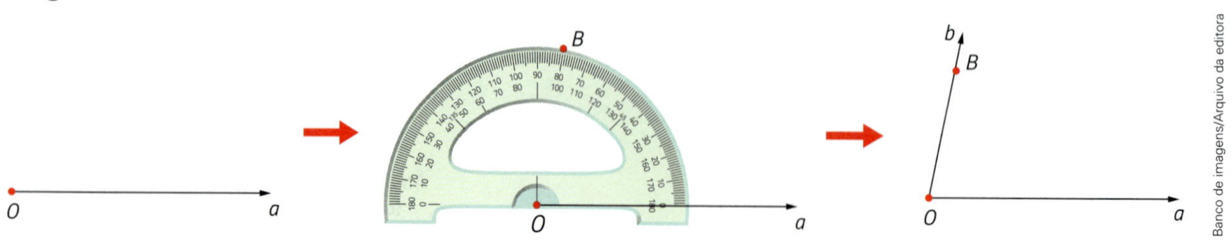

Banco de imagens/Arquivo da editora

Ângulo de 145°

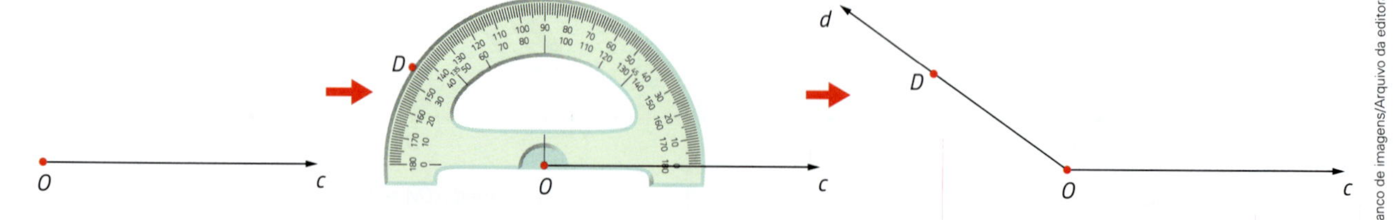

Banco de imagens/Arquivo da editora

ATIVIDADES

16. Escreva o passo a passo para a construção de um ângulo de 45°.

17. Observe os ângulos representados a seguir. Depois, responda às perguntas.

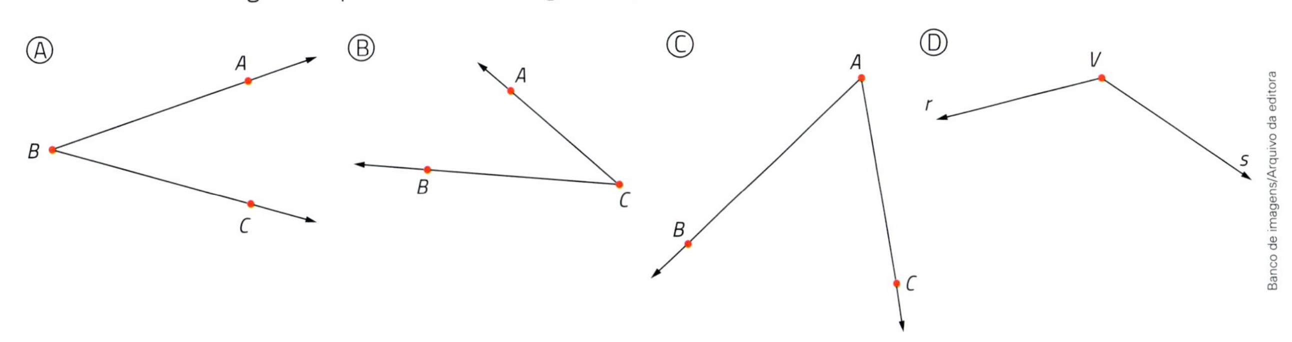

a) Qual é o nome de cada ângulo representado?

b) Quais são os lados?

c) Quais são os vértices?

18. Usando um transferidor, Marcelo desenhou vários ângulos. Determine as medidas desses ângulos:

Ilustra Cartoon/Arquivo da editora

a)

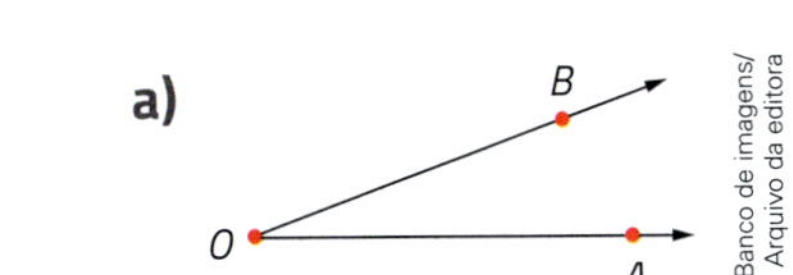

Banco de imagens/Arquivo da editora

d)

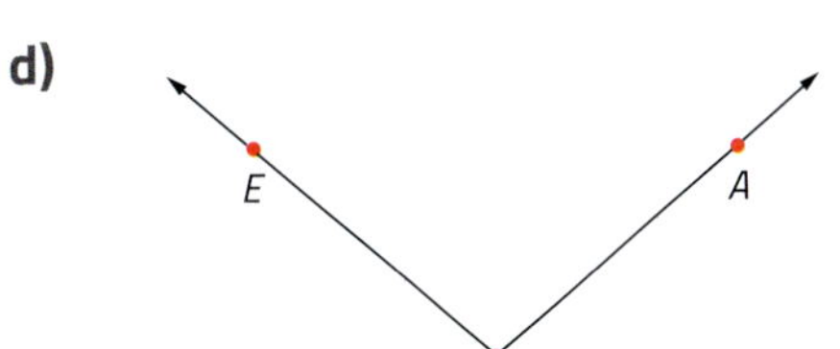

Banco de imagens/Arquivo da editora

b)

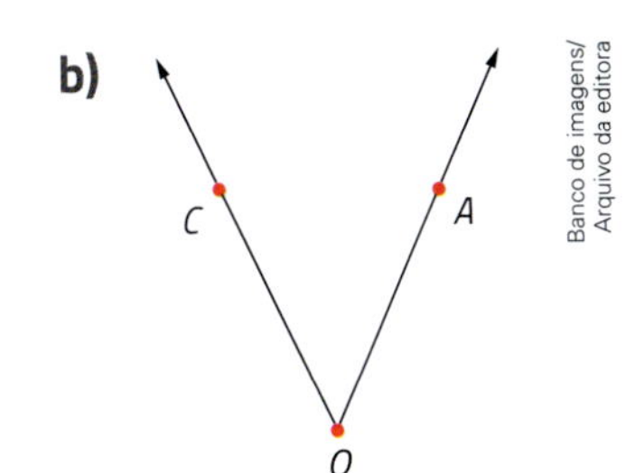

Banco de imagens/Arquivo da editora

e)

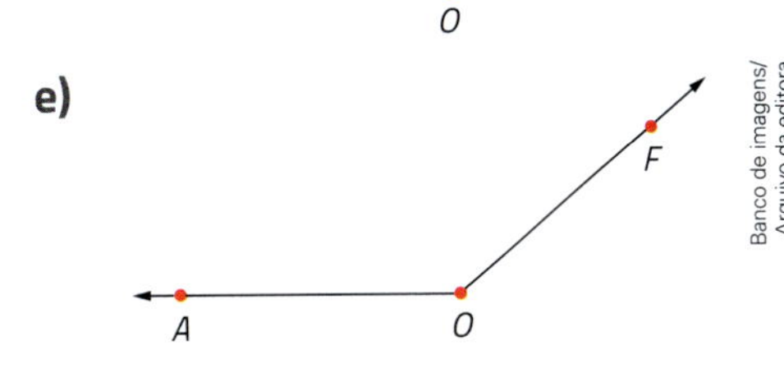

Banco de imagens/Arquivo da editora

c)

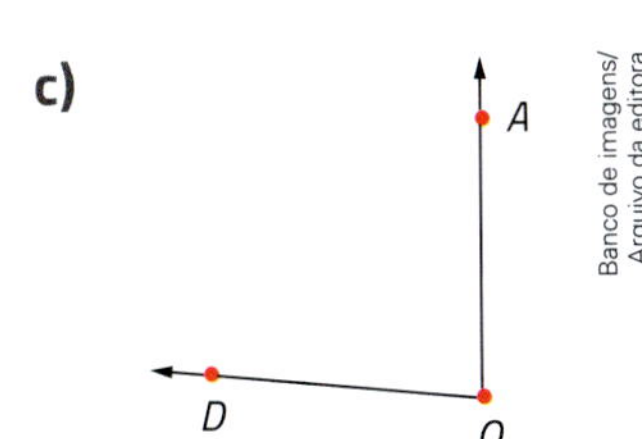

Banco de imagens/Arquivo da editora

f)

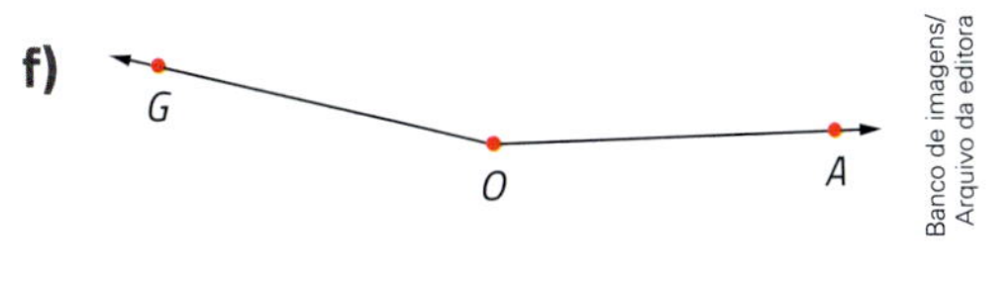

Banco de imagens/Arquivo da editora

19. Usando um transferidor, construa os ângulos $A\hat{O}B$, $C\hat{O}D$ e $E\hat{O}F$ com as seguintes medidas:

a) $med\left(A\hat{O}B\right) = 75°$

b) $med\left(C\hat{O}D\right) = 90°$

c) $med\left(E\hat{O}F\right) = 150°$

Divisões do grau

Nem sempre a medida de um ângulo é um número inteiro.

> A unidade para medir ângulos é o grau.
>
> **1 grau é representado por 1°**
>
> 1 grau é igual a 60 minutos.
>
> **$1° = 60'$**
>
> 1 minuto é igual a 60 segundos.
>
> **$1' = 60''$**

Suponhamos que, ao tentar medir um ângulo $a\hat{O}b$, notamos que a semirreta $\overrightarrow{Ob}$ passa entre as marcas 51 e 52 do transferidor. Essas marcas representam, respectivamente, 51° e 52°.

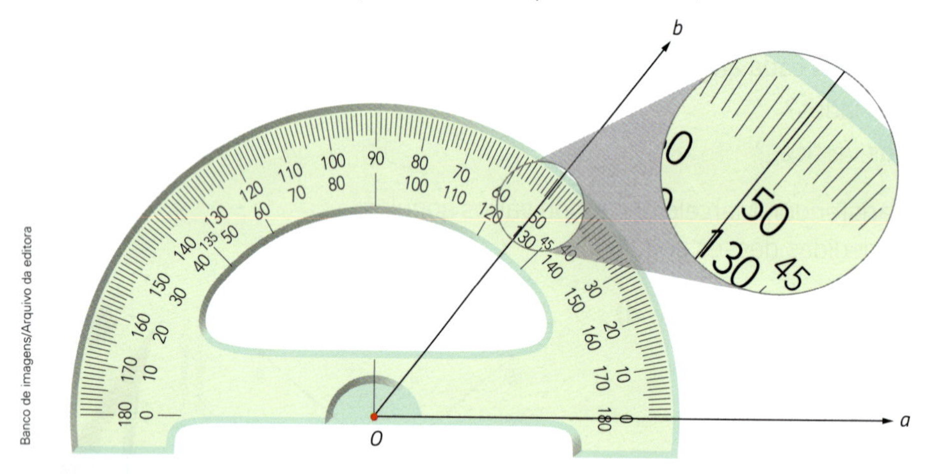

Banco de imagens/Arquivo da editora

Nesse caso, a medida do ângulo $a\hat{O}b$ é maior que 51° e menor que 52°. Para estabelecer essa medida, faz-se uma avaliação com base no que indica o transferidor. Se, por exemplo, considera-se que ele indica 51,5 e sabe-se que cada grau é dividido em 60', então podemos escrever a medida como número misto:

$$51{,}5° = 51° + 0{,}5° = 51° + 30' = 51°\,30'$$

Esse é um resultado aproximado da medida do ângulo. Para obter medidas mais precisas, da ordem de segundos, seria necessário utilizar instrumentos mais sofisticados, como os encontrados, por exemplo, em laboratórios de Física e no controle de aeronaves. Todos os processos de medição – de comprimentos, de massa, de tempo, de ângulos, etc. – dão resultados aproximados, alguns mais precisos do que outros.

Medida de ângulo expressa por um número misto

Acompanhe os exemplos para compreender como trabalhar com medidas de ângulos expressas por números mistos.

- Como indicar, em minutos, a medida 5 graus e 26 minutos?
  Começamos indicando a medida com um número misto: $5°\,26'$
  Então, vale a igualdade:

$$5°\,26' = 5° + 26'$$

  Como $1° = 60'$, podemos expressar essa medida em minutos:

$$5°\,26' = 5° + 26' = 5 \cdot 60' + 26' = 300' + 26' = 326'$$

  Então, $5°\,26' = 326'$.

- Como indicar, em segundos, a medida 2 graus, 10 minutos e 15 segundos?

  A medida equivale a 2° 10' 15", que é um número misto. Então, vale a igualdade:

$$2° \ 10' \ 15'' = 2° + 10' + 15''$$

  Como 1° = 60', temos:

$$2° + 10' + 15'' = 2 \cdot 60' + 10' + 15'' = 120' + 10' + 15'' = 130' + 15''$$

  Como 1' = 60", podemos expressar essa medida em segundos:

$$130' + 15'' = 130 \cdot 60'' + 15'' = 7\,800'' + 15'' = 7\,815''$$

  Então, 2° 10' 15" = 7 815".

- Em 312', quantos graus há e quantos minutos sobram?

  Como 60' equivalem a 1°, basta dividir 312' por 60':

```
3 1 2' | 6 0'
       |-----
  1 2'   5
```

$$312' = 5° \ 12'$$

  Logo, em 312' há 5° e sobram 12'.

- Como transformar 43 665" em número misto?

  Como 60" equivalem a 1', vamos dividir 43 665" por 60":

```
4 3 6 6 5" | 6 0"
           |-----
  1 6 6      7 2 7
    4 6 5
      4 5"
```

$$43\,665'' = 727' \ 45''$$

  Como 60' equivalem a 1°, vamos dividir 727' por 60':

```
7 2 7' | 6 0'
       |-----
1 2 7    1 2
    7'
```

$$727' = 12° \ 7'$$

  Assim, 43 665" = 727' 45" = 12° 7' 45".

ATIVIDADES

20. Quantos minutos há em:

a) 1°?
b) 10°?
c) 15°?
d) 3° 12'?

21. Quantos segundos há em:

a) 1°?
b) 1'?
c) 32'?
d) 5°?
e) 10° 18"?

22. Que fração do grau é 1 minuto? E 1 segundo?

23. Quantos segundos têm:

a) 52° 8' 32"
b) 48' 15"

24. Transforme em número misto:

a) 2 732"
b) 3 598"

25. Simplifique:

a) 52° 70'
b) 3° 43' 80"
c) 20° 130'

NA OLIMPÍADA

Jogando dados

(Obmep) Cinco dados foram lançados e a soma dos pontos obtidos nas faces de cima foi 19. Em cada um desses dados, a soma dos pontos da face de cima com os pontos da face de baixo é sempre 7. Qual foi a soma dos pontos obtidos nas faces de baixo?

a) 10
b) 12
c) 16
d) 18
e) 20

Desmonte

(Obmep) A peça da Figura 1 foi montada juntando-se duas peças sem sobreposição.

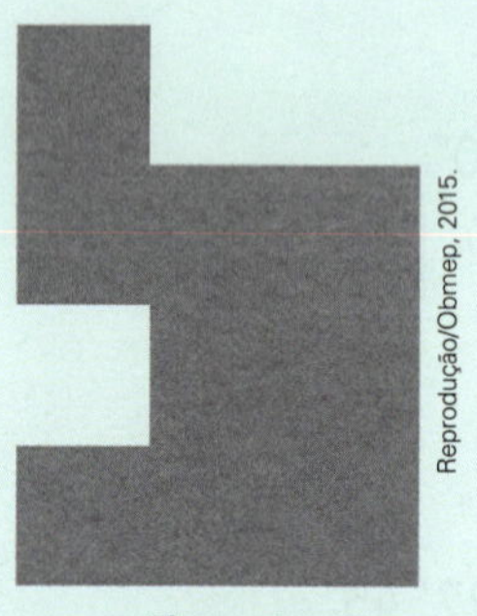

Figura 1

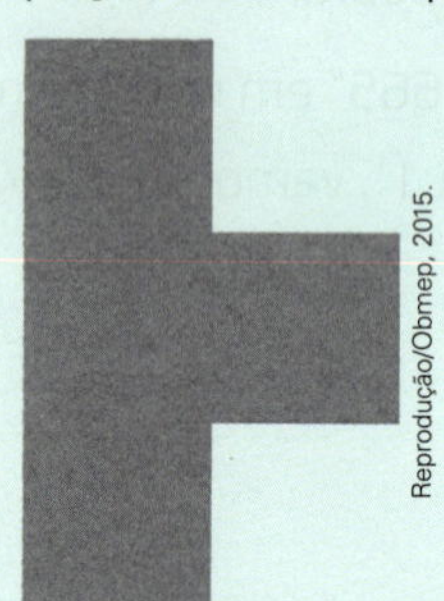

Figura 2

Uma das peças utilizadas foi a da Figura 2.

Qual foi a outra peça utilizada?

a) 

b)

c) 

d) 

e) 

NA MÍDIA

A Geometria e a obra de Niemeyer

O arquiteto brasileiro Oscar Niemeyer, que morreu [no dia 5 de dezembro de 2012], foi um dos profissionais mais premiados e influentes do mundo. Seu trabalho, sempre cheio de curvas em concreto que tornavam seu estilo inconfundível, marcou a paisagem urbana do Brasil e de outros países.

Wagner Santos de Almeida/Shutterstock

Palácio da Alvorada, em Brasília (DF), 2017.

Oscar Ribeiro de Almeida de Niemeyer Soares Filho nasceu no bairro das Laranjeiras, na Zona Sul do Rio de Janeiro, no dia 15 de dezembro de 1907. [...]

Em 1940 Niemeyer conhece Juscelino Kubitschek, então prefeito de Belo Horizonte, e realiza seu primeiro grande projeto, o Conjunto da Pampulha, no bairro na capital mineira, que incluía o cassino, a Casa do Baile, o clube e a igreja de São Francisco de Assis.

Waldemar Manfred Seehagen/Shutterstock

Congresso Nacional, em Brasília (DF), 2018.

[...] Niemeyer projetou o parque Ibirapuera e o Edifício Copan, ambos em São Paulo. Em 1956, com JK na presidência do Brasil, organizou o plano piloto de Brasília e foi responsável pela construção da nova capital federal. Com traços ousados, o filho do modernismo criou o Itamaraty, o Alvorada, o Congresso, a Catedral, a Praça dos Três Poderes, entre outros prédios e monumentos.

[...]

Niemeyer passou a ganhar projeção internacional e nos anos 70 abriu seu escritório na Champs Elysées, em Paris. O arquiteto também projetou a sede da editora Mondadori, em Milão, na Itália. Foi nesse período que ele influenciou a arquitetura mundial. As amizades iam do pintor Cândido Portinari ao maestro Villa-Lobos, passando por Fidel Castro e Chico Buarque.

[...]

Niemeyer sempre defendeu o uso do monumental na arquitetura, com certa obsessão pela leveza em contradição com o concreto. A forma é a curva, com que substituiu a tradição milenar de ângulos e retas.

[...]

A cidade de Niterói é a segunda do Brasil com o maior número de trabalhos do arquiteto, depois de Brasília. Após o consagrado Museu de Arte Contemporânea (MAC), foi projetado o Caminho Niemeyer, um complexo de edificações assinadas pelo mestre e voltado para a cultura e a religião.

Disponível em: http://g1.globo.com/pop-arte/noticia/2012/12/oscar-niemeyer-fez-historia-na-arquitetura-mundial.html. Acesso em: 26 maio 2021.

1. Niemeyer formou-se engenheiro arquiteto. Hoje, a faculdade de Arquitetura é separada da de Engenharia. Pesquise as diversas atividades de um profissional formado em Arquitetura nos dias de hoje.
2. Niemeyer faleceu a dez dias de completar quantos anos?
3. Quem era o presidente da República em 1956?
4. Quantos anos tem Brasília?
5. Identifique elementos geométricos nas obras que aparecem nas imagens.

Operações com números naturais

NESTA UNIDADE VOCÊ VAI

- Resolver problemas envolvendo multiplicação de números naturais.
- Resolver problemas envolvendo divisão de números naturais.
- Conhecer o sistema de numeração binário.
- Escrever e resolver expressões aritméticas.
- Resolver problemas envolvendo potência e raiz quadrada.

CAPÍTULOS

CAPÍTULO 5

Multiplicação

Enfoca y dispara/Shutterstock

Grãos de *kefir*.

NA REAL

O iogurte caseiro é feito a partir do *kefir*, grãos gelatinosos que têm em sua estrutura microrganismos capazes de fermentar o leite em temperatura ambiente. Uma colher de sopa de grãos de *kefir* fermenta meio litro de leite e produz 200 gramas de iogurte por dia. Nesse processo, os grãos se reproduzem, o iogurte é coado e os grãos separados para a próxima fermentação. Em condições favoráveis, a colônia dobra de tamanho em uma semana de produção diária de iogurte e com a reposição diária de meio litro de leite.

Imagine que você precise fazer uma observação para a feira de Ciências com uma amostra equivalente a 8 colheres de sopa de grãos de *kefir*. Você está iniciando a produção agora e só tem uma colher de sopa dos grãos. Como você deve se planejar? Quanto tempo levará para ter a quantidade de grãos que deseja?

Na BNCC
EF06MA03

Multiplicação

Tiago Donizete Leme/Arquivo da editora

As horas de uma semana

Uma semana tem sete dias. Cada dia tem 24 horas.

Quantas horas tem uma semana?

Observe:

$$\underbrace{24}_{\text{segunda-feira}} + \underbrace{24}_{\text{terça-feira}} + \underbrace{24}_{\text{quarta-feira}} + \underbrace{24}_{\text{quinta-feira}} + \underbrace{24}_{\text{sexta-feira}} + \underbrace{24}_{\text{sábado}} + \underbrace{24}_{\text{domingo}} = 168 \text{ horas}$$

Devemos adicionar sete parcelas de 24.

Isso corresponde a 7 **vezes** 24 ou 7 × 24.

$$\begin{array}{r} {}^{2}\\ 24 \\ \times\ 7 \\ \hline 168 \end{array}$$

Relembre o passo a passo dessa conta:

$$\begin{array}{r} 24 \\ \times\ 7 \\ \hline \end{array} \rightarrow 7 \times 4 = 28 \quad \begin{array}{r} {}^{2}\\ 24 \\ \times\ 7 \\ \hline 8 \end{array} \rightarrow \begin{array}{l} 7 \times 2 = 14 \\ 14 + 2 = 16 \end{array} \quad \begin{array}{r} {}^{2}\\ 24 \\ \times\ 7 \\ \hline 168 \end{array}$$

Portanto, uma semana tem 168 horas.

Multiplicar significa adicionar quantidades iguais.

Assim, 7 × 24 (ou 7 · 24) é o mesmo que 24 + 24 + 24 + 24 + 24 + 24 + 24.

No exemplo anterior, os números 7 e 24 são chamados **fatores**. O resultado da multiplicação, 168, é chamado **produto**.

Acompanhe outros exemplos.

Exemplo 1

Uma professora leciona 40 aulas por semana. Quantas aulas ela leciona em cinco semanas?
Calculamos 5 × 40:

$$\underset{1^{\underline{o}}\text{ fator}}{5} \times \underset{2^{\underline{o}}\text{ fator}}{40} = \underbrace{40 + 40 + 40 + 40 + 40}_{5 \text{ parcelas de } 40} = \underset{\text{produto}}{200}$$

ou

$$\begin{array}{r} 40 \\ \times\ 5 \\ \hline 200 \end{array} \begin{array}{l} \leftarrow \text{fatores} \\ \\ \leftarrow \text{produto} \end{array}$$

Em cinco semanas, essa professora leciona 200 aulas.

Drazen Zigic/Shutterstock

Exemplo 2

Um professor leciona 16 aulas por semana. Quantas aulas ele leciona em cinco semanas?

Calculamos 5×16:

$$\underbrace{5}_{1^{\underline{o}}\text{ fator}} \times \underbrace{16}_{2^{\underline{o}}\text{ fator}} = \underbrace{16 + 16 + 16 + 16 + 16}_{5 \text{ parcelas de } 16} = \underbrace{80}_{\text{produto}}$$

ou

$$\begin{array}{r} \scriptsize{3} \\ 16 \\ \times\ 5 \\ \hline 80 \end{array}$$

16 e 5 ← fatores; 80 ← produto

Em cinco semanas, esse professor leciona 80 aulas.

Monkey Business Images/Shutterstock

Casos especiais:

- Quando um dos fatores é 1, o produto é igual ao outro fator.
  Por exemplo:

  $1 \times 12 = 12$ (uma parcela igual a 12)

- Quando um dos fatores é 0, o produto é igual a 0.
  Por exemplo:

  $0 \times 12 = 0$ (nenhuma parcela)

  $3 \times 0 = 0 + 0 + 0 = 0$

ATIVIDADES

1. Gustavo vai à escola cinco dias por semana, de segunda-feira a sexta-feira. Em cada dia ele fica quatro horas na escola. Para saber quantas horas ele fica na escola por semana, responda:

a) Qual é a adição que devemos calcular?

b) Qual é a multiplicação que devemos calcular?

c) Quantas horas por semana Gustavo fica na escola?

2. Em uma escola há oito classes, cada uma com 30 estudantes. Quantos estudantes há nessa escola?

3. O ano letivo tem 40 semanas. Cada estudante fica na escola 20 horas por semana, quando comparece todos os dias. Se determinado estudante não falta nenhum dia, quantas horas por ano ele fica na escola?

4. Quantas bolinhas há na figura abaixo? Indique por meio de uma multiplicação e calcule.

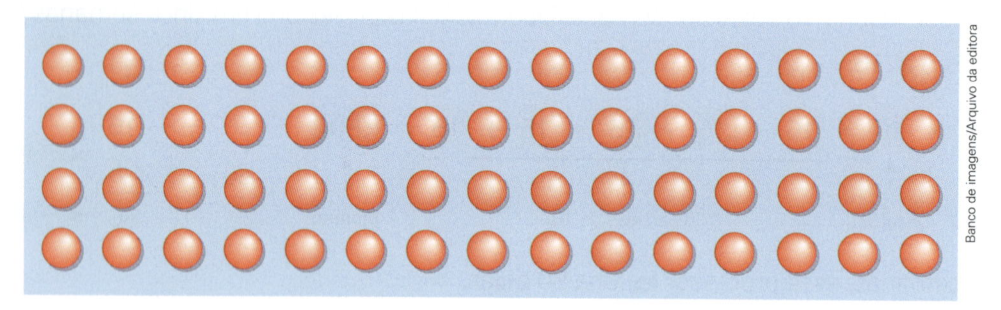

Banco de imagens/Arquivo da editora

5. Em uma parede revestida com pastilhas quadradas, há 60 fileiras de 120 pastilhas. Quantas pastilhas foram usadas para revestir a parede?

Texto para as atividades **6** e **7**.

No campeonato brasileiro de futebol, cada equipe ganha 3 pontos quando vence uma partida, 1 ponto quando empata e não pontua quando perde.

6. No campeonato de 2016, o campeão Palmeiras terminou com 24 vitórias, 8 empates e 6 derrotas.

a) Quantos pontos o Palmeiras ganhou com as 24 vitórias?

b) Quantos pontos ele ganhou com os 8 empates?

c) Quantos pontos ele ganhou com as 6 derrotas?

d) Com quantos pontos o Palmeiras foi campeão?

7. No mesmo campeonato de 2016, o time Botafogo terminou com 17 vitórias, 8 empates e 13 derrotas. Quantos pontos o Botafogo fez nesse campeonato?

8. Para disputar o campeonato paulista de futebol de 2017, cada equipe podia inscrever no máximo 28 jogadores. As 16 equipes participantes inscreveram o máximo possível de jogadores. Quantos jogadores foram inscritos no campeonato?

9. Em uma loja de calçados, um modelo de par de sapatos custa 25 reais. No ano passado, foram vendidos 20 736 pares desse modelo. Qual foi o total das vendas, em reais, desse modelo no ano passado?

Leia esta tirinha de Bill Watterson e o texto que a segue para fazer as atividades **10** e **11**.

Calvin & Hobbes, Bill Watterson © 1992 Watterson/
Dist. by Andrews McMeel Syndication

Como a proposta de Calvin não foi aceita, vamos ajudá-lo a fazer as multiplicações apresentadas nos cartões:

$7\,182 \times 40$ | $880 \times 2\,300$ | $1\,600 \times 102$ | $7\,005 \times 805$

10. Calvin pode ter uma ideia dos resultados das multiplicações fazendo estimativas.

Por exemplo, em $7\,182 \times 40$, podemos pensar que o resultado será um pouco maior que:

$$7\,000 \times 40 = 280\,000$$

Já em $880 \times 2\,300$, podemos pensar que dá um pouco menos que:

$$900 \times 2\,300 = 2\,070\,000$$

a) Faça uma estimativa para $1\,600 \times 102$.

b) E outra para $7\,005 \times 805$.

11. Efetue as multiplicações da atividade anterior sem usar a calculadora e confira se suas estimativas estão razoáveis.

Depois, confirme os resultados obtidos com o auxílio de uma calculadora.

12. Elabore um problema cuja resposta seja 168 e que possa ser resolvido com as operações indicadas nos cartões abaixo.

$12 \times 32 = 384$ $6 \times 36 = 216$ $384 - 216 = 168$

13. Calcule as multiplicações a seguir.

a) 666×33

b) $(666 \times 33) \times 1$

O número 1 é chamado **elemento neutro** da multiplicação.

Em uma multiplicação podemos suprimir fatores iguais a 1.

Dobro, triplo e quádruplo

O **dobro** de um número equivale a duas vezes esse número. Por exemplo, o dobro de 10 é 2×10, que é igual a 20.

O **triplo** de um número equivale a três vezes esse número. Por exemplo, o triplo de 10 é 3×10, que é igual a 30.

O **quádruplo** de um número equivale a quatro vezes esse número. Por exemplo, o quádruplo de 10 é 4×10, que é igual a 40.

Observe abaixo três bolinhas representadas e, na sequência, a representação do dobro, do triplo e do quádruplo da quantidade dessas bolinhas.

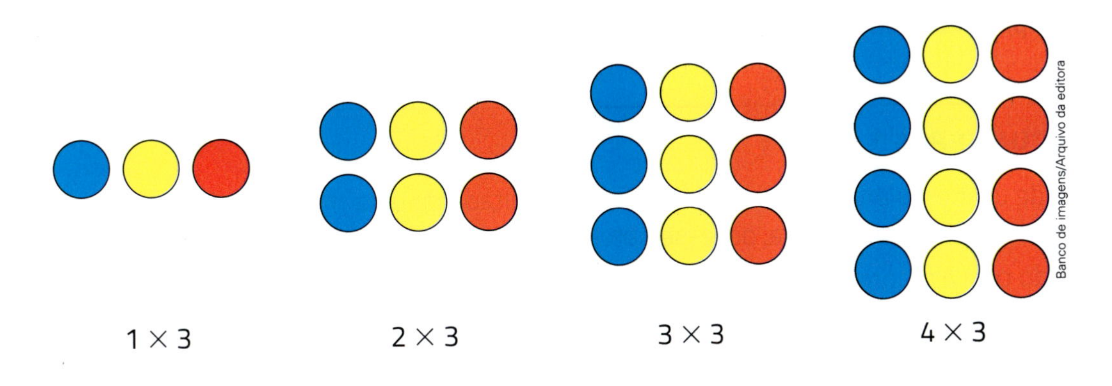

ATIVIDADES

14. Complete o quadro a seguir preenchendo as colunas.

Número	Dobro	Triplo	Quádruplo
1			
5			
22			
104			
0			
n			

15. Em uma adição de três parcelas, a primeira é 18, a segunda é o dobro da primeira e a terceira é o triplo da segunda. Qual é a soma?

16. Doze pessoas ganharam na loteria. O prêmio foi repartido da seguinte maneira:

- três pessoas receberam R$ 100 264,00 cada uma;
- duas pessoas receberam R$ 74 466,00 cada uma;
- as demais receberam R$ 32 182,00 cada uma.

Qual foi o valor do prêmio?

Ilustra Cartoon/ Arquivo da editora

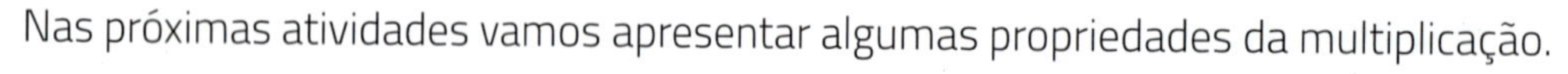

Nas próximas atividades vamos apresentar algumas propriedades da multiplicação.

17. Você já sabe que:

- $5 \times 8 = 8 + 8 + 8 + 8 + 8$
- $8 \times 5 = 5 + 5 + 5 + 5 + 5 + 5 + 5 + 5$

Quanto é 5×8? E 8×5?

18. Determine os produtos. Depois, compare os resultados obtidos.

a) 72×15

b) 15×72

Propriedade comutativa da multiplicação: A ordem dos fatores não altera o produto.

PARA QUE SERVE?

Você pode usar essa propriedade para conferir o resultado de uma multiplicação. Trocando a ordem dos fatores e refazendo a conta, deve-se obter o mesmo resultado.

De acordo com a propriedade comutativa, você pode efetuar uma multiplicação dispondo os fatores na ordem que preferir.

19. Vamos multiplicar os números 14, 20 e 50 em três expressões diferentes. Calcule e compare os resultados:

a) $(14 \times 20) \times 50$

b) $14 \times (20 \times 50)$

c) $(14 \times 50) \times 20$

Propriedade associativa da multiplicação: Na multiplicação de três números, podemos multiplicar dois fatores quaisquer e depois multiplicar o resultado pelo outro fator.

PARA QUE SERVE?

Em todas as associações possíveis para fazer a multiplicação de três ou mais números, o resultado é sempre o mesmo. Você pode escolher a associação que preferir.

Cálculo mental

Já vimos que a decomposição de números em centenas, dezenas e unidades pode nos ajudar a fazer contas mentalmente.

Acompanhe os exemplos a seguir.

Exemplo 1

Para calcular $67 + 84$, podemos pensar assim:

$67 = 60 + 7$ e $84 = 80 + 4$

$60 + 80 = 140$ e $7 + 4 = 11$

$140 + 11 = 151$

Então, $67 + 84 = 151$.

Podemos também pensar assim:

De 67 para 70 faltam 3.

Subtraindo 3 de 84, obtemos 81.

Calcular $67 + 84$ é o mesmo que calcular $70 + 81$; o resultado é 151.

Exemplo 2

Agora, vamos calcular $183 - 128$. De 128 para 130 faltam 2.

De 130 para 180 faltam 50.

De 180 para 183 faltam 3.

Então, de 128 para 183 faltam $2 + 50 + 3$; logo, $183 - 128 = 55$.

Exemplo 3

Para calcular 12×53, podemos pensar:

$53 = 50 + 3$

$12 \times 50 = 600$ e $12 \times 3 = 36$

$600 + 36 = 636$

Logo, $12 \times 53 = 636$. Confira o resultado efetuando a multiplicação.

Veja outra maneira de calcular:

$12 = 10 + 2$

$10 \times 53 = 530$ e $2 \times 53 = 106$

$530 + 106 = 636$

ATIVIDADES

As próximas atividades devem ser resolvidas em dupla. Efetue os cálculos mentalmente e explique para o colega a estratégia que você utilizou.

20.

a) $175 + 44$ b) $92 + 53$ c) $168 + 94$ d) $116 + 36$

21.

a) $93 - 56$ b) $140 - 72$ c) $118 - 81$ d) $2025 - 1998$

22.

a) 12×33 b) 7×42 c) 5×86 d) 20×75

Propriedade distributiva da multiplicação

No cálculo mental de 12×53, podemos usar o seguinte procedimento:

$$12 \times (50 + 3) = (12 \times 50) + (12 \times 3)$$

Multiplicamos cada parcela por 12 e depois adicionamos os resultados. Aplicamos, assim, a chamada **propriedade distributiva da multiplicação** em relação à adição:

O produto de um número por uma soma indicada por duas ou mais parcelas é igual à soma dos produtos daquele número pelas parcelas.

ATIVIDADES

23. Calcule a expressão $15 \times (20 + 40)$ de dois modos:

a) fazendo a adição e, depois, a multiplicação;

b) multiplicando cada parcela e fazendo, por último, a adição.

Qual modo você acha mais fácil?

Texto para as atividades **24** a **29**.

Em uma partida da seleção brasileira de basquetebol, compareceram 10050 espectadores. O ingresso comum custava R$ 40,00 e foram vendidos 980 ingressos para as cadeiras especiais por R$ 105,00 cada um.

24. Quantas pessoas adquiriram ingressos comuns?

25. Arredonde os números e faça uma estimativa da arrecadação obtida com a venda dos ingressos comuns.

26. Estime a arrecadação obtida com a venda dos ingressos para as cadeiras especiais. Depois, estime a arrecadação total.

27. Calcule o valor exato da arrecadação total empregando a propriedade distributiva nas multiplicações.

28. Recalcule a arrecadação total substituindo ////////// pelos valores corretos.

a)
$$\begin{array}{r} 9070 \\ \times \quad 40 \\ \hline \text{//////////} \ (1) \end{array}$$

b)
$$\begin{array}{r} 980 \\ \times \ 105 \\ \hline \text{//////////} \ (2) \end{array}$$

c)
$$\begin{array}{r} \text{//////////} \ (1) \\ + \ \text{//////////} \ (2) \\ \hline \text{//////////} \end{array}$$

29. Confirme o valor total da arrecadação refazendo as contas na calculadora.

Expressões aritméticas

Qual é a massa?

VLIET/iStock

A massa de uma vaca equivale a 26 arrobas mais 6 quilogramas.

Quantos quilogramas equivalem a essa massa?

Como 1 arroba corresponde a 15 quilogramas, a massa da vaca, em quilogramas, é $(26 \times 15) + 6$. Vamos calcular essa expressão. Os parênteses indicam a operação a ser feita primeiro.

$(26 \times 15) + 6 = 390 + 6 = 396$

Então, esse animal tem 396 quilogramas de massa.

A unidade de medida de massa múltiplo do grama é o **quilograma**, popularmente conhecida por **quilo**.

Para resolver expressões aritméticas com adições, subtrações e multiplicações, calculamos primeiro as multiplicações. Depois, calculamos as adições e as subtrações na ordem em que aparecem. Acompanhe o exemplo abaixo.

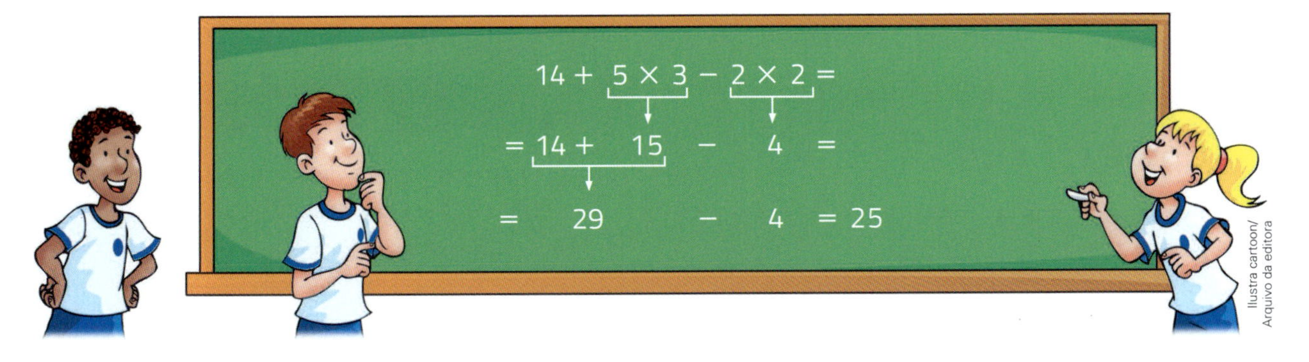

Ilustra cartoon/Arquivo da editora

ATIVIDADES

30. Quantos copos há nesta cena? Escreva uma expressão aritmética e calcule.

Hélio Senatore/Arquivo da editora

31. Guilherme e Gustavo fizeram duas provas em um concurso para um estágio. Para descobrir a pontuação que cada um obteve, calcule as expressões a seguir. Se houver sinais de associação, faça primeiro o que está entre parênteses e depois o que está entre colchetes.

Dean Drobot/Shutterstock

1ª prova

Guilherme: $6 \times 4 - 5 + 3 \times 3$

Gustavo: $22 - 2 \times 3 \times 2 + 6 \times 1$

2ª prova

Guilherme: $13 \times [5 - 2 \times (11 - 9)]$

Gustavo: $17 - 2 \times (3 + 5 \times 1 - 8)$

Agora, adicione as pontuações e responda: Quem obteve mais pontos?

32. Descubra os algarismos A, B e C e responda: Quanto é $(A + B) \times (C - B)$?

$$\begin{array}{r} 2\,C \\ \times\ C \\ \hline A\,B\,5 \end{array}$$

33. Estela é costureira. Ela comprou 5 carretéis de linha Vando e 2 carretéis de linha Vavá.

Ilustra Cartoon/Arquivo da editora

Vando
80 metros

Vavá
20 metros

a) Quantos metros de linha Estela comprou?

Um metro tem 100 centímetros. Calcule quantos centímetros de linha há:

b) em um carretel de linha Vando;

c) em um carretel de linha Vavá;

d) em 3 carretéis de linha Vando e em 2 carretéis de linha Vavá juntos.

34. Jandira é confeiteira e está preparando os doces (10 dúzias de brigadeiros, 8 dúzias e meia de quindins, 75 olhos de sogra, 9 dúzias de cajuzinhos e 68 beijinhos) e os salgados (17 dúzias de empadinhas, 15 dúzias e meia de coxinhas, 18 dúzias de croquetes e 195 bolinhas de queijo) de uma festa de casamento.

Ilustra Cartoon/Arquivo da editora

a) Quantos doces Jandira está preparando para a festa de casamento?

b) E quantos salgados?

NA OLIMPÍADA

Encha as salas

(Obmep) Os 1 641 alunos de uma escola devem ser distribuídos em salas de aula para a prova da Obmep. As capacidades das salas disponíveis e suas respectivas quantidades estão informadas na tabela abaixo:

Capacidade máxima de cada sala	Quantidade de salas disponíveis
30	30
40	12
50	7
55	4

Qual a quantidade mínima de salas que devem ser utilizadas para essa prova?

a) 41 **b)** 43 **c)** 44 **d)** 45 **e)** 47

Rodízio de filhos

(Obmep) Um casal e seus filhos viajaram de férias. Como reservaram dois quartos em um hotel por 15 noites, decidiram que, em cada noite, dois filhos dormiriam no mesmo quarto de seus pais, e que cada filho dormiria seis vezes no quarto dos pais. Quantos são os filhos do casal?

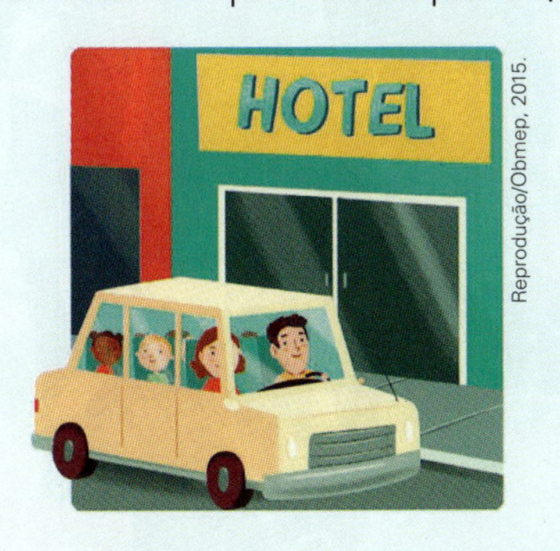

Reprodução/Obmep, 2015.

a) 5 **b)** 6 **c)** 7 **d)** 8 **e)** 9

Os prédios vizinhos

(Obmep) Os edifícios A e B da figura não possuem janelas em suas laterais e têm o mesmo número de janelas na parte de trás. O edifício A tem mais janelas na frente do que atrás; já o edifício B tem mais janelas atrás do que na frente. Qual é o número total de janelas nos dois edifícios?

Reprodução/Obmep, 2018.

a) 21 **b)** 23 **c)** 44 **d)** 46 **e)** 48

CAPÍTULO

6 Divisão

NITINAI THABTHONG/Shutterstock

NA REAL

Tem lugar para todo mundo?

Você provavelmente já deve ter participado de uma excursão escolar. Mas você já pensou no que é preciso para organizá-la?

É preciso, por exemplo, escolher o local em que o passeio será realizado, verificar as datas disponíveis para visitação, quantos estudantes poderiam fazer a visitação no mesmo dia, elaborar um roteiro para o passeio, verificar se será necessário levar alimentos ou dinheiro, enviar um comunicado para todos os responsáveis dos estudantes falando sobre o passeio, entre outros.

Além desses itens, é necessário organizar o transporte da excursão. Para saber a quantidade de ônibus que deve ser alugada, que informações é preciso ter? Tendo essas informações, como você faria para calcular a quantidade mínima de ônibus necessária para que todas as pessoas que participarão da excursão viajem sentadas?

Na BNCC
EF06MA03
EF06MA12
EF06MA14
EF06MA15

Divisão

Grupos de quantos?

A professora preparou uma lista com 8 temas de trabalhos para a turma fazer.

Ilustra Cartoon/Arquivo da editora

Ela decidiu distribuir os 32 alunos da sala em 8 grupos com quantidades iguais de alunos. Cada grupo vai fazer um dos trabalhos.

Quantos alunos vão ficar em cada grupo? Dividimos os 32 alunos pelos 8 grupos:

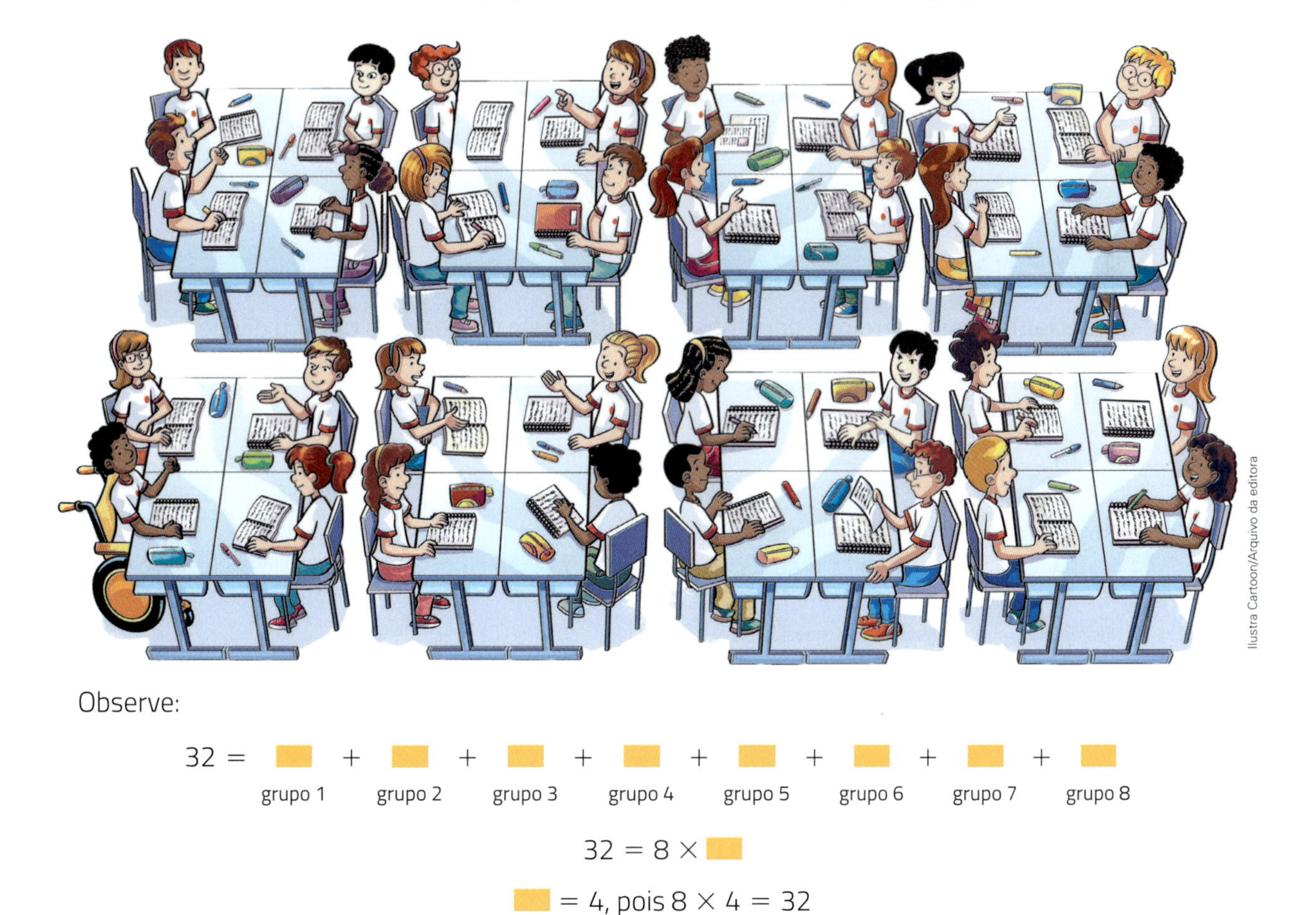

Ilustra Cartoon/Arquivo da editora

Observe:

32 = ▭ (grupo 1) + ▭ (grupo 2) + ▭ (grupo 3) + ▭ (grupo 4) + ▭ (grupo 5) + ▭ (grupo 6) + ▭ (grupo 7) + ▭ (grupo 8)

$32 = 8 \times$ ▭

▭ $= 4$, pois $8 \times 4 = 32$

Portanto, cada grupo vai ficar com 4 alunos.

PARTICIPE

I. Em uma loteria foi sorteado um prêmio de 720 000 reais, que acabou sendo repartido igualmente entre 6 apostadores.

a) Para saber quanto cada um ganhou, que operação devemos fazer?

b) Qual é o resultado dessa operação?

c) Como podemos confirmar a resposta?

d) E qual é o resultado de 720 000 dividido pelo valor do prêmio de cada ganhador?

II. Um dos ganhadores do prêmio da loteria pertencia a um grupo de amigos que tinha combinado de repartir a quantia entre eles, caso ganhassem. Eles repartiram o valor e cada um ficou com 24 000 reais.

a) Qual é o total do valor que o grupo repartiu?

b) Se cada amigo ficou com 24 000 reais, que operação devemos fazer para saber quantos amigos eram?

c) Quantos amigos eram?

d) Que cálculo podemos fazer para confirmar essa resposta?

Dividir é repartir em quantidades iguais.

Na divisão abaixo, 32 é o **dividendo** e 8 é o **divisor**. O resultado, 4, é o **quociente**. Observe:

$$32 : 8 = 4$$

Para indicar divisão, usamos : ou ÷.

$32 : 8 = 4$, pois $4 \times 8 = 32$

O **quociente** é o número que devemos multiplicar pelo divisor para obter o dividendo.

Acompanhe outros exemplos.

$28 : 4 = 7$, pois $7 \times 4 = 28$

28 → dividendo; 4 → divisor; 7 → quociente

$30 : 5 = 6$, pois $6 \times 5 = 30$

30 → dividendo; 5 → divisor; 6 → quociente

A palavra **quociente** deriva da língua latina e significa "quantas vezes". Efetuar, por exemplo, a divisão 32 : 8 é responder à pergunta: "Quantas vezes 8 dá 32?".

A divisão é a operação inversa da multiplicação, por exemplo:

divisão →

$30 : 5 = 6$

$30 = 5 \times 6$

← multiplicação

Quantos grupos?

A divisão também é usada para descobrir a quantidade de grupos. Acompanhe um exemplo.

Temos 60 livros e queremos organizá-los em pilhas de 12 livros cada uma. Quantas pilhas serão formadas?

$$60 = \underbrace{12 + 12 + \ldots}_{\text{Quantas pilhas?}}$$

livros por pilha

$$60 = \underbrace{\underset{1}{12} + \underset{2}{12} + \underset{3}{12} + \underset{4}{12} + \underset{5}{12}}_{\text{quantidade de pilhas}}$$

total de livros

60 : 12 = 5, pois 5 × 12 = 60

Serão formadas 5 pilhas de livros.

Ilustra Cartoon/Arquivo da editora

ATIVIDADES

1. Para que respondessem a um questionário com 48 perguntas, o professor decidiu repartir os 30 estudantes em grupos de 6.

a) Quantos grupos foram formados?

b) Cada estudante do grupo deveria responder à mesma quantidade de questões. Quantas questões cada estudante respondeu?

2. Faltam 504 horas para o aniversário da professora Ana Paula. Os estudantes se reuniram para organizar uma festinha. Eles encomendaram 900 docinhos na cantina da escola. Para embalar os doces, a cantina usa caixas com capacidade para 45 unidades cada uma.

a) Quantos dias faltam para o aniversário de Ana Paula? E quantas semanas faltam?

b) Quantas caixas serão necessárias para embalar os 900 docinhos?

c) Se os 900 docinhos fossem distribuídos em 15 caixas, todas com a mesma quantidade de doce, quantos doces teriam de caber em cada caixa?

3. Regina nasceu em Olímpia, um município do interior de São Paulo, distante 432 quilômetros da capital do estado.

a) Para viajar de Olímpia a São Paulo, quantos litros de gasolina Regina vai gastar, se o carro dela percorre 12 quilômetros com um litro?

b) Se Regina usar um carro a etanol, que percorre 8 quilômetros com um litro, quantos litros de etanol serão necessários para essa viagem?

c) Três litros de etanol custam o mesmo que 2 litros de gasolina. Com que tipo de combustível a viagem é mais econômica?

4. Observe a cena e responda à pergunta.

Eu acertei na loteria!
O prêmio de R$ 481 110,00 será repartido igualmente entre 203 ganhadores.

Ilustra Cartoon/Arquivo da editora

Quanto Marília recebeu de prêmio? Faça o cálculo e confira o resultado aplicando a operação inversa.

5. Responda às perguntas.

a) Quantos meses há em 240 dias? Considere que 1 mês tem 30 dias.

b) Quantas semanas há em 210 dias?

c) Quantas horas há em 365 dias?

d) Quantas dúzias há em 6 dezenas?

6. Uma compra no valor de R$ 3 255,00 vai ser paga com uma entrada de R$ 995,00 e mais quatro prestações mensais de mesmo valor sem nenhum acréscimo. Qual será o valor de cada prestação?

7. Em um experimento na aula de Ciências, Rosa coloca uma jarra vazia sobre uma balança e lê no mostrador 450 gramas. Então, ela despeja na jarra 2 copos de água e a indicação passa a ser 810 gramas. Quanto a balança vai indicar se a jarra tiver 5 copos de água?

8. Sabino quer comprar escrivaninhas e cadeiras para mobiliar seu novo escritório. Com R$ 825,00 ele pode comprar 3 escrivaninhas. Para comprar 4 escrivaninhas e 6 cadeiras, ele precisa de R$ 2 228,00. Ficou decidido que serão compradas 5 escrivaninhas e 10 cadeiras. Quanto Sabino vai gastar nessa compra?

9. Na divisão, cada termo recebe um nome. Que palavras devem substituir cada ////////?

//////// → 36 : 4 = 9 ← ////////

↑

////////

10. Complete o problema abaixo de modo que ele possa ser resolvido efetuando uma divisão.

Para dar uma volta completa ao redor da Terra, percorre-se, aproximadamente, 40 000 quilômetros.

//

11. Elabore um problema cuja resposta seja 11 e que possa ser resolvido efetuando as operações abaixo.

$12 \times 12 = 144$

$732 + 852 = 1\,584$

$1\,584 : 144 = 11$

PARTICIPE

I. A balança representada ao lado está em equilíbrio.

a) Quantas ● são necessárias para equilibrar um ■?

b) Qual é o número que ■ representa na igualdade: 3 × ■ = 12?

c) Na igualdade 3 × ■ = 12, qual é o primeiro membro? E o segundo?

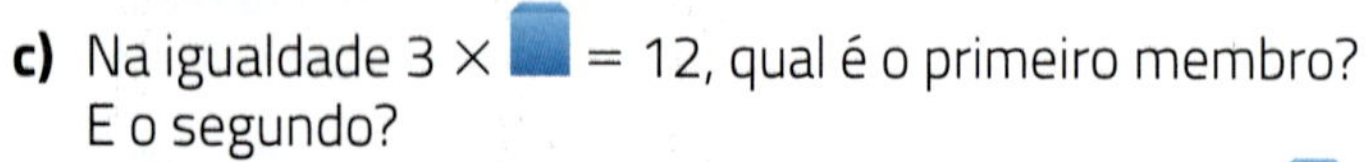

d) Dividindo por 3 os dois membros da igualdade 3 × ■ = 12, qual igualdade obtemos?

Ilustrações: Ericson Guilherme Luciano/Arquivo da editora

II. Agora, observe a balança representada a seguir e que também está em equilíbrio.

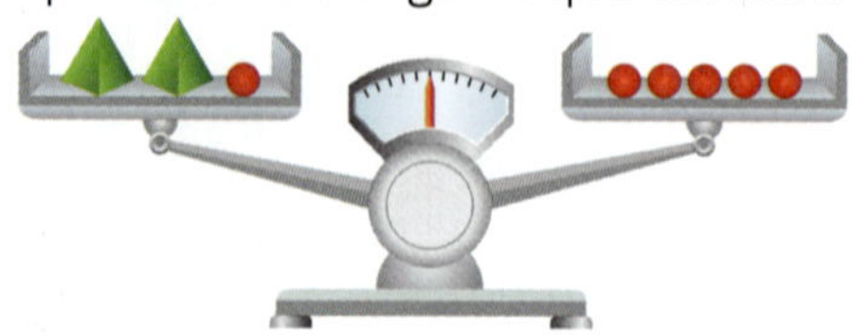

a) Quantas ● são necessárias para equilibrar um ▲?

b) Qual é o número que ▲ representa na igualdade 2 × ▲ + 1 = 5?

c) Escreva a igualdade obtida ao subtrair 1 dos dois membros da igualdade 2 × ▲ + 1 = 5.

d) Escreva a igualdade obtida ao dividir por 2 os dois membros da igualdade obtida no item anterior.

e) Qual é o número que ◆ representa na igualdade ◆ ÷ 5 = 3?

f) Qual igualdade obtemos ao multiplicar por 5 os dois membros de ◆ ÷ 5 = 3?

Propriedade da igualdade

As situações apresentadas na seção "Participe" da página anterior ilustram uma importante propriedade da relação de igualdade matemática que estudamos no capítulo de adição e subtração e que vale também para multiplicação e divisão:

A relação de igualdade matemática não se altera ao multiplicar (ou dividir) os seus dois membros por um mesmo número diferente de zero.

Empregamos essa propriedade para calcular números desconhecidos em uma igualdade, o que pode ser uma boa estratégia para descobrir valores desconhecidos na resolução de problemas.

ATIVIDADES

12. No cálculo abaixo, os cartões azuis têm o mesmo valor. Quanto vale cada um?

320 + ■ + ■ + ■ = 635

13. Nos cálculos abaixo, cartões de mesma cor têm valores iguais. Quanto vale o cartão azul? E o vermelho?

■ (vermelho) + ■ (azul) = 60

■ (vermelho) + ■ (azul) + ■ (azul) = 80

14. No quadro ao lado, substitua as letras por números, de modo que, multiplicando os números das linhas horizontais ou verticais, o resultado seja sempre 60.

Você pode realizar os cálculos mentalmente.

1	*a*	4
b	2	*c*
d	*e*	3

15. Alguns cartões com números se desprenderam do quadro e se misturaram com outros. Descubra quais são os cartões e o lugar que cada um deve ocupar.

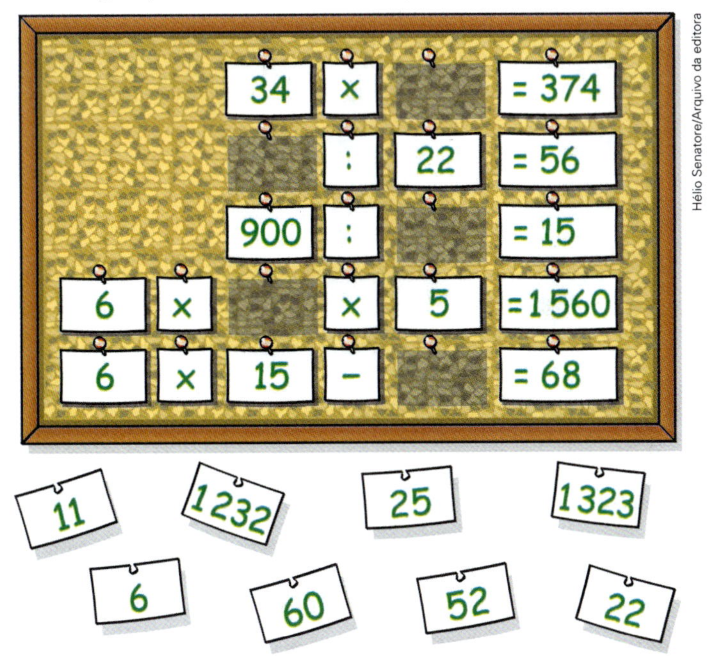

Hélio Senatore/Arquivo da editora

Expressões aritméticas com as quatro operações

Nas expressões aritméticas com as operações de adição, subtração, multiplicação e divisão, devemos seguir duas etapas:

1ª) Efetuamos as multiplicações e as divisões, na ordem em que aparecem.

2ª) Efetuamos as adições e as subtrações, na ordem em que aparecem.

Acompanhe os exemplos ao lado.

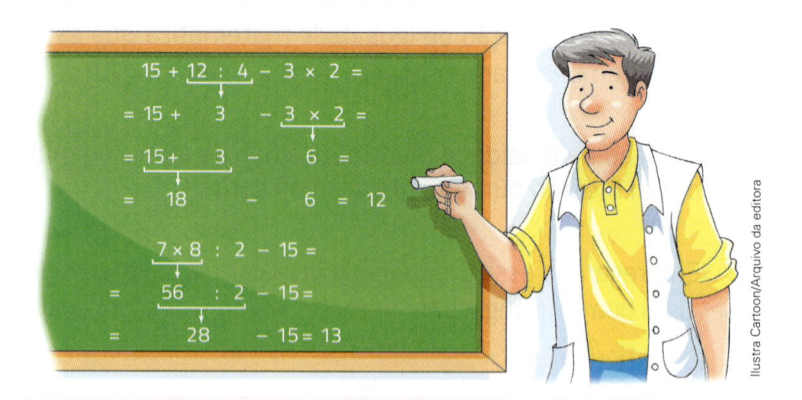

Ilustra Cartoon/Arquivo da editora

ATIVIDADES

16. Giovana calculou as expressões abaixo e concluiu que todas têm resultado ímpar. Calcule você também e verifique se Giovana está certa ou errada.

a) $2 + 3 \cdot 4 + 16 : 2 - 7 - 2 \cdot 4$

b) $(3 \cdot 10 + 12) : (4 + 5 \cdot 2)$

c) $113 - 7 \cdot 8 : (3 - 1 \cdot 2)$

d) $32 : [(4 \cdot 2 + 32 : 4) \cdot 2]$

17. Nos cálculos abaixo, cartões de mesma cor têm valores iguais. Quais são esses valores?

■ (azul) + ■ (vermelho) = 6015

60 × 15 − 60 : 15 = ■ (vermelho)

18. Estas pessoas foram à feira e compraram laranjas e bananas na mesma barraca. Veja quanto cada uma gastou e responda à pergunta.

Nice
R$ 25,00 em 3 dúzias de laranjas e 4 dúzias de bananas.
Neusa
R$ 20,00 em 5 dúzias de bananas.
Fernanda
4 dúzias de laranjas e 3 dúzias de bananas.

Tiago Donizete Leme/Arquivo da editora

Quanto Fernanda gastou?

19. Em que número pensei?

a) Pensei em um número e o multipliquei por 5. Do resultado, subtraí 30 e obtive 55.

b) Pensei em um número e o dividi por 4. Do resultado, subtraí 3 e obtive 6.

20. Pensei em um número, multipliquei-o por 4 e, do resultado, subtraí 4. Obtive 44. Se eu o tivesse dividido por 4 e, ao resultado, adicionado 4, quanto obteria?

21. Gabriela está brincando de esconde-esconde. Para ajudá-la a encontrar os colegas, calcule as expressões e compare os resultados obtidos com os números do quadro para descobrir o esconderijo de cada criança. Se preferir, use uma calculadora.

Ilustra Cartoon/Arquivo da editora

Luciana: $1\,100 - 220 \times 4$

Alexandre: $80 + 40 : 8$

Ricardo: $306 \times 4 + 108 \times 14$

Priscila: $3\,801 : 7 + 1\,001 : 13$

Maurício: $(607 - 388) \times 8 - 92\,514 : 102$

André: $113\,771 - 310 \times 208$

Esconderijo	Criança
atrás da árvore	620
atrás da porta	85
atrás do muro	49 291
no porão	220
embaixo da escada	845
dentro do carro	45 673
atrás do carro	2 736

Qual dos amigos está dentro do carro?

Divisão com resto

Torneio de vôlei

O professor de Educação Física vai organizar um torneio de vôlei masculino com os estudantes do 6º ano. Se cada equipe de vôlei tem 6 jogadores, quantas equipes, no máximo, podem ser formadas com 32 meninos?

Ilustrações: Ilustra Cartoon/Arquivo da editora

Dividimos os 32 alunos em grupos de 6:

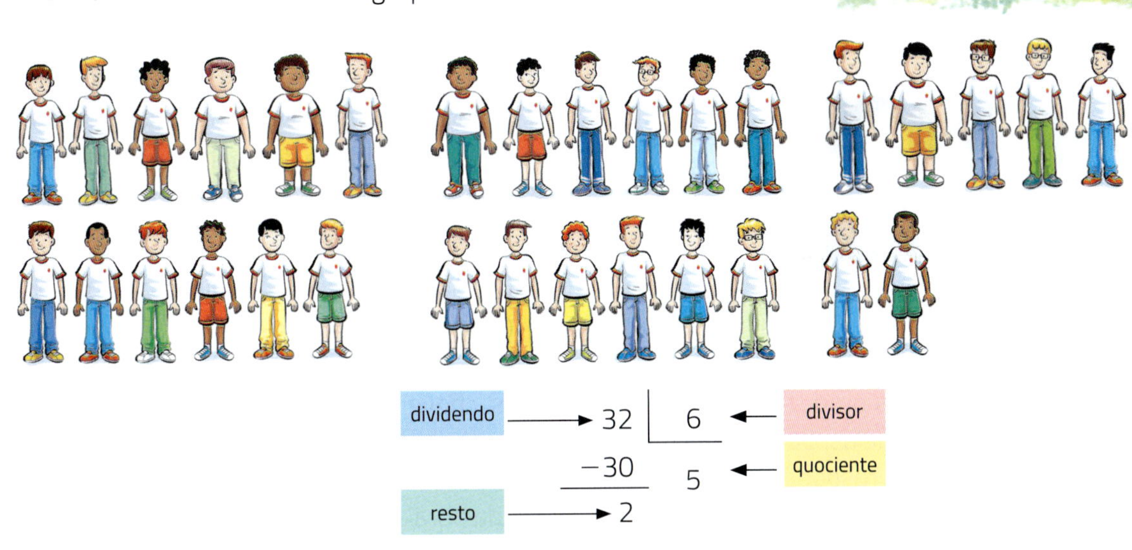

Podem ser formadas 5 equipes de 6 estudantes cada e sobram 2 estudantes.

A divisão do problema anterior tem resto 2. É uma divisão não exata. A divisão é exata quando o resto é igual a zero.

Ainda tendo como base o exemplo anterior, multiplicando o quociente pelo divisor, obtemos a quantidade de estudantes que formam as 5 equipes:

$$5 \times 6 = 30$$

Adicionando a esse produto a quantidade de estudantes que sobraram (resto), temos o total de meninos:

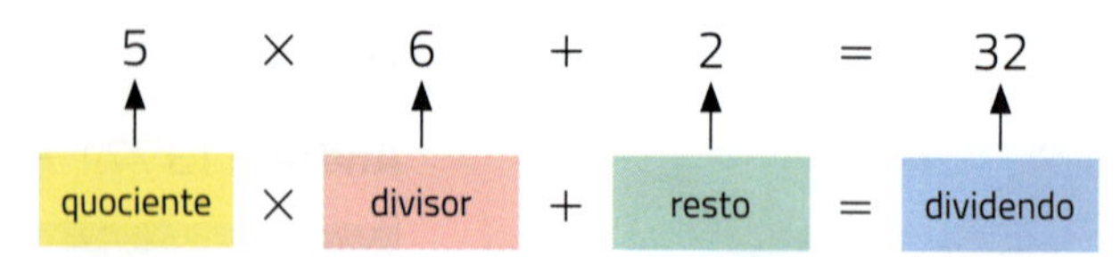

Observe que a quantidade de estudantes que sobraram (resto) é menor que a quantidade de elementos de cada equipe (divisor). Por quê? Se sobrassem 6 ou mais estudantes, o que seria feito?

Na divisão, sempre temos:

resto $<$ divisor

(Lê-se: "o resto é menor que o divisor".)

Sinal	Leitura
$<$	é menor que
$>$	é maior que

ATIVIDADES

22. Mário é professor de Educação Física. No colégio em que ele trabalha, 124 alunos jogam voleibol. Com quantas equipes, no máximo, Mário pode organizar um campeonato dessa modalidade esportiva? Quantos alunos sobram?

23. Lara e Nicole são irmãs gêmeas nascidas no dia 16 de fevereiro de 2012, ano bissexto. No 5º aniversário delas, quantas semanas de vida elas completaram?

Lopolo/Shutterstock

24. Contando a partir de um domingo, em que dia da semana cai o milésimo dia?

25. Uma indústria de fósforos produz caixas com 40 palitos em cada uma delas. Se a produção diária é de 64 267 palitos, responda:

a) Essa produção dá para preencher quantas caixas?

b) Quantos palitos sobram?

c) Em três dias, quantas caixas são preenchidas? Quantos palitos sobram?

26. Responda às perguntas.

a) Em uma divisão, o quociente é 103, o divisor é 45 e o resto é o maior possível. Qual é o dividendo?

b) Em uma divisão, o resto é 7, o quociente é 3 e o divisor é 5. Essa divisão é possível ou impossível? Por quê?

27. Leia cada afirmação a respeito da operação de divisão e indique se ela está certa ou errada.

a) O quociente pode ser menor que o divisor.

b) O quociente pode ser maior que o divisor.

c) O resto pode ser menor que o quociente.

d) O resto pode ser maior que o quociente.

e) O resto pode ser menor que o divisor.

f) O resto pode ser maior que o divisor.

28. Após chover no município de São Paulo, a água da chuva desceu o rio Tietê até o rio Paraná, percorrendo cerca de 1 000 quilômetros. A cada hora a água resultante da chuva descia 4 quilômetros.

a) Em quantas horas as águas fizeram o percurso mencionado?

b) Quantos dias e horas durou esse percurso?

NA MÍDIA

Água potável

Você já deve ter ouvido falar que a água potável do planeta, que sempre foi pouca, está se tornando escassa.

Abaixo estão algumas informações sobre desperdício e economia desse recurso natural. Leia-as e depois responda às perguntas.

Faça as contas e calcule como você pode economizar água

1. Uma torneira pingando uma gota de água por segundo desperdiça 16500 litros por ano. Se 10000 famílias evitarem esse gasto em casa, a água economizada abasteceria por um dia toda a população de São Luís do Maranhão.

2. Se você e mais 5 amigos escovarem os dentes com a torneira fechada, economizarão 122 litros de água pura por dia. É o suficiente para a higiene e a hidratação diária de uma criança.

3. O uso da "vassoura hidráulica" gasta, em 15 minutos, 36 litros de água limpa. Quem lava a calçada uma vez por semana joga fora 1 728 litros por ano e, em 20 anos, 34 560 litros. Essa água mataria a sede de uma pessoa por 47 anos.

Fernando Favoretto/Criar Imagem

Fonte: *Você S/A*, n. 122.

Para responder às perguntas a seguir, considere o ano com 365 dias e lembre-se de que cada dia tem 24 horas, cada hora tem 60 minutos e cada minuto, 60 segundos.

1. Se o desperdício é de uma gota por segundo, aproximadamente quantos milhões de gotas de água limpa são perdidas em um ano?

2. Releia o item 1 do texto e responda de acordo com a estimativa apresentada:

- Quantos milhares de gotas, aproximadamente, tem um litro de água?
- Quantos milhões de litros de água a população de São Luís do Maranhão gasta por dia?

3. De acordo com o item 2 do texto, quanto de água pura uma pessoa economiza em 30 dias se escovar os dentes com a torneira fechada?

4. Há um pequeno erro nos dados do item 3 do texto. Para encontrá-lo, responda: Quantas semanas há em um ano? Se uma "vassoura hidráulica" (esguicho) gasta 36 litros de água limpa quando usada por 15 minutos uma vez por semana, quantos litros de água são jogados fora por ano? E em 20 anos?

Problemas sobre partições

Os presentes de Natal

Carol e Marco vão retirar R$ 800,00 de sua poupança e dar aos filhos, Enzo e Bruno, para que comprem eles mesmos os seus presentes de Natal. Como Enzo é mais velho, vai receber R$ 100,00 a mais que Bruno. Quanto cada um vai receber?

Separando os R$ 100,00 que Enzo vai receber a mais, o restante será dividido igualmente entre os dois:

$$800 - 100 = 700$$

$$700 \div 2 = 350$$

chatursunil/Shutterstock

Então, Bruno vai receber R$ 350,00 e Enzo, que receberá R$ 100,00 a mais, ficará com R$ 450,00.

Vamos conferir? Carol e Marco vão retirar R$ 800,00 e o que Enzo e Bruno vão receber somam:

R$ 450,00 + R$ 350,00 = R$ 800,00

Portanto, os cálculos estão corretos.

Sempre verifique se a resposta está correta, de acordo com as informações dadas.

Vamos resolver mais problemas sobre partições e as quatro operações fundamentais. As perguntas ajudarão a desenvolver o raciocínio em cada situação.

ATIVIDADES

29. Roberto e Renata ganham, juntos, R$ 3 200,00 por mês. Roberto ganha R$ 840,00 a mais que Renata.

a) Do total dos dois salários, subtraindo o que Roberto ganha a mais, quanto sobra para dividir entre ambos?

b) Quanto Renata ganha?

c) Quanto Roberto ganha?

d) Como você pode conferir se as respostas dos itens **b** e **c** estão corretas?

30. As idades de três irmãos somam 116 anos. Gustavo, o mais velho, tem 3 anos a mais que Arnaldo e 7 anos a mais que Eliete, a mais nova.

a) Quantos anos Arnaldo tem a mais que Eliete?

b) Da soma das três idades, subtraindo os anos que Gustavo e Arnaldo têm a mais que Eliete, quantos anos sobram?

c) Qual é a idade de Eliete?

d) E a de Arnaldo?

e) E a de Gustavo?

Verifique se as respostas dos itens **c**, **d** e **e** estão corretas (de acordo com os dados do problema).

31. A soma de dois números é 144. O maior deles é o triplo do menor.

a) Se o maior é três vezes o menor, a soma dos dois é quantas vezes o menor?

b) Qual é o menor número?

c) Qual é o maior?

Verifique se as respostas dos itens **b** e **c** estão corretas.

32. As populações dos municípios Paraíso e Bela Vista somam 69 600 habitantes. Paraíso tem o **quíntuplo** da população de Bela Vista.

a) Quantos são os habitantes de Bela Vista?

b) E de Paraíso?

quíntuplo = cinco vezes

33. No Natal, uma loja distribuiu a quantia de R$ 10 000,00 em prêmios ao gerente e a seus seis vendedores. Se os vendedores receberam partes iguais e o gerente recebeu o dobro do valor de um vendedor, quanto recebeu cada um?

Pressmaster/Shutterstock

34. As idades de dois irmãos são números ímpares consecutivos. Adicionando a idade do mais novo, João, ao triplo da idade do mais velho, Alcides, o resultado é exatamente 90 anos.

a) Quantos anos Alcides tem a mais que João?

b) A idade de Alcides, adicionada ao seu triplo, dá quantos anos?

c) Essa soma é quantas vezes a idade de Alcides?

d) Qual é a idade de Alcides?

e) E qual é a idade de João?

Verifique se as respostas dos itens **d** e **e** estão corretas de acordo com as informações dadas.

35. Ricardo contou a quantidade de rodas dos veículos estacionados na rua do Sol, onde mora: 98 rodas, considerando as rodas de carros e as de motos. Ao todo, eram 27 veículos.

a) Se fossem 27 motos, quantas rodas seriam?

b) Quantas rodas foram contadas a mais do que essa quantidade?

c) Essas rodas a mais devem-se aos automóveis. Cada automóvel contribui com quantas rodas a mais?

d) Quantos são os automóveis?

e) E as motos?

Confira se as respostas dos itens **d** e **e** estão corretas, calculando o total de veículos e o total de rodas.

36. Em um voo com 77 passageiros, a Cia. Aérea arrecadou um total de R$ 11 070,00 em passagens. Foram vendidas passagens para a classe econômica, a R$ 135,00 cada uma, e para a classe executiva, a R$ 180,00 cada uma.

a) Se todos os passageiros tivessem viajado na classe econômica, quanto teria sido arrecadado?

b) Quanto foi arrecadado a mais do que o valor calculado no item **a**?

c) Cada passageiro da classe executiva contribui com quanto a mais na arrecadação?

d) Quantos eram os passageiros na classe executiva?

e) E na classe econômica?

Confira se as respostas dos itens **d** e **e** estão corretas.

37. Mário e Paula foram a um *show* beneficente no estádio municipal. Um pouco antes do início, foi anunciado pelo alto-falante o público presente, 2 640 pessoas, e o total da renda arrecadada com a venda dos ingressos, R$ 43 500,00. Observe na imagem o preço de cada ingresso e responda: Quantos ingressos de arquibancada foram vendidos?

Ilustra Cartoon/Arquivo da editora

38. André tem três anos a mais que Ricardo. A idade de André mais o quíntuplo da idade de Ricardo é igual a 75 anos.

a) Qual é a idade de Ricardo?

b) E qual é a idade de André?

39. Na última sessão do Cine Pirapora, foram vendidos 240 ingressos e o total arrecadado com essa venda foi de R$ 2 040,00. Quantos ingressos foram vendidos para estudantes? Observe na imagem o preço de cada ingresso.

Ilustra Cartoon/Arquivo da editora

40. Miguel fez 12 cortes de cabelo e recebeu R$ 216,00. Se ele cobra o preço mostrado no cartaz, quantos foram os cortes feitos em adultos?

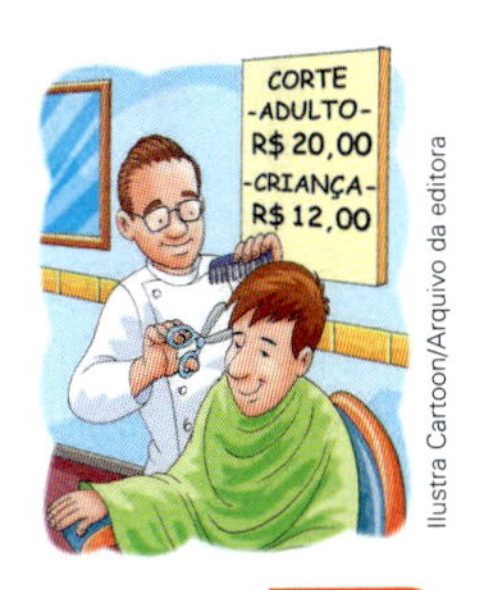

Ilustra Cartoon/Arquivo da editora

CAPÍTULO 7

Potenciação e radiciação

ImageFlow/Shutterstock

Os elementos da imagem não estão representados em proporção entre si.

NA REAL

Até onde o vírus pode chegar?

Em fevereiro de 2020 foi confirmado no Brasil o primeiro caso de covid-19, doença causada pelo novo coronavírus. Essa doença contagiosa, por ter atingido grande número de pessoas no mundo todo, foi considerada uma **pandemia**.

Observe o esquema a seguir, que mostra a disseminação do novo coronavírus a partir da infecção de uma pessoa.

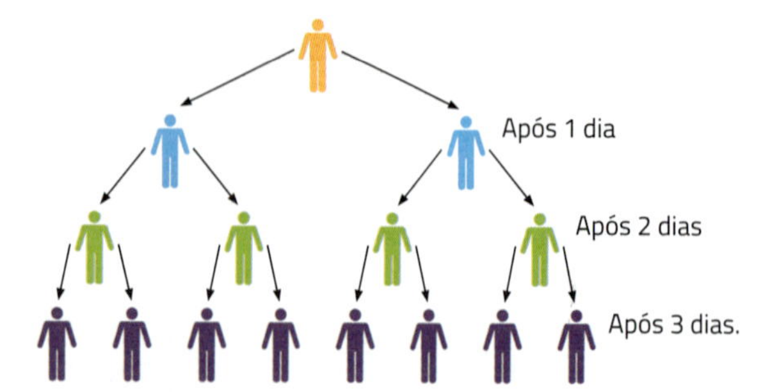

Segundo a Organização Mundial da Saúde (OMS), **pandemia** é a disseminação mundial de uma nova doença, e o termo passa a ser usado quando uma **epidemia**, surto que afeta uma região, se espalha por diferentes continentes com transmissão sustentada de pessoa para pessoa.

Se a disseminação desse vírus continuar se comportando do mesmo modo, quantas pessoas serão infectadas após 5 dias a partir da primeira pessoa infectada?

Na sua opinião, que cuidados uma pessoa deve tomar para não ser infectada e, caso esteja infectada, não transmitir o vírus a outras pessoas?

Na BNCC
EF06MA02
EF06MA03

Potência

Quantos bisavós?

Veja os retratos dos pais, avós e bisavós de Gabriela.

Ilustra Cartoon/Arquivo da editora

Os bisavós de Gabriela estão todos vivos. Quantos eles são?

Observe:

- Gabriela tem 2 pais (pai e mãe);
- cada um dos pais tem 2 pais (avós de Gabriela);
- cada um dos avós tem 2 pais (bisavós de Gabriela).

Ao todo, os bisavós de Gabriela são $2 \times 2 \times 2$. Portanto, são 8.

PARTICIPE

I. Observe a figura a seguir.

Wilson Jorge Filho/Arquivo da editora

a) Nela há duas bolinhas azuis. Cada bolinha azul está ligada a duas bolinhas vermelhas. Quantas são as bolinhas vermelhas?

b) Cada bolinha vermelha está ligada a duas bolinhas verdes. Quantas são as bolinhas verdes?

c) Cada bolinha verde está ligada a duas bolinhas amarelas. Quantas são as bolinhas amarelas?

d) Cada bolinha amarela está ligada a duas bolinhas marrons. Quantas são as bolinhas marrons?

e) Para continuar a figura, cada bolinha marrom será ligada a 2 bolinhas roxas. Quantas serão as bolinhas roxas?

II. Agora, imagine que são três bolinhas azuis, cada uma ligada a três bolinhas vermelhas, cada bolinha vermelha ligada a três bolinhas verdes, cada bolinha verde ligada a três bolinhas amarelas, cada bolinha amarela ligada a três bolinhas marrons.

a) Quantas serão as bolinhas vermelhas?

b) E as verdes?

c) E as amarelas?

d) E as marrons?

O produto $2 \times 2 \times 2$, de três fatores iguais a 2, é exemplo de uma **potência**. Indicamos:

$2 \times 2 \times 2 = 2^3$ (Lê-se: "dois elevado à terceira".)

Uma potência é um produto de fatores iguais. Potência é o resultado da operação chamada **potenciação**.

Na potenciação:

- a **base** é o fator que se repete;
- o **expoente** é a quantidade de vezes que repetimos a base.

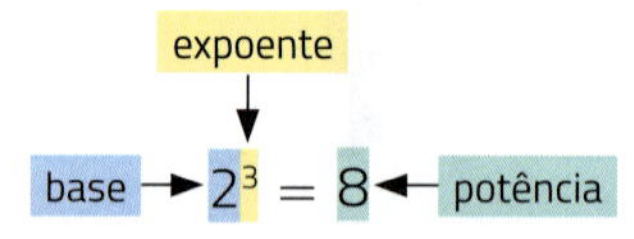

Acompanhe outros exemplos.

Exemplo 1

$10 \times 10 \times 10 \times 10 = 10^4$ ← expoente (Lê-se: "dez elevado à quarta".)

↑ base

Temos:

$10^4 = \underbrace{10 \times 10 \times 10 \times 10}_{\text{4 fatores iguais à base}} = 10\,000$ ← 4ª potência de 10

Exemplo 2

Vamos calcular a potência de base 3 e expoente 5.

$3^5 = 3 \times 3 \times 3 \times 3 \times 3 = 243$

ATIVIDADES

1. Eram 4 irmãos. Cada um tinha 4 automóveis. Cada automóvel, 4 rodas, e cada roda, 4 parafusos.

a) Quantos eram os automóveis?

b) Quantas rodas havia?

c) Quantos parafusos?

2. Indique na forma de produto e calcule:

a) 4^3

b) 1^4

c) 2^5

d) 2^6

3. Indique na forma de potência:

a) $7 \times 7 \times 7$

b) $8 \times 8 \times 8 \times 8 \times 8$

c) 12×12

d) $6 \times 6 \times 6 \times 6 \times 6 \times 6 \times 6$

4. Determine o valor da potência em cada item.

a) A base é 2 e o expoente é 6.

b) A base é 0 e o expoente é 9.

c) A base é 10 e o expoente é 5.

d) A base é 6 e o expoente é 2.

5. Na segunda-feira, 10 pessoas ficaram sabendo de determinada notícia. Na terça-feira, cada pessoa contou essa notícia para outras 10, e estas, na quarta-feira, contaram, cada uma, para outras 10. Nenhuma dessas pessoas sabia da notícia antes.

Ilustra Cartoon/Arquivo da editora

a) Quantas pessoas ficaram sabendo da notícia na terça-feira?

b) Quantas pessoas ficaram sabendo da notícia na quarta-feira?

c) Até quarta-feira, quantas pessoas já sabiam da notícia?

6. Qual é maior:

a) 3^2 ou 2^3?

b) 4^2 ou 2^4?

c) 5^2 ou 2^5?

d) 0^3 ou 0^5?

7. Em um quadriculado, cada quadradinho é chamado célula. Quantas células há em cada um dos quadriculados representados abaixo? Indique por potências de expoente 2.

a)

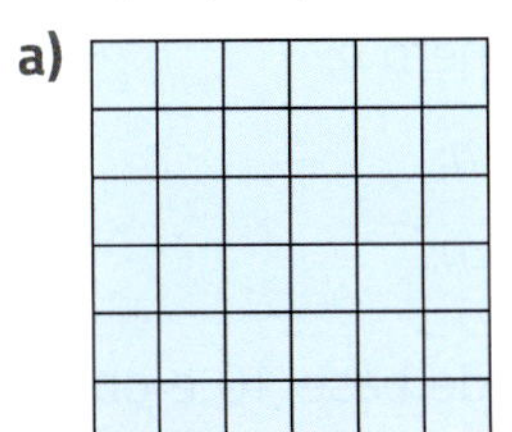

b)

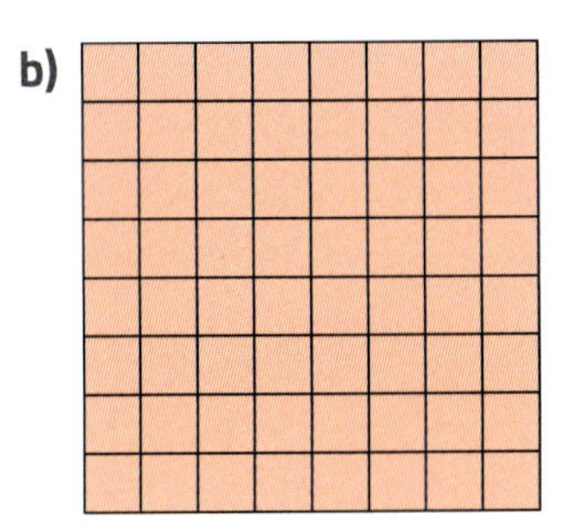

8. As imagens a seguir mostram estruturas com formato quadrado construídas com bolinhas de isopor e espetinhos de madeira.

Indique, na forma de potência de expoente 2, a quantidade de bolinhas em cada estrutura.

a)

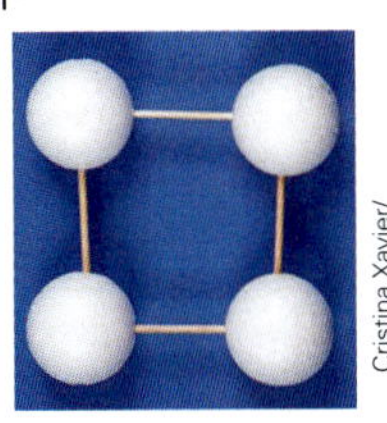
Cristina Xavier/Arquivo da editora

b)

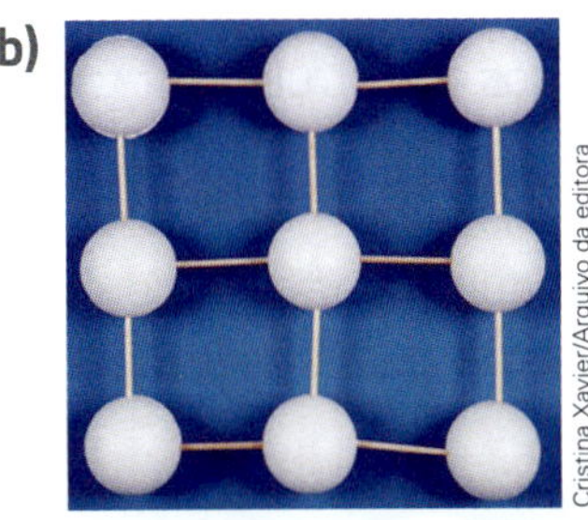
Cristina Xavier/Arquivo da editora

c)

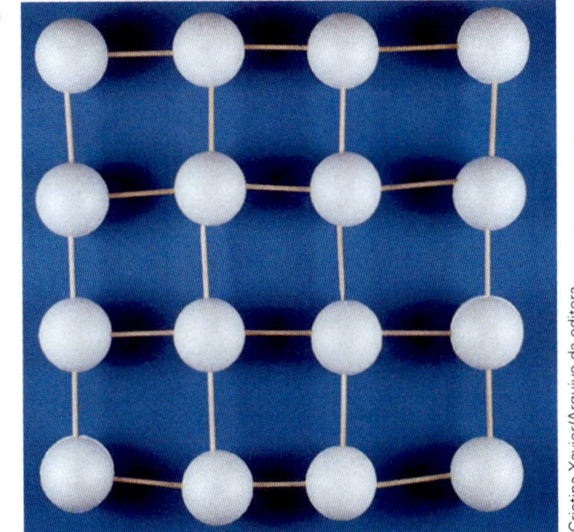
Cristina Xavier/Arquivo da editora

d)

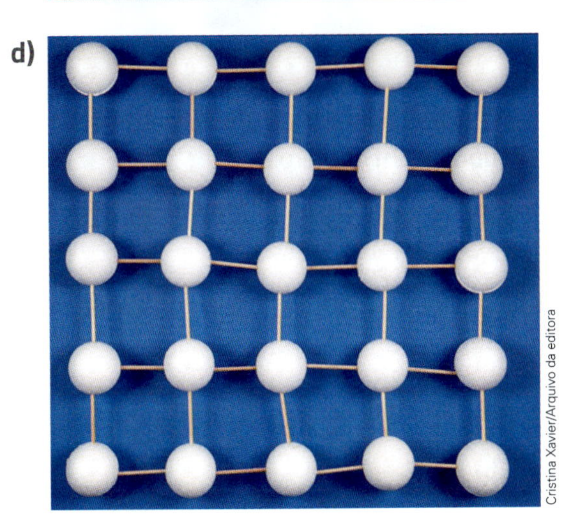
Cristina Xavier/Arquivo da editora

A segunda potência de um número é chamada **quadrado** de um número. Assim, 4^2 lê-se "quatro ao quadrado", e o quadrado de 5 é 5^2 (cinco ao quadrado).

9. Calcule o quadrado de cada número.

a) 5

b) 10

c) 6

d) 15

e) 12

f) 100

10. Também podemos construir uma estrutura com formato de cubo com bolinhas de isopor e espetinhos de madeira, como mostra a imagem abaixo. Indique a potência de expoente 3 que representa a quantidade de bolinhas nessa estrutura.

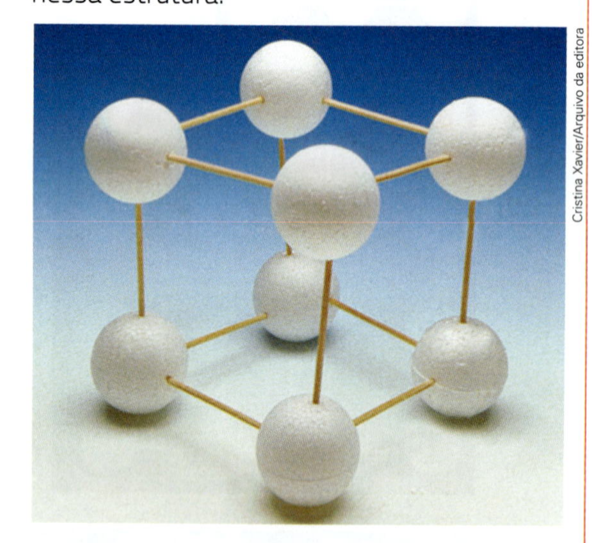

Cristina Xavier/Arquivo da editora

A terceira potência de um número é chamada **cubo** de um número.

Assim, o cubo de 2 é 2^3 (dois ao cubo).

11. Calcule o cubo de cada número das fichas a seguir.

a) 2

b) 5

c) 10

d) 3

e) 8

f) 100

12. Relacione a ficha A com a ficha B:

A

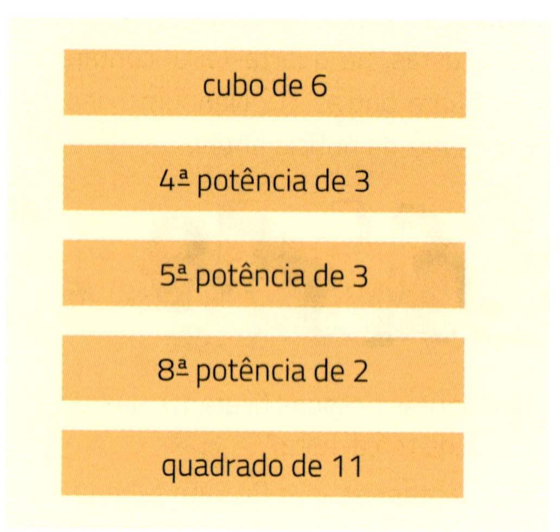

cubo de 6
4ª potência de 3
5ª potência de 3
8ª potência de 2
quadrado de 11

B

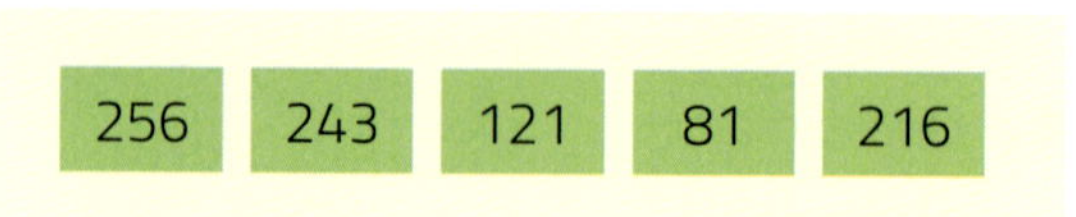

13. Escreva, sem calcular, como se representa:

a) o dobro de 999;

b) o quadrado de 999;

c) o cubo de 999;

d) o triplo de 999;

e) o dobro do número *n*;

f) o quadrado do número *n*;

g) o cubo do número *n*;

h) o triplo do número *n*;

14. Calcule as potências de base 10 e observe a quantidade de zeros em cada resultado.

a) 10^2

b) 10^3

c) 10^4

d) 10^5

e) 10^6

f) 10^7

15. Pelo que você observou na atividade anterior, pode-se concluir que 10^{12} resulta em 1 seguido de quantos zeros? Como se lê esse número?

16. Apertei as seguintes teclas em uma calculadora:

O resultado que apareceu no visor foi 390 625.

a) Que potência calculei?
b) Quanto é 5^9?
c) E 5^7?

17. Com o auxílio de uma calculadora, calcule:

a) 11^3
b) 11^4
c) 11^5

18. Sem o auxílio da calculadora, calcule:

a) 101^2
b) $1\,001^2$
c) $10\,001^2$

Que número é?

Vamos agora fazer uma conta usando potências!

Qual é o resultado de $5 \cdot 10^3 + 6 \cdot 10^2 + 7 \cdot 10 + 8$?

Como $10^3 = 1\,000$ e $10^2 = 100$, temos:

$5 \cdot 1\,000 + 6 \cdot 100 + 7 \cdot 10 + 8 =$

$= 5\,000 + 600 + 70 + 8 =$

$= 5\,678$

O resultado procurado é 5 678.

Cálculo de expressões aritméticas com potências

As expressões aritméticas com potências podem ser resolvidas da seguinte maneira:

- calculamos separadamente cada potência indicada;
- substituímos o valor de cada potência na expressão e, depois, efetuamos as operações indicadas.

Não se esqueça de que, em expressões com parênteses dentro de colchetes e estes dentro de chaves, devemos resolver primeiro os parênteses, em seguida os colchetes e, por último, as chaves.

Acompanhe os exemplos a seguir.

Exemplo 1

Vamos calcular $3 \cdot 2^4 + 2^5$.

Temos:

$2^4 = 2 \cdot 2 \cdot 2 \cdot 2 = 16$

$2^5 = 16 \cdot 2 = 32$

Então: $3 \cdot 2^4 + 2^5 = 3 \cdot 16 + 32 = 48 + 32 = 80$

Exemplo 2

Vamos calcular $6^2 - 3^2 + (2 + 1)^3$.

Temos:

$6^2 = 6 \times 6 = 36$

$3^2 = 3 \times 3 = 9$

$(2 + 1)^3 = 3^3 = 3 \cdot 3 \cdot 3 = 27$

Então: $6^2 - 3^2 + (2 + 1)^3 = 36 - 9 + 27 = 27 + 27 = 54$

ATIVIDADES

19. Na brincadeira cabra-cega, Ricardo, de olhos vendados, tentava pegar cada um dos amigos. Vamos descobrir a ordem em que as crianças foram pegas resolvendo as expressões a seguir. O resultado de cada expressão corresponde a uma criança pega na brincadeira.

Associe o resultado de cada expressão (indicado na camiseta) ao nome da criança.

A $5 \cdot 2^3 + 7^2$

B $5^2 \cdot 3 - 6^2 : 2$

C $3^2 \cdot 2^4 + 1$

D $2^4 - 3 \cdot 5 + 3^2$

E $2 \cdot 4^2 + 8^2 : 2^4$

F $17 - 3 \cdot 2^2 + 2^5$

- Agora, sabendo que as crianças foram pegas na ordem das expressões, de A até F, responda: Quem foi pego primeiro? Qual das crianças não foi pega?

20. Quem é o dono de cada pipa? Que número está na pipa cujo dono não conhecemos? Descubra resolvendo as expressões.

21. Calcule as expressões.

a) $(5 + 1)^2 - 5 \cdot 6$

b) $17 - (2 \cdot 2)^2 + (4 - 1)^3$

c) $(8 : 2)^3 + (8 - 2)^2$

22. Rogério e os colegas estão na biblioteca da escola escolhendo livros para ler.

Vamos descobrir quem retirou cada livro calculando as expressões a seguir e associando os resultados aos números escritos nas camisetas de cada criança.

A *O menino do dedo verde*: $(3 + 2)^2 \cdot 4 - 100$

B *A história do livro*: $7 + (5 \cdot 2)^2 - (3^2 \cdot 8)^5$

C *Caçadas de Pedrinho*: $(5 + 2 \cdot 3)^2 - (17 - 2^4)$

D *Um trem de janelas acesas*: $(3 + 2^2)^2 + 4 \cdot 5^2$

E *O menino maluquinho*: $(2^4 : 4^2)^{10} + (3^2 : 2^3)^9$

F *Mano descobre o amor*: $(17 - 2 \cdot 2^3)^3 \cdot (2^5 - 3^3)^2$

- Agora, responda: Qual desses livros não foi retirado por nenhuma das crianças? Quem retirou o livro *Um trem de janelas acesas*?

Quadrado de quanto?

Qual número ao quadrado é igual a 49?

Observe o quadro abaixo, que mostra o quadrado de alguns números.

Número	0	1	2	3	4	5	6	7	8	9	10
Quadrado do número	0	1	4	9	16	25	36	49	64	81	100

O número 7 ao quadrado é igual a 49. Assim, temos:

$7^2 = 7 \cdot 7 = 49$

Quadrados perfeitos

Elevando ao quadrado os números naturais:

0, 1, 2, 3, 4, 5, 6, 7, 8, 9, 10, ...

obtemos os números chamados **quadrados perfeitos**:

0, 1, 4, 9, 16, 25, 36, 49, 64, 81, 100, ...

Podemos aumentar essa sequência calculando 11^2, 12^2, 13^2, 14^2, etc.

Raiz quadrada

O número natural que elevado ao quadrado resulta em um número quadrado perfeito é chamado **raiz quadrada aritmética** desse número.

O número 49 é um quadrado perfeito, pois $49 = 7^2$.

O número 7 é chamado **raiz quadrada aritmética** de 49. Indicamos:

$\sqrt{49} = 7$ (Lê-se: "a raiz quadrada de quarenta e nove é sete".)

Podemos construir o seguinte quadro:

Quadrado perfeito	0	1	4	9	16	25	36	49	64	81	100
Raiz quadrada aritmética	0	1	2	3	4	5	6	7	8	9	10

Veja alguns exemplos.

$$\sqrt{0} = 0, \sqrt{1} = 1, \sqrt{4} = 2, \sqrt{9} = 3$$

Calcular uma raiz quadrada é realizar uma operação chamada **radiciação**.

ATIVIDADES

23. Determine o valor de:

a) $\sqrt{16}$

b) $\sqrt{36}$

c) $\sqrt{81}$

24. Calcule o valor de:

a) $2 \cdot \sqrt{25} + 4$

b) $3 \cdot \sqrt{4} - \sqrt{9}$

25. Complete o quadro a seguir.

Número n	n é quadrado perfeito?	Em caso afirmativo, quanto é $\sqrt{n}$?
25	sim	5
64	//////////	//////////
80	não	//////////
100	//////////	//////////
//////////	sim	11
//////////	sim	12
225	//////////	//////////
75	//////////	//////////
//////////	sim	20
//////////	sim	25

26. Para descobrir o valor de $\sqrt{196}$, Carla apertou as seguintes teclas em uma calculadora:

Qual foi o resultado que apareceu no visor da calculadora?

27. Use uma calculadora com a tecla √ para calcular:

a) $\sqrt{2\,025}$

b) $\sqrt{12\,544} + \sqrt{9\,604}$

Propriedades da potenciação

Acompanhe como fazemos para simplificar: $10^4 \cdot 10^3$.

$$10^4 \cdot 10^3 = (\underbrace{10 \cdot 10 \cdot 10 \cdot 10}_{\text{4 fatores}}) \cdot (\underbrace{10 \cdot 10 \cdot 10}_{\text{3 fatores}}) = \underbrace{10 \cdot 10 \cdot 10 \cdot 10 \cdot 10 \cdot 10 \cdot 10}_{\text{7 fatores}}$$

Então: $10^4 \cdot 10^3 = 10^{4+3} = 10^7$

Simplificar uma expressão é transformá-la em uma expressão com menos operações e cujo resultado seja o mesmo.

Nas atividades seguintes, vamos aprender propriedades da potenciação.

ATIVIDADES

28. Simplifique:

a) $3^6 \cdot 3^2$

b) $2^5 \cdot 2^7$

c) $2^3 \cdot 2^3 \cdot 2^4$

d) $10^4 \cdot 10^3 \cdot 10^6 \cdot 10^7$

29. Faça o que se pede em cada item.

a) Indique se cada igualdade é verdadeira ou falsa.

I. $2^4 \cdot 2^2 = 4^8$

II. $2^2 \cdot 2^3 = 2^6$

III. $2^{10} \cdot 2^2 \cdot 2^6 = 2^{18}$

b) Substitua o ////// pelo termo correto:

Para simplificar o produto de potências de mesma base, conservamos a base e ////// os expoentes.

30. Vamos simplificar $2^8 : 2^5$. Observe:

$$2^8 : 2^5 = \frac{\cancel{2} \cdot \cancel{2} \cdot \cancel{2} \cdot \cancel{2} \cdot \cancel{2} \cdot 2 \cdot 2 \cdot 2}{\cancel{2} \cdot \cancel{2} \cdot \cancel{2} \cdot \cancel{2} \cdot \cancel{2}} = \underbrace{2 \cdot 2 \cdot 2}_{\text{3 fatores}}$$

Então: $2^8 : 2^5 = 2^{8-5} = 2^3$

- Agora é a sua vez! Simplifique:

a) $3^7 : 3^2$

b) $10^6 : 10^4$

c) $7^5 : 7^3$

d) $12^4 : 12^2$

31. Faça o que se pede.

a) Substitua o ////// pelo termo correto:

Para simplificar o quociente de potências de mesma base, não nula, conservamos a base e ////// os expoentes.

b) Simplifique:

I. $10^7 : 10^2$

II. $2^{12} : 2^7$

III. $2^{19} : 2^{11}$

32. A expressão $(9^2)^3$ indica uma potência de expoente 3 cuja base é a potência 9^2. Dizemos que se trata de uma potência de potência.

Vamos simplificar $(9^2)^3$:

$(9^2)^3 = 9^2 \cdot 9^2 \cdot 9^2 = 9^{2+2+2} = 9^{3 \cdot 2}$

Então: $(9^2)^3 = 9^{3 \cdot 2} = 9^6$

- Agora é a sua vez! Simplifique:

a) $(3^5)^2$

b) $(2^3)^4$

c) $(5^6)^3$

d) $(2^5)^4$

33. Faça o que se pede em cada item.

a) Indique e simplifique:

I. A 5ª potência da 3ª potência de 8.

II. A 10ª potência da 4ª potência de 25.

III. O quadrado do cubo de 10.

IV. O cubo do cubo de 7.

b) Substitua o ////////// pelo termo correto:

Para simplificar potência de potência, conservamos a base e ////////// os expoentes.

Casos especiais de potência

Vamos conhecer **potências de expoente 1**. As propriedades já estudadas continuam verdadeiras. Observe:

Quando as expressões são iguais $2^5 : 2^4 = 32 : 16 = 2$ / $2^5 : 2^4 = 2^{5-4} = 2^1$ os resultados devem ser iguais; então $2^1 = 2$.

Também queremos que $3^1 \cdot 3^2 = 3^{1+2} = 3^3$. Para isso, $3^1 = 3$.

////////// $\cdot$ 9 27

Definimos:

Potência de expoente 1 é igual à base.

Exemplos

- $2^1 = 2$
- $3^1 = 3$
- $20^1 = 20$
- $1\,237^1 = 1\,237$

Agora, vamos conhecer **potências de expoente 0**.

Observe:

Quando as expressões são iguais $6^2 : 6^2 = 36 : 36 = 1$ / $6^2 : 6^2 = 6^{2-2} = 6^0$ os resultados devem ser iguais; então, $6^0 = 1$.

Também queremos que $3^0 \cdot 3^2 = 3^{0+2} = 3^2$. Para isso, $3^0 = 1$.

////////// $\cdot$ 9 9

Definimos:

Potência de base não nula e expoente 0 é igual a 1.

Exemplos

- $6^0 = 1$
- $3^0 = 1$
- $20^0 = 1$
- $100^0 = 1$
- $1\,237^0 = 1$

ATIVIDADES

34. Determine o valor de cada potência.

a) 7^1
b) 18^1
c) 9^0
d) 272^0

35. Classifique cada igualdade em verdadeira ou falsa.

a) $1 = 10^0$
b) $17^0 = 34^0$

36. Indique em cada item qual potência é maior.

a) 120^1 ou 112^0?
b) 312^0 ou 0^{312}?

37. Calcule o valor de cada potência.

a) 44^{2-2}
b) $308^{2:2}$

38. Calcule o valor em cada caso.

a) $(8^0)^2$
b) $(4^{10})^0$
c) $(3^3)^1$
d) $(10^1)^4$

39. Simplifique, aplicando as propriedades da potenciação (não é preciso calcular):

a) $9^3 \cdot 9^4 \cdot 9$
b) $3^2 \cdot 3^3 \cdot 4^3 \cdot 4^4$
c) $5^{20} : 5^{13}$
d) $5^{17} : 5^2$
e) $(3^2)^3 \cdot (3^3)^4 \cdot 3^5$
f) $10^8 : (10^2)^3$

40. Qual é o valor de $1^0 + 1^1 + 2^0 + 2^1 + 2^2$?

41. Se 9^4 é igual a 6 561, quanto é 9^5? E 9^6?

42. Luciana e Gabriela participaram de uma gincana em que foi sorteada uma expressão para cada uma calcular. O resultado correspondia à caixa que deveria ser aberta para ver a próxima tarefa.

Veja a expressão que cada uma teve que calcular e responda à pergunta.

Luciana: $(2 \cdot 4^3 - 3^2 \cdot 3 \cdot 3^0 - 5^0) : 10^2$

Gabriela: $\sqrt{4} \cdot (4^3 - 3^2) : (3^2 + 3^1 - 3^0) - 2^3$

- Qual caixa Luciana e Gabriela abriram?

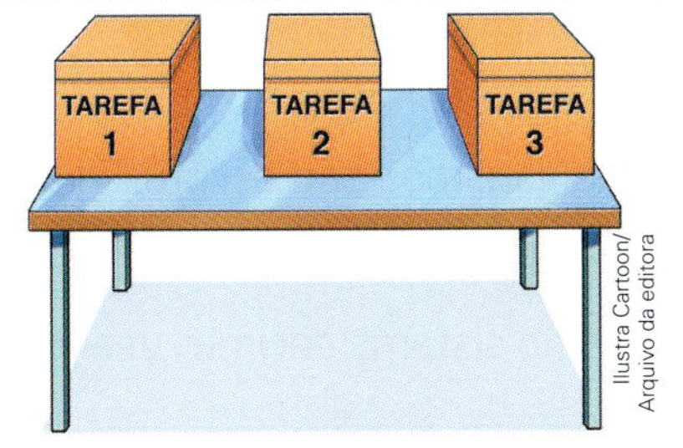

Ilustra Cartoon/ Arquivo da editora

43. No passeio ao zoológico, as crianças se divertiram muito. Descubra o animal de que cada uma mais gostou. Para isso, calcule as expressões e associe os resultados aos números impressos nas camisetas das crianças.

As imagens desta página não estão representadas em proporção entre si.

Girafa: $2 \cdot 5^1 - 3 \cdot 5^0$

Elefante: $2^0 + 2^1 + 2^2 + 2^3$

Rinoceronte: $3^2 - 3 \cdot 2^1 + 3^0 \cdot \sqrt{64}$

Gorila: $2 \cdot 3^0 + 3 \cdot \sqrt{16} + 4 \cdot 5^2$

Onça: $2 \cdot [7^2 - (\sqrt{9} - 10^0)]$

Leão: $16 : [3^0 + (5^2 - 2 \cdot 5^1)]$

Ilustrações: Ilustra Cartoon/Arquivo da editora

- De quem não sabemos a preferência?

Potências e sistemas de numeração

Fazendo a decomposição:

$372 = 300 + 70 + 2$

$372 = 3 \cdot 100 + 7 \cdot 10 + 2 \cdot 1$

$372 = 3 \cdot 10^2 + 7 \cdot 10^1 + 2 \cdot 10^0$

vemos que o número 372 é uma adição de potências de 10.

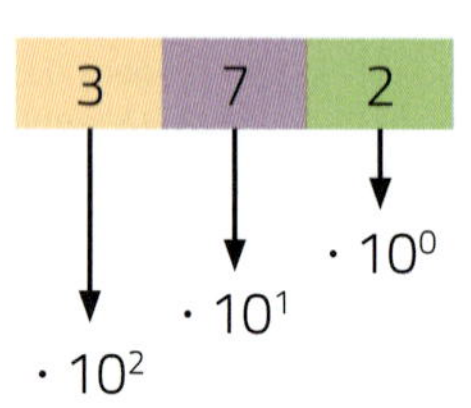

No sistema decimal, as unidades são contadas de 10 em 10. Dez unidades formam uma dezena, 10 dezenas formam uma centena, etc.

Número escrito no sistema decimal: da direita para a esquerda, os algarismos indicam de quantas potências de 10, de cada expoente 0, 1, 2, etc., ele é composto.

Outros exemplos:

- $548 = 5 \cdot 100 + 4 \cdot 10 + 8 = 5 \cdot 10^2 + 4 \cdot 10^1 + 8 \cdot 10^0$
- $9\,107 = 9 \cdot 1\,000 + 1 \cdot 100 + 0 \cdot 10 + 7 = 9 \cdot 10^3 + 1 \cdot 10^2 + 0 \cdot 10^1 + 7 \cdot 10^0$

ATIVIDADES

44. Decomponha cada número em soma de potências de base 10 e expoente natural:

a) 1 958

b) 32 065

45. Que número é?

a) $6 \cdot 10^3 + 7 \cdot 10^2 + 8 \cdot 10^1 + 9 \cdot 10^0$

b) $2 \cdot 10^3 + 8 \cdot 10^0$

c) $2 \cdot 10^4 + 5 \cdot 10^3 + 1 \cdot 10^0$

d) $6 \cdot 10^5 + 7 \cdot 10^3 + 8 \cdot 10^1$

46. Um número escrito no sistema decimal tem quatro algarismos, sendo dois deles 1, e os outros dois, 0. Que número é esse? (Dê todas as possibilidades.)

47. No sistema de numeração decimal:

a) qual é o maior número com cinco algarismos?

b) qual é o maior número com cinco algarismos diferentes?

c) qual é o menor número com cinco algarismos?

d) qual é o menor número com cinco algarismos diferentes?

48. Para paginar um livro, da página 1 à página 240, quantos algarismos são escritos? Lembre-se de contar as repetições e de que se trata de paginação feita no sistema decimal de numeração.

49. Quais são os números que se escrevem com três algarismos no sistema decimal, usando apenas os algarismos 1 e 2?

Sistema de numeração binário

Vimos que no sistema de numeração decimal os algarismos indicam como se decompõe o número em uma adição de potências de 10.

Podemos decompor números em adição de potências de outras bases. Por exemplo, vamos usar a **base 2**.

Lembre-se:

- $2^0 = 1$
- $2^1 = 2$
- $2^2 = 4$
- $2^3 = 8$
- $2^4 = 16$
- $2^5 = 32$, etc.

Exemplos

$7 = 4 + 2 + 1$
$7 = 2^2 + 2^1 + 2^0$
$7 = 1 \cdot 2^2 + 1 \cdot 2^1 + 1 \cdot 2^0$

$11 = 8 + 2 + 1$
$11 = 2^3 + 2^1 + 2^0$
$11 = 1 \cdot 2^3 + 0 \cdot 2^2 + 1 \cdot 2^1 + 1 \cdot 2^0$

Nessa decomposição, cada potência de 2 aparece uma vez ou nenhuma. Os números 7 e 11 escritos no sistema de numeração de base 2 (sistema binário) ficam assim:

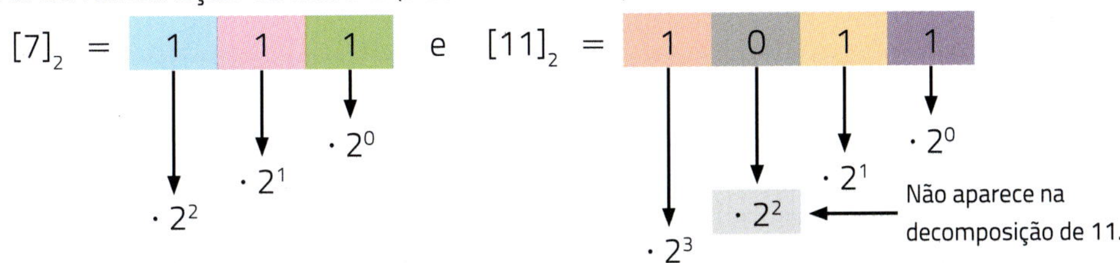

Número escrito no sistema binário (base 2): da direita para a esquerda, os algarismos indicam de quantas potências de 2, de cada expoente 0, 1, 2, etc., ele é composto.

Acompanhe outro exemplo.

Qual é o número no sistema decimal que se escreve como 11001 no sistema binário?

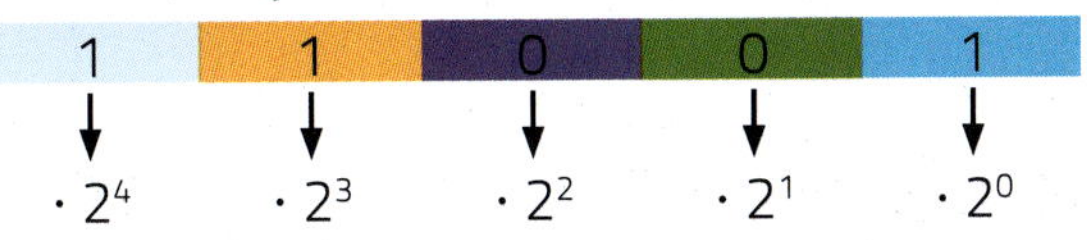

Temos:

$$1 \cdot 2^4 + 1 \cdot 2^3 + 0 \cdot 2^2 + 0 \cdot 2^1 + 1 \cdot 2^0 = 16 + 8 + 1 = 25$$

É o número 25.

Como se conta no sistema binário?

No sistema binário, as unidades são contadas em grupos de duas. Um grupo de duas unidades simples é uma unidade de segunda ordem. Um grupo de duas unidades de segunda ordem é uma de terceira ordem; e assim por diante.

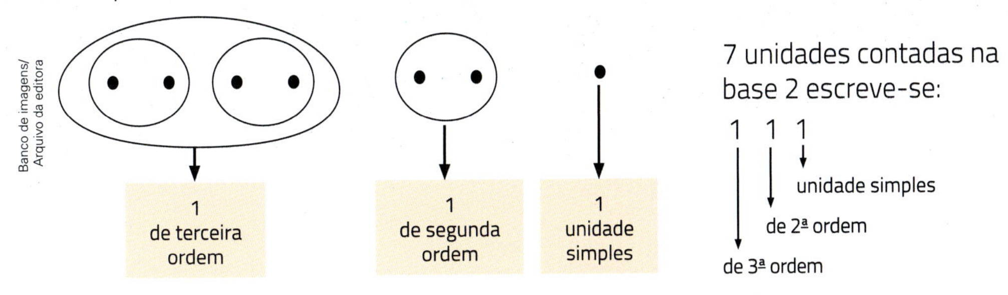

7 unidades contadas na base 2 escreve-se:

1 1 1

unidade simples

de 2ª ordem

de 3ª ordem

ATIVIDADES

50. Escreva no sistema binário:

a) 3 **b)** 4 **c)** 5 **d)** 6 **e)** 13 **f)** 25

51. Os números a seguir estão escritos no sistema binário. Escreva-os no sistema decimal.

a) 1010 **b)** 11010

52. Decomponha o número 50 em soma de potências de 3. Cada potência pode ser usada até duas vezes.

Linguagens de computadores utilizam números escritos no sistema binário. Nesse sistema, são usados apenas os algarismos 0 e 1.

NA OLIMPÍADA

Você gosta dessas frutas?

(Obmep) Uma escola fez uma pesquisa com todos os alunos do sexto ano para verificar se eles gostavam de banana, maçã ou laranja. Cada aluno assinalou pelo menos uma dessas três frutas. A tabela abaixo apresenta os resultados da pesquisa.

Reprodução/Obmep, 2017.

	6º A	6º B	6º C
Banana	20	15	14
Maçã	12	20	12
Laranja	18	5	10

Por exemplo, 20 alunos do 6º A assinalaram que gostam de banana. Quantos alunos há, no mínimo e no máximo, no sexto ano dessa escola?

a) No mínimo 54 e no máximo 126 alunos.
b) No mínimo 54 e no máximo 58 alunos.
c) No mínimo 27 e no máximo 54 alunos.
d) No mínimo 27 e no máximo 126 alunos.
e) No mínimo 31 e no máximo 58 alunos.

Com certeza

(Obmep) Em uma caixa havia seis bolas, sendo três vermelhas, duas brancas e uma preta. Renato retirou quatro bolas da caixa. Qual afirmação a respeito das bolas retiradas é correta?

a) Pelo menos uma bola é preta.
b) Pelo menos uma bola é branca.
c) Pelo menos uma bola é vermelha.
d) No máximo duas bolas são vermelhas.
e) No máximo uma bola é branca.

NA HISTÓRIA

Os números nas origens da Matemática

No fim da Idade da Pedra Polida, ou período Neolítico (cerca de 3000 a.C.), alguns povos já se haviam estabelecido em vales de rios caudalosos e se organizado em comunidades agrícolas. Entre esses povos, foram particularmente importantes para a civilização ocidental o povo egípcio (no vale do rio Nilo) e vários outros que habitaram a Mesopotâmia (nos vales dos rios Tigre e Eufrates), aqui designados genericamente por babilônios.

O Oriente Médio antigo

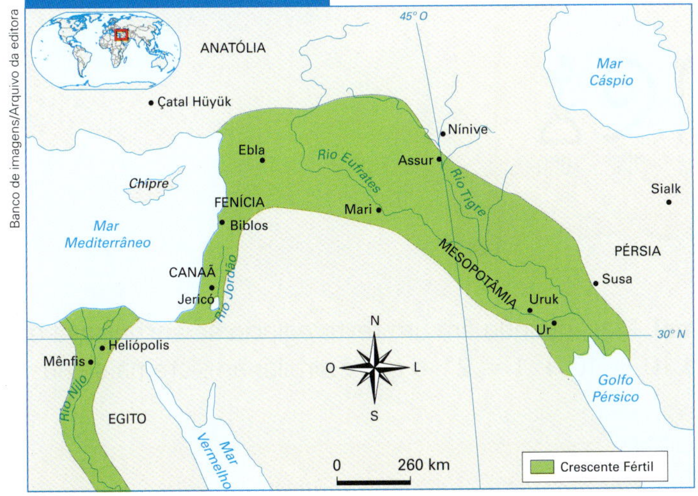

Banco de imagens/Arquivo da editora

Elaborado com base em: BLACK, Jeremy (Ed.). *World History Atlas*. Londres: Dorling Kindersley, 2005.

Os escritos matemáticos mais antigos desses povos demonstram, entre outras coisas, o domínio pleno da ideia de número. Assim, por exemplo, no cetro de pedra do rei Menés do Egito (que viveu por volta do ano 3000 a.C.) encontram-se gravados, em símbolos, os números "um milhão e duzentos mil", "quatrocentos mil" e "cento e vinte mil", alusivos a uma de suas vitórias militares.

Não resta dúvida, porém, que, pelas dificuldades envolvidas, demorou muitos séculos para que esses povos atingissem tal nível, ou seja, para que eles se capacitassem a responder perguntas do tipo "Quantos...?" para coleções grandes. Basta observar que, no início do século XX, foram encontradas aldeias que ainda limitavam seu processo de contagem a "um", "dois" e "muitos".

A necessidade de lidar com conjuntos cada vez maiores levou à necessidade de exprimir os números com uma quantidade pequena de símbolos. O uso de uma base para a contagem foi a saída para esse desafio. Por exemplo, os maias da América Central desenvolveram seu sistema numérico com base 20. Um estudo envolvendo centenas de povos indígenas americanos revelou o uso das bases 2, 3, 5, 10 e 20, com predominância da base decimal, hoje universalizada.

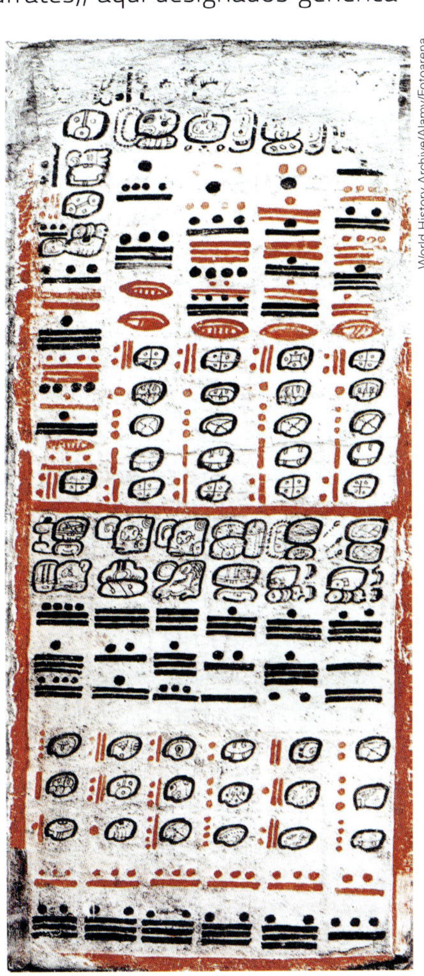

World History Archive/Alamy/Fotoarena

Livro maia do século XI ou XII com números escritos utilizando o sistema de numeração maia.

The Royal Belgian Institute of Natural Sciences, Brussels

Duas vistas do Osso de Ishango, que tem cerca de 20 mil anos, mostra números naturais preservados na forma de agrupamentos de entalhes (unidades).

A base 10, que se firmou com o tempo, pode ser decorrência do fato de os seres humanos terem dez dedos nas mãos. Se a base é 10, dez unidades simples formam uma unidade de segunda ordem, ou seja, uma **dezena**, dez dezenas formam uma centena, e assim por diante. Mas nem todos os sistemas de base 10, ou de qualquer outra base, têm a mesma estruturação. O nosso sistema é **posicional**. Por exemplo, veja o valor de cada algarismo que compõe o número 111.

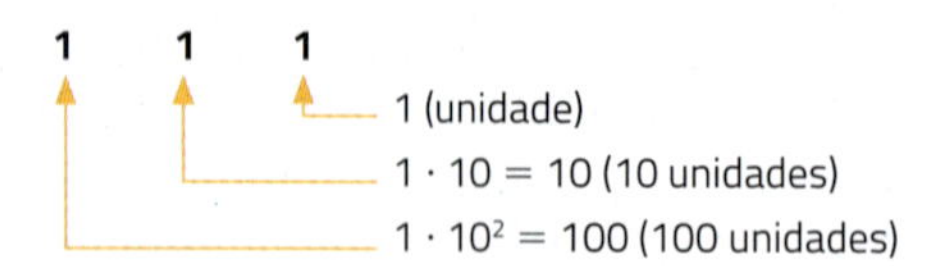

No sistema de numeração usado no cetro de Menés havia símbolos específicos para representar cada número. Veja alguns exemplos:

Banco de imagens/Arquivo da editora

Por isso esse sistema de numeração é **decimal**. Mas, quando em um texto egípcio se encontrava o símbolo ∩ ∩ I, o valor associado a ele é a adição $10 + 10 + 1 = 21$, o que é similar ao sistema de numeração romano.

Resumindo, nosso sistema, além de decimal, é posicional: o valor de um dígito depende de sua posição na escrita do numeral. Mas, no mundo digital, o sistema de base 2, posicional, é o mais favorável. Um dos motivos é que neste último sistema usam-se apenas dois símbolos: 0 e 1. Por exemplo, na base 2 o numeral 1 101 exprime o mesmo número que $1 + 0 \cdot 2 + 1 \cdot 2^2 + 1 \cdot 2^3 = 13$ na base 10.

1. Como se interpreta o fato de que no século XX alguns povos ainda contavam "um", "dois" e "muitos"?
2. De quantas maneiras diferentes é possível emparelhar um a um os elementos dos seguintes conjuntos: $A = \{1, 2, 3\}$ e $B = \{a, b, c\}$? Demonstre.
3. No século XX foram estudados povos indígenas da América do Sul que contavam da seguinte maneira: "um", "dois", "três", "quatro", "mão", "mão e um", "mão e dois", etc.
   Qual é o sistema de numeração implícito nessa maneira de contar?
4. As bases mais usadas em sistemas de numeração ao longo do tempo foram 5, 10 e 20. Que explicação você daria para esse fato?
5. Mostre, com um exemplo, que o sistema de numeração romano, tal como chegou até nós, usava, além do princípio aditivo, alguns expedientes para tornar os numerais menores.
6. Em nosso sistema de numeração (decimal, com o princípio posicional), conseguimos escrever todos os números usando dez dígitos (0, 1, 2, ..., 9). Em um sistema binário (base 2), com o princípio posicional, bastariam dois. Faça uma pesquisa sobre as vantagens e as desvantagens desse fato.

Múltiplos e divisores

NESTA UNIDADE VOCÊ VAI

- Conhecer alguns critérios de divisibilidade.
- Resolver e elaborar problemas que envolvem ideias de múltiplo e divisor.
- Determinar os múltiplos e os divisores de números naturais.
- Decompor números naturais em fatores primos.
- Construir algoritmo em linguagem corrente e representá-lo por meio de um fluxograma.
- Classificar números naturais em primos e compostos.

CAPÍTULOS

CAPÍTULO 8

Divisibilidade

Dean Drobot/Shutterstock

NA REAL

Sobra ou não sobra?

Na maioria dos jogos, alguns itens podem ser coletados para trocas futuras, como moedas, diamantes, suprimentos e muitos outros. A coleta desses itens permite evoluir no jogo ou adquirir certos benefícios.

Em um jogo, a coleta de moedas é usada para trocas em uma loja de suprimentos ao final de cada fase. Essas moedas não se acumulam, ou seja, aquelas que não forem trocadas são perdidas.

Imagine que, em determinada fase desse jogo, você tenha coletado 320 moedas e que as opções para troca sejam:

- colete de proteção, 30 moedas cada;
- poção de força, 50 moedas cada;
- poção de velocidade, 64 moedas cada.

Sabendo que só é possível trocar todas as moedas por apenas um tipo de item e considerando que as moedas não ficam acumuladas, por qual item é melhor trocá-las nessa fase? Quantos itens seriam obtidos na troca?

Na BNCC
EF06MA03
EF06MA04

Noção de divisibilidade

As caixas de bolas de tênis

A produção diária de uma fábrica de bolas de tênis é de 17 482 bolas. Cada caixa de embalagem comporta 3 bolas. É possível embalar o total de bolas deixando todas as caixas cheias? E se a produção for aumentada para 54 321 bolas?

Ilustra Cartoon/Arquivo da editora

Vamos efetuar as divisões:

```
17 482 | 3              54 321 | 3
 24      5 827           24      18 107
  08                      03
   22                      021
    1                        0
```

Percebemos que, no primeiro caso, sobra 1 bola. No segundo, nenhuma. Na produção de 54 321 bolas, todas as caixas ficarão cheias, sem sobra.

PARTICIPE

I. As figurinhas de um álbum são vendidas em envelopes. Cada envelope contém 4 figurinhas. Em um dia foram impressas 56 862 figurinhas.

a) Que conta devemos fazer para saber quantos envelopes foram feitos?

b) Quantos envelopes foram feitos?

c) Sobrou alguma figurinha?

d) Se fossem envelopes de 6 figurinhas, sobraria alguma?

II. Se fossem impressas 65 268 figurinhas:

a) Com envelopes de 4 figurinhas, sobraria alguma?

b) Com envelopes de 6 figurinhas, sobraria alguma?

c) Com envelopes de 8 figurinhas, sobraria alguma?

III. Dividindo 12 por 4, a divisão é exata (dá resto zero). Por isso, dizemos que 12 é divisível por 4.

a) O número 56 862 é divisível por 4? E por 6? Por quê?

b) O número 65 268 é divisível por 4? E por 6? E por 8?

c) O número 0 é divisível por 4? E por 6? E por 8?

O número 54 321 é divisível por 3 (a divisão é exata, com resto 0), enquanto 17 482 **não é divisível** por 3 (o resto não é 0).

É possível saber a resposta sem precisar dividir? Sim.

Nas próximas atividades, vamos aprender a identificar se um número é divisível por 2, por 3, por 4, por 5 e por outros números sem efetuar a divisão.

Um número natural é divisível por outro quando a divisão do primeiro pelo segundo é exata (resto igual a zero).

O número 0 é divisível por qualquer número natural não nulo.

Nesta unidade estamos lidando com números naturais. Às vezes, escrevemos apenas números, subentendendo número natural.

ATIVIDADES

1. Fazendo a lição de Matemática, Júlia concluiu que:

a) 427 é divisível por 7;

```
427 |7
    ----
 07  61
  0
```

b) 680 é divisível por 12;

```
680 |12
    ----
 60  55
  0
```

c) 53 não é divisível por 5;

```
 53 |5
    ----
 03  10
  3
```

d) 209 não é divisível por 11.

```
209 |11
    ----
 89  18
  1
```

Nem tudo o que Júlia fez está correto. Refaça a lição, corrigindo o que ela errou.

A seguir, vamos descobrir que números são divisíveis por 2.

Lembre-se de que os números naturais **pares** são os que terminam em 0, 2, 4, 6 ou 8. Os que terminam em 1, 3, 5, 7 ou 9 são os **ímpares**.

2. Dados os números 52, 63, 237, 400, 1 106 e 611, divida-os por 2 e responda:

a) Que resto você encontrou na divisão de números pares por 2?

b) Que resto você encontrou na divisão de números ímpares por 2?

c) Os números pares são divisíveis por 2? Por quê?

d) Os números ímpares são divisíveis por 2? Por quê?

e) Substitua ////////// pelo termo que torna a frase abaixo verdadeira.

Os números divisíveis por 2 são números //////////.

3. Cláudio está fazendo 25 anos. Dos 11 anos até hoje, quantas vezes ele teve idades representadas por um número divisível por 2?

4. Sem efetuar divisões, identifique os números divisíveis por 2.

- 12
- 78
- 1 234
- 3
- 102
- 134
- 0
- 555
- 11 101
- 1
- 3 347
- 13 890

Vamos descobrir a seguir que números são divisíveis por 3.

5. São dados os números 245, 372, 447, 1 468 e 2 445.

a) Efetue a divisão desses números por 3.

b) Identifique quais desses números são divisíveis por 3. Depois, copie e complete os quadros abaixo.

Número divisível por 3	Soma de todos os algarismos do número	A soma é divisível por 3?
//////////	//////////	//////////

Número não divisível por 3	Soma de todos os algarismos do número	A soma é divisível por 3?
//////////	//////////	//////////

c) Complete:

Nos números divisíveis por 3, a soma de todos os algarismos ////////// um número divisível por 3.

6. Sem efetuar divisões, identifique os números divisíveis por 3.

- 12
- 78
- 102
- 134
- 11 101
- 1
- 1 234
- 3
- 0
- 3 347
- 555
- 13 890

7. Tente responder sem fazer a divisão. Se forem embaladas 19 726 figurinhas em pacotes com 3 unidades e se todos os pacotes ficarem cheios, vai sobrar alguma figurinha?
Quantas figurinhas vão sobrar? E se forem 59 175 figurinhas?

8. Resolva o problema "As caixas de bolas de tênis" (página 125) sem efetuar divisões.

Agora, vamos descobrir que números são divisíveis por 6.

9. Divida por 6 os números 54 e 216, que são divisíveis por 2 e também por 3. Qual é o resto de cada divisão?

10. Faça o que se pede em cada item.

a) Copie e complete o quadro abaixo com os números 158, 99, 731, 192 e 846.

Número	É divisível por 2?	É divisível por 3?	É divisível por 6?
//////////	//////////	//////////	//////////

b) Complete:

Os números divisíveis por 6 são os divisíveis por ////////// e por //////////.

11. Quais dos números abaixo são divisíveis por 6?

- 12 300
- 41 102
- 56 789
- 67 890
- 70 234
- 112 704

12. Observe os números abaixo.

• 102	• 103	• 104	• 105	• 106	• 107
• 108	• 109	• 110	• 111	• 112	• 113
• 114	• 115	• 116	• 117	• 118	• 119

a) Quais desses números são divisíveis por 2?

b) Quais desses números são divisíveis por 3?

c) Escreva todos os números compreendidos entre 101 e 120 que são divisíveis por 6.

Vamos descobrir que números são divisíveis por 5.

13. Efetue as divisões por 5.

3427 | 5 ______ ______   275 | 5 ______ ______   4680 | 5 ______ ______   693 | 5 ______ ______

Observe os resultados obtidos e responda às seguintes questões.

a) O número 3427 é divisível por 5? Em que algarismo ele termina?

b) 275 é divisível por 5? Em que algarismo ele termina?

c) 4680 é divisível por 5? Em que algarismo ele termina?

d) 693 é divisível por 5? Em que algarismo ele termina?

e) Os números divisíveis por 5 terminam em que algarismo?

14. Em que algarismos terminam os resultados da tabuada do 5?

15. Sem efetuar divisões, identifique, entre os números abaixo, os que são divisíveis por 5.

• 13 • 210 • 888 • 7346 • 75 • 13260 • 0 • 4080 • 96 • 1080 • 1 • 5

Complete:

Os números divisíveis por 5 são os que terminam em ______ ou em ______.

16. Forme quatro números de três algarismos usando 4, 1 e outro algarismo à sua escolha. Todos os números devem ser divisíveis por 5.

17. Complete o número de cada item com o algarismo que está faltando para que a afirmação seja verdadeira.

a) 74______ é divisível por 3.

b) 876______ é divisível por 3 e por 5.

18. O número 26______ tem três algarismos, mas não é possível ler o último deles porque está borrado. Sabendo que o número é divisível por 2 e por 3, descubra o terceiro algarismo desse número.

19. Um número de três algarismos começa com 7 e termina com 3. O algarismo do meio é desconhecido.

7______3

Descubra que algarismo deve ser esse para que o número seja divisível:

a) por 2;

b) por 3.

Critérios de divisibilidade

Os critérios de divisibilidade são regras que nos permitem reconhecer se um número é ou não é divisível por outro sem efetuar a divisão. Vamos resumir os que já estudamos:

- Um número é divisível por 2 quando ele é par.
- Um número é divisível por 3 quando a soma de seus algarismos é divisível por 3.
- Um número é divisível por 5 quando termina em 0 ou 5.
- Um número é divisível por 6 quando é divisível por 2 e por 3.

Exemplo 1

Para saber se 1 536 é divisível por 2, podemos seguir estes passos:

1º) Verificamos em que algarismo termina o número: 6.

2º) Verificamos se o número é par: é par.

3º) Concluímos com base nos passos anteriores: 1 536 é divisível por 2.

Exemplo 2

Para saber se 57 249 é divisível por 2, procedemos do mesmo modo:

1º) Verificamos em que algarismo termina o número: 9.

2º) Verificamos se o número é par: não é par.

3º) Concluímos com base nos passos anteriores: 57 249 não é divisível por 2.

Quando empregamos os mesmos passos para resolver questões similares, estamos seguindo um **algoritmo**. Assim, um algoritmo é um passo a passo para resolver determinado tipo de problema. Ele pode ser construído em linguagem corrente ou ser representado por meio de um esquema gráfico denominado **fluxograma**.

De acordo com o Dicionário Escolar da Língua Portuguesa, da Academia Brasileira de Letras, **algoritmo** é um conjunto ordenado de operações que permite solucionar um problema. E **fluxograma** é uma representação gráfica do tratamento da informação que apresenta a sequência de operação de um programa; diagrama de fluxo.

O algoritmo para saber se um número é divisível por 2 pode ser descrito assim:

1º) verificar em que algarismo termina o número;

2º) decidir se o número é ou não é par;

3º) concluir se o número é ou não é divisível por 2.

Esse algoritmo pode ser representado por meio do fluxograma abaixo.

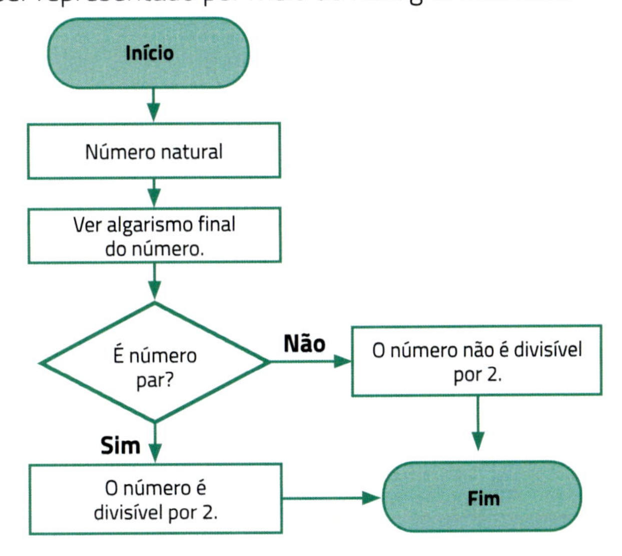

Para construir um fluxograma utilizamos as seguintes figuras:

Para indicar o início e o fim.

Para indicar um procedimento.

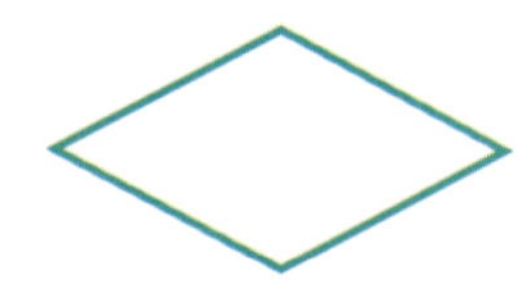

Para indicar uma tomada de decisão (responder a uma pergunta).

No fluxograma, as figuras são interligadas por setas que indicam o fluxo a ser seguido.

Pode-se também usar a figura abaixo para indicar o início e o fim.

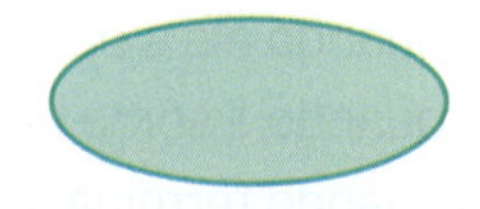

Nas atividades seguintes vamos estudar outros critérios de divisibilidade.

PARTICIPE

I. Em um mercado, as maçãs são embaladas de 2 em 2 em bandejas de isopor, protegidas com papel-filme. Para comprar 4 maçãs, colocam-se duas bandejas em um saquinho plástico.

Estúdio Mil/Arquivo da editora

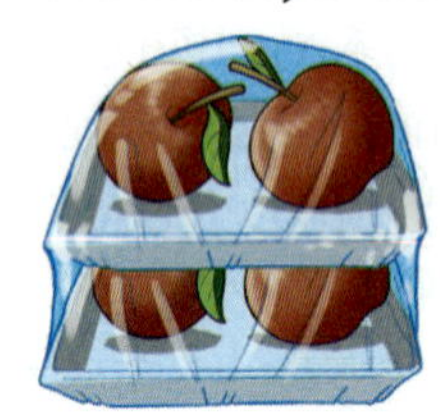

Com 84 maçãs:

a) Quantas bandejas podem ser formadas? Sobra alguma maçã?

b) Com essas bandejas, quantos saquinhos de 2 bandejas podem ser montados? Sobra alguma bandeja?

c) 84 é divisível por 2?

d) Qual é o quociente da divisão de 84 por 2?

e) Esse quociente é um número divisível por 2?

f) Pense nas 84 maçãs embaladas em saquinhos de 4 maçãs. Sobra alguma maçã?

g) 84 é divisível por 4?

h) Se fossem 86 maçãs, quantas bandejas de 2 maçãs seriam? E quantos saquinhos com 2 bandejas cada um? Sobraria alguma bandeja fora dos saquinhos?

i) Se fossem 86 maçãs embaladas em saquinhos de 4 unidades, sobraria alguma maçã?

j) 86 é divisível por 4?

II. Substitua ////////// pelo termo que torna cada afirmação correta.

a) 84 dividido por 2 dá //////////, que é divisível por 2; 84 ////////// divisível por 4.

b) 86 dividido por 2 dá //////////, que não é divisível por 2; 86 ////////// divisível por 4.

III. Dividindo 50 por 2, o quociente é divisível por 2? 50 é divisível por 4?

IV. Dividindo 52 por 2, o quociente é divisível por 2? 52 é divisível por 4?

V. Existe número ímpar divisível por 4?

VI. Complete a lacuna:

Um número é divisível por 4 se for par e, se dividido por 2, resulta em quociente //////////.

ATIVIDADES

20. O algoritmo apresentado a seguir pode ser utilizado para saber se um número natural é divisível por 3. Leia-o e depois faça o que se pede.

1º) Adicionar os algarismos do número.

2º) Decidir se a soma calculada é ou não é divisível por 3.

3º) Concluir se o número é divisível por 3.

Agora, represente esse algoritmo por meio de um fluxograma.

21. Descreva um algoritmo para saber se um número natural é divisível por 5. Depois, represente esse algoritmo por meio de um fluxograma.

22. Copie e complete o fluxograma para saber se um número natural é divisível por 6.

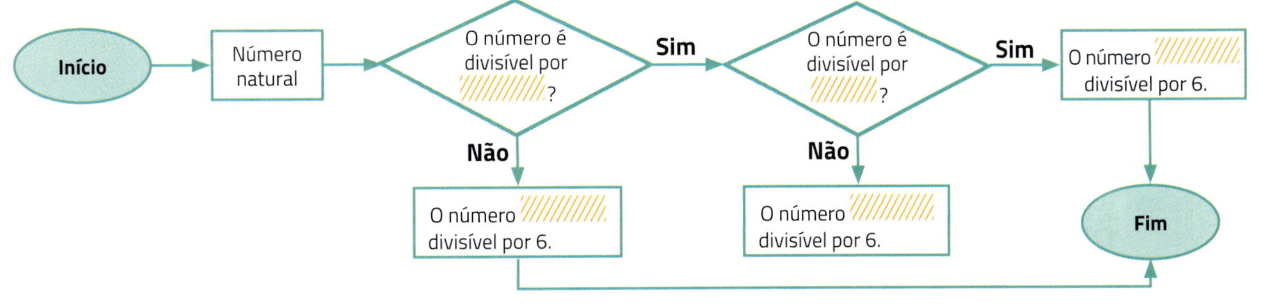

23. Leia o texto e responda à pergunta:

"Foi feita uma pesquisa com 14 290 professores e 1 056 diretores. Ela revelou que a maioria dos professores são do sexo feminino e têm, em média, 40 anos de idade e 14 anos de experiência em sala de aula. Cada diretor lida, em média, com 34 professores e 586 estudantes no estabelecimento de ensino. As turmas têm, em média, 32 estudantes."

Quais dos números citados no texto são divisíveis por 4?

24. Escolha quatro números naturais: três deles divisíveis por 4, e o outro não. Agora, faça as adições e responda:

a) A soma de dois dos números divisíveis por 4, é divisível por 4?

b) A soma de um número divisível por 4 com um número que não é divisível por 4, é divisível por 4?

25. Um saco tinha 60 laranjas e outro, menor, 36. Todas as laranjas foram colocadas em um mesmo caixote.

a) Quantas dúzias de laranjas havia no saco maior? E no menor?

b) Quantas dúzias ficaram no caixote?

c) 60 é divisível por 12? E 36 é divisível por 12?

d) 60 + 36 é divisível por 12?

26. Invente uma situação e explique com suas palavras por que é correto o raciocínio:

"O número 66 é divisível por 11, e 110 também. Então, como 66 + 110 = 176, concluímos que 176 é divisível por 11."

27. Substitua //////// pelo termo que torna a frase correta.

Se dois números são divisíveis por outro, então a soma desses dois números //////// divisível por esse outro.

28. Nem todo número terminado em 0 é divisível por 4. Por exemplo, 10 não é divisível por 4; 20 é, mas 30 não é. Já os números terminados em 00 são todos divisíveis por 4. Por exemplo, 100 é divisível por 4; 200 também é, assim como 300.

- Explique por que os números terminados em 00 são divisíveis por 4.

29. Observe as adições e responda:

a) 1 600 + 28 = 1 628
1 600 é divisível por 4?
28 é divisível por 4?
1 628 é divisível por 4?

b) 12 400 + 34 = 12 434
12 400 é divisível por 4?
34 é divisível por 4?
12 434 é divisível por 4?

30. Todo número maior que 100 é a soma de um número terminado em 00 com outro formado pelos dois últimos algarismos na ordem dada. Aplicando isso, complete o quadro a seguir.

Número dado	Número formado pelos dois últimos algarismos	O número formado é divisível por 4?	Número dado	O número dado é divisível por 4?
316	16	sim	300 + 16	sim
4 148	48		4 100 + 48	
13 126			13 100 + 26	
47 108				
11 222				
101 010				
123 456				

Compare, em cada linha, as respostas da terceira e da quinta colunas e responda às questões.

a) Nos números divisíveis por 4, os dois últimos algarismos formam um número divisível por 4?

b) Nos números não divisíveis por 4, os dois últimos algarismos formam um número divisível por 4?

31. Complete a lacuna:

Um número maior que 100 é divisível por 4 quando seus dois últimos algarismos formam um número ________ por 4.

32. Entre os números a seguir, quais são divisíveis por 4?

- 336
- 540
- 1 608
- 1 776
- 3 458
- 18 092

Texto para as atividades **33** e **34**.

Nos anos bissextos – que ocorrem de quatro em quatro anos –, o mês de fevereiro tem 29 dias. Os números correspondentes a anos bissextos são divisíveis por 4. Mas atenção: os anos terminados em 00 só são bissextos quando são divisíveis por 400.

33. A folha do calendário que Pedro está observando está rasgada e ele não consegue saber de que ano é.

Ilustrações: Artur Fujita/Arquivo da editora

Com base no texto anterior, Pedro ficou em dúvida entre dois anos. Quais foram eles?

34. Sobre os anos bissextos, responda aos itens a seguir:

a) Que anos da década de 2021 à de 2030 serão bissextos?

b) O ano 3000 será bissexto? Por quê?

c) O ano em que você nasceu foi bissexto?

35. O número 1 000 é divisível por 8. Podemos provar fazendo a divisão:

```
1 000 | 8
  20    125
   40
    0
```

Sabendo disso e com base numa situação prática, sem efetuar a divisão, explique por quê:

a) 2000 também é divisível por 8;

b) 15000 também é divisível por 8;

c) todo número terminado em 000 é divisível por 8.

36. Use uma calculadora, se necessário, e responda:

a) 54000 é divisível por 8? E 160? E 54160?

b) 60000 é divisível por 8? E 100? E 60100?

c) 216000 é divisível por 8? E 432? E 216432?

d) 27000 é divisível por 8? E 746? E 27746?

e) 111000 é divisível por 8? E 25? E 111025?

f) Nos números divisíveis por 8, os três últimos algarismos formam um número divisível por 8?

g) Nos números não divisíveis por 8, os três últimos algarismos formam um número divisível por 8?

37. Explique oralmente para um colega como podemos saber se um número maior que 1000 é divisível por 8, sem efetuar a divisão desse número por 8. Ouça também a explicação de seu colega.

38. Verifique se os números abaixo são divisíveis por 9. Use uma calculadora se precisar.

a) 720 e $7 + 2 + 0$

b) 477 e $4 + 7 + 7$

c) 1348 e $1 + 3 + 4 + 8$

d) 2466 e $2 + 4 + 6 + 6$

e) 30218 e $3 + 0 + 2 + 1 + 8$

39. De acordo com a atividade anterior, responda:

a) Nos números divisíveis por 9, a soma dos algarismos também é divisível por 9?

b) Nos números não divisíveis por 9, a soma dos algarismos é divisível por 9?

c) Substitua ////////// pelo termo correto.

Nos números divisíveis por 9, a ////////// de todos os algarismos ////////// um número divisível por 9.

40. Sem efetuar a divisão, responda: Quais dos números abaixo são divisíveis por 9?

- 945
- 108
- 1378
- 4698
- 10101
- 30222

41. O jornaleiro me disse que, com o dinheiro que eu tinha, poderia comprar mais de 440 figurinhas e menos de 470. Quantas figurinhas posso comprar, se preciso reparti-las em quantidades iguais entre mim e meus 8 primos?

Ilustrações: Artur Fujita/Arquivo da editora

42. a) Em que algarismo terminam os resultados da tabuada do 10?

b) Quais dos números abaixo são divisíveis por 10?

- 120
- 101
- 905
- 8000
- 950

c) Complete:
Um número é divisível por 10 quando //////////

43. Responda se o número 1234567890 é ou não é divisível:

a) por 2?

b) por 3?

c) por 4?

d) por 5?

e) por 6?

f) por 8?

g) por 9?

h) por 10?

Explique por quê, sem efetuar divisões.

44. Para responder a estas perguntas, você precisa fazer as divisões.

a) 1243 é divisível por 7?

b) 100001 é divisível por 11?

45. Divida 589 por 13 e, em seguida, responda às perguntas:

a) A divisão é exata?

b) Qual é o resto dessa divisão?

c) Que valor devemos subtrair de 589 para que o quociente permaneça o mesmo e a divisão seja exata?

d) Qual é o menor valor que devemos somar com 589 para que a divisão fique exata?

CAPÍTULO

9 Números primos e fatoração

Kenishirotie/Shutterstock

NA REAL

De quais maneiras é possível organizar?

Uma escolha bastante comum para quem quer empreender um novo negócio é a produção e venda de doces e bolos. Fazem parte do sucesso desse trabalho não apenas a qualidade do produto mas também a sua apresentação e o controle da produção, para que não faltem embalagens e não sobrem doces.

Uma das opções para acomodar 16 doces, sem que sobrem doces e para que todas as embalagens contenham a mesma quantidade de produtos, é acomodá-los em quatro embalagens com quatro doces em cada uma, pois $4 \cdot 4 = 16$.

Quais são todas as opções para organizar esses 16 doces em embalagens de modo que todas elas tenham a mesma quantidade de doces e não sobre nenhum?

Agora, considere que sejam 13 doces. Quantas são as opções de embalagens de modo que todas tenham a mesma quantidade de doces? E se fossem 17? Que particularidade você percebe nesses números? Consegue encontrar outro que tenha essa mesma característica?

Na BNCC
EF06MA05

O que é número primo?

No quadro abaixo estão representados os números naturais de 2 a 50.

	2	3	4	5	6	7	8	9	10
11	12	13	14	15	16	17	18	19	20
21	22	23	24	25	26	27	28	29	30
31	32	33	34	35	36	37	38	39	40
41	42	43	44	45	46	47	48	49	50

Destacando o número 2 e, em seguida, apagando todos os outros números divisíveis por 2, que números permanecem?

	2	3		5		7		9	
11		13		15		17		19	
21		23		25		27		29	
31		33		35		37		39	
41		43		45		47		49	

Agora, destacando o número 3 e apagando todos os outros números divisíveis por 3, quais números ainda ficam?

	2	3		5		7			
11		13				17		19	
		23		25				29	
31				35		37			
41		43				47		49	

Destacando o próximo número, que é o 5, e, em seguida, apagando todos os outros números divisíveis por 5, quais números ainda continuam?

	2	3		5		7			
11		13				17		19	
		23						29	
31						37			
41		43				47		49	

Se prosseguirmos dessa maneira – destacando o primeiro número não assinalado e apagando os demais que são divisíveis por ele –, sobrarão apenas os números que foram assinalados. Veja agora os números que permanecem no quadro:

	2	3		5		7			
11		13				17		19	
		23						29	
31						37			
41		43				47			

Esses números são **primos**. Você sabe o que é um número primo?

Um número natural e maior que 1 é primo quando só é divisível por 1 e por ele mesmo.

Os números 2, 3, 5, 7, 11 e 13, por exemplo, são **números primos**. Cada um deles é divisível por dois números: 1 e ele mesmo.

Números como 4, 6, 8, 9, 10, 12 e 15 são **números compostos**. Cada um deles é divisível por mais de dois números.

Um número natural e maior que 1 é composto quando é divisível por mais de dois números naturais.

Observe que, de acordo com a explicação anterior, os números 0 e 1 não entram na classificação de primo nem na de composto. Lendo a seção "Na História" do capítulo 11, você vai descobrir a origem desses nomes.

ATIVIDADES

1. Responda às questões sobre números primos.

a) O número 21 é divisível por quanto? 21 é primo?

b) O número 23 é divisível por quanto? 23 é primo?

2. Existe um número par que também é número primo. Qual é esse número?

3. Dê três exemplos de:

a) números ímpares primos;

b) números ímpares compostos.

4. Você conheceu os números primos até 50.

a) Quais são eles?

b) Agora, escreva no quadro os números naturais maiores que 50 e menores que 100.

c) Descubra os números primos entre 50 e 100, procedendo da seguinte maneira:

- Primeiro, elimine os números divisíveis por 2, 3, 5 e 7.
- Depois, verifique se cada número que sobrou é primo ou não.

Como reconhecer um número primo

Há infinitos números primos.

Para saber se um número é primo, devemos dividi-lo sucessivamente pelos números primos (2, 3, 5, 7, etc.) e verificar o que acontece:

- Obtendo resto zero, o número não é primo.
- Se nenhum resto é zero, o número é primo.

O número 187 é primo ou composto? E 197?
197
187
Alberto De Stefano/Arquivo da editora

Acompanhe alguns exemplos.

Exemplo 1

Considere o número 187.

- 187 não é divisível por 2, porque não é par.
- 187 não é divisível por 3, porque a soma dos seus algarismos $(1 + 8 + 7 = 16)$ não é divisível por 3.
- 187 não é divisível por 5, porque não termina em zero ou 5.
- 187 não é divisível por 7, porque nessa divisão ocorre resto 5.

$$\begin{array}{r|l} 187 & 7 \\ \hline 47 & 26 \\ 5 & \end{array}$$

- 187 é divisível por 11, porque nessa divisão ocorre resto 0.

Então, 187 não é primo.

$$\begin{array}{r|l} 187 & 11 \\ \hline 77 & 17 \\ 0 & \end{array}$$

Observação

Da última divisão podemos escrever que:

$$\underset{\text{dividendo}}{187} = \underset{\text{divisor}}{11} \times \underset{\text{quociente}}{17}$$

Trocando a ordem dos fatores, concluímos que 187 também é divisível por 17:

$$\underset{\text{dividendo}}{187} = \underset{\text{divisor}}{17} \times \underset{\text{quociente}}{11}$$

$$\begin{array}{r|l} 187 & 17 \\ \hline 77 & 11 \\ 0 & \end{array}$$

Em uma dessas divisões o divisor é menor que o quociente; na outra, é maior.

Exemplo 2

Agora, considere o número 197.

- 197 não é divisível por 2, porque não é par.
- 197 não é divisível por 3, porque a soma dos seus algarismos $(1 + 9 + 7 = 17)$ não é divisível por 3.
- 197 não é divisível por 5, porque não termina em zero ou 5.
- 197 não é divisível por 7, porque nessa divisão ocorre resto 1. O quociente (28) é maior que o divisor (7).

$$\begin{array}{r|l} 197 & 7 \\ \hline 57 & 28 \\ 1 & \end{array}$$

- 197 não é divisível por 11, porque nessa divisão ocorre resto 10. Note que, aumentando o divisor, de 7 para 11, diminui o quociente, de 28 para 17. Mas o quociente (17) ainda é maior que o divisor (11).

$$\begin{array}{r|l} 197 & 11 \\ \hline 87 & 17 \\ 10 & \end{array}$$

- 197 não é divisível por 13, porque nessa divisão ocorre resto 2. O quociente (15) é maior que o divisor (13).

$$\begin{array}{r|l} 197 & 13 \\ \hline 67 & 15 \\ 2 & \end{array}$$

- 197 não é divisível por 17, porque nessa divisão ocorre resto 10. O quociente (11) é menor que o divisor (17).

$$\begin{array}{r|l} 197 & 17 \\ \hline 27 & 11 \\ 10 & \end{array}$$

Não precisamos continuar as divisões. Se tivesse alguma divisão exata com o divisor maior que o quociente, já teríamos encontrado outra com o divisor menor que o quociente. Não havendo divisão exata, concluímos que 197 é número primo.

Para saber se um número é primo ou não, precisamos dividi-lo pelos primos 2, 3, 5, 7, 11, 13, 17, ... até obter resto zero ou quociente menor ou igual ao divisor.

ATIVIDADES

5. Classifique cada número em primo ou composto.

a) 127 **b)** 217 **c)** 271 **d)** 721

6. Descubra:

a) Qual é o menor número primo maior que 500?

b) Qual é o menor número primo maior que 800?

7. Observe os números abaixo.

- 101
- 247
- 3876
- 715
- 417
- 173
- 172
- 177
- 179
- 423
- 421
- 425
- 175
- 427
- 277
- 429

Quais são números primos e quais são números compostos?

8. Responda às questões.

a) Qual é o menor número natural primo que se escreve com quatro algarismos?

b) Qual é o maior número primo que se escreve com três algarismos?

9. Use os algarismos 2, 4 e 9, uma vez cada um, para formar números de três algarismos.

a) Quantos números você pode formar? **b)** Quais desses números são primos?

Decomposição em produto

As idades dos irmãos

A soma das idades de dois irmãos corresponde à idade do pai deles: 45 anos.

Se as idades dos irmãos forem multiplicadas, o número que se obtém é o da idade completada pelo Brasil no ano 2000.

Qual é a idade do irmão mais velho?

Acompanhe o raciocínio:

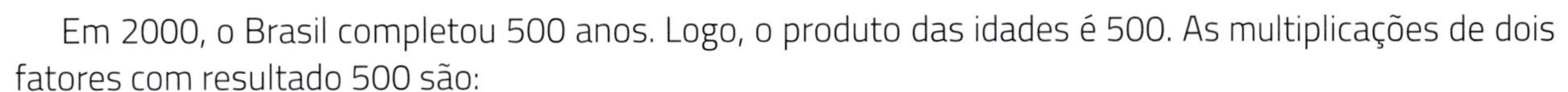

Em 2000, o Brasil completou 500 anos. Logo, o produto das idades é 500. As multiplicações de dois fatores com resultado 500 são:

$1 \cdot 500$ $\quad$ $5 \cdot 100$

$2 \cdot 250$ $\quad$ $10 \cdot 50$

$4 \cdot 125$ $\quad$ $20 \cdot 25$

Como a soma das idades é 45 anos, vamos adicionar os fatores para descobrir as idades:

$1 + 500 = 501$ $\quad$ $10 + 50 = 60$

$5 + 100 = 105$ $\quad$ $4 + 125 = 129$

$2 + 250 = 252$ $\quad$ $20 + 25 = 45$

As idades são 20 e 25 anos. Então, o mais velho tem 25 anos.

Ilustra Cartoon/Arquivo da editora

ATIVIDADES

10. A professora de Matemática pediu aos estudantes que formassem grupos para fazer um trabalho. Todos os grupos deviam ter a mesma quantidade de integrantes; era preciso formar mais de um grupo, e ninguém poderia ficar sozinho. Como a turma tem 36 estudantes, poderiam ser formados, por exemplo, 4 grupos com 9 estudantes ($4 \cdot 9 = 36$). Existem outras possibilidades de formação desses grupos. Quais são elas?

11. Em um colégio há duas turmas de 6º ano, uma delas com 5 estudantes a mais que a outra. Multiplicando a quantidade de estudantes das duas turmas, o resultado dá 300.

a) Escreva as multiplicações de dois números que dão como resultado 300.

b) Quantos estudantes há em cada turma?

12. Na Grécia antiga, matemáticos da escola pitagórica costumavam associar números a formas geométricas. As figuras a seguir são da seção "Na História" do capítulo 11 e mostram como os pitagóricos interpretavam os números primos e os números compostos:

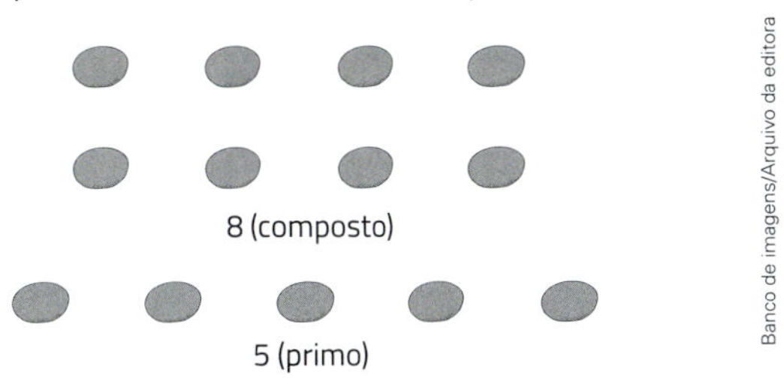

Banco de imagens/Arquivo da editora

Um número composto pode ser representado por linhas de pedrinhas em forma retangular. Então, um número primo seria representado por uma só linha, pois não dá para formar "retângulo".

Laís deseja dispor os 90 brigadeiros de sua festa de aniversário formando um "retângulo" composto de linhas de brigadeiros. De quantos modos ela pode formar esse "retângulo"?

As multiplicações de dois fatores de resultado 500:

$1 \cdot 500$ $2 \cdot 250$ $4 \cdot 125$ $5 \cdot 100$ $10 \cdot 50$ $20 \cdot 25$

são decomposições de 500 em produto.

Há outras decomposições, com mais de dois fatores, como:

$2 \cdot 2 \cdot 125$ $5 \cdot 10 \cdot 10$ $2 \cdot 5 \cdot 5 \cdot 10$ $2 \cdot 2 \cdot 5 \cdot 5 \cdot 5$

Decompor um número em produto significa indicar uma multiplicação que tem como resultado aquele número.

PARTICIPE

I. Vamos trabalhar com o número 60.

a) Indique três multiplicações de dois fatores que dão 60.

b) Escreva três modos de decompor 60 em produto, com mais de dois fatores.

c) Existe um modo de decompor o número 60 em que todos os fatores são números primos. Faça essa decomposição.

II. Agora, considere o número 40.

a) Ele é primo ou composto?

b) Ele é divisível por quais números naturais?

c) Decomponha o número 40 em produto, de modo que todos os fatores sejam primos.

A fatoração de 60

Vamos ver agora um modo de organizar os cálculos para decompor um número em fatores primos.

Todo número natural maior que 1 ou é primo ou pode ser decomposto em um produto de fatores primos.

Qual é o menor número primo pelo qual 60 é divisível? Como 60 é par, é divisível por 2.

$$\begin{array}{r|l} 60 & 2 \\ \hline 0 & 30 \end{array}$$

O quociente dessa divisão é 30.

Agora, vamos determinar o menor número primo pelo qual 30 é divisível. Como 30 é par, é divisível por 2.

$$\begin{array}{r|l} 30 & 2 \\ \hline 10 & 15 \\ 0 & \end{array}$$

O quociente dessa divisão é 15.

Vamos agora determinar o menor número primo pelo qual 15 é divisível. Como 15 é ímpar, não é divisível por 2, mas é divisível por 3.

$$\begin{array}{r|l} 15 & 3 \\ \hline 0 & 5 \end{array}$$

O quociente dessa divisão é 5.

Repetindo esse procedimento até obter quociente 1, a sequência de divisões feitas é:

$$\begin{array}{r|l} 60 & 2 \\ \hline 0 & 30 \end{array} \qquad \begin{array}{r|l} 30 & 2 \\ \hline 10 & 15 \\ 0 & \end{array} \qquad \begin{array}{r|l} 15 & 3 \\ \hline 0 & 5 \end{array} \qquad \begin{array}{r|l} 5 & 5 \\ \hline 0 & 1 \end{array}$$

Calculando mentalmente os quocientes, podemos fazer assim:

$$\begin{array}{r|l} 60 & 2 \\ \hline & 30 \;|\; 2 \\ & \quad 15 \;|\; 3 \\ & \qquad 5 \;|\; 5 \\ & \qquad\quad 1 \end{array}$$

É usual indicar do modo abaixo, com um traço vertical:

$$\begin{array}{r|l} 60 & 2 \\ 30 & 2 \\ 15 & 3 \\ 5 & 5 \\ 1 & \end{array}$$

Quociente das divisões → (30, 15, 5, 1)

A decomposição do número 60 em fatores primos é: $60 = 2 \cdot 2 \cdot 3 \cdot 5$.

Podemos usar potências: $60 = 2^2 \cdot 3 \cdot 5$.

PARTICIPE

I. Complete a decomposição do número 40 em fatores primos.

$$\begin{array}{r|l} 40 & 2 \\ 20 & \_\_ \\ \_\_ & \_\_ \\ \_\_ & \_\_ \\ \_\_ & \end{array}$$

$40 = 2 \cdot \_\_\_ \cdot \_\_\_ \cdot \_\_\_$

$40 = 2^{\_\_} \cdot \_\_\_$

II. A decomposição em produto de fatores primos é chamada **fatoração**.

a) O número 19 pode ser fatorado? Por quê?

b) O número 28 pode ser fatorado? Por quê?

c) Fatore o número em que a resposta é sim.

Fatoração de um número

Todo número natural maior que 1 não primo admite uma única decomposição em fatores primos, sem levar em conta a ordem dos fatores.

Essa decomposição também é chamada **fatoração de um número**.

Fatorar um número significa decompô-lo em um produto de fatores primos.

ATIVIDADES

13. Fatore cada número a seguir.

a) 48
b) 92
c) 98
d) 120
e) 168
f) 180
g) 225
h) 250
i) 308

14. Observe os cartões abaixo e ligue cada número dos cartões laranja à sua fatoração correspondente nos cartões verdes.

Cartões laranja	Cartões verdes
140	$3^2 \cdot 5 \cdot 11^2$
500	$2 \cdot 5^2 \cdot 13$
5 445	$2^2 \cdot 5 \cdot 7$
650	$2^2 \cdot 5^3$
3 900	$2^{10} \cdot 3$
	$2^2 \cdot 3 \cdot 5^2 \cdot 13$

A fatoração que sobra é a de que número?

15. Qual é o menor fator primo de cada número?

a) 65
b) 221
c) 323
d) 29

16. O produto de dois números naturais é 80.

a) Que números podem ser esses?
b) Considerando que a soma deles é 21, quais são os números?
c) Considerando que a soma deles é a menor possível, quais são os números?

17. Decompondo um número em fatores primos, obtemos 210. Esse número é divisível por todos os números abaixo, exceto um. Qual?

a) 80
b) 64
c) 32
d) 128
e) 16

NA OLIMPÍADA

Outro planeta. Oba!

(Obmep) No planeta Pemob as semanas têm 5 dias: Aba, Eba, Iba, Oba e Uba, nessa ordem. Os anos são divididos em 6 meses com 27 dias cada um. Se o primeiro dia de um certo ano foi Eba, qual foi o último dia desse ano?

a) Aba
b) Eba
c) Iba
d) Oba
e) Uba

CAPÍTULO 10

Múltiplos e mínimo múltiplo comum

Concepção artística e fora de escala do Sistema Solar.

Christos Georghiou/Shutterstock

NA REAL

Quanto tempo para acontecer novamente?

[...] Um encontro cósmico impressionante saudará os observadores do céu em todo o mundo quando quatro corpos celestes se aproximarão no céu do sudeste pela manhã. Mercúrio, Júpiter e Saturno surgirão em um alinhamento quase perfeito, enquanto a Lua crescente será o quarto elemento próximo ao trio de planetas. Cada planeta aparecerá como um ponto brilhante, sendo Mercúrio o mais fraco e Júpiter o mais forte – todos facilmente visíveis a olho nu.[...]

Disponível em: https://www.nationalgeographicbrasil.com/espaco/2021/01/10-fenomenos-astronomicos-espetaculares-para-observar-em-2021. Acesso em: 16 mar. 2021.

Assim como a Terra, esses planetas também giram em torno do Sol. Mercúrio leva aproximadamente 88 dias para completar uma volta em torno do Sol; Júpiter leva aproximadamente 12 anos; e Saturno, 30 anos.

Considerando o momento em que os três planetas se alinham, depois de quantos anos Júpiter e Saturno estarão ambos novamente nessa posição?

Com o estudo que faremos agora, você poderá resolver questões como essas e muitas outras em que se emprega raciocínio semelhante e que ocorrem frequentemente em diversas situações práticas.

Na BNCC
EF06MA05
EF06MA06

Os múltiplos de um número

Tomando os números naturais 0, 1, 2, 3, 4, 5, 6, 7, ... e multiplicando cada um deles por 2, obtemos:

$2 \cdot 0 = 0$	$2 \cdot 3 = 6$	$2 \cdot 6 = 12$
$2 \cdot 1 = 2$	$2 \cdot 4 = 8$	$2 \cdot 7 = 14$
$2 \cdot 2 = 4$	$2 \cdot 5 = 10$	...

Os números obtidos são pares e esses números também se chamam **múltiplos** de 2, porque são obtidos multiplicando os números naturais por 2.

Multiplicando os números naturais por 3, obtemos os **múltiplos** de 3, que são: 0, 3, 6, 9, 12, 15, 18, 21, ...

Os múltiplos de 4 são: 0, 4, 8, 12, 16, 20, 24, 28, ...

Os múltiplos de 5 são:

$5 \cdot 0$, $5 \cdot 1$, $5 \cdot 2$, $5 \cdot 3$, $5 \cdot 4$, $5 \cdot 5$, $5 \cdot 6$, $5 \cdot 7$, ...

0, 5, 10, 15, 20, 25, 30, 35, ...

Os **múltiplos** de um número natural são obtidos quando esse número é multiplicado pelos números naturais.

Multiplicando-se qualquer número natural por zero, o resultado é sempre zero. Assim, o único múltiplo de zero é zero.

Como saber se é múltiplo?

Os múltiplos de 6 são:

$6 \cdot 0$, $6 \cdot 1$, $6 \cdot 2$, $6 \cdot 3$, $6 \cdot 4$, $6 \cdot 5$, $6 \cdot 6$, $6 \cdot 7$, ...

0, 6, 12, 18, 24, 30, 36, 42, ...

Será que 228 é múltiplo de 6?

Precisamos descobrir se 228 é produto de 6 por algum número natural. Para isso, dividimos 228 por 6:

$$\begin{array}{r|l} 228 & 6 \\ \hline 48 & 38 \\ 0 & \end{array}$$

$228 = 6 \cdot 38$

Estúdio Mil/Arquivo da editora

Logo, 228 é múltiplo de 6 (e também de 38).

Note que 228 é divisível por 6, pois o resto é zero.

Um número natural é **múltiplo** de outro, não nulo, quando ele é **divisível** por esse outro número.

Os múltiplos de 2 são os números pares. Todo número par é divisível por 2.

Os múltiplos de 5 (veja acima) terminam em 0 ou 5. Todo número natural que termina em 0 ou 5 é divisível por 5.

Os múltiplos não nulos de 10 são: $10 \cdot 1$, $10 \cdot 2$, $10 \cdot 3$, $10 \cdot 4$, $10 \cdot 5$, ...; portanto, são 10, 20, 30, 40, 50, etc. Todos terminam em 0. Um número natural é divisível por 10 quando termina em 0.

ATIVIDADES

1. Escreva os múltiplos de 6 menores que 50.

2. Quais são os múltiplos de 7 maiores que 30 e menores que 60?

3. Observe os números no quadro abaixo.

3	11	42	44
22	2	0	81
40	55	7	88
34	99	13	66

a) Quais desses números são múltiplos de 11?

b) Para indicar todos os múltiplos de 11 menores que 100, que números você deve acrescentar aos do quadro acima?

4. Escreva os seis primeiros múltiplos não nulos de 100.

5. Copie e complete:
Um número natural não nulo é divisível por 100 quando seus dois últimos algarismos são ////////// .

6. Escreva os seis primeiros múltiplos não nulos de 1 000.

7. Copie e complete:
Um número natural não nulo é divisível por 1 000 quando seus três últimos algarismos são ////////// .

8. Verifique quais dos números naturais indicados a seguir são divisíveis por 100, quais são divisíveis por 1 000 e quais são divisíveis por ambos.

a) 200
b) 1 000
c) 1 300
d) 10 500
e) 20 000
f) 50 050

9. Fazendo uma divisão, responda:

a) 3 220 é múltiplo de 7?
b) 11 433 é múltiplo de 7?

Se necessário, use uma calculadora.

10. Nas afirmações a seguir, os múltiplos foram trocados de itens. Reescreva cada afirmação, colocando os múltiplos nos itens certos, de modo que todas as afirmações fiquem corretas:

a) 333 é múltiplo de 5.
b) 335 é múltiplo de 11.
c) 348 é múltiplo de 10.
d) 340 é múltiplo de 3.
e) 341 é múltiplo de 6.

11. Descubra qual é o menor número natural:

a) múltiplo de 12 com três algarismos;
b) múltiplo de 18 com três algarismos;
c) múltiplo de 12 e de 18 e diferente de zero.

Múltiplos comuns

As coincidências

Raul sempre corta o cabelo de 20 em 20 dias, e Artur, de 25 em 25 dias. Certo dia coincidiu de ambos cortarem o cabelo. Depois de quantos dias essa coincidência ocorrerá novamente?

Alberto De Stefano/Arquivo da editora

Contando a partir da primeira coincidência, Raul voltará a cortar o cabelo após 20 dias, após 40 dias, 60 dias, etc.

20, 40, 60, 80, 100, 120, 140, 160, 180, 200, ... são os múltiplos de 20, com exceção do zero.

Já Artur voltará a cortar o cabelo após 25 dias, 50 dias, 75 dias, etc.

25, 50, 75, 100, 125, 150, 175, 200, 225, ... são os múltiplos de 25, exceto o zero.

Haverá novas coincidências após 100 dias, 200 dias, 300 dias, etc. A segunda coincidência ocorrerá exatamente após 100 dias.

100, 200, 300, ... são os **múltiplos comuns** de 20 e 25, fora o zero.

PARTICIPE

I. Escreva com suas palavras o que são os múltiplos comuns de dois números naturais.

II. Descubra quais são os múltiplos comuns de 2 e 3.

III. Se Raul joga basquete nos dias pares e pratica natação em todos os dias múltiplos de 3, em quais dias do mês de maio ele pratica os dois esportes?

IV. Qual é o menor múltiplo comum de 2 e 3, fora o zero?

V. Desenhe em seu caderno a reta numérica anotando os números de 1 a 25.

a) Assinale em azul os múltiplos de 4 e em vermelho os múltiplos de 6.

b) Quais são os múltiplos comuns de 4 e 6?

c) Qual é o menor número assinalado em azul e em vermelho?

Sashahaltam/Shutterstock

Mínimo múltiplo comum (mmc)

O número 100 é o primeiro número, excluindo o zero, que é múltiplo ao mesmo tempo de 20 e de 25. Ele é chamado **mínimo múltiplo comum** de 20 e 25.

Indicamos: mmc (20, 25) = 100.

O **mínimo múltiplo comum** de dois ou mais números naturais é o menor número, excluindo o zero, que é múltiplo desses números.

ATIVIDADES

12. Observe os números do quadro a seguir.

1	2	3	4	5	6	7	8	9	10
11	12	13	14	15	16	17	18	19	20
21	22	23	24	25	26	27	28	29	30
31	32	33	34	35	36	37	38	39	40
41	42	43	44	45	46	47	48	49	50

a) Use lápis azul para cercar com uma linha os múltiplos de 6.

b) Use lápis vermelho para fazer um **X** nos múltiplos de 8.

c) Indique os múltiplos comuns de 6 e 8.

d) Indique o mínimo múltiplo comum de 6 e 8.

13. Em um ponto de ônibus, passa um ônibus da linha A, de 15 em 15 minutos, e um da linha B, de 20 em 20 minutos. Às 9 horas passaram os dois ônibus nesse ponto. A que horas voltarão a passar juntos?

14. Elabore e resolva um problema que cite dois períodos de tempo e deva ser resolvido calculando um mínimo múltiplo comum.

15. Para determinar o mmc (15, 25), considere os múltiplos de 25, com exceção do zero, e veja qual é o menor deles que também é múltiplo de 15. Qual é o mmc (15, 25)?

16. Determine o mmc dos números em cada item.

a) 12 e 18

b) 30 e 40

c) 20 e 60

d) 50 e 200

17. Siga as afirmações que forem verdadeiras para descobrir em que local a turma de Alexandre foi em excursão.

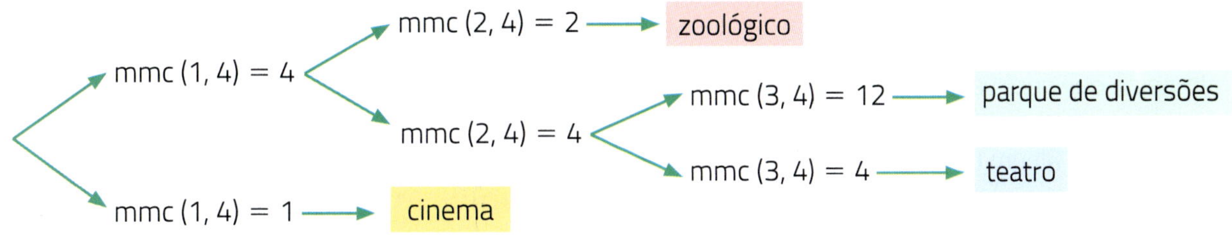

CAPÍTULO 11

Divisores e máximo divisor comum

NA REAL

Como o *feed* vai ficar?

Imagine que você vai publicar suas imagens na rede social mais legal do momento, o *Instabook*. Você tem 28 imagens para publicar e o *feed* é organizado de modo que cada página do álbum tenha a mesma quantidade de imagens. Quantas opções de organização das imagens por página o *Instabook* pode oferecer para você publicar suas 28 imagens? Quais são elas?

Diga uma quantidade de imagens para a qual o *Instabook* vai oferecer apenas duas opções de organização de imagens.

Na BNCC
EF06MA04
EF06MA05
EF06MA06

Divisores

As caixas de ovos

Ilustra Cartoon/Arquivo da editora

Senhor Takei vende ovos em sua barraca na feira. Ele recebeu da granja 180 ovos para revender e precisa embalá-los. Porém, Takei só dispõe de embalagens para oito ou para uma dúzia de ovos.

Qual é a embalagem mais adequada para que todas fiquem completas e com a mesma quantidade de ovos?

Para responder à pergunta, precisamos saber se 180 é divisível por 8 ou por 12.

$$\begin{array}{r|l} 180 & 8 \\ \hline 20 & 22 \\ 4 & \end{array} \qquad \begin{array}{r|l} 180 & 12 \\ \hline 60 & 15 \\ 0 & \end{array}$$

Como 180 não é divisível por 8, as embalagens para 8 ovos não são as indicadas, pois uma delas ficaria incompleta.

O número 180 é divisível por 12; por isso, é melhor que Takei use embalagens para 12 ovos. Serão necessárias exatamente 15 embalagens.

Um número natural diferente de zero é divisor de outro número natural quando a divisão do primeiro pelo segundo é exata.

Divisores de um número são também chamados **fatores** desse número.

$$\underbrace{180 : 12}_{\substack{\text{180 é divisível por 12.} \\ \text{12 é divisor de 180.}}} = 15 \text{ porque } \underbrace{15 \cdot 12}_{\substack{\text{15 e 12 são fatores} \\ \text{(ou divisores) de 180.} \\ \text{180 é múltiplo de 12 e de 15.}}} = 180$$

PARTICIPE

I. O número 12, que divide exatamente 180, é um divisor de 180. Já o número 8 não é divisor de 180, porque 180 não é divisível por 8.
Há outros divisores de 180.

a) Que operação devemos fazer para saber se 9 é divisor de 180?

b) 9 é divisor de 180? Por quê?

c) Que cálculo devemos fazer para saber se 24 é divisor de 180?

d) 24 é divisor de 180? Por quê?

e) 36 é divisor de 180?

II. O número 96 tem 6 divisores que se escrevem com dois algarismos.

a) 12 é divisor de 96?

b) 18 é divisor de 96?

c) Fazendo tentativas, descubra quais são os divisores de 96 que se escrevem com dois algarismos.

ATIVIDADES

1. Pense e responda:

a) 9 é divisor de 36? Por quê?

b) 11 é divisor de 36? Por quê?

2. Divida 245 por 25 e por 35. Depois, responda:

a) 25 é divisor de 245?

b) 35 é divisor de 245?

3. Use uma calculadora e responda:

a) 16 é divisor de 322 240?

b) 19 é divisor de 422 700?

c) 59 é divisor de 2 360?

d) 45 é divisor de 14 350?

4. Substitua ////////// pelo número 2, 5, 6 ou 10, de modo que todas as afirmações fiquem verdadeiras.

a) ////////// é divisor de 275.

b) ////////// é divisor de 28.

c) ////////// é divisor de 150.

d) ////////// é divisor de 108.

5. Abaixo, os dividendos foram colocados no item errado. Troque-os de item, de modo que todas as afirmações fiquem corretas.

a) 3 é divisor de 680.

b) 10 é divisor de 205.

c) 2 é divisor de 3.

d) 5 é divisor de 116.

6. Considere as cartelas A, B e C:

Cartela A

1	2	3
4	6	7
10	11	12

Cartela B

1	2	3
4	5	7
8	9	12

Cartela C

1	2	3
5	6	7
8	9	10

Em qual delas você encontra:

a) os divisores de 10? Quais são eles?

b) os divisores de 12? Quais são eles?

c) os divisores de 8? Quais são eles?

7. A frase escrita no cartaz está certa ou errada?

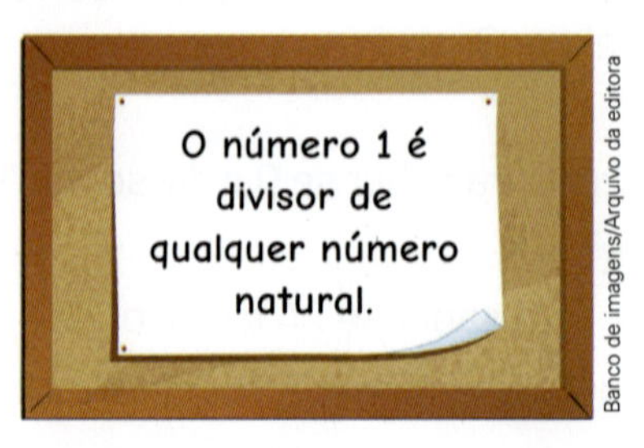
O número 1 é
divisor de
qualquer número
natural.

Banco de imagens/Arquivo da editora

8. Decompondo o número 18 em fatores primos, obtemos: $18 = 2 \cdot 3 \cdot 3$. Então, 2 e 3 são os divisores primos de 18. Outros divisores são obtidos fazendo multiplicações de fatores que aparecem na decomposição. Sem esquecer o 1, que é divisor de qualquer número natural, escreva todos os divisores de 18.

9. Fatore os números dados e descubra todos os divisores deles.

a) 110

b) 72

Descobrindo os divisores de um número

Existe um modo organizado de obter todos os divisores de um número. Veja como podemos fazer para obter os divisores de 18 (obtidos na atividade 8):

1º) Fatoramos o número 18.

$$\begin{array}{r|l} 18 & 2 \\ 9 & 3 \\ 3 & 3 \\ 1 & \end{array}$$

2º) Colocamos um traço vertical ao lado dos fatores primos.

$$\begin{array}{r|l|} 18 & 2 \\ 9 & 3 \\ 3 & 3 \\ 1 & \end{array}$$

3º) Ao lado desse novo traço e uma linha acima, colocamos o sinal de multiplicação e o número 1. Na linha seguinte (a linha do fator 2), colocamos o produto de 2 pelo número que está na linha acima dele ($2 \times 1 = 2$).

$$\begin{array}{r|l|l} & & \times 1 \\ 18 & 2 & 2 \\ 9 & 3 & \\ 3 & 3 & \\ 1 & & \end{array}$$

4º) Na linha seguinte (a linha do fator 3), colocamos o produto de 3 pelos números que estão nas linhas acima dele, à direita do traço ($3 \times 1 = 3$ e $3 \times 2 = 6$).

$$\begin{array}{r|l|l} & & \times 1 \\ 18 & 2 & 2 \\ 9 & 3 & 3,\ 6 \\ 3 & 3 & \\ 1 & & \end{array}$$

5º) Repetimos esse procedimento nas outras linhas, anotando cada resultado uma só vez. Como o produto de 3×1 e 3×2 já foi anotado, registramos: $3 \times 3 = 9$ e $3 \times 6 = 18$.

$$\begin{array}{r|l|l} & & \times 1 \\ 18 & 2 & 2 \\ 9 & 3 & 3,\ 6 \\ 3 & 3 & 9,\ 18 \\ 1 & & \end{array}$$

StockImageFactory.com/Shutterstock

Os números colocados à direita da segunda linha vertical são os divisores do número 18:

1, 2, 3, 6, 9 e 18.

ATIVIDADES

10. Substitua cada ////// pelo número correto, refazendo a atividade 9.

a) 110

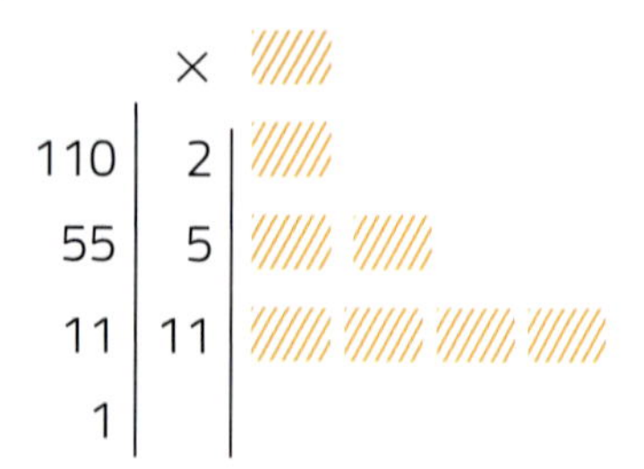

b) 72

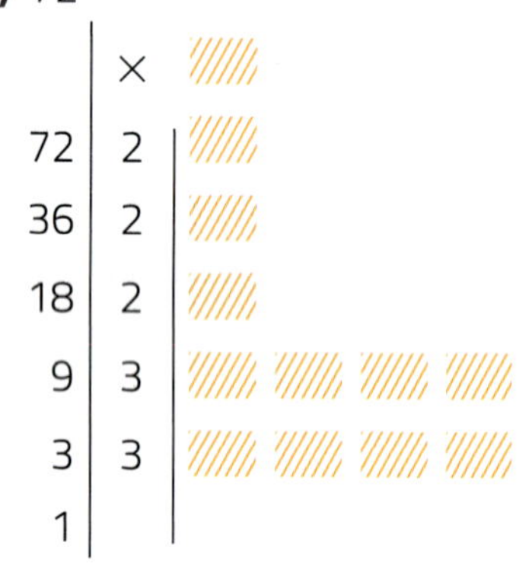

Depois, confira sua resolução anterior e veja se não esqueceu de nenhum divisor.

11. Considere o número 660.

a) Determine os divisores naturais desse número.

b) Quantos divisores naturais de 660 são números primos?

Texto para as atividades **12** e **13**:

Os divisores de 6, excluindo ele mesmo, são 1, 2 e 3.

Adicionando esses divisores, obtemos 6:

$$1 + 2 + 3 = 6$$

Por isso, 6 é chamado **número perfeito**.

Um **número perfeito** é igual à soma dos seus divisores, excluindo ele mesmo.

12. Verifique e responda:

a) 10 é um número perfeito?

b) 28 é um número perfeito?

13. Calcule a soma dos divisores de 100 que são menores que 100.

Divisores comuns

O número 2 é divisor de 24 e também é divisor de 30.

Por isso, dizemos que 2 é divisor comum de 4 e 30.

Há outros divisores comuns de 24 e 30.

PARTICIPE

I. Quais são os divisores de 24?

II. Quais são os divisores de 30?

III. Quais são os divisores comuns de 24 e 30?

IV. Qual é o maior divisor comum de 24 e 30?

V. Agora, considere os números dos cartões abaixo.

140 150

a) Quais são os divisores de 140?

b) Quais são os divisores de 150?

c) Quais divisores de 140 são também divisores de 150?

d) Como se chamam esses números?

e) Qual é o maior divisor comum de 140 e 150?

Máximo divisor comum (mdc)

Os números 1, 2, 5 e 10 são os divisores comuns de 140 e 150. O número 10 é o maior divisor comum de 140 e 150. Ele é chamado **máximo divisor comum** de 140 e 150. Indicamos, simbolicamente, assim:

$$\text{mdc}\,(140, 150) = 10$$

O **máximo divisor comum** de dois ou mais números naturais é o maior número que é divisor de todos esses números.

ATIVIDADES

14. Escreva os divisores de 45 e de 60. Depois, responda:

a) Quais são os divisores comuns?

b) Qual é o máximo divisor comum?

15. Estela vai cortar duas peças de tecido em pedaços de tamanho igual. Esse tamanho deve ser o maior possível. Uma das peças tem 90 metros, a outra tem 78 metros. De que tamanho Estela deve cortar cada pedaço? Com quantos pedaços ela vai ficar?

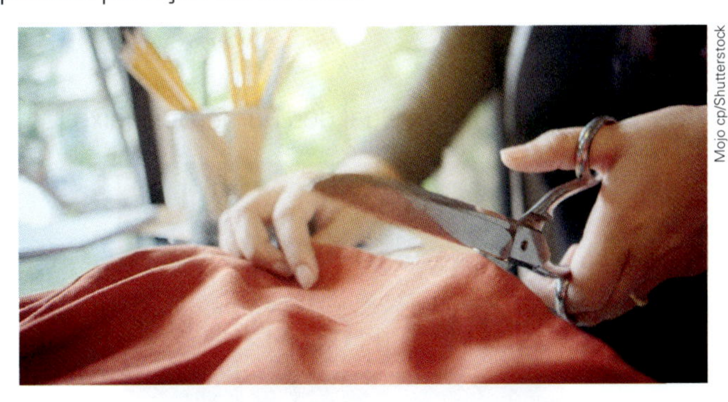

Mojo cp/Shutterstock

16. Um marceneiro recebeu 40 toras com 8 metros de comprimento cada uma e 60 toras com 6 metros de comprimento cada uma. Ele deve cortar todas as toras nos maiores pedaços possíveis e de mesmo tamanho. Qual será o tamanho de cada pedaço? Quantos pedaços serão obtidos?

17. A livraria em que Arnaldo trabalha precisa atender a dois pedidos: um de 126 livros e outro de 270 livros. Os livros desses dois pedidos vão ser empacotados. Todos os pacotes devem ter a mesma quantidade de livros, e a quantidade de pacotes deve ser a menor possível. Determine quantos livros Arnaldo deve colocar em cada pacote e quantos pacotes ele deve fazer.

18. Um confeiteiro recebeu uma encomenda de 200 quindins e 340 brigadeiros.
Elabore um problema utilizando a situação descrita e que para resolvê-lo seja necessário calcular um máximo divisor comum.

19. Elabore um problema que possa ter a resolução abaixo.

Os divisores de 18 são: 1, 2, 3, 6, 9 e 18.

Os divisores de 24 são: 1, 2, 3, 4, 6, 8, 12 e 24.

mdc (18, 24) = 6

$18 : 6 = 3$ $24 : 6 = 4$ $3 + 4 = 7$

Resposta: 7

20. Para determinar o mdc (20, 28), considere só os divisores de 20 e descubra o maior deles que também é divisor de 28. Qual é o mdc (20, 28)?

21. Determine:

a) mdc (18, 25);

b) mdc (14, 21);

c) mdc (14, 16, 18);

d) mdc (16, 21, 25).

Quando dois ou mais números apresentam o máximo divisor comum igual a 1, eles são chamados **primos entre si**.

22. Observe os resultados da atividade anterior e reescreva as frases a seguir, usando uma das expressões entre parênteses.

a) Os números 18 e 25 (são/não são) primos entre si.

b) Os números 14 e 21 (são/não são) primos entre si.

c) Os números 14, 16 e 18 (são/não são) primos entre si.

d) Os números 16, 21 e 25 (são/não são) primos entre si.

NA OLIMPÍADA

Os múltiplos de 7

(Obmep) O número 4 580 254 é múltiplo de 7. Qual dos números abaixo também é múltiplo de 7?

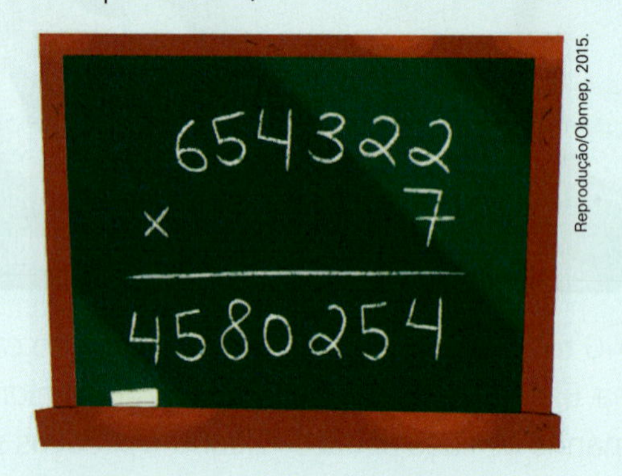

Reprodução/Obmep, 2015.

a) 4 580 249

b) 4 580 248

c) 4 580 247

d) 4 580 246

e) 4 580 245

Os múltiplos de 13

(Obmep) Isabel escreveu em seu caderno o maior número de três algarismos que é múltiplo de 13. Qual é a soma dos algarismos do número que ela escreveu?

a) 23

b) 24

c) 25

d) 26

e) 27

NA MÍDIA

Menino de 12 anos descobre regra de divisibilidade por 7

O jovem nigeriano Chika Ofili, de 12 anos, descobriu uma fórmula matemática que facilita o estudo da divisão. A descoberta permite mostrar rapidamente se um número [...] é divisível por sete. Para isso, basta pegar o último dígito de qualquer número, multiplicar por 5 e adicionar à parte restante, assim terá um novo número obtido. Se esse novo número é divisível por 7, o número original é divisível por 7.

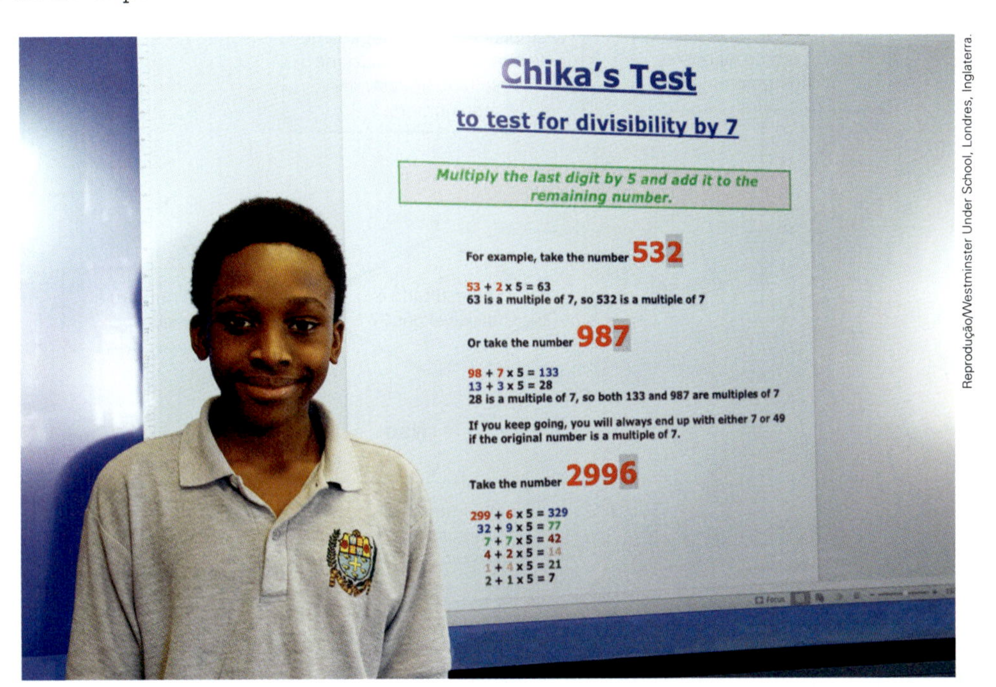

Estudante Chika Ofili em 2019.

[...]

A professora Miss Mary Ellis, também chefe do departamento de matemática da *Westminster Under School*, escola de Londres, em que Chika estuda, disse em um artigo no jornal educacional que o aluno descobriu a fórmula após um trabalho passado para as férias.

No trabalho, Chika teve que estudar o livro *First steps for problem solvers*, em tradução livre, Primeiros passos para resolvedores de problemas, publicado pela United Kingdom Mathematics Trust (UKMT). No livro, são apresentados testes de divisibilidade usados para solucionar rapidamente números divisíveis por 2, 3, 4, 5, 6, 8 e 9, mas o algarismo 7 não havia teste simples, assim Chika desenvolveu sua ideia.

[...]

Graças à descoberta, Chika Ofili ganhou o prêmio *TruLittle Hero Awards*, na cerimônia organizada pela Cause4Children Limited, que tem o objetivo de reconhecer, comemorar e recompensar realizações notáveis de crianças e jovens notáveis com menos de 17 anos no Reino Unido.

[...]

Disponível em: https://www.correiobraziliense.com.br/app/noticia/mundo/2019/11/19/interna_mundo,807535/menino-de-12-anos-descobre-formula-matematica-que-ajuda-o-estudo-da-di.shtml. Acesso em: 14 jun. 2021.

1. O fluxograma abaixo mostra o critério de divisibilidade utilizado por Chika para saber se um número natural é divisível por 7.

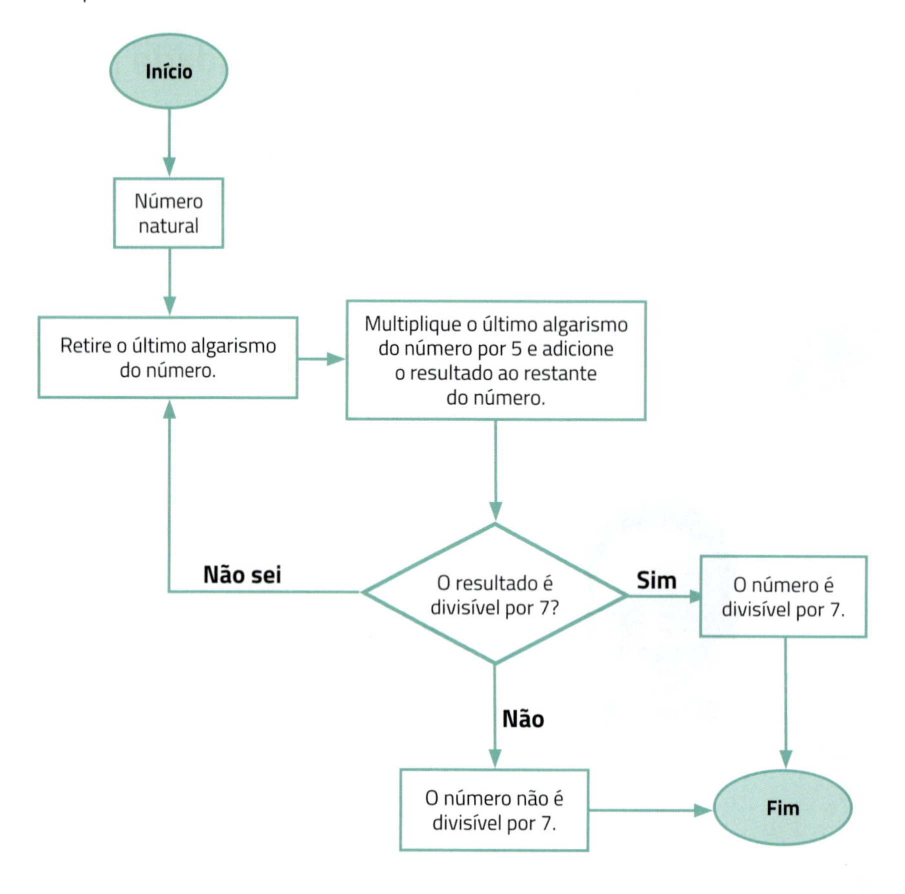

Siga as instruções do fluxograma para verificar se o número 182 é divisível por 7. Depois, efetue a divisão de 182 por 7 e determine o resto da divisão.

2. Empregando o critério usado por Chika, verifique se 3 101 é divisível por 7. Depois, divida 3 101 por 7 e determine o resto da divisão.

3. Descubra se o número 40 136 é divisível por 7 efetuando a divisão e, depois, aplicando o critério utilizado por Chika.

4. Na sua opinião, qual dos métodos aplicados nos itens anteriores você acha melhor?

5. Faça um fluxograma que apresente o passo a passo para saber se um número é divisível por 7 efetuando a divisão.

Nota dos autores: Esse critério de divisibilidade por 7 já era conhecido antes de ser "descoberto" por Chika. Por exemplo, na *Revista do Professor de Matemática*, número 12, publicada pela Sociedade Brasileira de Matemática em 1988, há um artigo sobre divisibilidade no qual se encontra esse critério. É claro que isso não invalida sua premiação – há muito mérito no fato de ele ter chegado ao método por conta própria, uma vez que a informação não estava presente no material a ele disponibilizado.

NA HISTÓRIA

Números primos e números compostos

Foi na escola fundada pelo grego Pitágoras de Samos (que viveu entre 585 a.C. e 500 a.C., aproximadamente), na colônia grega de Crotona, no sul da Itália, que o raciocínio foi adotado como a grande vantagem para a pesquisa matemática.

Uma das áreas da Matemática mais estudadas por Pitágoras e seus seguidores foi a aritmética, restrita ao conjunto {1, 2, 3, ...}, pois por muito tempo eles acharam, equivocadamente, como depois se descobriu, que os números desse conjunto e as relações entre eles bastavam para o entendimento quantitativo do mundo que os cercava.

Mas, segundo alguns relatos históricos, nos primeiros tempos os pitagóricos (Pitágoras e os seguidores de suas ideias) identificavam os números naturais não nulos com conjuntos de pedrinhas ou de "pontos" na areia. E foi talvez por esse meio que perceberam que há dois tipos de números naturais maiores que 1: os números primos e os números compostos.

De fato, eles observaram que o número 8, por exemplo, pode ser representado por um conjunto de pedrinhas dispostas em forma retangular de duas linhas e quatro colunas, ou vice-versa (ver Figura 1). O mesmo tipo de raciocínio se aplica aos números 4, 6, 9, 10 e 15 (neste último caso, cinco linhas e três colunas, ou vice-versa), etc. Mas observaram também que, para os números 2, 3, 5 e 7, por exemplo, só há um jeito: uma única linha com todas as pedrinhas (ver Figura 2). Não dá para formar "retângulos". Como se reduzem unicamente a uma linha, a primeira, estes últimos foram chamados **números primos**. Os já citados números 4, 6, 8, 9, 10, ... são **números compostos**, pois formam "retângulos" compostos de linhas de pedrinhas.

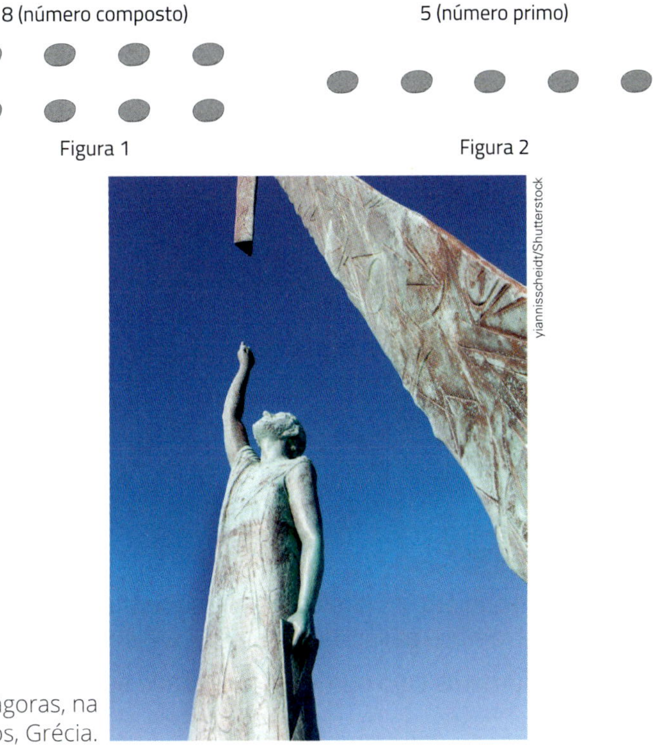

Figura 1

Figura 2

Estátua de Pitágoras, na ilha de Samos, Grécia.

Não se sabe exatamente até onde os pitagóricos chegaram no estudo dos números primos. Mas a contribuição deles à aritmética deixou marcas que foram exploradas profundamente, com raciocínios bastante rigorosos, na obra *Elementos* (c. 300 a.C.), de Euclides, uma das mais importantes de toda a história da Matemática. Além de definir satisfatoriamente número primo, Euclides provou várias propriedades desses números, entre as quais que o conjunto dos números primos é infinito. Euclides na verdade não usou a palavra "infinito". Ele provou, há mais de 2 300 anos, que, dada uma coleção qualquer de números primos, por mais elementos que tenha, sempre há números primos maiores que os da coleção. Por exemplo, o número 13 é maior que os 4 primeiros números primos, ou seja, 2, 3, 5 e 7. Mas, se considerarmos, por exemplo, um conjunto com 1 bilhão de números primos, há números primos maiores que todos os números desse conjunto.

O fato de o conjunto dos números primos ser infinito é ainda mais surpreendente porque se pode provar que há sequências de números naturais consecutivos, com tantos elementos quantos se deseje, em que não há nenhum número primo. Como essas sequências, com frequência, são formadas de números muito grandes, nos limitaremos a dar estes exemplos simples:

- 3 números naturais consecutivos sem nenhum primo: 8, 9, 10;
- 6 números naturais consecutivos sem nenhum primo: 90, 91, 92, 93, 94, 95.

É possível construir, por exemplo, uma sequência de 1 000 números naturais consecutivos em que nenhum deles é número primo.

E atenção: não se deve confundir conjunto infinito com conjunto com um número muito grande de elementos.

Arquimedes (287 a.C.-212 a.C.), o maior matemático da Antiguidade, provou, com base em medições astronômicas disponíveis na sua época, que o Universo limitado pela esfera das estrelas fixas poderia ser preenchido com menos de 10^{51} grãos de areia, um número enormemente grande (o numeral que o expressa é formado pelo dígito 1 seguido de 51 zeros). Ou seja, Arquimedes mostrou que o conjunto de grãos de areia necessários para preencher o Universo, segundo a concepção usada por ele, é finito.

1. Dois números naturais são chamados **primos gêmeos** se ambos são números primos e se a diferença entre eles é 2. Encontre 5 pares de números primos gêmeos, um deles formado de números maiores que 100.

2. Em 1742, o russo Christian Goldbach (1690-1764) afirmou que todo número natural par maior que 2 pode ser expresso como uma soma de dois números primos.

Por exemplo: $12 = 5 + 7$ e $28 = 11 + 17$.

Não há provas de que essa afirmação é verdadeira, mas não se conhecem exemplos que mostrem que ela é falsa.

Trata-se então, até agora, de uma conjetura. Escreva como soma de dois números primos: 94, 116 e 318.

3. Outra conjetura da aritmética é que todo número natural par pode ser expresso por uma diferença entre dois números primos de inúmeras maneiras.

Por exemplo: $6 = 17 - 11 = 29 - 23 = 23 - 17 = 137 - 131 = ...$

Escreva o número 10 como diferença entre dois números primos de 5 maneiras diferentes.

4. Divida os números de 1 a 100 em grupos: de 1 a 10, de 11 a 20, ..., de 91 a 100. Em qual desses grupos há menos números primos?

5. Um **palíndromo** é um numeral que, lido da direita para a esquerda, ou vice-versa, exprime o mesmo número, como 23 532. Encontre cinco palíndromos de três algarismos que sejam números primos. (Dica: despreze a busca por números cujo numeral da unidade seja 0, 2, 4, 5, 6 ou 8.)

UNIDADE 5 Frações

NESTA UNIDADE VOCÊ VAI

- Ler e escrever frações.
- Comparar e ordenar frações.
- Identificar frações equivalentes.
- Resolver e elaborar problemas envolvendo fração de uma quantidade.
- Resolver e elaborar problemas envolvendo adição, subtração, multiplicação e divisão de frações.

CAPÍTULOS

CAPÍTULO 12

O que é fração?

Vitrine de uma pizzaria tradicional, na cidade de Florença, na Itália.

Soleskz/Shutterstock

NA REAL

Você já ouviu a expressão *mezzo a mezzo*?

Há diferentes histórias acerca da origem das *pizzas*. Muitos dizem que elas têm origem na Itália, mas pesquisadores indicam que alimentos similares existiam desde a Antiguidade, como um tipo de pão amassado, temperado apenas com ervas e azeite e assado sobre tijolos quentes. Foram os italianos que acrescentaram o tomate e, com o tempo, outros ingredientes.

Hoje, presentes no mundo todo, temos *pizzas* feitas com diversos ingredientes, de doces a salgadas. As *pizzas* são comumente redondas e podem ser vendidas na opção *mezzo a mezzo* (do italiano "meio a meio"). No dia a dia, o que significa pedir uma *pizza mezzo a mezzo*? Como poderíamos expressar numericamente a palavra *mezzo*?

Na BNCC
EF06MA07
EF06MA09
EF06MA15

Frações da unidade

Separando e juntando partes

Você conhece o material representado ao lado?

Trata-se de um quebra-cabeça milenar, de origem chinesa, chamado *Tch'i Tch'iao pan*, que significa "as sete tábuas da argúcia".

Esse quebra-cabeça – conhecido pelo nome de **Tangram** – é formado por sete peças, com as quais é possível construir um quadrado.

Veja as peças que compõem o Tangram:

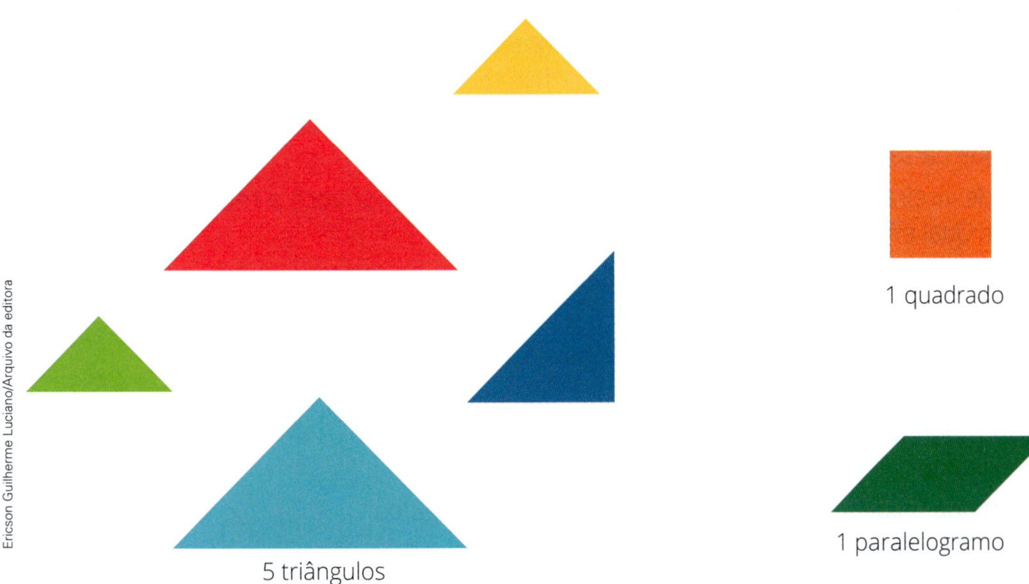

5 triângulos

1 quadrado

1 paralelogramo

Com as sete peças do Tangram é possível formar diferentes figuras. Observe algumas delas:

Representação de um gato.

Representação de um coelho.

Ericson Guilherme Luciano/Arquivo da editora

PARTICIPE

I. Considere que o quadrado obtido ao juntar as 7 peças do Tangram representa uma unidade (1).

Agora, faça o que se pede.

Ericson Guilherme Luciano/Arquivo da editora

a) Desenhe um quadrado do tamanho da unidade e divida-o só em triângulos do tamanho do triângulo rosa.

b) Quantos triângulos rosa são necessários para formar a unidade?

c) Que parte da unidade representa cada triângulo rosa?

d) Como se representa essa parte numericamente?

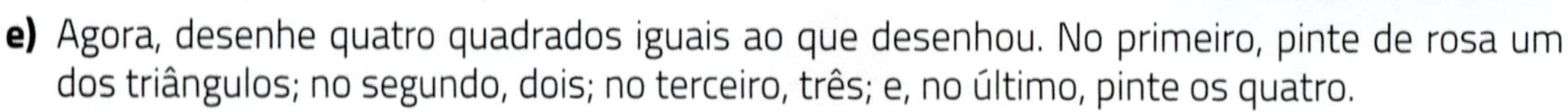

e) Agora, desenhe quatro quadrados iguais ao que desenhou. No primeiro, pinte de rosa um dos triângulos; no segundo, dois; no terceiro, três; e, no último, pinte os quatro.

f) Ao lado de cada figura que desenhou no item anterior, escreva com palavras e numericamente que parte da unidade representa a parte pintada.

g) A unidade inteira é representada por 1, mas no item anterior você a representou de outra maneira. Qual é?

II. Na figura ao lado dividimos a unidade (o quadrado) em triângulos iguais a um do Tangram do início da seção.

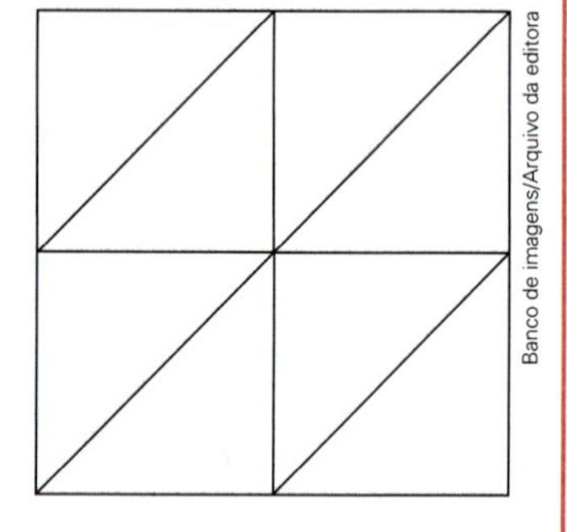

Banco de imagens/Arquivo da editora

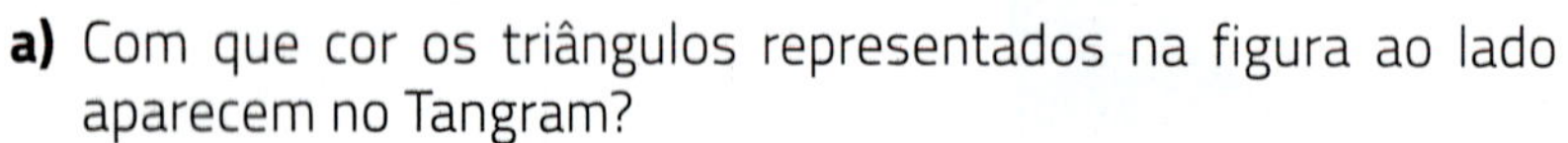

a) Com que cor os triângulos representados na figura ao lado aparecem no Tangram?

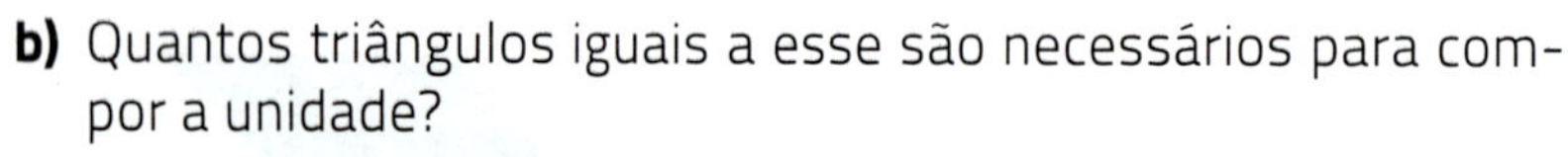

b) Quantos triângulos iguais a esse são necessários para compor a unidade?

c) Que parte da unidade representa cada um desses triângulos?

d) Como se representa essa parte numericamente?

e) Escreva com palavras e numericamente que parte da unidade está pintada em cada figura abaixo.

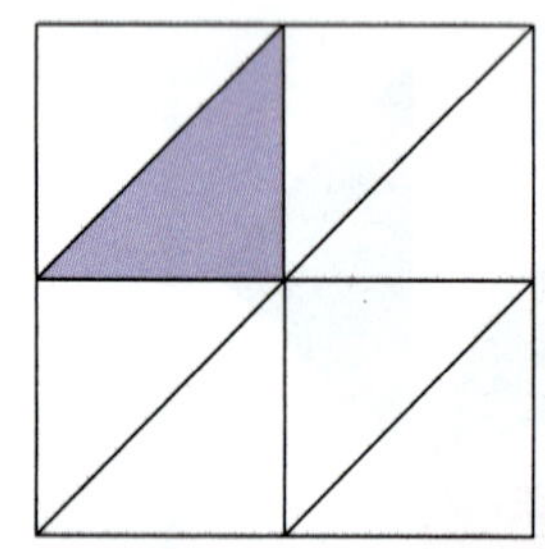 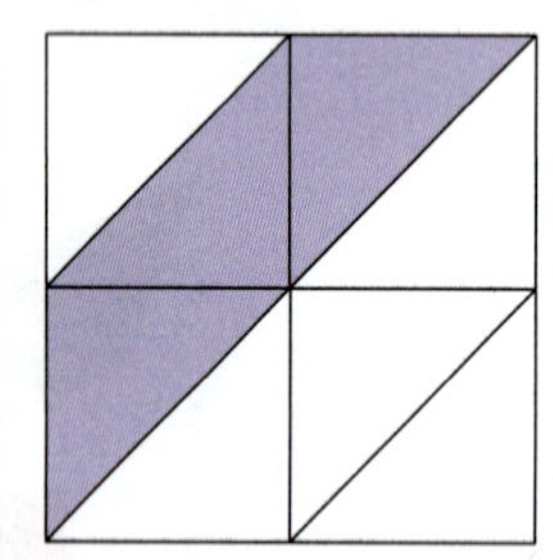 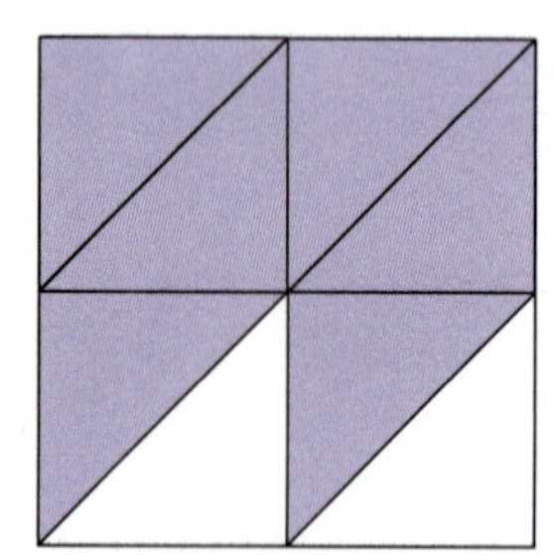 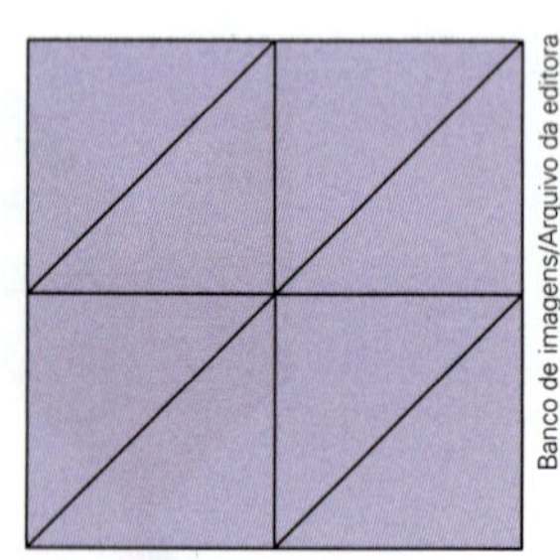

Banco de imagens/Arquivo da editora

f) No item anterior, como ficou numericamente representada a unidade inteira?

Os números $\frac{1}{4}$, $\frac{2}{4}$, $\frac{3}{4}$, $\frac{4}{4}$, $\frac{1}{8}$, $\frac{3}{8}$, $\frac{6}{8}$ e $\frac{8}{8}$ são exemplos de **frações**.

Podemos dizer, então, que fração é um número que representa partes de um inteiro.

Nas frações, o número representado abaixo do traço é chamado **denominador** e indica em quantas partes iguais a unidade (ou inteiro) foi dividida. O número representado acima do traço é chamado **numerador** e indica quantas partes da unidade foram tomadas. Por exemplo:

$$\frac{3}{8} \begin{array}{l} \leftarrow \text{numerador} \\ \leftarrow \text{denominador} \end{array}$$

O numerador e o denominador são os **termos** da fração. Veja outros exemplos de frações:

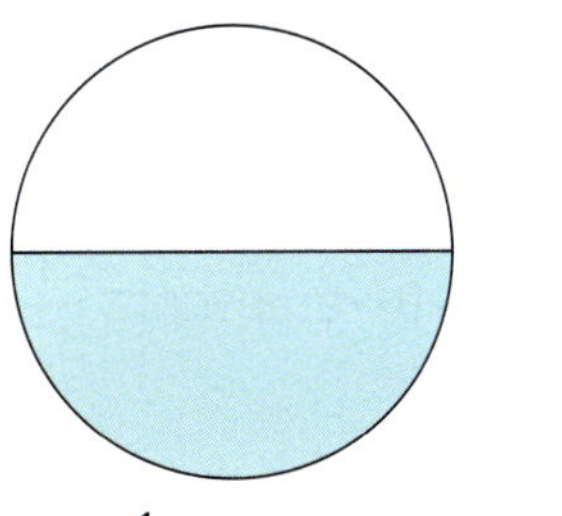

$\frac{1}{2}$ (um meio)

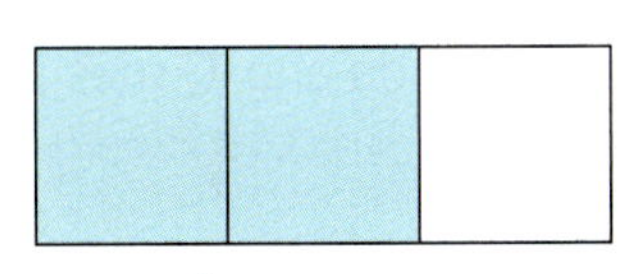

$\frac{2}{3}$ (dois terços)

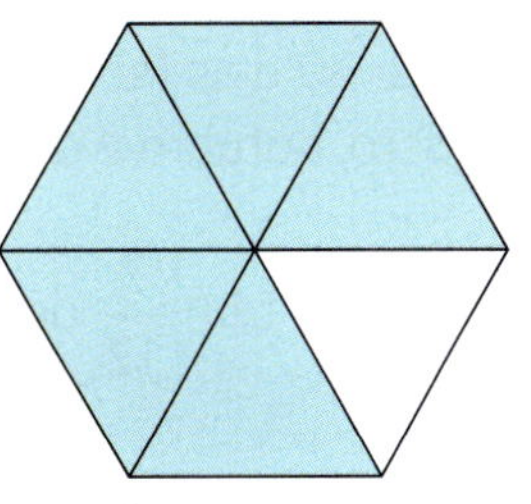

$\frac{5}{6}$ (cinco sextos)

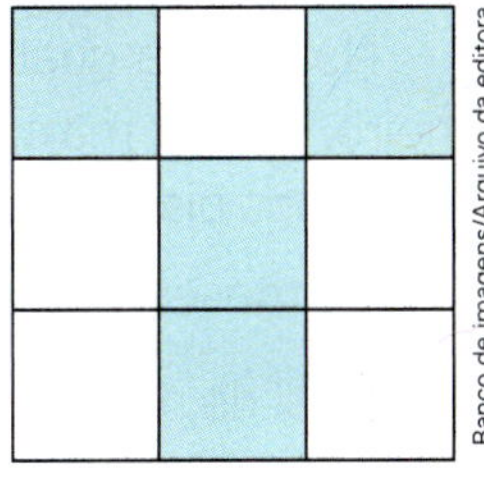

$\frac{4}{9}$ (quatro nonos)

Banco de imagens/Arquivo da editora

Frações de um conjunto

Filhos e filhas

Um casal tem 5 filhos: Alfredo, Carla, Ênio, Lucas e Marisa.

Nessa família, os homens representam $\frac{4}{7}$ (quatro sétimos) do total de pessoas, e as mulheres representam $\frac{3}{7}$ (três sétimos) do total de pessoas.

Jack Hollingsworth/iStock

PARTICIPE

a) Na fração $\frac{4}{7}$, qual é o numerador? O que ele representa?

b) Em $\frac{4}{7}$, qual é o denominador? O que ele representa?

c) Como podemos representar com número fracionário o total de pessoas dessa família?

Os meses do ano

No ano há quatro meses de 30 dias (abril, junho, setembro e novembro); sete meses de 31 dias (janeiro, março, maio, julho, agosto, outubro e dezembro); e um mês de 28 dias (fevereiro), que tem 29 dias nos anos bissextos.

Os meses mais longos representam $\frac{7}{12}$ do total de meses do ano. O mês mais curto representa $\frac{1}{12}$ do total de meses do ano.

Fevereiro						
D	S	T	Q	Q	S	S
						1
2	3	4	5	6	7	8
9	10	11	12	13	14	15
16	17	18	19	20	21	22
23	24	25	26	27	28	

Junho						
D	S	T	Q	Q	S	S
1	2	3	4	5	6	7
8	9	10	11	12	13	14
15	16	17	18	19	20	21
22	23	24	25	26	27	28
29	30					

Dezembro						
D	S	T	Q	Q	S	S
	1	2	3	4	5	6
7	8	9	10	11	12	13
14	15	16	17	18	19	20
21	22	23	24	25	26	27
28	29	30	31			

Banco de imagens/Arquivo da editora

Que fração representa os domingos no mês de junho do calendário acima?

E as terças-feiras?

Podemos afirmar que a fração $\frac{26}{30}$ é uma fração do conjunto dos dias do mês de junho? Por quê?

Leitura de fração

Para realizar a leitura de uma fração, você deve ler o numerador e, em seguida, o denominador de cada fração. Veja como lemos alguns denominadores.

Denominador	Como lemos
2	meio
3	terço
4	quarto
5	quinto
6	sexto
7	sétimo
8	oitavo

Denominador	Como lemos
9	nono
10	décimo
11	onze avos
12	doze avos
13	treze avos
100	centésimo
1 000	milésimo

avo: é a terminação da palavra "oitavo". Significa pequena parte de um todo, pouca coisa.

ATIVIDADES

1. Escreva as frações por extenso:

a) $\frac{1}{2}$

b) $\frac{3}{4}$

c) $\frac{8}{11}$

d) $\frac{1}{15}$

e) $\frac{2}{3}$

f) $\frac{7}{10}$

g) $\frac{51}{100}$

h) $\frac{11}{35}$

2. Um vidraceiro está colocando vidros coloridos nas janelas das casas de uma rua. Indique que fração do total representa os vidros já colocados em cada janela:

a) **b)** **c)** **d)** **e)**

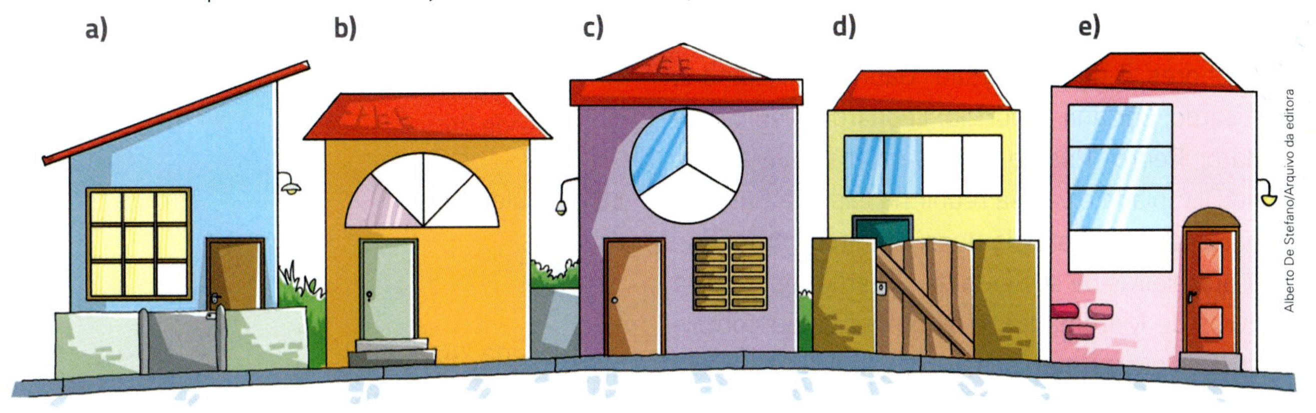

Alberto De Stefano/Arquivo da editora

3. Esta é uma barra do chocolate CHOKO.

Alexandre já comeu as partes correspondentes às letras C e H.

a) Que fração da barra de chocolate Alexandre comeu?

b) Qual é o denominador da fração do item **a**? E o numerador?

c) Que fração representa a parte que sobrou da barra de chocolate?

d) Qual é o denominador da fração do item **c**? E o numerador?

Alberto De Stefano/Arquivo da editora

4. Observe a fotografia que Ricardo tirou com seus colegas, na excursão ao parque de diversões.

chrisatpps/Shutterstock; wavebreakmedia/Shutterstock

a) Que fração do total de pessoas corresponde ao número de meninos?

b) Que fração do total de pessoas corresponde ao número de meninas?

5. Este é um ladrilho de cerâmica muito utilizado para recobrir o chão. Pinte $\frac{2}{3}$ do ladrilho de uma cor e $\frac{1}{3}$ de outra.

s_tar2014/iStock

Texto para as atividades **6** a **8**.

Em uma Olimpíada de Matemática, inscreveram-se 250 estudantes. O prêmio para os 50 melhores é uma excursão. Gabriela, Alexandre, Ricardo, Luciana, Maurício, Leonardo, Paulo, Renato, Pedro, Priscila e Jussara inscreveram-se na Olimpíada e vão se reunir na casa de Gabriela para estudar. Gabriela possui muitos livros. Das 7 prateleiras de sua estante, 3 estão repletas de livros de Matemática, e as outras estão com livros de outras matérias.

6. De acordo com o texto, responda:

a) Do grupo que vai se reunir para estudar na casa de Gabriela, que fração corresponde aos meninos?

b) E que fração corresponde às meninas?

7. Responda:

a) Do total de estudantes que vão participar da Olimpíada, que fração corresponde aos estudantes que vão ganhar a excursão?

b) Que fração do total dos estudantes inscritos na Olimpíada corresponde ao grupo que inclui Gabriela e as crianças que vão se reunir na casa dela?

8. Que fração indica as prateleiras da estante de Gabriela que não estão com livros de Matemática?

9. Como devem ser lidas as frações abaixo?

a) $\frac{1}{6}$

b) $\frac{9}{1000}$

c) $\frac{4}{7}$

d) $\frac{5}{12}$

e) $\frac{11}{50}$

f) $\frac{7}{13}$

10. Escreva na forma de fração:

a) quatrocentos e vinte e três milésimos;

b) dois décimos;

c) sete vinte avos;

d) três centésimos;

e) três quintos.

11. Calcule quanto é:

a) a quarta parte de 20;

b) a quinta parte de 30;

c) $\frac{1}{3}$ de 24.

12. Calcule:

a) $\frac{5}{7}$ de 14.

b) $\frac{3}{4}$ de 24.

c) $\frac{2}{5}$ de 20.

13. Sabe-se que $\frac{2}{7}$ de um número é 14.

a) Quanto é $\frac{1}{7}$ desse número?

b) Qual é o número?

14. Descubra qual é o número em cada caso.

a) $\frac{1}{3}$ dele é 5.

b) $\frac{4}{5}$ dele é 28.

15. Lucas tem 3 anos. A idade de Lucas é $\frac{3}{5}$ da idade de sua prima. Quantos anos tem a prima de Lucas?

16. Ricardo ficou doente e precisou faltar a algumas aulas. Ele sabe que não pode faltar a mais de $\frac{1}{4}$ das aulas dadas de cada disciplina. Se a classe de Ricardo tiver 180 aulas de Matemática durante o ano, qual será o número máximo de faltas que ele poderá ter nessa disciplina?

17. No 6º ano da Escola Indaiá, $\frac{5}{9}$ dos estudantes são meninas e $\frac{1}{12}$ dos estudantes são canhotos. Ao todo são 40 meninas. Quantos canhotos há no 6º ano?

Comparando os termos da fração

Considere as frações a seguir:

- $\frac{17}{13}$
- $\frac{13}{13}$
- $\frac{21}{23}$
- $\frac{23}{13}$
- $\frac{13}{17}$

Em quantas dessas frações o numerador é menor do que o denominador?

O numerador é menor do que o denominador nas frações $\frac{21}{23}$ e $\frac{13}{17}$. Logo, em duas frações.

PARTICIPE

I. Na figura ao lado, o círculo representa a unidade.

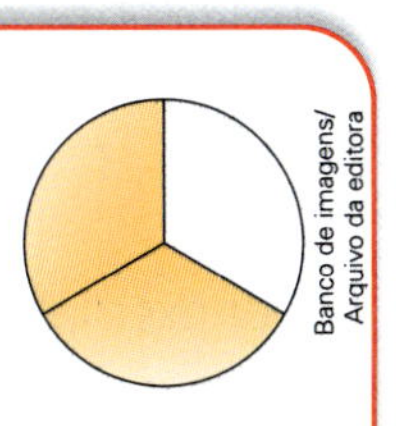

Banco de imagens/Arquivo da editora

a) Que fração da figura a parte colorida representa?

b) Qual é o numerador da fração?

c) Qual é o denominador da fração?

d) Compare o numerador da fração com o denominador. Qual é menor?

e) Quando o numerador é menor que o denominador, a fração é chamada **fração própria**. A fração do item **a** é uma fração própria?

f) Dê mais três exemplos de frações próprias.

II. Ao lado, cada círculo representa uma unidade.

a) Em quantas partes está dividida cada uma das duas unidades?

b) Que fração da unidade representa cada parte?

Banco de imagens/Arquivo da editora

III. Agora, observe as figuras e responda às questões a seguir.

a) No total, quantas partes foram coloridas?

b) Que fração representa as partes coloridas das duas figuras juntas?

c) Qual é o numerador da fração?

d) Qual é o denominador?

e) Compare o numerador da fração com o denominador. Qual é maior?

f) Quando o numerador é maior ou igual ao denominador, a fração é chamada **fração imprópria**. A fração do item **b** é uma fração imprópria?

g) Dê mais três exemplos de frações impróprias.

IV. Ao lado, temos duas unidades, cada uma representada por um círculo.

Banco de imagens/Arquivo da editora

a) Em quantas partes está dividida cada uma das unidades?

b) Quantas dessas partes foram coloridas?

c) Que fração representa as partes coloridas dos dois círculos juntos?

d) Qual é o numerador da fração?

e) Qual é o denominador da fração?

f) Relacionando o numerador da fração com o denominador, podemos afirmar que o numerador é múltiplo do denominador?

g) Quando o numerador é múltiplo do denominador, a fração é chamada **fração aparente**. A fração do item **c** é uma fração aparente?

h) Quantas unidades inteiras a fração do item **c** representa?

i) Que número natural a fração do item **c** representa?

j) Dê mais três exemplos de frações aparentes e indique os números naturais que elas representam.

Tipos de fração

Vamos resumir os três tipos de fração que estudamos na seção "Participe".

Frações próprias são aquelas em que o numerador é menor que o denominador.

Por exemplo, são frações próprias: $\frac{2}{5}, \frac{3}{4}, \frac{5}{12}, \frac{10}{11}, \frac{1}{2}, \frac{7}{60}$.

Frações impróprias são aquelas em que o numerador é maior ou igual ao denominador.

Por exemplo, são frações impróprias: $\frac{4}{4}, \frac{7}{5}, \frac{10}{3}, \frac{20}{10}, \frac{21}{2}$.

Frações aparentes são aquelas em que o numerador é múltiplo do denominador.

Por exemplo, são frações aparentes: $\frac{4}{4}, \frac{6}{3}, \frac{9}{3}, \frac{20}{10}, \frac{8}{2}$.

Note que todas as frações aparentes citadas são também frações impróprias. Frações aparentes são formas de representar números naturais:

- $\frac{4}{4} = 1$
- $\frac{6}{3} = 2$
- $\frac{9}{3} = 3$
- $\frac{20}{10} = 2$
- $\frac{8}{2} = 4$

Também existem frações aparentes de denominador 1. Veja:

$\frac{1}{1}$

$\frac{2}{1}$

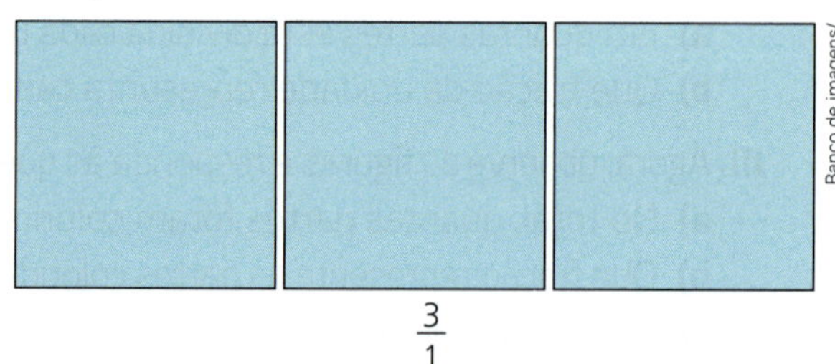

$\frac{3}{1}$

Banco de imagens/ Arquivo da editora

A fração $\frac{1}{1}$ representa uma unidade, pois $\frac{1}{1} = 1$; $\frac{2}{1}$ representa duas unidades, pois $\frac{2}{1} = 2$; $\frac{3}{1}$ representa três unidades, pois $\frac{3}{1} = 3$, e assim por diante.

ATIVIDADES

18. Observe as três figuras:

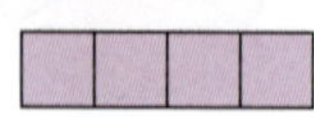

Figura 1

Figura 2

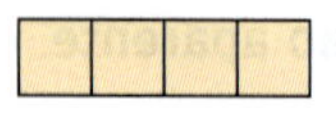 

Figura 3

a) Que fração representa as partes coloridas em cada figura?

b) Classifique cada fração como própria, imprópria ou aparente.

c) Usando as frações obtidas no item **a**, substitua cada ////// por um número na sentença a seguir, de modo que ela seja verdadeira:

$$\frac{7}{4} = \frac{//////}{//////} + \frac{//////}{//////}$$

d) Quantas unidades inteiras a fração $\frac{4}{4}$ representa?

e) Complete a sentença substituindo ////// pelos números que tornam a igualdade verdadeira.

$$\frac{7}{4} = 1 \text{ inteiro} + \frac{//////}{//////}$$

19. Classifique as seguintes frações como próprias, impróprias ou aparentes.

a) $\frac{2}{8}$ **b)** $\frac{8}{2}$ **c)** $\frac{5}{6}$ **d)** $\frac{6}{5}$ **e)** $\frac{4}{4}$ **f)** $\frac{1}{9}$ **g)** $\frac{9}{1}$

20. Veja outro modo de representar a fração $\frac{5}{3}$:

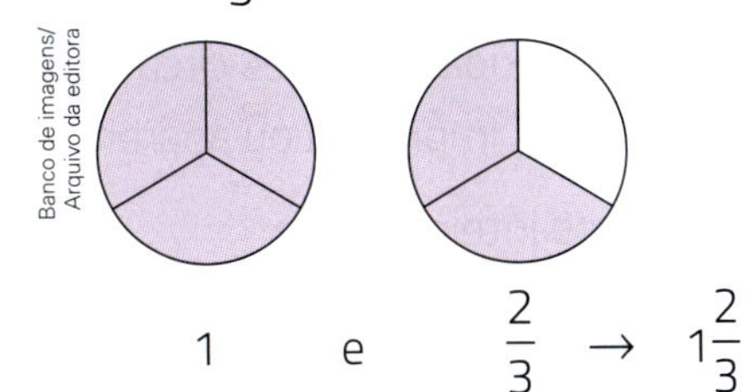

1 e $\frac{2}{3} \rightarrow 1\frac{2}{3}$

A representação $1\frac{2}{3}$ é a **forma mista** da fração $\frac{5}{3}$. Significa que $\frac{5}{3}$ representa uma unidade e dois terços, ou seja, $\frac{5}{3} = 1 + \frac{2}{3}$. Agora responda: Qual é a forma mista da fração $\frac{7}{4}$?

21. Utilize as frações abaixo para completar o quadro.

$\frac{11}{3}, \frac{9}{4}, \frac{19}{8}, \frac{2}{7}, \frac{8}{4}, \frac{14}{7}, \frac{10}{1}, \frac{120}{10}$

Frações		
Próprias	**Impróprias**	**Aparentes**
//////////	//////////	//////////

22. Utilizando as frações impróprias e não aparentes da atividade anterior, desenhe as figuras que elas representam e escreva as frações mistas correspondentes.

As frações impróprias e não aparentes podem ser escritas na forma mista.

23. Que número natural as frações aparentes $\frac{3}{3}, \frac{4}{4}, \frac{5}{5}$ e $\frac{23}{23}$ representam?

24. Faça o que se pede em cada item.

a) Complete o quadro abaixo com as frações aparentes que você obteve na atividade 21.

Fração aparente	Forma de número natural
//////////	//////////

b) No quadro aparecem duas frações que representam o número 2. Escreva outras duas que também representem 2.

c) Escreva o número 2 na forma de fração de denominador 6.

d) Escreva cinco frações que representem um mesmo natural maior que 2.

25. Que número natural as frações aparentes $\frac{0}{1}, \frac{0}{3}$ e $\frac{0}{17}$ representam?

A fração $\frac{0}{3}$ pode ser interpretada assim: a unidade foi dividida em 3 partes iguais e não tomamos nenhuma parte dela.

26. Cada círculo representa uma unidade.

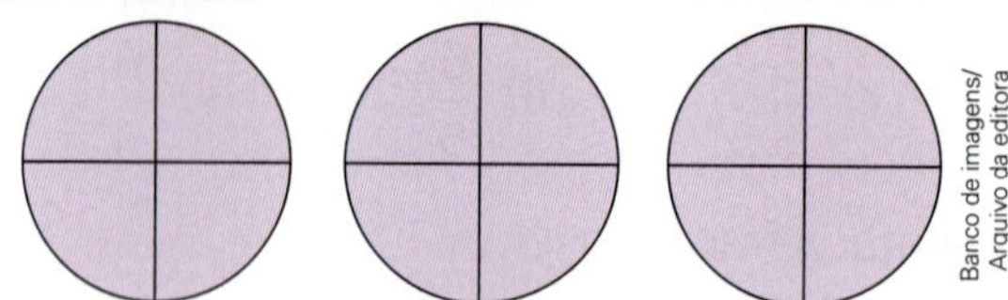

Banco de imagens/Arquivo da editora

a) Que fração representa as partes coloridas dos três círculos?

b) Classifique essa fração como própria, imprópria ou aparente.

c) A fração $\frac{12}{4}$ corresponde a quantos inteiros?

Fração como quociente

A ideia de fração se relaciona com a operação de divisão. Acompanhe alguns exemplos:

- Dividindo 2 maçãs igualmente entre 4 crianças, quanto da fruta cada uma vai receber?

  Como não é possível dar uma maçã inteira para cada criança, é necessário cortá-las em partes para dividir entre as crianças.

  Cortando cada maçã em 4 partes iguais, ficamos com oito quartos da fruta e, dividindo-os igualmente entre as 4 crianças, cada uma vai receber dois quartos. Assim, cada criança recebe $\frac{2}{4}$ de maçã. Então, $2 : 4 = \frac{2}{4}$.

Ilustra Cartoon/Arquivo da editora

Ilustra Cartoon/Arquivo da editora

A fração $\frac{2}{4}$ é uma maneira de representar o quociente da divisão de 2 por 4. Há outro modo de dividir essas maçãs? Voltaremos a essa questão mais adiante.

- E se fossem 3 crianças?

  Dividindo cada maçã em três partes iguais, ficamos com seis terços de maçã e damos dois terços para cada criança.

  Cada criança vai receber $\frac{2}{3}$ de maçã.

  Então, $2 : 3 = \frac{2}{3}$.

Ilustra Cartoon/Arquivo da editora

- E se fossem 10 maçãs e 3 crianças? Vamos dividir 10 por 3.

$$\begin{array}{l|l} 10 & 3 \\ \hline 1 & 3 \end{array}$$

Cada criança receberá 3 maçãs e ainda sobrará 1 maçã a ser repartida entre as três.

Então, dividindo uma das maçãs em 3 partes iguais e dando um terço para cada uma, cada criança vai receber 3 maçãs mais $\frac{1}{3}$ de maçã, ou seja, $3\frac{1}{3}$ maçãs. Portanto, $10 : 3 = 3\frac{1}{3}$.

Toda fração representa o quociente da divisão do numerador pelo denominador. Como não se divide por zero, o denominador é sempre um número não nulo.

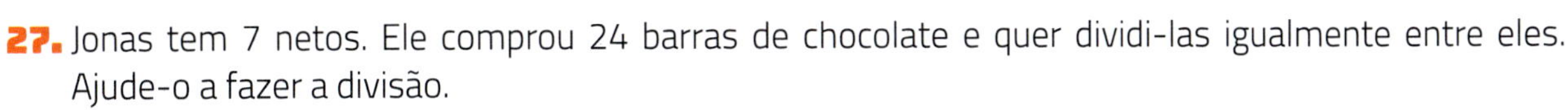

27. Jonas tem 7 netos. Ele comprou 24 barras de chocolate e quer dividi-las igualmente entre eles. Ajude-o a fazer a divisão.

a) Quanto Jonas deve dar a cada um?

b) Como fazer para cada um receber a sua parte?

28. Cada fração representa o quociente de uma divisão. Escreva esse quociente em uma forma mais simples nos casos:

a) $\frac{40}{2}$ **b)** $\frac{88}{11}$ **c)** $\frac{113}{113}$ **d)** $\frac{24}{12}$

29. A fração $\frac{18}{7}$ é uma fração imprópria. Você pode escrevê-la na forma mista a partir da divisão do numerador pelo denominador.

a) Efetue a divisão: $18 \underline{|\ \ 7\ \ }$

b) Qual é o quociente?

c) Quantas unidades inteiras estão contidas em $\frac{18}{7}$?

d) Qual é o resto dessa divisão?

e) Separando as unidades inteiras contidas em $\frac{18}{7}$, quantos sétimos sobram?

f) Como se escreve $\frac{18}{7}$ na forma mista?

30. Escreva na forma mista as seguintes frações impróprias:

a) $\frac{26}{5}$

b) $\frac{47}{6}$

c) $\frac{59}{2}$

d) $\frac{125}{8}$

e) $\frac{147}{13}$

f) $\frac{1313}{25}$

Como transformar um número misto em fração imprópria

Para transformar um número misto, por exemplo, $1\frac{2}{3}$, em fração imprópria, procedemos da seguinte maneira:

1º) Transformamos o número natural em fração aparente, utilizando o mesmo denominador da parte fracionária:

$$1\frac{2}{3} = \frac{3}{3} + \frac{2}{3}$$

2º) Deixando as duas partes com denominadores iguais, podemos adicioná-las:

$$1\frac{2}{3} = \frac{3}{3} + \frac{2}{3} = \frac{5}{3}$$

De um modo mais direto, procedemos assim:

$$1\frac{2}{3} = \frac{1 \cdot 3 + 2}{3} = \frac{3 + 2}{3} = \frac{5}{3}$$

ATIVIDADES

31. Com as frações apresentadas a seguir, complete o quadro.

Número misto	Fração imprópria
$2\frac{1}{3}$	▨
$1\frac{2}{7}$	▨
$4\frac{2}{7}$	▨
$1\frac{1}{3}$	▨
$2\frac{1}{2}$	▨
$2\frac{3}{5}$	▨
$3\frac{5}{11}$	▨

32. Marco já pagou 240 reais da compra de uma bicicleta para seu filho. Ainda falta pagar $1\frac{5}{8}$ do total pago. Quanto falta pagar? Por quanto ele comprou a bicicleta?

Zentangle/Shutterstock

33. Bruno tem um álbum com 64 figurinhas coladas. Enzo, seu irmão mais velho, tem o mesmo álbum e já colou $1\frac{7}{8}$ da quantidade de figurinhas que Bruno colou. Se faltam 76 figurinhas para Enzo completar seu álbum, quantas faltam para Bruno?

34. Sofia e o pai dela foram conhecer uma cidade que fica a 87 quilômetros de onde moram. Apenas $\frac{2}{3}$ da estrada que leva à cidade são asfaltados. Durante a viagem, Sofia contou 170 veículos, dos quais $\frac{4}{5}$ eram automóveis. O restante eram caminhões. No meio do caminho, Jurandir, pai de Sofia, parou no restaurante do Cuca para almoçar. A despesa foi de 54 reais, quantia equivalente a $\frac{1}{4}$ do dinheiro que Jurandir levava.

a) Qual é o comprimento do trecho dessa estrada que não tem asfalto?

b) Que quantia Jurandir levou nessa viagem?

c) Quantos caminhões Sofia contou na estrada?

CAPÍTULO 13

Frações equivalentes e comparação de frações

Chiro Image/Shutterstock

NA REAL

Quem recebeu mais votos?

Assistir a um *show* de talentos pode ser algo muito divertido. Afinal, nele podemos apreciar diferentes habilidades das pessoas que estão se apresentando. Pode haver piadas, apresentação de cenas de uma peça de teatro, dança, canto, sapateado, ilusionismo, equilibrismo e tudo o mais que uma pessoa achar que faz bem.

Em alguns casos, para aumentar a diversão da plateia, há votações para a melhor apresentação. Quando são muitos candidatos, as apresentações podem ocorrer em etapas.

Em um *show* de talentos, um dançarino e uma cantora chegaram à final e, após a apresentação dos dois, o público votou em seu preferido. Depois da contagem dos votos, o anúncio do apresentador dizia que a cantora havia recebido $\frac{1}{4}$ dos votos, enquanto o dançarino havia recebido $\frac{3}{4}$ deles. É possível, com base apenas nessa informação, saber quem recebeu mais votos?

Na BNCC
EF06MA07

Conceito de frações equivalentes

De volta ao Tangram

Vamos estudar um pouco mais sobre frações utilizando o Tangram.

Cada triângulo azul do Tangram representa que parte do inteiro? E dois triângulos azuis representam que parte do inteiro?

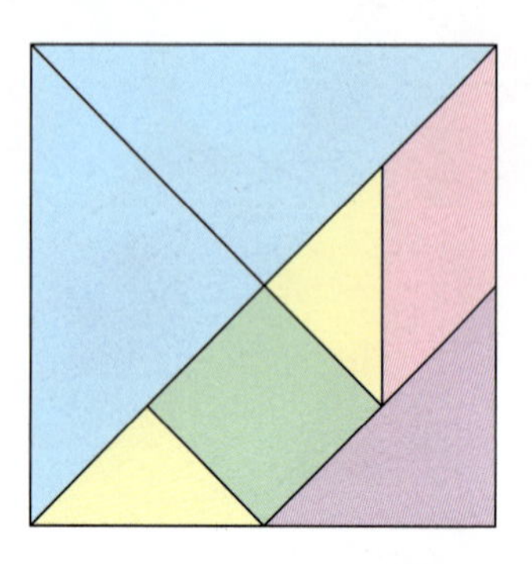

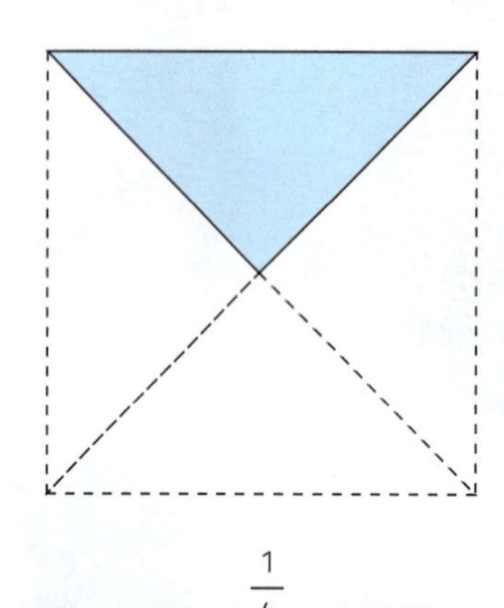

$\frac{1}{4}$

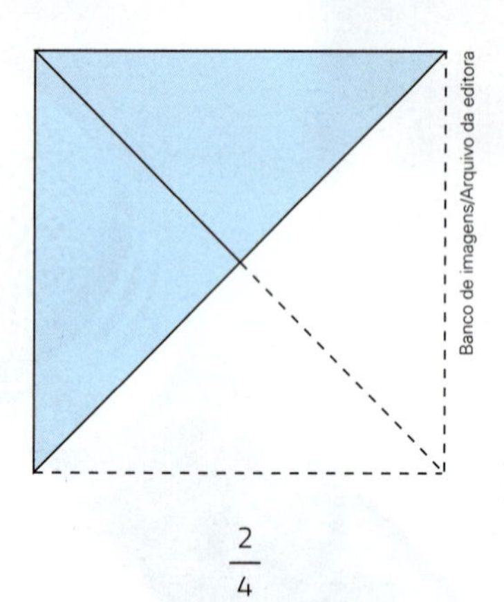

$\frac{2}{4}$

Banco de imagens/Arquivo da editora

Vamos dividir a unidade (quadrado formado pelo Tangram) em 2 partes iguais e pintar uma delas de azul. A parte pintada representa $\frac{1}{2}$ do inteiro.

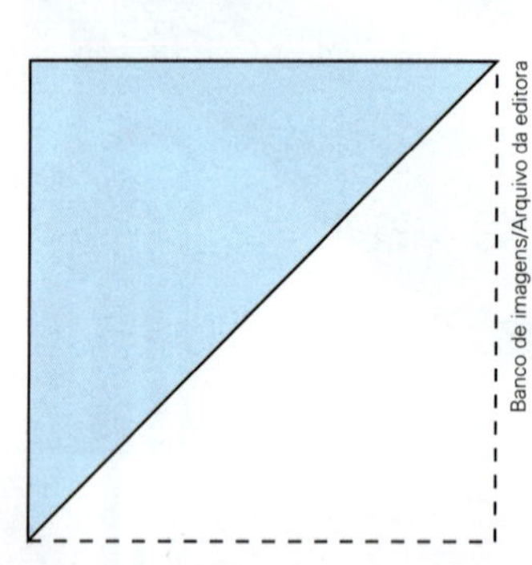

Banco de imagens/Arquivo da editora

$\frac{1}{2}$ do inteiro, um meio ou metade do inteiro

Compare a parte representada pela fração $\frac{2}{4}$ com a parte representada pela fração $\frac{1}{2}$. O que podemos concluir?

Ambas representam a metade do inteiro.

Na figura ao lado, a parte pintada também representa $\frac{2}{4}$ do inteiro e equivale à metade do inteiro.

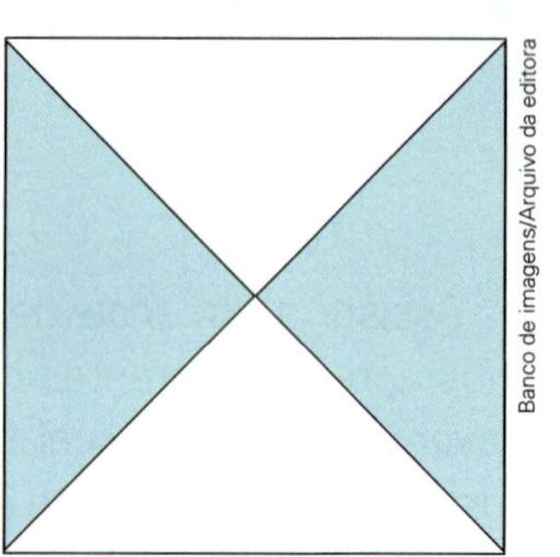

Banco de imagens/Arquivo da editora

Na página 170 resolvemos a divisão de 2 maçãs entre 4 crianças e descobrimos que cada uma ficará com $\frac{2}{4}$ de maçã. Mas podemos resolver de outra maneira: dividindo cada maçã ao meio e dando $\frac{1}{2}$ de maçã a cada criança.

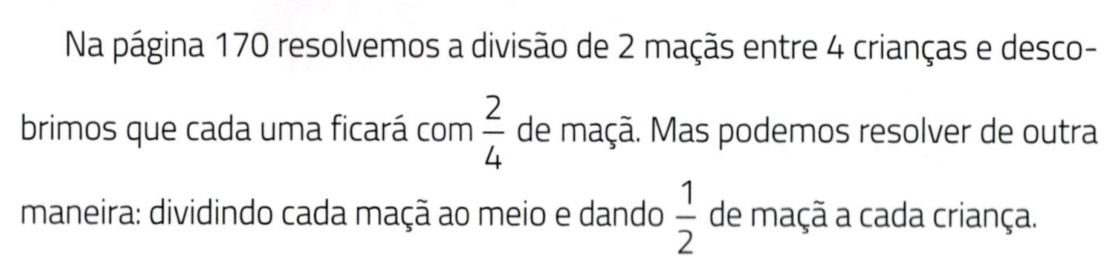

Por essa situação, podemos perceber que $\frac{2}{4}$ e $\frac{1}{2}$ representam a mesma quantidade.

Portanto, $\frac{2}{4}$ e $\frac{1}{2}$ são frações que representam a mesma parte do inteiro: metade.

As frações $\frac{2}{4}$ e $\frac{1}{2}$ são chamadas **frações equivalentes**.

Indicamos: $\frac{2}{4} \sim \frac{1}{2}$ ou, então, $\frac{2}{4} = \frac{1}{2}$. ($\sim$ lê-se: "é equivalente a")

Quem comeu mais chocolate?

Luiz e Otávio ganharam barras de chocolate do mesmo tamanho. A barra de Luiz era dividida em 6 partes iguais e ele comeu 4 delas. A de Otávio era dividida em 3 partes iguais e ele comeu 2 partes.

Quem comeu mais chocolate?

Vejamos:

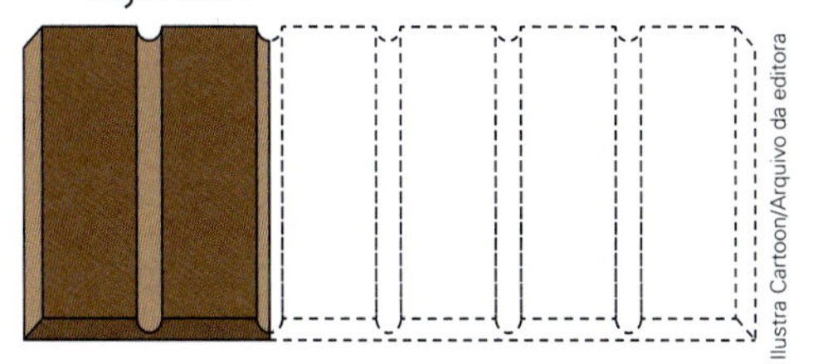

Ilustra Cartoon/Arquivo da editora

Ilustra Cartoon/Arquivo da editora

Luiz comeu $\frac{4}{6}$ da barra de chocolate.

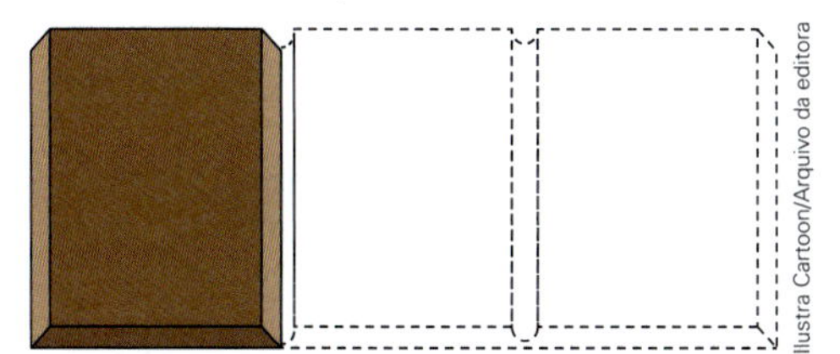

Ilustra Cartoon/Arquivo da editora

Otávio comeu $\frac{2}{3}$ da barra de chocolate.

Comparando as figuras, observamos que os dois comeram quantidades iguais da barra de chocolate. As frações $\frac{4}{6}$ e $\frac{2}{3}$ representam a mesma parte do inteiro e, por isso, são frações equivalentes.

Podemos indicar assim: $\frac{4}{6} = \frac{2}{3}$

Duas ou mais frações que representam a mesma parte de um inteiro são chamadas **frações equivalentes**.

Como reconhecer frações equivalentes?

Como podemos verificar se duas frações são equivalentes? Veja:

$\frac{2}{4} = \frac{1}{2}$ e $2 \cdot 2 = 4 \cdot 1$

$\frac{4}{6} = \frac{2}{3}$ e $4 \cdot 3 = 6 \cdot 2$

Para saber se $\frac{9}{12}$ e $\frac{6}{8}$, por exemplo, são equivalentes, procedemos da seguinte maneira:

1º) Multiplicamos o numerador da primeira fração pelo denominador da segunda fração:

$\frac{9}{12} \searrow \frac{6}{8}$ (numerador da primeira fração · denominador da segunda fração = 9 · 8 = 72)

2º) Multiplicamos o denominador da primeira fração pelo numerador da segunda fração:

$\frac{9}{12} \nearrow \frac{6}{8}$ (denominador da primeira fração · numerador da segunda fração = 12 · 6 = 72)

3º) Comparamos os resultados obtidos e, se os produtos forem iguais, as frações são equivalentes:

$9 \cdot 8 = 72$

$12 \cdot 6 = 72$

Portanto, concluímos que: $\frac{9}{12} = \frac{6}{8}$

Observe o fluxograma a seguir que representa um modo de determinar se duas frações são equivalentes.

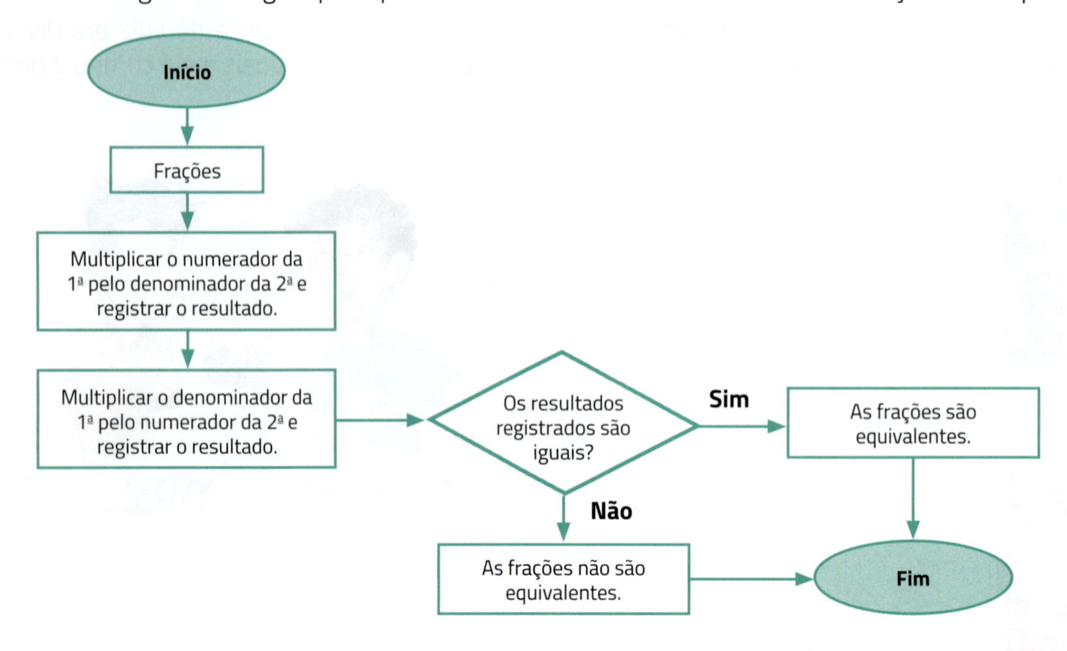

ATIVIDADES

1. Considere a fração $\frac{2}{3}$ para responder às questões a seguir.

a) Multiplique os termos dessa fração por 2. Que fração você obtém?

b) Verifique se a fração $\frac{2}{3}$ é equivalente à fração que você obteve no item **a**.

c) Multiplique os termos da fração $\frac{2}{3}$ por 7. Que fração você obtém?

d) Verifique se a fração $\frac{2}{3}$ é equivalente à fração que você obteve no item **c**.

e) Multiplique os termos da fração $\frac{2}{3}$ por 10. Que fração você obtém?

f) Verifique se a fração $\frac{2}{3}$ é equivalente à fração que você obteve no item **e**.

2. Agora, considere a fração $\frac{20}{30}$.

a) Divida os termos dessa fração por 2. Que fração você obtém?

b) Verifique se a fração $\frac{20}{30}$ é equivalente à fração que você obteve no item **a**.

c) Divida os termos da fração $\frac{20}{30}$ por 5. Que fração você obtém?

d) Verifique se a fração $\frac{20}{30}$ é equivalente à fração que você obteve no item **c**.

e) Divida os termos da fração $\frac{20}{30}$ por 10. Que fração você obtém?

f) Verifique se a fração $\frac{20}{30}$ é equivalente à fração que você obteve no item **e**.

Quando multiplicamos (ou dividimos) os termos de uma fração por um mesmo número natural, diferente de zero, obtemos uma fração equivalente à fração inicial.

3. Classifique cada igualdade como verdadeira ou falsa.

a) $\frac{1}{2} = \frac{3}{6}$ **b)** $\frac{1}{3} = \frac{4}{9}$ **c)** $\frac{4}{10} = \frac{2}{5}$ **d)** $\frac{2}{5} = \frac{6}{15}$

4. Responda às perguntas.

a) Devemos multiplicar os termos da fração $\frac{1}{2}$ por um número para obter uma fração equivalente de denominador 12. Que número é esse?

b) Devemos dividir os termos da fração $\frac{24}{36}$ por um número para obter uma fração equivalente de numerador 12. Que número é esse?

c) Devemos multiplicar os termos da fração $\frac{3}{8}$ por um número para obter uma fração equivalente de denominador 40. Qual é o número procurado?

d) Devemos dividir os termos da fração $\frac{10}{15}$ por um número para obter uma fração equivalente de numerador 2. Qual é o número desconhecido?

5. Juninho, o irmão caçula de Alexandre, é muito levado! Ele apagou alguns números do caderno do irmão. Vamos ajudar Alexandre a completar a tarefa, antes que a professora corrija a lição.

Substitua pelo número que torna cada igualdade verdadeira.

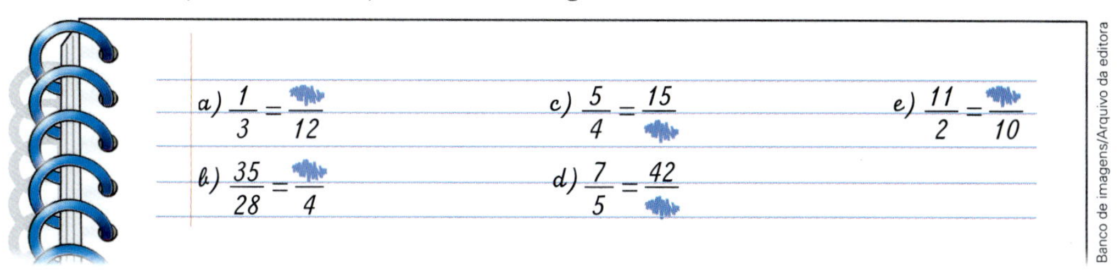

Banco de imagens/Arquivo da editora

6. Obtenha uma fração equivalente a $\frac{60}{98}$ que tenha numerador e denominador primos entre si.

7. Que fração é equivalente a $\frac{12}{13}$ e a soma do numerador e denominador é 50?

8. Sou uma fração equivalente a $\frac{2}{5}$. A diferença dos meus termos é 21. Que fração sou eu?

Simplificação de frações

PARTICIPE

Considere a fração $\frac{24}{36}$ para responder às perguntas a seguir.

a) Quais são os divisores de 24?

b) Quais são os divisores de 36?

c) Quais são os divisores comuns de 24 e 36?

d) Divida os termos da fração pelos divisores comuns de 24 e 36. Que frações você obtém?

e) Todas as frações obtidas no item **d** são equivalentes. As frações que são escritas com termos menores que os termos de $\frac{24}{36}$, dizemos que são frações mais simples que ela.

f) Complete a sequência, substituindo $\frac{\text{////}}{\text{////}}$ pelas frações mais simples que $\frac{24}{36}$.

$\frac{24}{36} \sim \frac{\text{////}}{\text{////}} \sim \frac{\text{////}}{\text{////}} \sim \frac{\text{////}}{\text{////}} \sim \frac{\text{////}}{\text{////}} \sim \frac{\text{////}}{\text{////}}$

g) Qual dessas frações é a mais simples de todas?

h) É possível simplificar ainda mais essa fração?

i) Qual é o mdc dos termos da fração mais simples?

j) Como se chamam dois números que têm mdc igual a 1?

Quando os termos de uma fração são ambos divisíveis por um número natural maior que 1, podemos transformá-la em uma fração equivalente e com termos menores que os dela. A esse processo chamamos **simplificação** da fração.

Simplificar uma fração é dividir seus termos por um mesmo número diferente de zero e obter termos menores que os iniciais.

Quando os termos de uma fração não apresentam divisor comum maior que 1 (o mdc deles é 1), ela já está escrita na forma mais simples possível, chamada **forma irredutível** da fração.

Por exemplo, na seção "Participe" simplificamos a fração $\frac{24}{36}$ até obtermos a forma irredutível dela, que é $\frac{2}{3}$.

Veja outro exemplo: $\frac{6}{12} = \frac{3}{6} = \frac{1}{2}$

A forma irredutível da fração $\frac{6}{12}$ é $\frac{1}{2}$.

Quando simplificamos uma fração e obtemos uma nova fração que não pode ser simplificada (porque seus termos são primos entre si), dizemos que foi obtida a **forma irredutível** da fração dada.

ATIVIDADES

9. Associe as frações dos cartões amarelos com a sua forma irredutível dos cartões azuis:

$\frac{30}{45}$ $\frac{120}{440}$ $\frac{8}{20}$ $\frac{25}{60}$

$\frac{5}{12}$ $\frac{2}{3}$ $\frac{3}{11}$ $\frac{2}{5}$

10. Uma fração própria e irredutível apresenta numerador e denominador que somam 15. Que fração é essa? Escreva todas as possibilidades.

11. Escreva a forma irredutível das frações a seguir.

a) $\frac{66}{99}$

b) $\frac{666}{999}$

Como obter uma fração na forma irredutível

Método das divisões sucessivas

Dividimos os termos da fração por um divisor comum e repetimos o processo até obter uma fração cujos termos sejam primos entre si.

Observe o exemplo:

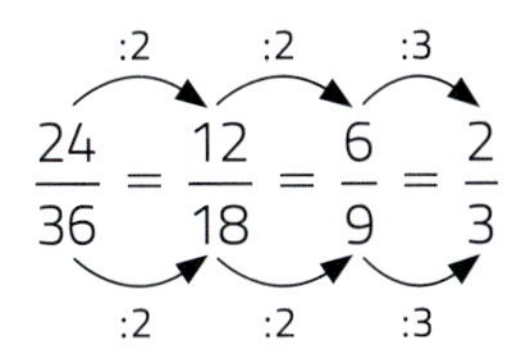

Método do mdc

Dividimos os termos da fração pelo mdc deles. Veja o exemplo para a fração $\frac{24}{36}$.

$$\text{mdc}\,(24, 36) = 12 \text{ e } \frac{24}{36} \overset{:12}{=} \frac{2}{3}$$

ATIVIDADES

12. Determine a forma irredutível de cada fração pelo método das divisões sucessivas.

a) $\frac{3}{6}$ c) $\frac{9}{18}$ e) $\frac{63}{105}$

b) $\frac{4}{12}$ d) $\frac{60}{90}$ f) $\frac{250}{150}$

13. Simplifique pelo método do mdc.

a) $\frac{84}{72}$ c) $\frac{98}{28}$

b) $\frac{54}{90}$ d) $\frac{147}{189}$

14. Dadas as frações $\frac{20}{50}$ e $\frac{62}{155}$, faça o que se pede.

a) Qual é a forma irredutível da fração $\frac{20}{50}$?

b) Qual é a forma irredutível da fração $\frac{62}{155}$?

c) Compare os resultados obtidos nos itens **a** e **b**.

Duas frações que têm a mesma forma irredutível são **frações equivalentes**.

15. Simplifique as frações $\frac{120}{90}$ e $\frac{100}{75}$ e responda: Elas são equivalentes?

16. Descubra os pares que vão dançar a quadrilha na festa junina da escola, associando as frações à esquerda à sua forma irredutível, à direita.

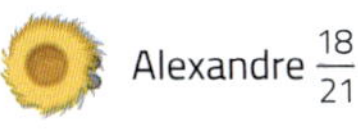

$\frac{11}{5}$ Gabriela

$\frac{2}{5}$ Luciana

$\frac{6}{7}$ Priscila

$\frac{7}{5}$ Andreia

Ericson Guilherme Luciano/Arquivo da editora

- Agora, responda: Quem não vai dançar a quadrilha?

17. As frações $\frac{30}{105}$ e $\frac{40}{126}$ são equivalentes? Simplifique-as e responda.

18. Quais das frações indicadas nas fichas são equivalentes a:

a) $\frac{84}{126}$?

$\frac{42}{84}$ $\frac{14}{21}$ $\frac{2}{3}$ $\frac{21}{28}$ $\frac{126}{84}$

b) $\frac{55}{99}$?

$\frac{44}{88}$ $\frac{66}{111}$ $\frac{125}{225}$ $\frac{15}{27}$

19. No dinheiro brasileiro, 1 real equivale a 100 centavos de real e as moedas são de 1 centavo, 5 centavos, 10 centavos, 25 centavos, 50 centavos e de 1 real. Responda às questões indicando a fração na forma irredutível.

a) A que fração do real corresponde a moeda de 5 centavos?

b) E a de 25 centavos?

20. Qual é a fração:

a) que é equivalente a $\frac{40}{65}$ e tem o menor denominador possível?

b) que é equivalente a $\frac{10}{85}$ e cuja soma de seus termos é a menor possível?

Redução de frações ao mesmo denominador

Vamos obter frações equivalentes a $\frac{2}{3}$, $\frac{4}{5}$ e $\frac{5}{6}$, de modo que todas tenham o mesmo denominador.

O denominador comum às três frações dadas é múltiplo do denominador de cada uma delas. Assim, o denominador procurado é múltiplo de 3, 5 e 6.

O menor número com essa propriedade é o mmc de 3, 5 e 6, que é 30.

Para reduzir duas ou mais frações ao menor denominador comum, procedemos do seguinte modo:

1º) Calculamos o mmc dos denominadores. Esse mmc será o menor denominador comum das frações.

2º) Dividimos o denominador comum pelo denominador de cada fração e multiplicamos o resultado pelo numerador dessa fração.

Logo:

- $\frac{2}{3} = \frac{////}{30}$ (:) $\xrightarrow{30 : 3 = 10}$ $\frac{2}{3} = \frac{20}{30}$ (× 10)
- $\frac{4}{5} = \frac{////}{30}$ (:) $\xrightarrow{30 : 5 = 6}$ $\frac{4}{5} = \frac{24}{30}$ (× 6)
- $\frac{5}{6} = \frac{////}{30}$ (:) $\xrightarrow{30 : 6 = 5}$ $\frac{5}{6} = \frac{25}{30}$ (× 5)

ATIVIDADES

21. Determine duas frações com denominadores iguais, sendo uma delas equivalente a $\frac{7}{25}$ e a outra equivalente a $\frac{11}{60}$.

22. A reciclagem de materiais contribui para a não poluição do meio ambiente, além de preservar os recursos naturais. Em algumas cidades do Brasil existe coleta seletiva de lixo. Nesse sistema, papéis, plásticos, vidros e metais são recolhidos separadamente a fim de serem reciclados.

Os recipientes de coleta seletiva são identificados por cores; cada cor é específica para um tipo de material.

BaLL LunLa/Shutterstock

Metal: $\frac{45}{420}, \frac{133}{420}, \frac{60}{420}$

Vidro: $\frac{14}{70}, \frac{30}{70}, \frac{19}{70}$

Plástico: $\frac{45}{60}, \frac{50}{60}, \frac{42}{60}$

Papel: $\frac{6}{12}, \frac{4}{12}, \frac{3}{12}$

Reduza as frações escritas nos recipientes de coleta ao menor denominador comum. Compare os resultados obtidos com as frações ao lado para saber qual material deve ser depositado em cada caixa.

23. Descubra o lugar em que cada dupla foi passear. Para isso, reduza as frações indicadas nas camisetas ao menor denominador comum. Depois, relacione os resultados obtidos com as frações do quadro.

a)

Ilustra Cartoon/Arquivo da editora

b)

$\frac{1}{3}$ $\frac{2}{5}$

Ilustra Cartoon/Arquivo da editora

c)

Ilustra Cartoon/Arquivo da editora

d)

Ilustra Cartoon/Arquivo da editora

Shopping: $\frac{35}{30}$ e $\frac{33}{30}$
Cinema: $\frac{9}{84}$ e $\frac{220}{84}$
Teatro: $\frac{8}{15}$ e $\frac{12}{15}$
Sorveteria: $\frac{5}{15}$ e $\frac{6}{15}$
Clube: $\frac{4}{30}$ e $\frac{5}{30}$
Praia: $\frac{8}{60}$ e $\frac{15}{60}$

24. Descubra a capital onde cada criança vai passar as férias. Para isso:

a) reduza as frações indicadas nas figuras ao menor denominador comum e compare os resultados com as frações do quadro;

b) localize no mapa os estados visitados pelas crianças.

Recife:	$\frac{36}{126}, \frac{21}{126}, \frac{70}{126}$
Porto Alegre:	$\frac{36}{60}, \frac{20}{60}, \frac{6}{60}$
São Paulo:	$\frac{36}{126}, \frac{21}{126}, \frac{140}{126}$
Manaus:	$\frac{80}{120}, \frac{24}{120}, \frac{105}{120}$
Cuiabá:	$\frac{36}{60}, \frac{20}{60}, \frac{10}{60}$
Curitiba:	$\frac{18}{12}, \frac{8}{12}, \frac{15}{12}$

Fonte do mapa: Maria Elena Simielli. *Geoatlas*. São Paulo: Ática, 2002.

Comparação de frações

As *pizzas*

A família Ribeiro, formada por 8 pessoas, foi a uma pizzaria. João (o pai) pediu 3 *pizzas* e pensou: "Vou pedir que repartam cada *pizza* em 8 pedaços iguais. Assim, distribuo 3 pedaços para cada pessoa".

Que fração de *pizza* cada pessoa vai comer?

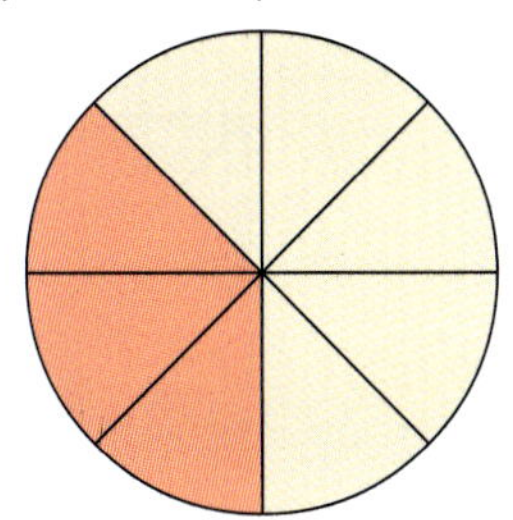 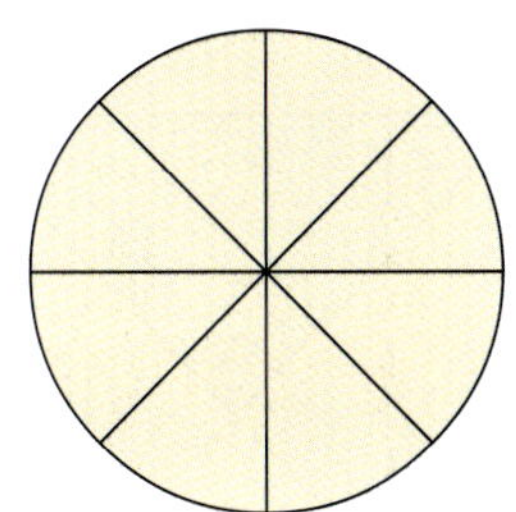 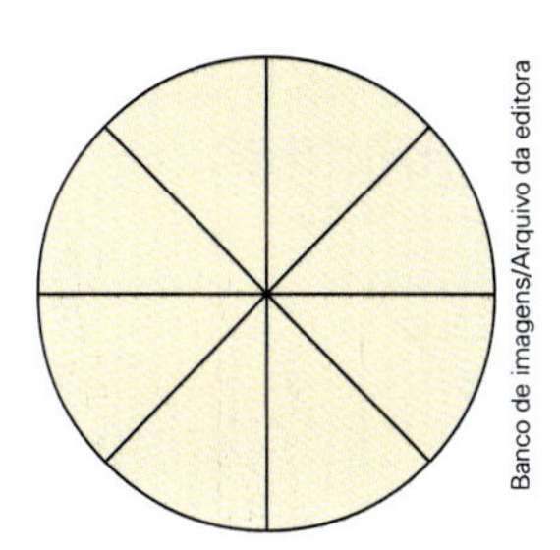

Banco de imagens/Arquivo da editora

Cada pessoa comerá $\frac{3}{8}$ de *pizza*.

Pouco antes de as *pizzas* ficarem prontas, juntaram-se à família Ribeiro mais 4 sobrinhos de João. Ele pensou rápido e pediu ao garçom que repartisse cada *pizza* em 12 pedaços iguais e distribuísse 3 pedaços para cada pessoa. Quanto cada um comeu?

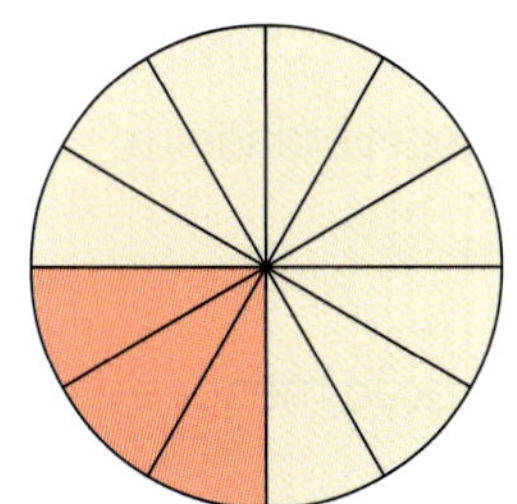 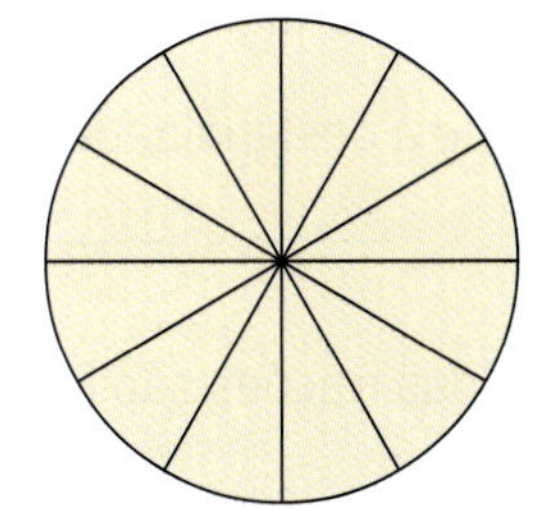 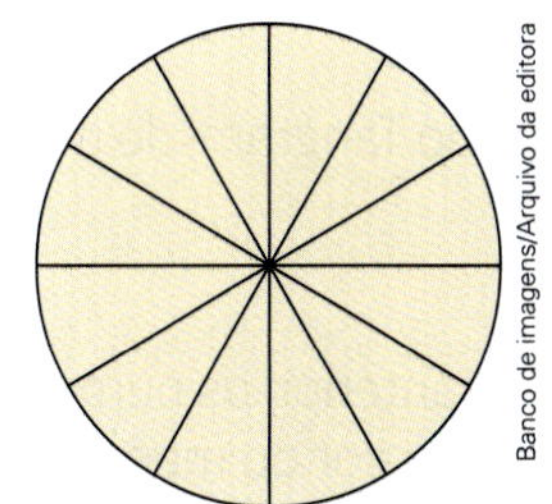

Banco de imagens/Arquivo da editora

Cada um comeu $\frac{3}{12}$ de *pizza*.

PARTICIPE

I. Retome o problema "As *pizzas*".

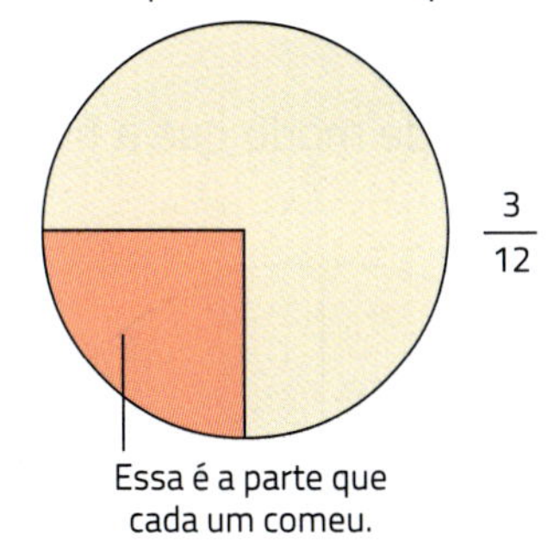
$\frac{3}{12}$
Essa é a parte que cada um comeu.

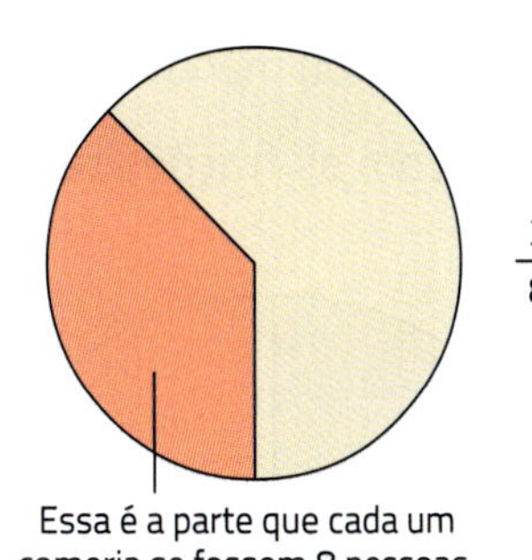
$\frac{3}{8}$
Essa é a parte que cada um comeria se fossem 8 pessoas.

Banco de imagens/Arquivo da editora

a) A fração $\frac{3}{12}$ representa uma parte maior ou uma parte menor que a representada por $\frac{3}{8}$?

b) Compare as frações e substitua ////////// por > ou <, formando uma desigualdade verdadeira.

$\frac{3}{12}$ ////////// $\frac{3}{8}$

c) Compare os numeradores das frações $\frac{3}{12}$ e $\frac{3}{8}$.

d) Qual das frações, $\frac{3}{12}$ ou $\frac{3}{8}$, tem o maior denominador?

e) No item anterior, as frações têm numeradores iguais. A fração menor é a que tem o maior ou a que tem o menor denominador?

II. Observe o Tangram e faça o que se pede.

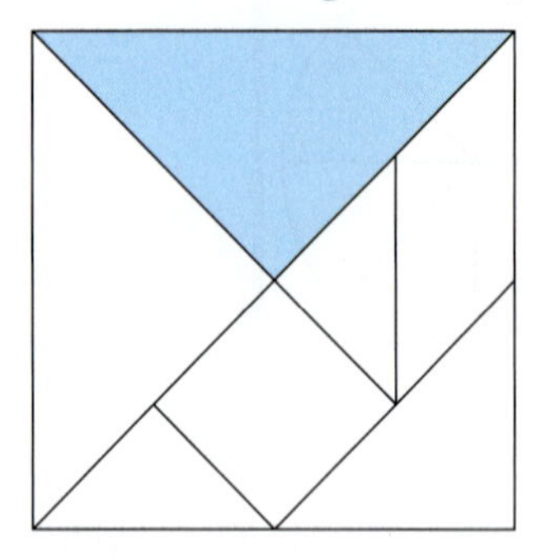

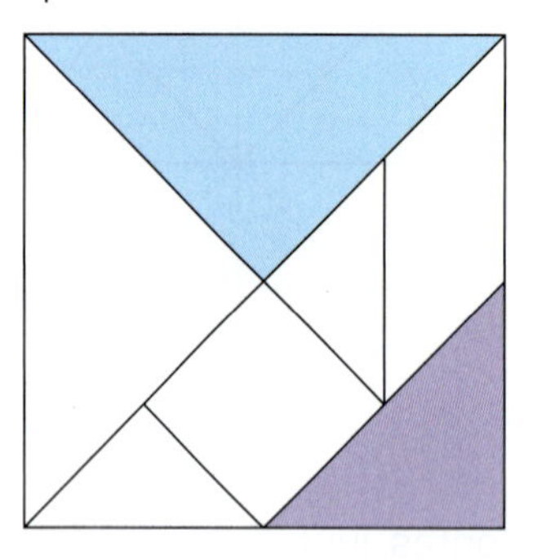

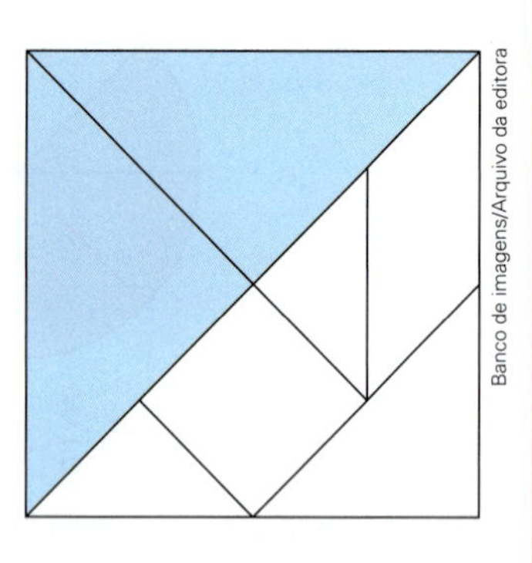

Banco de imagens/Arquivo da editora

a) Que fração do Tangram representa o triângulo azul? E o triângulo lilás? Qual triângulo é menor?

b) Substitua $\frac{\;\;}{\;\;}$ pelas frações correspondentes ao triângulo azul e ao triângulo lilás, em relação ao Tangram, de maneira que a desigualdade abaixo seja verdadeira.

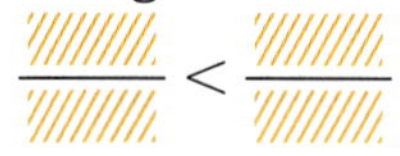

c) No item anterior, os numeradores das frações são iguais. A fração menor é a que tem denominador maior ou menor?

d) Substitua $\frac{\;\;}{\;\;}$ pelas frações correspondentes às partes representadas por um triângulo azul e por dois triângulos azuis no Tangram de maneira que a desigualdade abaixo seja verdadeira.

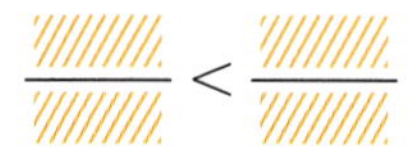

e) No item anterior, as frações têm denominadores iguais. A fração menor é a que tem numerador maior ou menor?

III. Complete com as frações representadas em cada figura abaixo, de modo que a frase fique correta.

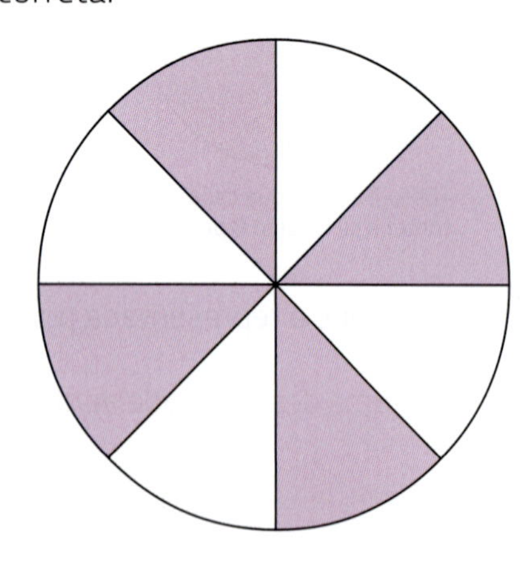

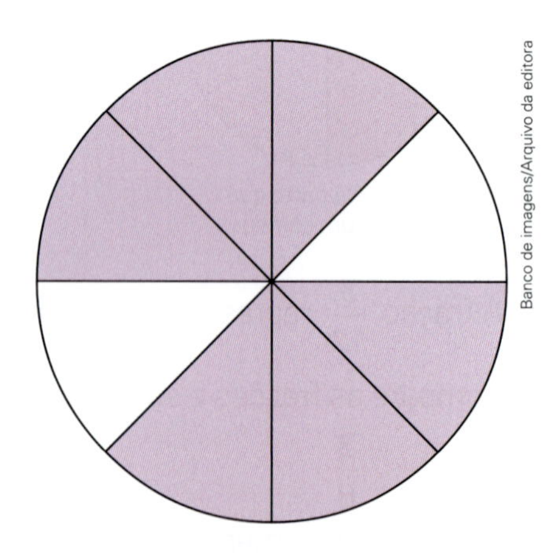

Banco de imagens/Arquivo da editora

$\frac{\;\;}{\;\;} < \frac{\;\;}{\;\;}$; logo, simplificando as frações, temos: $\frac{\;\;}{\;\;} < \frac{\;\;}{\;\;}$

IV. No item anterior, escrevendo frações de mesmo denominador, a fração menor é a que tem numerador maior ou menor?

Na seção "Participe" fizemos comparação de frações.

Observe mais estes exemplos e as conclusões a que chegamos:

$\frac{5}{8}$

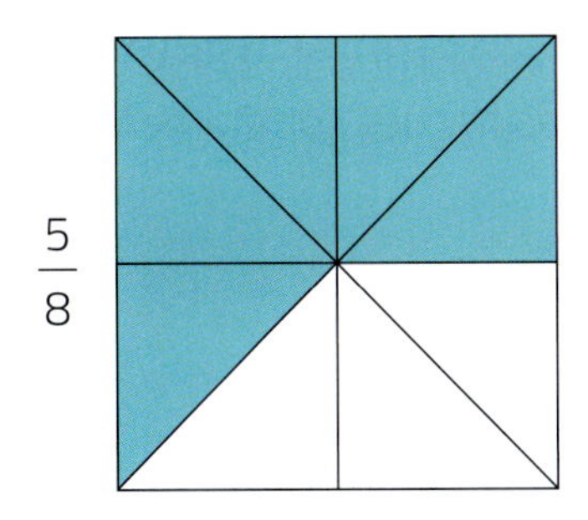

$\frac{5}{16}$

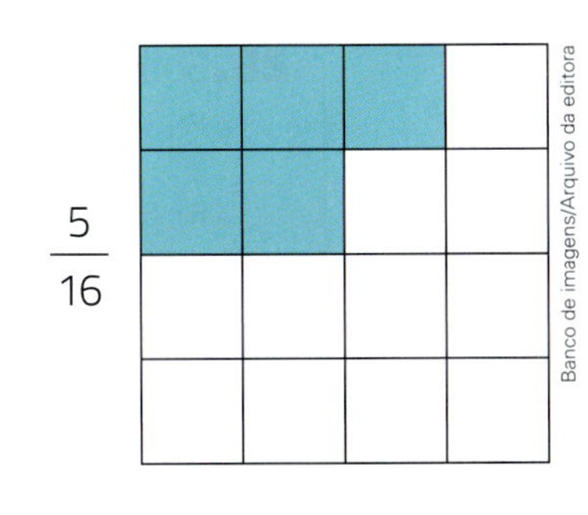

Banco de imagens/Arquivo da editora

$\frac{5}{8}$ e $\frac{5}{16}$ têm numeradores iguais.

Como $16 > 8$, concluímos que $\frac{5}{16} < \frac{5}{8}$.

Quando duas frações têm numeradores iguais, a menor delas é a que tem maior denominador.

$\frac{5}{16}$

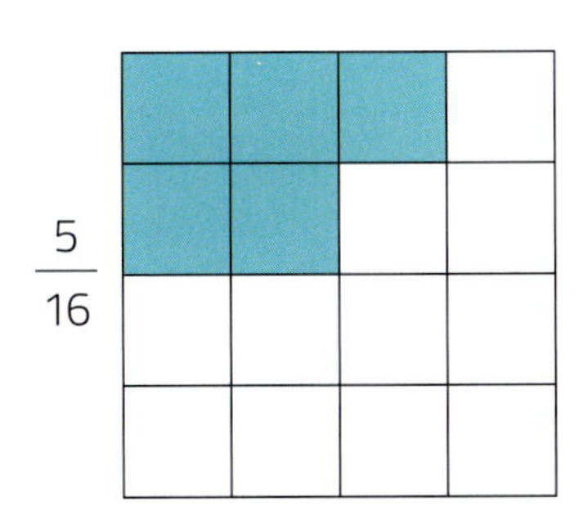

$\frac{10}{16}$

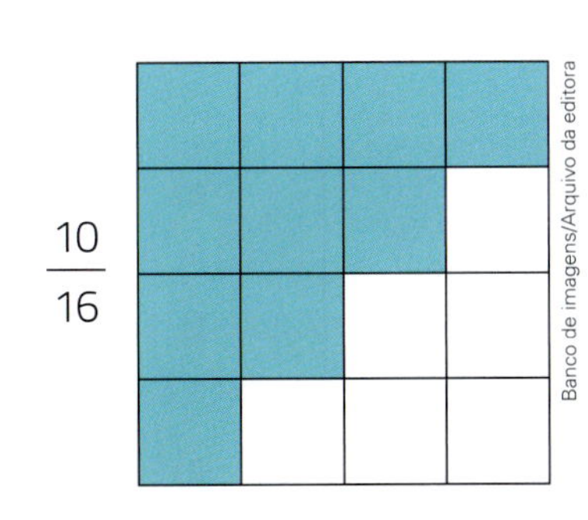

Banco de imagens/Arquivo da editora

$\frac{5}{16}$ e $\frac{10}{16}$ têm denominadores iguais.

Como $5 < 10$, concluímos que $\frac{5}{16} < \frac{10}{16}$.

Quando duas frações têm denominadores iguais, a menor delas é a que tem menor numerador.

Agora, vamos comparar as frações $\frac{7}{8}$ e $\frac{5}{6}$.

Essas frações têm numeradores diferentes e denominadores diferentes. Para compará-las, o primeiro passo é reduzi-las ao mesmo denominador, que poderá ser o mmc dos dois denominadores:

mmc $(8, 6) = 24$

Com denominador 24, as frações ficam:

$\frac{7}{8} = \frac{21}{24}$ e $\frac{5}{6} = \frac{20}{24}$

Então, basta comparar as frações de denominadores iguais:

$\frac{20}{24} < \frac{21}{24}$

Portanto:

$\frac{5}{6} < \frac{7}{8}$

Quando comparamos frações com numeradores e denominadores diferentes, primeiro as reduzimos ao mesmo denominador, para depois fazermos a comparação.

Vamos retomar as frações $\frac{7}{8}$ e $\frac{5}{6}$.

Outro modo de reduzir ao mesmo denominador é multiplicar os termos da primeira fração pelo denominador da segunda e os termos da segunda pelo denominador da primeira:

$\frac{7}{8} = \frac{7 \cdot 6}{8 \cdot 6}$ e $\frac{5}{6} = \frac{5 \cdot 8}{6 \cdot 8}$

Com denominadores iguais, comparamos os numeradores $7 \cdot 6$ e $5 \cdot 8$. Então, uma maneira rápida de comparar $\frac{7}{8}$ e $\frac{5}{6}$ é multiplicar em cruz: $7 \cdot 6$ e $5 \cdot 8$.

Como $7 \cdot 6 > 5 \cdot 8$, decorre que $\frac{7}{8} > \frac{5}{6}$. Portanto, $\frac{5}{6} < \frac{7}{8}$.

ATIVIDADES

25. Identifique em cada item a maior fração.

a) $\frac{2}{3}$ ou $\frac{1}{3}$?

b) $\frac{7}{4}$ ou $\frac{11}{4}$?

c) $\frac{1}{2}$ ou $\frac{1}{3}$?

d) $\frac{2}{5}$ ou $\frac{2}{7}$?

26. Indique em cada item a menor fração.

a) $\frac{5}{7}$ ou $\frac{5}{12}$?

b) $\frac{3}{11}$ ou $\frac{9}{11}$?

c) $\frac{3}{4}$ ou $\frac{4}{5}$?

d) $\frac{7}{4}$ ou $\frac{8}{5}$?

27. Qual é a maior fração em cada item?

a) $3\frac{1}{4}$ ou $2\frac{1}{4}$?

b) $\frac{15}{2}$ ou $\frac{15}{7}$?

c) $\frac{1251}{27}$ ou $\frac{2470}{27}$?

d) $\frac{1}{1000}$ ou $\frac{1}{100}$?

28. Substitua ▨ por um dos símbolos $<$, $>$ ou $=$, comparando as frações corretamente.

a) $\frac{1}{7}$ ▨ $\frac{2}{14}$

b) $\frac{11}{4}$ ▨ 4

c) $\frac{3}{2}$ ▨ $\frac{4}{3}$

d) $2\frac{3}{6}$ ▨ $2\frac{5}{8}$

e) $\frac{2}{5}$ ▨ $\frac{3}{7}$

f) $\frac{11}{4}$ ▨ $\frac{4}{3}$

g) $\frac{10}{4}$ ▨ $\frac{15}{6}$

29. O professor Jorge, em conjunto com o professor de Matemática, distribuiu para cada jogador do time de basquete uma fração para estampar na camiseta. A fração maior fica para o menino mais alto; a menor, para o mais baixo.

Ilustra Cartoon/Arquivo da editora

a) Escreva as frações em ordem crescente e descubra a quem cada fração corresponde.

b) No campeonato, o time da escola em que Jorge trabalha ganhou $\frac{5}{8}$ dos jogos que disputou, e o time de outra escola ganhou $\frac{7}{16}$ do mesmo total de jogos. Qual dos dois times obteve melhor classificação nesse campeonato?

30. Neste bimestre, a professora de Português pediu aos estudantes que lessem um livro. Sérgio leu $\frac{2}{7}$ do livro em 6 horas. Bárbara levou 3 horas para ler $\frac{3}{5}$ do mesmo livro.

Wavebreakmedia/Shutterstock

a) Quem leu mais páginas do livro: Sérgio ou Bárbara?

b) Mantendo esse ritmo, quantas horas Sérgio vai demorar para ler todo o livro?

c) De quantas horas mais Bárbara precisa para acabar de ler o livro?

31. Marina e Viviane combinaram ir de bicicleta até um parque da cidade, mas não conseguiram fazer o percurso de uma só vez e pararam para descansar. Marina percorreu $\frac{7}{10}$ do percurso antes de parar, e Viviane, $\frac{9}{11}$.

Qual delas parou para descansar mais perto do parque?

Artur Fujita/Arquivo da editora

CAPÍTULO 14

Operações com frações

Zivica Kerkez/Shutterstock

NA REAL

Quanto de polvilho?

Macio por dentro e crocante por fora, o pão de queijo é um salgado típico da culinária mineira e tem seu lugar de destaque nas mesas de todo o Brasil. Não se sabe ao certo em que estado a receita surgiu, mas alguns registros sugerem sua criação em Minas Gerais no século XVIII.

Com a escassez de farinha de trigo, que na época era um produto caro e importado, o polvilho, subproduto da mandioca, passou a ser incorporado nas receitas.

A produção de leite e derivados, que era grande nesse estado, introduziu na receita o queijo curado. O encontro desses dois ingredientes foi fundamental para a criação do pão de queijo como conhecemos hoje.

Em determinada receita de pão de queijo, são utilizadas as quantidades de polvilho doce e polvilho azedo mostradas nos recipientes idênticos abaixo.

O que há de comum na marcação dos dois recipientes? Que operação se pode fazer para saber a fração que representa a quantidade total de polvilho utilizada nessa receita? Que operação se pode fazer para saber a fração que representa a diferença entre a quantidade de polvilho azedo e de polvilho doce?

Polvilho doce

Polvilho azedo

Ericson Guilherme Luciano/Arquivo da editora

Na BNCC
EF06MA10

Adição

A operação que introduzimos na seção "Na real" é a adição de frações. Indicamos assim:

$$\frac{3}{7} + \frac{4}{7} = \frac{7}{7}$$

Note que estamos adicionando partes iguais do inteiro:

3 sétimos + 4 sétimos = 7 sétimos

A soma de frações com denominadores iguais é uma fração cujo denominador é igual ao das parcelas e cujo numerador é a soma dos numeradores das parcelas.

Veja outros exemplos:

- $\frac{1}{9} + \frac{4}{9} = \frac{5}{9}$
- $\frac{3}{12} + \frac{5}{12} + \frac{11}{12} = \frac{19}{12}$

Subtração

Dividimos um retângulo em 11 partes iguais e colorimos 8 dessas partes. Que fração do retângulo foi colorida?

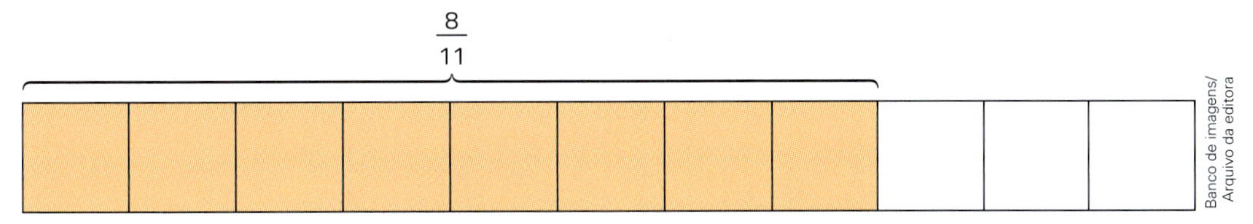

Em seguida, retiramos a cor de 5 das partes coloridas. Que fração do retângulo foi descolorida?

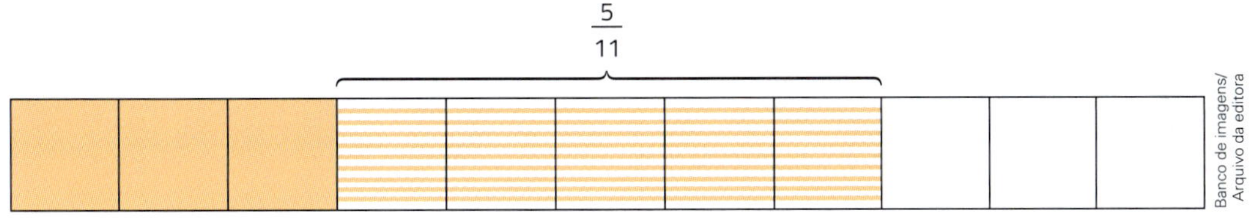

Que fração do retângulo permaneceu pintada completamente?

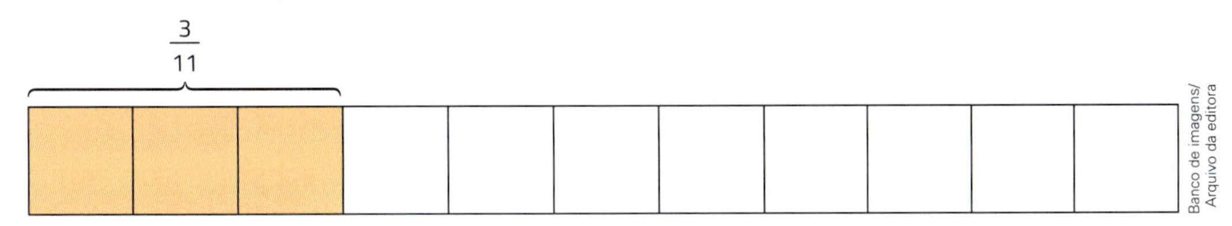

Na situação acima, efetuamos uma subtração de frações:

$$\frac{8}{11} - \frac{5}{11} = \frac{3}{11}$$

8 onze avos − 5 onze avos = 3 onze avos

A diferença de duas frações com denominadores iguais é uma fração cujo denominador é igual ao das frações dadas e cujo numerador é a diferença entre os numeradores.

Veja outros exemplos:

- $\frac{7}{9} - \frac{2}{9} = \frac{5}{9}$
- $\frac{33}{100} - \frac{22}{100} = \frac{11}{100}$

Adição e subtração com denominadores diferentes

Vamos calcular $\frac{4}{9} + \frac{5}{6}$, isto é, 4 nonos mais 5 sextos.

Essa é uma adição de partes diferentes.

O primeiro passo é reduzir as frações ao mesmo denominador, transformando em partes iguais do inteiro.

mmc (9, 6) = 18

Reduzindo as frações ao denominador 18, obtemos:

$\frac{4}{9} = \frac{8}{18}$ e $\frac{5}{6} = \frac{15}{18}$

Então:

$\frac{4}{9} + \frac{5}{6} = \frac{8}{18} + \frac{15}{18} = \frac{23}{18}$

Para adicionar ou subtrair frações com denominadores diferentes, devemos primeiro reduzi-las a um mesmo denominador.

ATIVIDADES

1. Observe os 3 copos idênticos representados abaixo. Em ambos há certa quantidade de água.

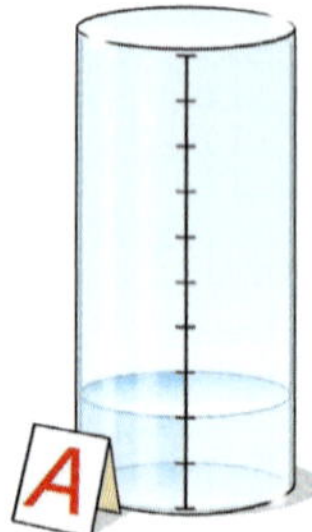

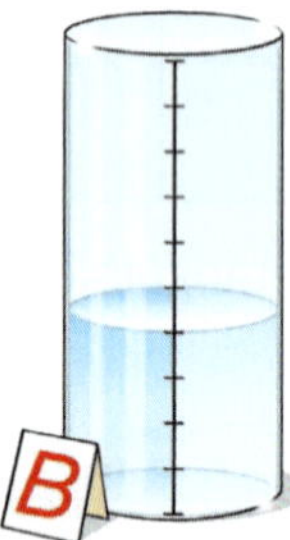

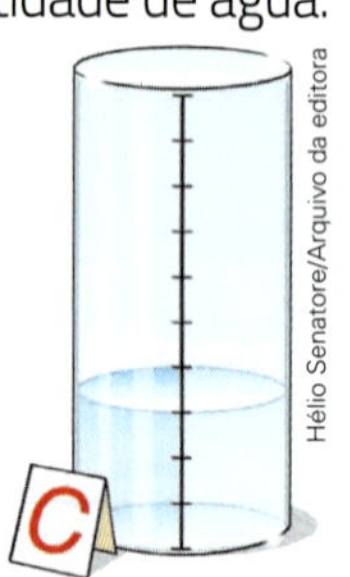

Hélio Senatore/Arquivo da editora

a) Que frações representam as quantidades de líquido em cada copo?

b) Que operação você pode fazer para calcular a quantidade total de líquido dos 3 copos? Represente-a e dê o resultado.

2. Efetue as operações com frações.

a) $\frac{5}{4} + \frac{2}{4}$

b) $\frac{11}{3} - \frac{7}{3}$

c) $\frac{11}{6} + \frac{1}{6} + \frac{5}{6}$

d) $\frac{17}{4} - \frac{13}{4}$

e) $3\frac{1}{5} + 2\frac{3}{5}$

f) $2\frac{1}{5} + 3\frac{2}{5}$

g) $5\frac{2}{3} - 2\frac{1}{3}$

h) $3\frac{3}{4} - 2\frac{3}{4}$

3. Calcule:

a) $\frac{3}{2} + \frac{2}{3}$

b) $\frac{3}{2} - \frac{2}{3}$

c) $\frac{7}{12} + \frac{11}{20}$

d) $\frac{1}{6} + \frac{5}{4} + \frac{2}{3}$

e) $\frac{1}{2} + \frac{1}{3}$

f) $\frac{3}{2} - \frac{1}{4}$

g) $2\frac{2}{5} + \frac{11}{2} + \frac{1}{3}$

h) $\frac{7}{12} + \frac{5}{18}$

4. Quem vai ganhar o cabo de guerra: o time de camiseta verde ou o de camiseta azul?

Ilustra Cartoon/Arquivo da editora

Descubra, adicionando os números de cada time e comparando. Ganha quem tiver a maior soma.

5. Calcule os valores das expressões.

a) $\left(\frac{3}{2} - \frac{2}{5}\right) + \left(\frac{5}{4} - \frac{2}{3}\right)$

b) $1 + \left(\frac{1}{2} - \frac{1}{5}\right) - \left(\frac{7}{4} - \frac{5}{4}\right)$

c) $\left(\frac{7}{8} - \frac{5}{6}\right) + \left(\frac{8}{9} - \frac{7}{9}\right)$

d) $2\frac{1}{3} + 3\frac{1}{2} - 5\frac{1}{6}$

6. O salão do Centro Esportivo está sendo ladrilhado com cerâmica. Aparecido, o pedreiro, começou a trabalhar anteontem e conseguiu ladrilhar $\frac{1}{7}$ do salão. Ontem ele ladrilhou mais $\frac{3}{8}$. Nesses dois dias já foram assentados 870 ladrilhos. Quantos ladrilhos, ao todo, serão colocados no salão?

Artur Fujita/Arquivo da editora

7. Marcos ganhou R$ 230,00 do seu avô. Ele guardou $\frac{4}{5}$ dessa quantia na poupança e decidiu comprar figurinhas para seu álbum com o restante. Com a primeira compra de figurinhas, Marcos conseguiu preencher $\frac{3}{8}$ do álbum. Na segunda compra, preencheu mais $\frac{5}{12}$ do álbum.

a) Quanto Marcos guardou na poupança?

b) Quanto sobrou para ele comprar figurinhas?

c) Com as duas compras de figurinhas, que fração do álbum Marcos preencheu?

d) Se no álbum cabe um total de 240 figurinhas e antes das duas compras Marcos não tinha nenhuma figurinha, quantas ficaram faltando para Marcos preencher o álbum?

8. Ari e Valdo são atletas e participaram de uma corrida de rua da cidade. Quando Ari havia completado $\frac{3}{4}$ do percurso, Valdo completou $\frac{4}{5}$.

Nesse instante, Ari estava 400 metros atrás de Valdo. Sabendo que 1 quilômetro tem 1 000 metros, de quantos quilômetros era a corrida?

9. Em razão da instalação da rede de água em certo bairro, foi construído um grande reservatório, alimentado por uma bomba de água. No primeiro dia de funcionamento da bomba, foi enchido $\frac{1}{3}$ do reservatório; no segundo dia, foram completados mais $\frac{2}{5}$ dele. Se ainda faltam 4 400 litros para completar o reservatório, qual é a sua capacidade?

NA OLIMPÍADA

A soma das manchas

(Obmep) A figura mostra a fração $\frac{5}{11}$ como a soma de duas frações. As manchas encobrem números naturais. Uma das frações tem denominador 3. Qual é o menor numerador possível para a outra fração?

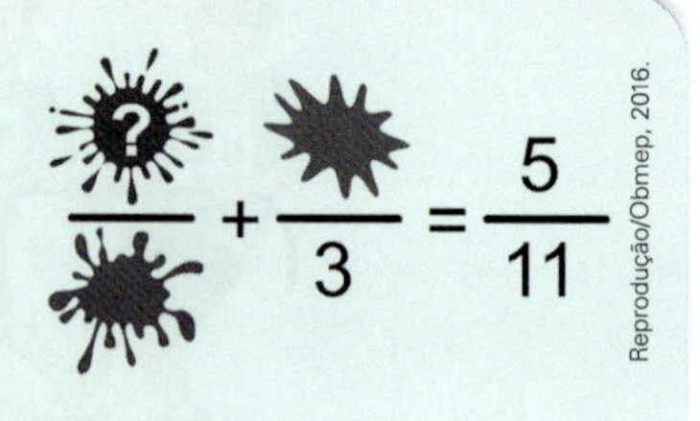

a) 1 **b)** 2 **c)** 3 **d)** 4 **e)** 5

Multiplicação

Quanto é $3 \cdot \frac{2}{7}$?

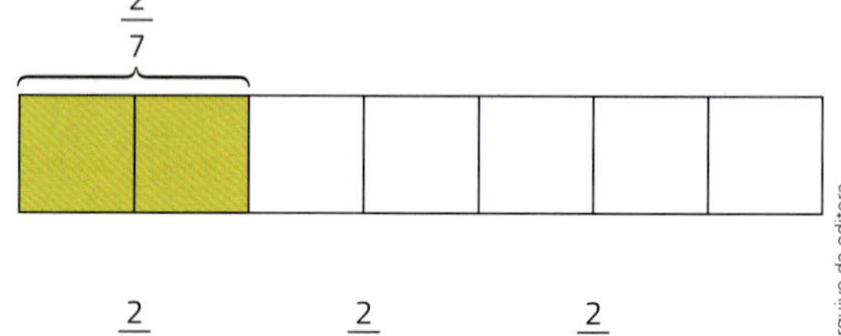

Podemos pensar que $\frac{2}{7}$ do retângulo representado ao lado corresponde à parte colorida.

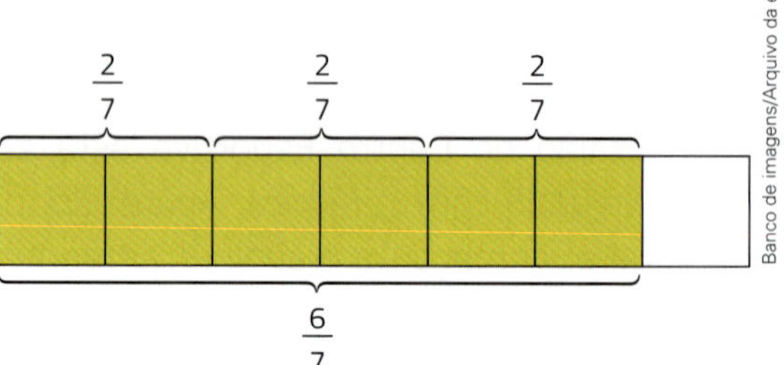

Logo, $3 \cdot \frac{2}{7}$ é o triplo dessa parte. Observe a figura ao lado.

Então, podemos dizer que: $3 \cdot \frac{2}{7} = \frac{6}{7} = \frac{3 \cdot 2}{7}$

Também podemos pensar assim: $3 \cdot \frac{2}{7} = \frac{2}{7} + \frac{2}{7} + \frac{2}{7} = \frac{2+2+2}{7} = \frac{3 \cdot 2}{7} = \frac{6}{7}$

Em palavras: três vezes dois sétimos são seis sétimos.

Acompanhe outro exemplo.

ESB Professional/Shutterstock

Veja a solução obtida:

$$4 \cdot \frac{3}{5} = \frac{3}{5} + \frac{3}{5} + \frac{3}{5} + \frac{3}{5} = \frac{3+3+3+3}{5} = \frac{4 \cdot 3}{5} = \frac{12}{5}$$

Em palavras: quatro vezes três quintos são doze quintos.

Nos exemplos anteriores multiplicamos um número inteiro por uma fração. E como podemos fazer se os dois fatores da multiplicação forem frações?

Por exemplo, quanto é $\frac{1}{3} \cdot \frac{1}{5}$?

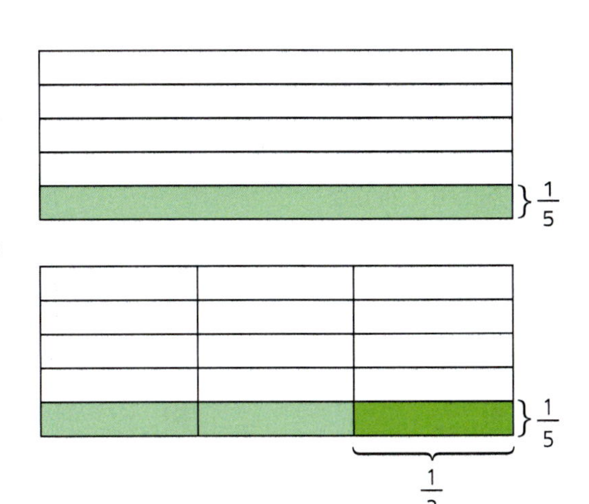

Podemos pensar que $\frac{1}{5}$ do primeiro retângulo ao lado corresponde à parte colorida.

Logo, $\frac{1}{3} \cdot \frac{1}{5}$ é igual a $\frac{1}{3}$ da parte colorida (veja o segundo retângulo ao lado).

O resultado corresponde a $\frac{1}{15}$ do retângulo. Então:

$$\frac{1}{3} \cdot \frac{1}{5} = \frac{1}{15} = \frac{1 \cdot 1}{3 \cdot 5}$$

Acompanhe outros exemplos.

Ilustra Cartoon/Arquivo da editora

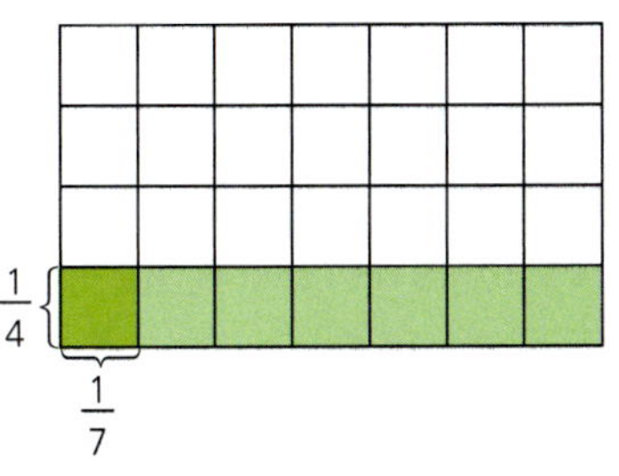

A solução obtida é: $\frac{1}{4} \cdot \frac{1}{7} = \frac{1}{28} = \frac{1 \cdot 1}{4 \cdot 7}$

Ilustra Cartoon/Arquivo da editora

Podemos pensar que $\frac{2}{3} = 2 \cdot \frac{1}{3}$ e $\frac{5}{6} = 5 \cdot \frac{1}{6}$. Então:

$$\frac{2}{3} \cdot \frac{5}{6} = \left(2 \cdot \frac{1}{3}\right) \cdot \left(5 \cdot \frac{1}{6}\right) = (2 \cdot 5) \cdot \left(\frac{1}{3} \cdot \frac{1}{6}\right) = 10 \cdot \frac{1}{18} = \frac{10}{18} = \frac{2 \cdot 5}{3 \cdot 6}$$

O **produto** de duas frações é uma fração cujo numerador é o produto dos numeradores e cujo denominador é o produto dos denominadores.

Represente a multiplicação acima usando figuras, como nas situações anteriores.

ATIVIDADES

10. Que fração representa a parte colorida da figura?

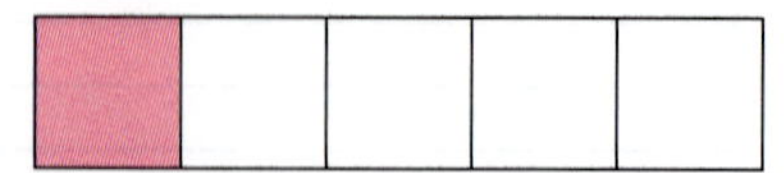

Agora, calcule:

a) o dobro dessa fração;

b) o triplo dela.

11. Calcule o quádruplo de cada fração.

a) $\frac{11}{20}$ **b)** $\frac{2}{3}$

12. Calcule:

a) $\frac{7}{5} \cdot 11$ **b)** $\frac{2}{9} \cdot 3$

13. Efetue as multiplicações:

a) $\frac{1}{2} \cdot \frac{1}{5}$ **c)** $\frac{2}{3} \cdot \frac{1}{9}$

b) $\frac{1}{3} \cdot \frac{2}{7}$ **d)** $\frac{3}{8} \cdot \frac{11}{2}$

Texto para as atividades **14** e **15**.

Depois de calcular o produto de duas frações, devemos simplificar a fração obtida, colocando-a na forma irredutível. Acompanhe o exemplo:

$\frac{11}{8} \cdot \frac{4}{7} = \frac{44}{56} = \frac{11}{14}$ (forma irredutível)

Para facilitar a simplificação, podemos cancelar os fatores comuns aos numeradores e denominadores antes de fazer a multiplicação, como nestes exemplos:

- $\frac{4}{5} \cdot \frac{20}{7}$

  $\frac{4}{\cancel{5}_1} \cdot \frac{\cancel{20}^4}{7} = \frac{16}{7}$

- $\frac{4}{5} \cdot \frac{25}{12}$

  $\frac{{}^1\cancel{4}}{{}_1\cancel{5}} \cdot \frac{\cancel{25}^5}{\cancel{12}_3} = \frac{5}{3}$

- $\frac{2}{3} \cdot \frac{9}{5} \cdot \frac{7}{22}$

  $\frac{{}^1\cancel{2}}{{}_1\cancel{3}} \cdot \frac{\cancel{9}^3}{5} \cdot \frac{7}{\cancel{22}_{11}} = \frac{21}{55}$

14. Carminha pediu a Luciana que entregasse doces nas casas de cinco fregueses.

Ilustra Cartoon/Arquivo da editora

Para descobrir a ordem em que Luciana vai entregar os doces:

a) efetue as multiplicações indicadas nas casas;

b) compare os resultados obtidos e escreva-os na ordem decrescente. Essa ordem corresponde à ordem de entrega.

15. Em uma partida de basquete, os dois times marcaram juntos 126 pontos.

Ilustra Cartoon/Arquivo da editora

Efetue as multiplicações indicadas nas camisetas e descubra a fração de pontos que cada jogador fez no jogo. Depois, responda:

a) Quantos pontos cada jogador fez?

b) Quem fez mais pontos?

c) Quem fez menos pontos?

16. Calcule:

a) $2 \cdot \frac{1}{3}$

b) $5 \cdot \frac{5}{3}$

c) $1 \cdot \frac{4}{3}$

17. Transforme em fração imprópria:

a) $2\frac{1}{3}$ **b)** $5\frac{5}{3}$ **c)** $1\frac{4}{3}$

18. Compare as atividades **16** e **17**. Qual é a diferença entre elas?

Texto para a atividade **19**.

Trocando entre si o numerador e o denominador da fração $\frac{2}{3}$, obtemos $\frac{3}{2}$.

Dizemos que $\frac{3}{2}$ é o **inverso** de $\frac{2}{3}$.

O produto de uma fração pelo seu inverso é igual a 1. **Inverso** ou **recíproco** de uma fração diferente de zero é a fração que se obtém trocando entre si o numerador e o denominador da fração dada.

19. Calcule o produto de cada fração pelo seu inverso.

a) $\frac{3}{5}$ **b)** $\frac{4}{7}$ **c)** $\frac{2}{3}$ **d)** $\frac{5}{7}$ **e)** $\frac{1}{6}$

Compare os resultados obtidos.

20. Classifique a sentença do quadro abaixo em verdadeira ou falsa.

O produto de uma fração pelo seu inverso é igual a 1.

21. Calcule o valor de cada expressão.

a) $\frac{5}{3} \cdot \left(\frac{1}{2} + \frac{1}{4}\right)$

b) $\frac{2}{5} \cdot \left(\frac{10}{7} - \frac{5}{7}\right)$

c) $\left(\frac{1}{2} + \frac{1}{3}\right) \cdot \left(\frac{2}{5} - \frac{3}{8}\right)$

d) $\left(\frac{3}{4} + \frac{4}{3}\right) \cdot \left(\frac{8}{7} - \frac{7}{8}\right)$

e) $2\frac{1}{2} + \frac{5}{7} \cdot \frac{14}{25}$

Calculando a fração de um número

- Quanto é $\frac{3}{5}$ de 80?

  Já resolvemos questões como essa no capítulo 12. Primeiro, calculamos a quinta parte de 80:

  $80 : 5 = 16$

  Depois, multiplicamos o resultado pelo número de partes que queremos:

  $3 \cdot 16 = 48$

  Então, $\frac{3}{5}$ de 80 é 48.

  Agora, vamos multiplicar $\frac{3}{5}$ por 80:

  $\frac{3}{\cancel{5}} \cdot \cancel{80}^{16} = 48$

  Note que em ambos os cálculos realizamos as mesmas operações. Então:

  $\frac{3}{5}$ de 80 é o mesmo que $\frac{3}{5} \cdot 80$.

- Quanto é $\frac{3}{5}$ de $\frac{1}{2}$?

  Vamos dividir uma barra ao meio, e cada metade, em cinco partes:

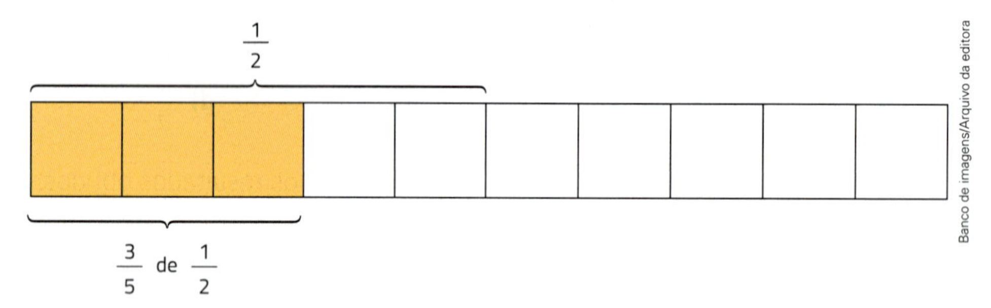

A barra ficou dividida em 10 partes e $\frac{3}{5}$ de $\frac{1}{2}$ são 3 partes. Portanto, $\frac{3}{5}$ de $\frac{1}{2}$ equivale a $\frac{3}{10}$.

Agora vamos multiplicar $\frac{3}{5}$ por $\frac{1}{2}$:

$\frac{3}{5} \cdot \frac{1}{2} = \frac{3}{10}$

Então, $\frac{3}{5}$ de $\frac{1}{2}$ é o mesmo que $\frac{3}{5} \cdot \frac{1}{2}$.

Calcular uma fração de um número é o mesmo que multiplicar a fração pelo número.

Acompanhe outros exemplos:

- $\frac{5}{8}$ de 40 é: $\frac{5}{\cancel{8}_1} \cdot \cancel{40}^5 = 25$

- $\frac{1}{9}$ de $\frac{36}{5}$ é: $\frac{1}{\cancel{9}_1} \cdot \frac{\cancel{36}^4}{5} = \frac{4}{5}$

ATIVIDADES

22. A barra representada a seguir é composta de 20 quadradinhos iguais.

Quantos quadradinhos devem ser coloridos para representar:

a) um décimo de 20?

b) sete décimos de 20?

23. Quanto é três quartos de um quarto? Faça uma figura representando $\frac{3}{4}$ de $\frac{1}{4}$.

24. Calcule:

a) $\frac{3}{4}$ de 60

b) $\frac{5}{6}$ de 20

c) $\frac{1}{2}$ de $\frac{12}{5}$

d) $\frac{4}{5}$ de $\frac{35}{16}$

25. Da quantia que ganhou de seu pai, Luana gastou $\frac{3}{7}$ comprando brinquedo. Do restante, ela gastou $\frac{1}{3}$ comprando lanche. Que fração da quantia que Luana ganhou ela gastou com a compra do lanche?

26. Luciana comeu $\frac{2}{5}$ de uma barra de chocolate, e Gabriel comeu $\frac{2}{3}$ do que sobrou. O restante, eles deram para Maurício.

a) Quem comeu mais chocolate: Luciana ou Gabriel?

b) Que fração do chocolate Maurício comeu?

27. Walter vendeu em um dia $\frac{3}{5}$ da quantidade de laranjas que tinha na sua banca de frutas. No dia seguinte, vendeu $\frac{13}{16}$ da quantidade que havia sobrado e levou as 9 laranjas restantes para casa. Para repor a quantidade inicial que havia na banca de frutas, quantas laranjas Walter deve buscar na Central de Abastecimento?

NA OLIMPÍADA

Para não ficar tonto

(Obmep) Carlinhos completou 5 voltas e meia correndo ao longo de uma pista circular. Em seguida, inverteu o sentido e correu mais quatro voltas e um terço, faltando percorrer 40 metros para chegar ao ponto de início. Quantos metros tem essa pista de corrida?

Reprodução/Obmep, 2015.

a) 48

b) 120

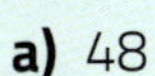

c) 200

d) 240

e) 300

Divisão

Dividir uma quantidade significa reparti-la em quantidades menores, todas iguais entre si.

A operação de divisão pode ser usada para:

- sabendo em quantas partes se quer dividir, descobrir quanto haverá em cada parte;
- sabendo quanto haverá em cada parte, descobrir em quantas partes se deve dividir.

Acompanhe os exemplos a seguir.

Repartindo muito leite

Para repartir igualmente 40 litros de leite entre 10 famílias, quantos litros cada família deve receber?

Ilustra Cartoon/Arquivo da editora

$40 : 10 = 4$

Cada família deve receber 4 litros de leite.

Se 40 litros de leite devem ser colocados em jarras de 2 litros cada uma, quantas jarras serão necessárias?

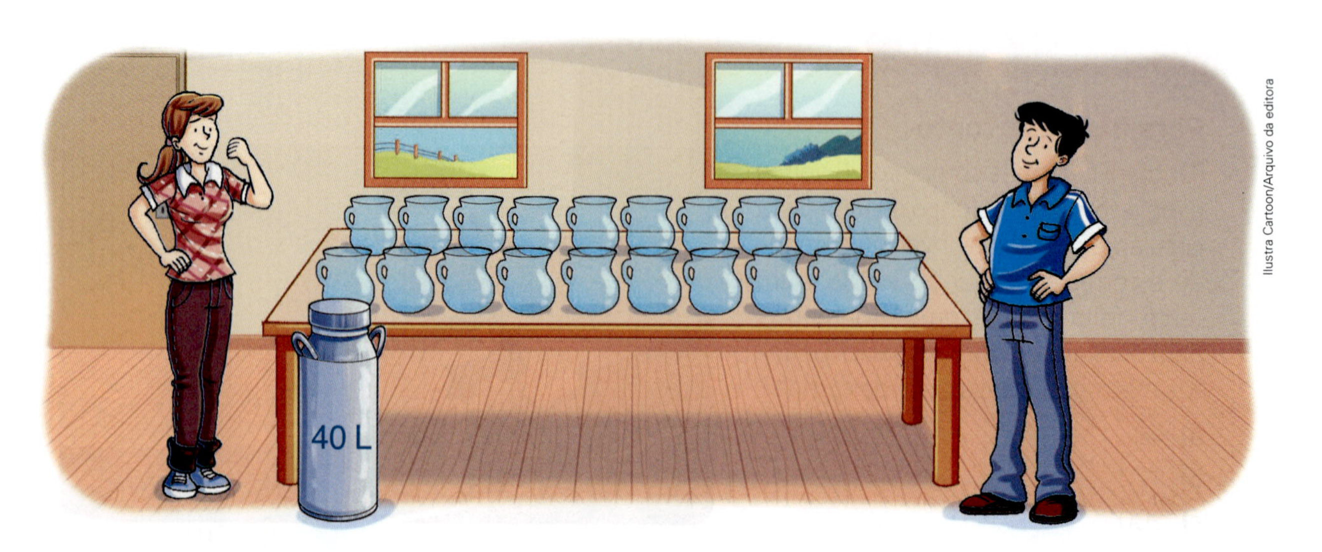

Ilustra Cartoon/Arquivo da editora

$40 : 2 = 20$

Serão necessárias 20 jarras.

Se as jarras forem de 1 litro cada uma, quantas jarras serão necessárias?

$40 : 1 = 40$

Serão necessárias 40 jarras.

Se tivermos canecas de $\frac{1}{2}$ litro cada uma, quantas canecas serão necessárias?

$40 : \frac{1}{2}$ é igual a?

Podemos pensar assim: com cada litro de leite é possível encher 2 canecas; então, com 40 litros podemos encher $40 \cdot 2$ canecas; portanto, 80 canecas.

$40 : \frac{1}{2} = 80$

Se tivermos copos de $\frac{1}{4}$ de litro cada um, quantos copos serão necessários?

$40 : \frac{1}{4}$ é igual a?

Podemos raciocinar da seguinte maneira: com cada litro de leite podemos encher 4 copos; então, com os 40 litros podemos encher $40 \cdot 4$ copos; portanto, 160 copos.

$40 : \frac{1}{4} = 160$

E se tivermos garrafas de $\frac{4}{5}$ de litro, quantas garrafas serão necessárias?

Ilustra Cartoon/Arquivo da editora

$40 : \frac{4}{5}$ é igual a?

Podemos pensar assim: como $5 \cdot \frac{4}{5} = 4$, para encher 5 garrafas são necessários 4 litros de leite.

Dessa maneira, dividindo os 40 litros em partes de 4 litros cada uma, obtemos 10 partes. Cada parte enche 5 garrafas. Então, como $10 \cdot 5 = 50$, serão necessárias 50 garrafas.

$40 : \frac{4}{5} = 50$

Vamos transformar em multiplicações as divisões que fizemos nos exemplos propostos:

- $40 : 10 = 4$ e $4 = \frac{40}{10} = 40 \cdot \frac{1}{10}$; então, $40 : 10 = 40 \cdot \frac{1}{10}$ $\left(\frac{1}{10}\right.$ é o inverso de $\left.10\right)$.
- $40 : 2 = 20$ e $20 = \frac{40}{2} = 40 \cdot \frac{1}{2}$; então, $40 : 2 = 40 \cdot \frac{1}{2}$ $\left(\frac{1}{2}\right.$ é o inverso de $\left.2\right)$.
- $40 : 1 = 40$ e $40 = 40 \cdot 1$; então, $40 : 1 = 40 \cdot 1$ (1 é o inverso de 1).
- $40 : \frac{1}{2} = 80$ e $80 = 40 \cdot 2$; então, $40 : \frac{1}{2} = 40 \cdot 2$ $\left(2\right.$ é o inverso de $\left.\frac{1}{2}\right)$.
- $40 : \frac{1}{4} = 160$ e $160 = 40 \cdot 4$; então $40 : \frac{1}{4} = 40 \cdot 4$ $\left(4\right.$ é o inverso de $\left.\frac{1}{4}\right)$.
- $40 : \frac{4}{5} = 50$ e $50 = 10 \cdot 5 = \frac{40}{4} \cdot 5 = \frac{40 \cdot 5}{4} = 40 \cdot \frac{5}{4}$; então, $40 : \frac{4}{5} = 40 \cdot \frac{5}{4}$ $\left(\frac{5}{4}\right.$ é o inverso de $\left.\frac{4}{5}\right)$.

O quociente da divisão de um número natural por uma fração é igual ao produto desse número natural pelo inverso da fração.

Veja outros exemplos:

- $15 : \frac{3}{4} = 15 \cdot \frac{4}{3} = \frac{60}{3} = 20$
- $2 : \frac{3}{8} = 2 \cdot \frac{8}{3} = \frac{16}{3}$

Repartindo pouco leite

Rita Barreto/Fotoarena

Se $\frac{1}{2}$ litro de leite for repartido igualmente em 4 copos, quanto ficará em cada copo?

$\frac{1}{2} : 4$ é igual a?

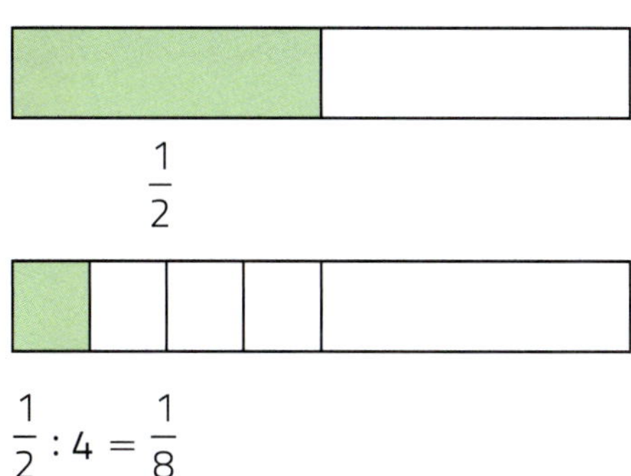

$\frac{1}{2} : 4 = \frac{1}{8}$

Em cada copo ficará $\frac{1}{8}$ de litro de leite.

- $\frac{1}{2} : 4 = \frac{1}{8}$ e $\frac{1}{8} = \frac{1}{2} \cdot \frac{1}{4}$; então, $\frac{1}{2} : 4 = \frac{1}{2} \cdot \frac{1}{4}$ $\left(\frac{1}{4} \text{ é o inverso de } 4\right)$.

Enchendo baldes e baldes

Ilustra Cartoon/Arquivo da editora

Se $\frac{75}{2}$ litros de leite forem repartidos igualmente em 4 baldes, quanto ficará em cada balde?

$\frac{75}{2} : 4$ é igual a?

$$\frac{75}{2} : 4 = 75 \cdot \underbrace{\frac{1}{2} : 4}_{\frac{1}{8}} = 75 \cdot \frac{1}{8} = \frac{75}{8}$$

Em cada balde ficará $\frac{75}{8}$ ou $9\frac{3}{8}$ litros de leite.

- $\frac{75}{2} : 4 = \frac{75}{8}$ e $\frac{75}{8} = \frac{75}{2} \cdot \frac{1}{4}$; então, $\frac{75}{2} : 4 = \frac{75}{2} \cdot \frac{1}{4}$ $\left(\frac{1}{4} \text{ é o inverso de } 4\right)$.

O quociente da divisão de uma fração por um número natural não nulo é igual ao produto dessa fração pelo inverso do número natural.

Veja outros exemplos:

- $\frac{3}{4} : 2 = \frac{3}{4} \cdot \frac{1}{2} = \frac{3}{8}$
- $\frac{16}{5} : 8 = \frac{16}{5} \cdot \frac{1}{8} = \frac{2}{5}$

Mais divisão de leite

Se $\frac{75}{2}$ litros de leite forem colocados em garrafas de $\frac{4}{5}$ de litro, quantas garrafas serão necessárias?

$\frac{75}{2} : \frac{4}{5}$ é igual a?

Podemos repetir o raciocínio: para encher 5 garrafas são necessários 4 litros de leite. Dessa maneira, dividindo $\frac{75}{2}$ litros de leite em partes de 4 litros, cada parte enche 5 garrafas. Como $\frac{75}{2} : 4 = \frac{75}{8}$, obtemos

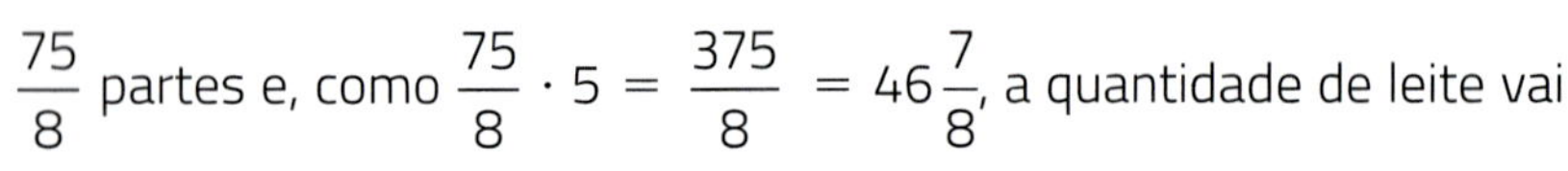

$\frac{75}{8}$ partes e, como $\frac{75}{8} \cdot 5 = \frac{375}{8} = 46\frac{7}{8}$, a quantidade de leite vai encher 46 garrafas e $\frac{7}{8}$ de outra. Logo, serão necessárias 47 garrafas.

Ilustra Cartoon/Arquivo da editora

Pelos nossos cálculos:

$$\frac{75}{2} : 4 = \left(\frac{75}{2} : 4\right) \cdot 5 = \frac{75}{8} \cdot 5 = \frac{375}{8}$$

Como $\frac{375}{8} = \frac{75 \cdot 5}{2 \cdot 4} = \frac{75}{2} \cdot \frac{5}{4}$, temos $\frac{75}{2} : \frac{4}{5} = \frac{75}{2} \cdot \frac{5}{4}$ $\left(\frac{5}{4} \text{ é o inverso de } \frac{4}{5}\right)$.

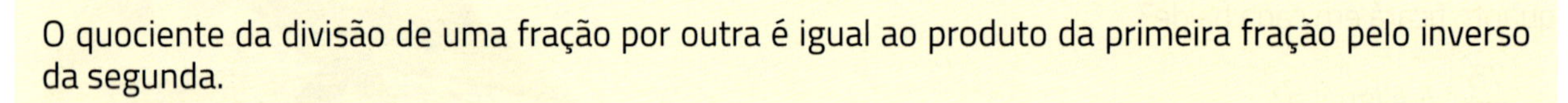

O quociente da divisão de uma fração por outra é igual ao produto da primeira fração pelo inverso da segunda.

Outros exemplos:

- $\frac{3}{4} : \frac{1}{2} = \frac{3}{4} \cdot 2 = \frac{3}{2}$
- $\frac{25}{8} : \frac{15}{16} = \frac{25}{8} \cdot \frac{16}{15} = \frac{10}{3}$

ATIVIDADES

28. Associe as frações à direita às suas inversas, à esquerda, formando duplas de crianças. Quem sobrou?

Luciana: $\frac{3}{4}$	Alexandre: $\frac{1}{2}$
Gabriela: $\frac{7}{11}$	Priscila: 3
Ricardo: $\frac{5}{9}$	Maurício: 5

Nicole: 2	Talita: $\frac{4}{3}$
Paulo: 9	Mariana: $\frac{11}{7}$
Pedro: $\frac{9}{5}$	Jussara: $\frac{2}{3}$
Patrícia: $\frac{1}{5}$	Renato: $\frac{1}{3}$

29. Calcule o quociente das divisões apresentadas em cada item.

a) $\frac{7}{5} : \frac{14}{5}$

b) $\frac{14}{3} : 2\frac{1}{3}$

c) $5 : \frac{1}{3}$

d) $\frac{19}{20} : \frac{57}{35}$

e) $\frac{11}{4} : \frac{9}{4}$

f) $2\frac{1}{4} : 3\frac{4}{7}$

g) $\frac{1}{2} : 2$

h) $\frac{11}{2} : \frac{11}{5}$

i) $\frac{9}{2} : \frac{7}{4}$

j) $\frac{7}{3} : \frac{11}{6}$

k) $\frac{13}{6} : \frac{2}{9}$

l) $\frac{9}{5} : \frac{7}{15}$

30. Calcule o valor de cada expressão. Depois responda: Multiplicando os resultados, quanto dá?

$\left(\frac{3}{4} + \frac{2}{4}\right) : \left(\frac{1}{3} + \frac{4}{3}\right)$

$\left(\frac{3}{2} + \frac{2}{3}\right) : \left(\frac{3}{4} + \frac{4}{3}\right)$

$\left(\frac{1}{2} - \frac{1}{3}\right) : \left(\frac{1}{4} - \frac{1}{6}\right)$

$\left(\frac{10}{3} - \frac{1}{3}\right) : \left(\frac{2}{5} + \frac{1}{2}\right)$

Texto para as atividades **31** e **32**.

O que significa a expressão $\dfrac{\frac{2}{3}}{\frac{4}{5}}$?

Convenciona-se que essa expressão corresponde ao quociente da divisão $\frac{2}{3} : \frac{4}{5}$, assim como $\frac{40}{10}$ é um número igual ao quociente da divisão 40 : 10.

31. Complete o cálculo:

$$\dfrac{\frac{2}{3}}{\frac{4}{5}} = \frac{2}{3} : \frac{4}{5} = \text{////////}$$

32. Calcule:

a) $\dfrac{6}{\frac{2}{7}}$

b) $\dfrac{\frac{6}{5}}{2}$

c) $\dfrac{\frac{2}{3} : \frac{4}{5}}{\frac{5}{3} : \frac{2}{3}}$

d) $\dfrac{\frac{4}{15} : \frac{2}{3}}{\frac{12}{24} : \frac{3}{8}}$

33. Calcule cada expressão e responda: Quantas têm resultado maior do que 1?

$\left(\frac{1}{2} + \frac{1}{3} + \frac{5}{4}\right) : \left(2 - \frac{1}{4} + \frac{4}{3}\right)$

$\left(\frac{1}{3} \cdot \frac{3}{5} + \frac{10}{7} \cdot \frac{7}{5}\right) : \left(2 - \frac{1}{2} \cdot \frac{3}{4}\right)$

$\left(\frac{2}{3} \cdot \frac{9}{8} - \frac{5}{49} : \frac{10}{7}\right) : \left(2 - \frac{37}{28}\right)$

$\left(1 - \frac{1}{2}\right) \cdot \left(1 - \frac{1}{3}\right) \cdot \left(1 - \frac{1}{4}\right) : \left(1 - \frac{1}{5}\right)$

34. Agora, resolva estes desafios:

a) $\dfrac{\frac{216}{12} : \frac{74}{37}}{\frac{144}{24} : \frac{102}{51}} : \dfrac{12 : \frac{8}{2}}{\frac{27}{9} : 3}$

b) $\dfrac{\frac{3}{2} \cdot \frac{4}{7} - \frac{3}{14} \cdot 2}{\frac{2}{3} \cdot \frac{3}{10} + \frac{7}{25} \cdot 5} + 4$

35. Com a venda de tortas, Roberto conseguiu ganhar R$ 2 000,00 neste mês. Com metade desse dinheiro ele comprou alimentos e com $\frac{1}{4}$, o material escolar da filha Laura. Com $\frac{3}{8}$ do que sobrou ele comprou uma camisa e o restante guardou na poupança.

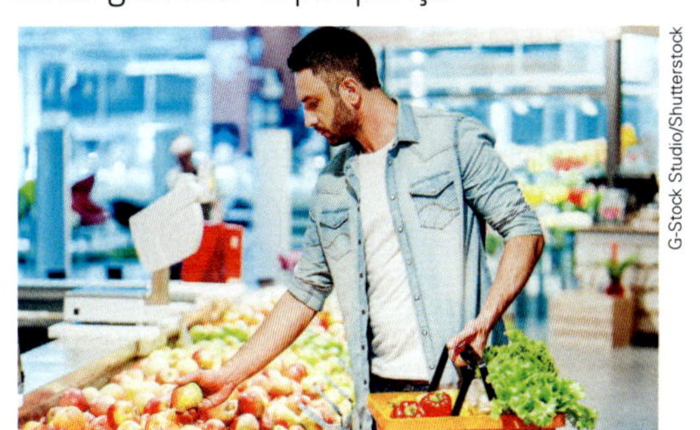

G-Stock Studio/Shutterstock

a) Quanto Roberto gastou em alimentos?

b) Quanto custou o material escolar de Laura?

c) Qual é o preço da camisa nova de Roberto?

d) Quanto Roberto guardou na poupança?

e) A quanto do total corresponde em fração esse investimento?

36. Em uma pesquisa com todos os moradores da rua do Sol, foi feita a pergunta: "A que programa de TV você costuma assistir no horário das 20 h?". Observe o resultado:

- $\frac{1}{2}$ dos entrevistados prefere o **Festival de Palhaçadas**.
- $\frac{1}{2}$ do restante prefere o **Jornal das Vinte**.
- Os outros 130 moradores da rua assistem à novela **Amor e lágrimas**.

a) Quantas pessoas moram na rua do Sol?

b) Quantas assistem ao **Festival de Palhaçadas**?

c) Quantas preferem o **Jornal das Vinte**?

37. Em certo estado do Brasil, $\frac{3}{4}$ da população são pessoas alfabetizadas, mas somente $\frac{1}{8}$ concluiu o Ensino Fundamental. Que fração das pessoas alfabetizadas concluiu o 9º ano?

38. Desenhe dois círculos no caderno e divida cada um deles em 12 partes iguais. Em seguida, pinte apenas a parte que é pedida em cada item.

a) Para cada parte colorida de verde, devem ficar duas partes em branco.

b) A parte em branco corresponde a $\frac{1}{3}$ da parte colorida de amarelo.

39. Desenhe no caderno um retângulo dividido em 20 quadradinhos iguais como o mostrado abaixo.

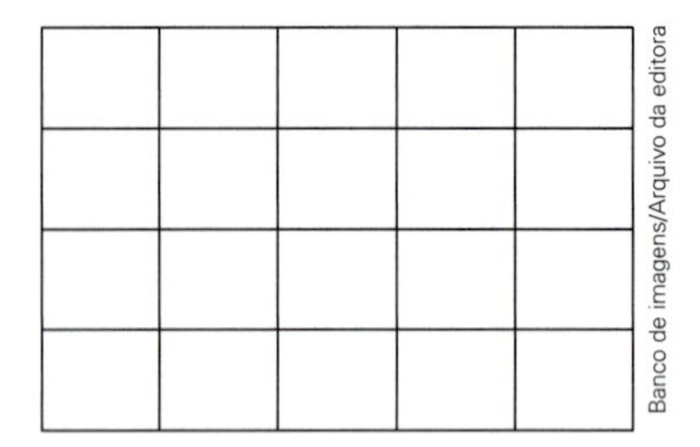

Banco de imagens/Arquivo da editora

Depois, pinte os quadradinhos de amarelo ou de azul, de acordo com a seguinte regra:

> A quantidade de quadradinhos amarelos deve corresponder a $\frac{2}{3}$ da quantidade de quadradinhos azuis.

Quantos quadradinhos serão pintados de amarelo? E quantos de azul?

40. Um município tem dois postos de vacinação e recebeu 12 000 doses de uma vacina para ser aplicada à sua população. O posto A deve receber $\frac{3}{5}$ da quantidade de vacinas que vão para o posto B, pois fica em uma área menos povoada. Quantas doses de vacina devem ser enviadas a cada posto?

41. Elabore um problema que envolve a divisão de uma quantidade em duas partes, de modo que uma delas corresponda a $\frac{4}{5}$ da outra. Depois, peça a um colega para resolver o problema que você elaborou enquanto você resolve o dele.

Potenciação

PARTICIPE

a) No conjunto dos números naturais temos $2^3 = 8$. Nesse caso, qual é a base? Qual é o expoente?

b) Diogo precisa calcular $\left(\frac{2}{3}\right)^3$. Nesse caso, qual é a base? Qual é o expoente?

c) Recordando que $2^3 = 2 \cdot 2 \cdot 2$ e considerando a multiplicação de frações, qual é o resultado de $\left(\frac{2}{3}\right)^3$?

Observe o cálculo de algumas potências:

- $\left(\frac{2}{3}\right)^4$

Elevar uma fração à quarta potência é calcular um produto de quatro fatores iguais à base. Então:

$$\left(\frac{2}{3}\right)^4 = \frac{2}{3} \cdot \frac{2}{3} \cdot \frac{2}{3} \cdot \frac{2}{3} = \frac{2^4}{3^4} = \frac{16}{81}$$

$$\left(\frac{2}{3}\right)^4 = \frac{16}{81}$$

- $\left(\frac{2}{3}\right)^1$

Toda fração elevada ao expoente 1 tem como resultado a própria fração:

$$\left(\frac{2}{3}\right)^1 = \frac{2}{3}$$

- $\left(\frac{2}{3}\right)^0$

Toda fração com numerador diferente de zero elevada ao expoente 0 tem como resultado o número 1:

$$\left(\frac{2}{3}\right)^0 = 1$$

Para elevar uma fração a dado expoente, devemos elevar o numerador e o denominador a esse expoente.

ATIVIDADES

42. Calcule as potências a seguir.

a) $\left(\frac{1}{2}\right)^2$ c) $\left(\frac{1}{3}\right)^4$ e) $\left(\frac{7}{8}\right)^3$

b) $\left(\frac{1}{2}\right)^3$ d) $\left(\frac{3}{2}\right)^2$ f) $\left(\frac{2}{5}\right)^4$

43. Calcule:

a) $\left(1\frac{1}{2}\right)^3$ b) $\left(2\frac{7}{4}\right)^2$ c) $\left(3\frac{5}{6}\right)^2$

44. Qual é o valor de cada expressão?

a) $\left(\frac{1}{2}\right)^2 + \left(\frac{2}{3}\right)^2$

b) $2^2 - \left(\frac{3}{2}\right)^2$

c) $1^3 + \left(\frac{1}{3}\right)^2 + \left(\frac{1}{2}\right)^3$

d) $\frac{2}{5} + \left(\frac{1}{2}\right)^2 - \frac{1}{10}$

45. Calcule os valores das expressões e responda: Qual deles é o maior?

a) $\left(\frac{4}{5}\right)^2 \cdot \left(\frac{4}{5}\right) : \left(\frac{4}{5}\right)^3$

b) $\left(\frac{3}{4}\right)^5 : \left(\frac{3}{4}\right)^4$

c) $\left(\frac{3}{5}\right)^2 : \left(\frac{3}{5}\right)^3$

d) $\left(\frac{1}{3}\right)^3 \cdot \left(\frac{1}{3}\right)^4 : \left(\frac{1}{3}\right)^5$

46. Calcule cada expressão e responda: Qual delas dá resultado maior que 10?

a) $\left(\frac{7}{6} - \frac{1}{2}\right)^2 : \frac{11}{5}$

b) $\left(\frac{4}{21} + \frac{3}{28}\right)^2$

c) $\left(\frac{3}{2} + \frac{1}{2}\right)^0 : \left(1 - \frac{1}{2}\right)^1$

d) $\frac{3}{14} \cdot \frac{7}{6} + \left(\frac{1}{2}\right)^3$

e) $\frac{2}{7} : \frac{1}{14} - \left(\frac{2}{3}\right)^2 : \frac{4}{27}$

f) $\left(\frac{1}{2} - \frac{1}{6}\right)^3$

NA MÍDIA

Brasileirão 2019: Flamengo não deu chance aos adversários

A campanha do Flamengo no Brasileirão é sem precedentes. Campeão com quatro rodadas de antecedência, o que igualou feitos do São Paulo (2007) e do Cruzeiro (2013), o time do técnico português Jorge Jesus quebrou o recorde de melhor campanha da era dos pontos corridos com 20 clubes, formato em vigor desde 2006. A marca pertencia ao Corinthians (2015), que atingiu 81 pontos. O Flamengo fez 90. [...]

Tabela final

	Times	PG	J	V	E	D
1º	Flamengo	**90**	38	28	6	4
2º	Santos	**74**	38	22	8	8
3º	Palmeiras	**74**	38	21	11	6
4º	Grêmio	**65**	38	19	8	11
5º	Athletico	**64**	38	18	10	10
6º	São Paulo	**63**	38	17	12	9
7º	Internacional	**57**	38	16	9	13
8º	Corinthians	**56**	38	14	14	10
9º	Fortaleza	**53**	38	15	8	15
10º	Goiás	**52**	38	15	7	16
11º	Bahia	**49**	38	12	13	13
12º	Vasco	**49**	38	12	13	13
13º	Atlético-MG	**48**	38	13	9	16
14º	Fluminense	**46**	38	12	10	16
15º	Botafogo	**43**	38	13	4	21
16º	Ceará	**39**	38	10	9	19
17º	Cruzeiro	**36**	38	7	15	16
18º	CSA	**32**	38	8	8	22
19º	Chapecoense	**32**	38	7	11	20
20º	Avaí	**20**	38	3	11	24

Zona de classificação

- para a Copa Libertadores
- para a Copa Sul-americana

Zona de rebaixamento

PG: pontos ganhos
J: jogos
V: vitórias
E: empates
D: derrotas

Disponível em: https://www.uol.com.br/esporte/reportagens-especiais/brasileirao-2019-fla-domina-o-campeonato-em-ano-de-novidades. Acesso em: 5 mar. 2021.

1. Sabendo que, em cada jogo, o time que vence ganha 3 pontos, qual é o número máximo de pontos que um time pode ganhar no campeonato brasileiro?

Nas questões seguintes, responda às frações pedidas na forma irredutível.

2. Que fração do número máximo de pontos que poderia ter ganhado no campeonato brasileiro de 2019 o Flamengo ganhou? E o Internacional?

3. Quantos times ganharam mais da metade dos pontos possíveis que poderiam ter ganhado?

4. Quantos times ganharam mais da metade do número de jogos que fizeram? E quantos perderam mais da metade do número de jogos que fizeram?

5. Vinte clubes disputaram o campeonato. Que fração do total de clubes corresponde a clubes do estado do Rio de Janeiro?

6. Santos e Palmeiras terminaram com 74 pontos ganhos, mas o Santos ficou à frente do Palmeiras porque teve uma vitória a mais (embora tivesse tido 2 derrotas a mais). Se a pontuação fosse de 5 pontos por vitória, 2 para cada time no caso de empate e 0 por derrota, qual deles teria ficado em segundo lugar no campeonato?

7. Na sua opinião, qual critério de pontuação você acredita ser mais justo: o que está em vigor no campeonato ou o citado na questão anterior? Converse com os colegas.

UNIDADE 6

Números decimais

NESTA UNIDADE VOCÊ VAI

- Comparar, ordenar, ler e escrever números na forma decimal.
- Transformar um numeral decimal em fração decimal.
- Resolver problemas envolvendo números na forma decimal.
- Resolver problemas envolvendo porcentagem.
- Identificar que frações irredutíveis e não aparentes podem ser convertidas em número decimal exato ou em dízima periódica.

CAPÍTULOS

CAPÍTULO 15

Fração decimal e numeral decimal

matimix/Shutterstock

NA REAL

Qual é o esporte preferido?

Para promover hábitos saudáveis entre os estudantes da escola em que trabalha, uma professora de Educação Física fez uma pesquisa para saber qual é o esporte preferido deles e, a partir do resultado, vai organizar campeonatos com essas modalidades esportivas.

Entre os esportes disponíveis para os estudantes escolherem estavam: vôlei, futebol, basquete e handebol. Essa pesquisa foi feita com 100 estudantes das turmas de 6º ano e cada participante escolheu apenas uma modalidade esportiva.

De acordo com a pesquisa, 32 estudantes preferem vôlei, 28 preferem futebol, 18 preferem basquete e 22 deles, handebol. Qual é a fração de estudantes que representa a escolha de cada esporte?

Na BNCC
EF06MA01
EF06MA08
EF06MA13

Fração decimal

O material dourado

Você conhece o material dourado?

O material dourado foi criado no início do século XX por uma professora italiana chamada Maria Montessori (1870-1952) para ajudar as crianças a compreender os números por meio de representações concretas.

Cristina Xavier/Arquivo da editora

Este é o **material dourado**, muito usado nas escolas. Ele é composto de quatro tipos de peças, representadas pelos desenhos abaixo:

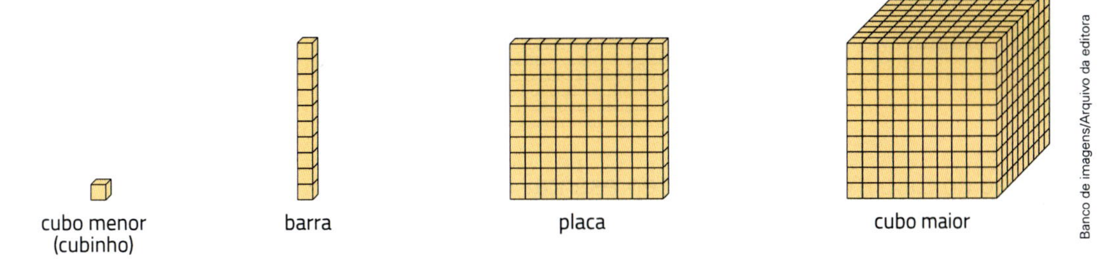

Banco de imagens/Arquivo da editora

Observe que:

- uma barra é formada por 10 cubinhos:

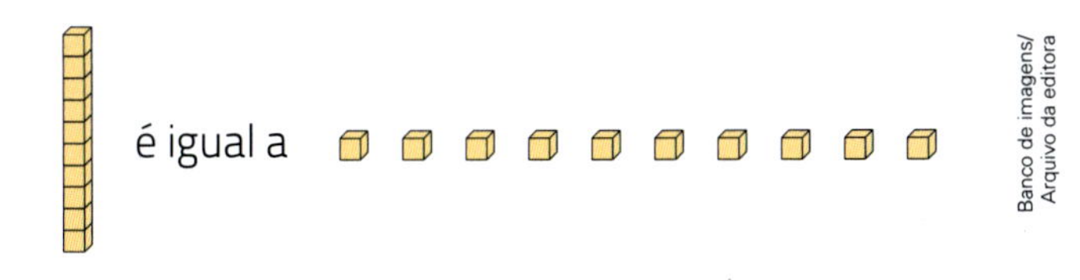

Banco de imagens/Arquivo da editora

- uma placa é formada por 10 barras:

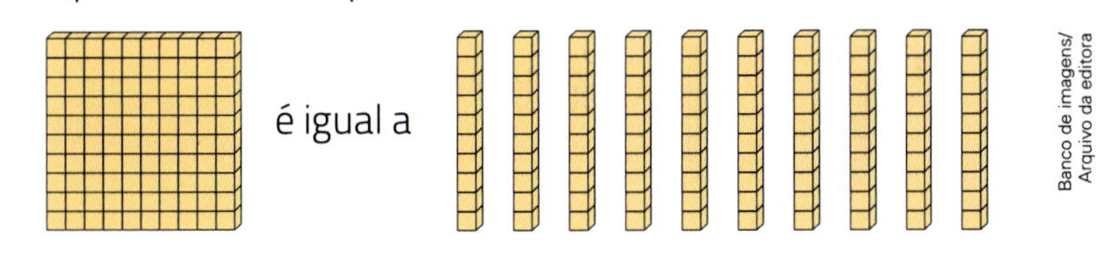

Banco de imagens/Arquivo da editora

- um cubo maior é formado por 10 placas:

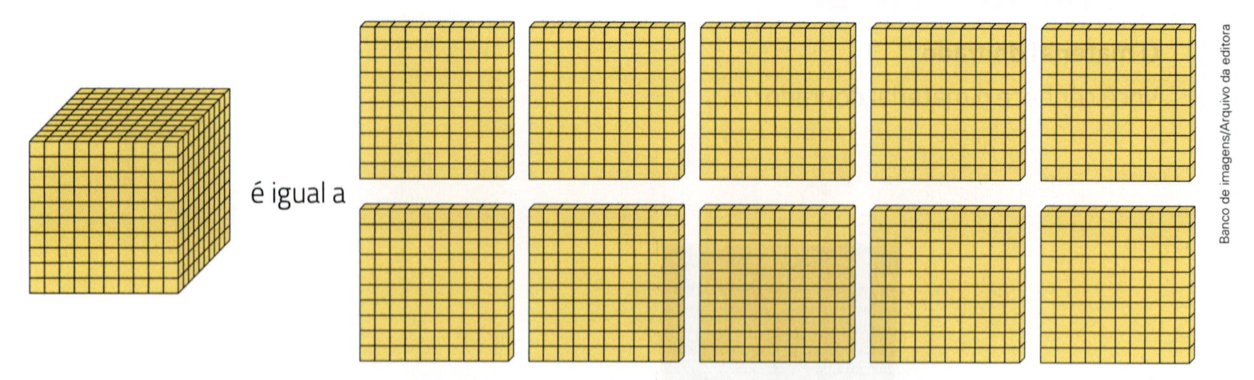

Se tomarmos o cubo maior como unidade, que fração dele a placa representa?

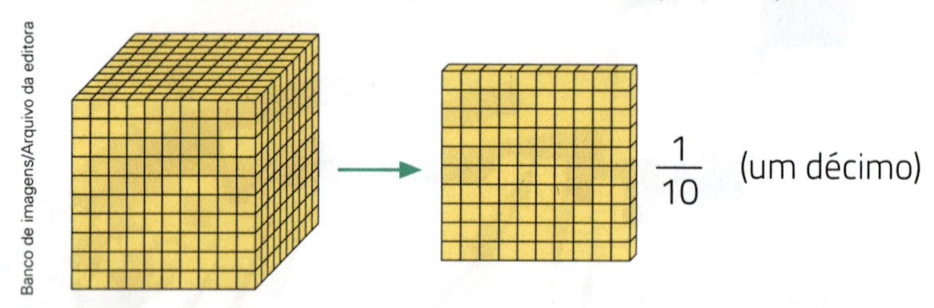

Que fração do cubo maior 5 placas representam?

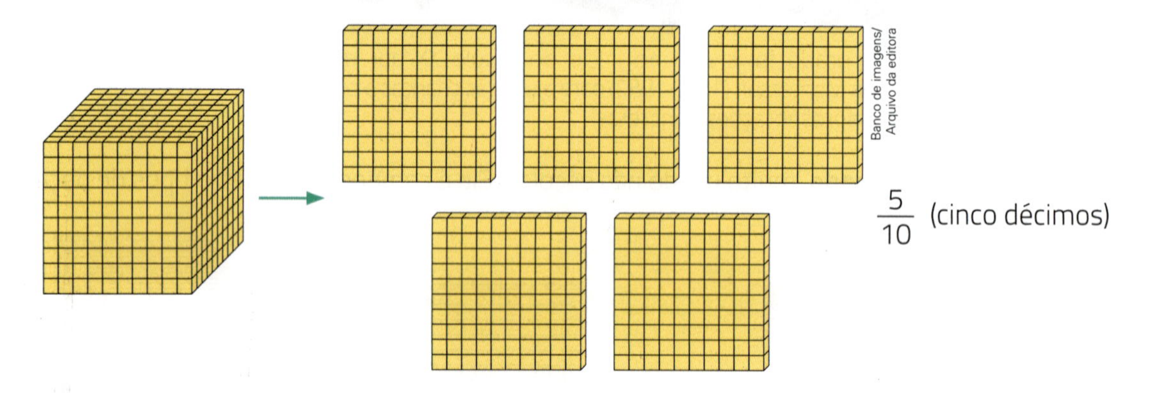

Que fração do cubo maior uma barra representa? E 3 barras?

O cubo maior tem 10 placas de 10 barras. Como $10 \cdot 10 = 100$, ele tem 100 barras.

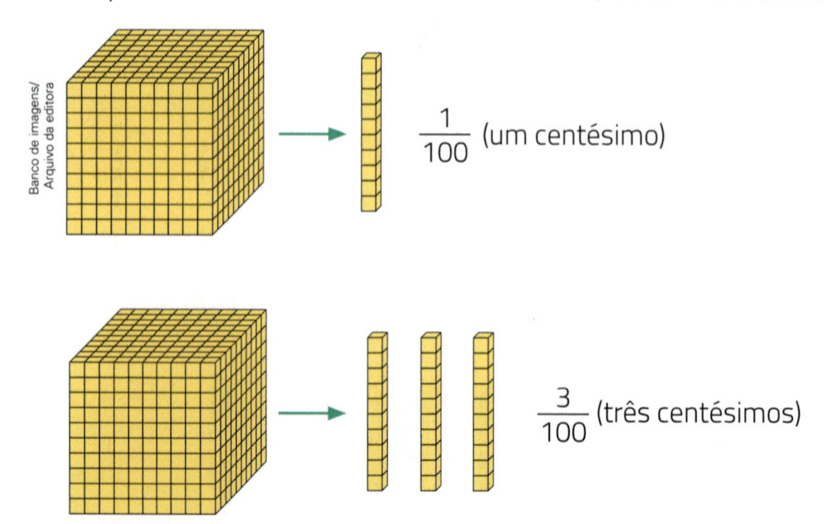

Que fração do cubo maior um cubinho representa? E 7 cubinhos?

O cubo maior tem 100 barras de 10 cubinhos. Como $100 \cdot 10 = 1\,000$, são 1 000 cubinhos.

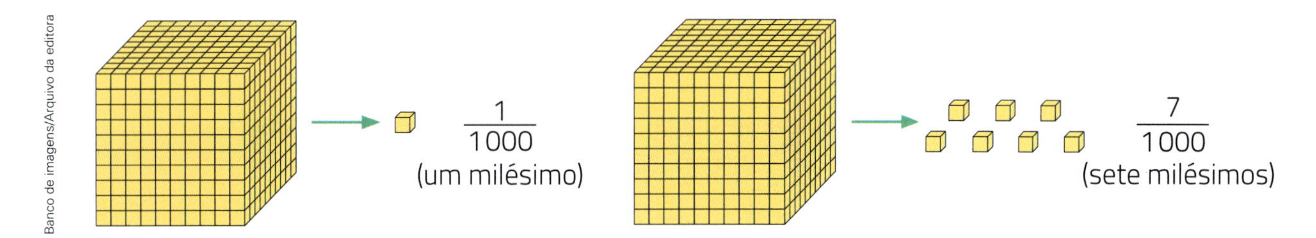

Observe que os denominadores dessas frações são potências de 10:

$$\frac{1}{10}, \frac{5}{10}, \frac{1}{100}, \frac{3}{100}, \frac{1}{1\,000}, \frac{7}{1\,000}$$

Essas frações são chamadas **frações decimais**.

Chama-se **fração decimal** toda fração em que o denominador é uma potência de 10 com expoente natural.

No sistema de numeração decimal, cada número natural é representado por um numeral formado por um ou mais algarismos.

Cada algarismo que compõe o numeral ocupa uma ordem.

Por exemplo, no numeral 5 672, temos:

Algarismo	5	6	7	2
Ordem	unidade de milhar	centena	dezena	unidade simples

Qual é o valor do algarismo 5 nesse numeral?

O valor do algarismo no numeral depende da ordem que ele ocupa. Assim, 5 na unidade de milhar vale $5 \cdot 1\,000$, ou seja, 5 000.

Veja qual o valor do algarismo 5, se ele ocupar a ordem:

- das centenas;

6	5	7	2

Na ordem das centenas, 5 vale $5 \cdot 100 = 500$.

- das dezenas;

6	7	5	2

Na ordem das dezenas, 5 vale $5 \cdot 10 = 50$.

- das unidades simples;

6	7	2	5

Na ordem das unidades simples, 5 vale $5 \cdot 1 = 5$.

Quando um algarismo é deslocado uma ordem à direita, seu valor passa a ser $\frac{1}{10}$ do anterior.

Numeral decimal

Vamos estudar agora os **numerais decimais** e aprender outro modo de representar as frações. Precisamos representar partes da unidade. Então, vamos ampliar o sistema de numeração decimal, da seguinte maneira:

1º) Colocamos uma vírgula para separar as unidades inteiras das partes de unidade.

2º) Criamos novas ordens à direita da vírgula – ordens (ou casas) decimais.

Não devemos esquecer que cada ordem vale $\frac{1}{10}$ da ordem que está à sua esquerda.

Observe a representação a seguir:

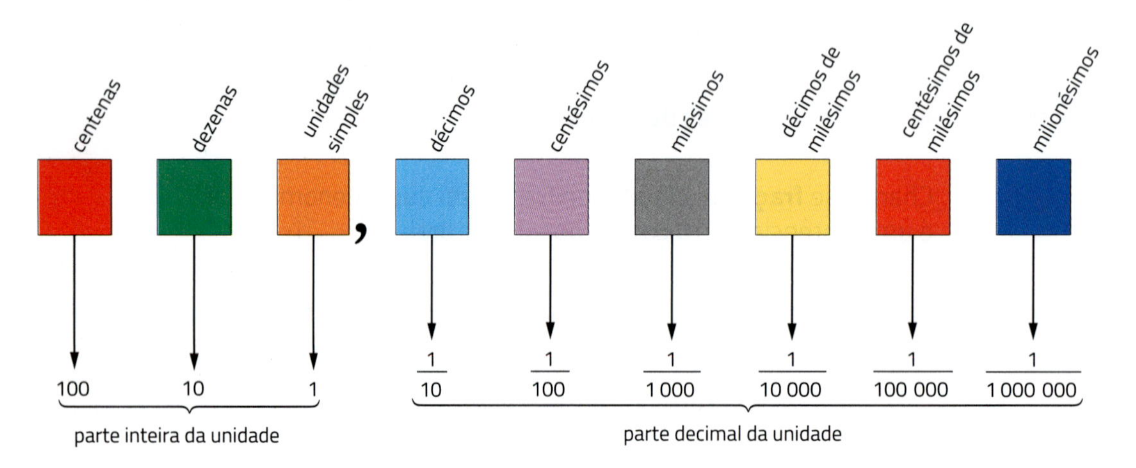

Veja alguns exemplos:

- 0,9: nove décimos
- 0,17: um décimo e sete centésimos (ou dezessete centésimos)
- 0,254: dois décimos, cinco centésimos e quatro milésimos (ou duzentos e cinquenta e quatro milésimos)
- 5,6: cinco inteiros e seis décimos
- 7,18: sete inteiros, um décimo e oito centésimos (ou sete inteiros e dezoito centésimos)
- 18,391: dezoito inteiros, três décimos, nove centésimos e um milésimo (ou dezoito inteiros e trezentos e noventa e um milésimos)

ATIVIDADES

1. Em cada item, substitua ______ pelos termos corretos. Siga o exemplo.

a) 0,12: 1 ______ e 2 ______, ou 12 ______

b) 0,038: 3 ______ e 8 ______, ou 38 ______

c) 4,5: 4 ______ e 5 ______

d) 52,389: 52 ______, 3 ______, 8 ______ e 9 ______ ou 52 ______ e 389 ______

2. Qual é o doce mais vendido por Neusa? Para descobrir, escolha apenas as letras dos cartões que contêm frações decimais. Siga a ordem indicada pelas setas.

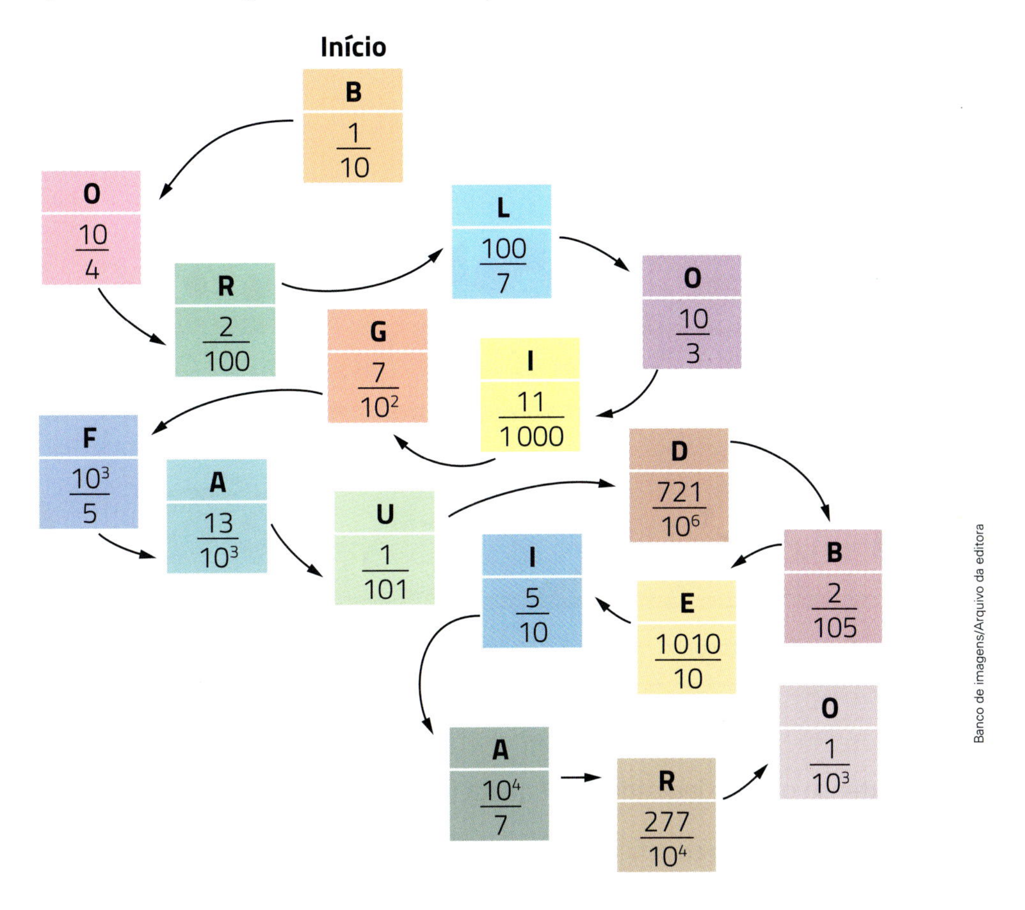

3. Observe os cartões A e B e substitua os ▒▒▒ pelos algarismos 0, 1, 2, 4, 5 ou 8 (sem repetir algarismos no mesmo cartão), conforme as dicas que os acompanham.

A

▒▒▒ ▒▒▒, ▒▒▒ ▒▒▒ ▒▒▒ ▒▒▒

- 8 é o algarismo da ordem dos décimos.
- 1 é o algarismo da ordem dos milésimos.
- 2 é o algarismo dos décimos de milésimos.
- 4 é o algarismo das unidades.
- 0 não é algarismo da parte inteira.

B

▒▒▒ ▒▒▒, ▒▒▒ ▒▒▒ ▒▒▒ ▒▒▒

- 8 é algarismo da parte inteira.
- 4 é o algarismo da ordem dos décimos.
- 5 é o algarismo da ordem dos décimos de milésimos.
- 2 não é algarismo da parte decimal.
- A ordem que o algarismo 8 ocupa vale $\frac{1}{10}$ da ordem que o algarismo 2 ocupa.
- A ordem que o algarismo 1 ocupa vale $\frac{1}{10}$ da ordem que o algarismo 4 ocupa.

Agora, responda às perguntas.

a) Qual é a ordem do algarismo 5 no cartão A?

b) Como se escreve por extenso o numeral que se formou nesse cartão?

c) Qual é a ordem do algarismo 0 no cartão B?

d) Como se escreve por extenso o numeral formado nesse cartão?

4. Escreva por extenso:

a) 0,000001

b) 1,00000128

c) 6,005432

5. Esta é a vitrine de uma loja de doces.

Cecília Iwashita/Arquivo da editora

Escreva por extenso o preço indicado na etiqueta de cada doce.

6. Um professor criou um jogo com fichas coloridas envolvendo números decimais. Ele fala uma cor e dita um número e os estudantes devem escrever corretamente o numeral na ficha correspondente.

Ficha	Numeral
verde	dois centésimos
amarela	vinte e oito milésimos
vermelha	quatro inteiros e três décimos
azul	um inteiro e cento e cinco milésimos
marrom	vinte e seis inteiros e quinhentos e noventa e sete décimos de milésimos
rosa	dois inteiros e sete milésimos
branca	trinta e dois décimos de milésimos

Escreva os numerais a serem anotados em cada ficha, seguindo a tabela.

Como transformar um numeral decimal em fração decimal

PARTICIPE

Afonso, o avô de Alice, distribuiu R$ 100,00 entre seus três netos. Para Alice, ele deu R$ 20,00. Jonas recebeu vinte e cinco centésimos do dinheiro e Luana recebeu o restante.

a) Que fração do total representa a quantia que Alice recebeu? Podemos afirmar que essa é uma fração decimal? Por quê?

b) Que numeral decimal representa a parte do dinheiro que Jonas recebeu? Que fração decimal representa esse numeral?

c) Quanto Jonas recebeu em dinheiro?

d) Que numeral decimal representa a parte que Luana recebeu do avô?

Vamos transformar 0,097 em fração decimal.

Como 0,097 representa **97 milésimos**, temos:

$$0{,}097 = \frac{97}{1000}$$

Agora, vamos transformar 5,69 em fração decimal.

Como 5,69 representa **5 inteiros e 69 centésimos**, temos:

$$5{,}69 = 5\frac{69}{100} \text{ ou } 5{,}69 = \frac{569}{100}$$

Ilustra Cartoon/Arquivo da editora

Para transformar um numeral decimal em fração decimal, escreve-se uma fração cujo numerador é o numeral decimal sem vírgula e cujo denominador é o algarismo 1 (um) seguido de tantos zeros quantas forem as casas decimais do numeral dado.

ATIVIDADES

7. Em vez de numerais decimais, o artista deveria ter pintado frações decimais. Vamos corrigir, transformando os números decimais em frações decimais.

Ilustra Cartoon/Arquivo da editora

8. Transforme em frações decimais:

a) 75,401

b) 1986,712

c) 66,123

d) 0,0013

e) 9,4247

Como transformar uma fração decimal em numeral decimal

Ilustra Cartoon/Arquivo da editora

Vamos transformar $\frac{81}{10000}$ em numeral decimal.

Como $\frac{81}{10000}$ representa **81 décimos de milésimos**, temos:

$$\frac{81}{10000} = 0,0081$$

Agora, vamos transformar $\frac{4287}{1000}$ em numeral decimal.

Temos:

$$\frac{4287}{1000} = \frac{4\,000 + 287}{1000} = \frac{4\,000}{1000} + \frac{287}{1000} = 4 + \frac{287}{1000}$$

Concluímos que $\frac{4\,287}{1000}$ representa **4 inteiros e 287 milésimos**. Logo:

$$\frac{4\,287}{1000} = 4,287$$

Para transformar uma fração decimal em numeral decimal, escreve-se o numerador da fração com a mesma quantidade de casas decimais que os zeros do denominador.

9. Transforme as frações decimais em numerais decimais:

a) $\frac{6\,428}{100}$ c) $\frac{941}{100}$ e) $\frac{17}{100}$ g) $\frac{27}{100\,000}$

b) $\frac{4}{10}$ d) $\frac{281}{10}$ f) $\frac{47}{1\,000}$ h) $\frac{435}{1000}$

10. Transforme em numeral decimal:

a) $\frac{49\,582}{100}$ b) $\frac{897}{1\,000}$ c) $\frac{1\,973}{10}$ d) $\frac{1\,728}{10}$ e) $\frac{59}{1\,000}$ f) $\frac{77}{100}$

11. Luís, professor de Educação Física, para um trabalho em parceria com o professor de Matemática, pediu a Estela que bordasse numerais decimais nas camisetas do time de vôlei da escola. Transforme as frações decimais em numerais decimais para saber quais são os números das camisetas desse time diferente.

Ilustra Cartoon/Arquivo da editora

Texto para a atividade **12**.

Se multiplicarmos os termos da fração $\frac{7}{25}$ por 4, ela se transforma em uma fração decimal. Veja:

$$\frac{7}{25} = \frac{7 \cdot 4}{25 \cdot 4} = \frac{28}{100} = 0{,}28$$

12. Transforme as frações abaixo em frações decimais e, depois, em numerais decimais.

a) $\frac{3}{2}$ c) $\frac{9}{50}$ e) $\frac{375}{200}$ g) $\frac{91}{5}$ i) $\frac{71}{125}$

b) $\frac{11}{5}$ d) $\frac{41}{20}$ f) $\frac{7}{2}$ h) $\frac{83}{25}$

13. Na página 249, na seção "Na História", é apresentado um registro do século X sobre a fração $\frac{19}{2^5}$ transformada em numeral decimal. Faça a conta e confira se a resposta da obra de aritmética daquela época, do árabe Al-Uqlidisi, estava correta.

Taxa porcentual

Quantos por cento?

De cada 5 estudantes da escola Bem-te-vi, 3 são meninas. Quantos por cento dos estudantes são meninas?

As meninas representam $\frac{3}{5}$ dos estudantes da escola. Como $\frac{3}{5} = \frac{60}{100}$, de cada 100 estudantes da escola 60 são meninas. Por isso, dizemos que 60% (sessenta por cento) dos estudantes da escola Bem-te-vi são meninas. Ou seja, 60% é a taxa porcentual (ou percentual) de meninas no total de estudantes da escola.

As frações centesimais podem ser representadas em forma de **taxa porcentual**. Veja alguns exemplos no quadro a seguir.

Fração centesimal	Taxa porcentual
$\frac{7}{100}$	7% (sete por cento)
$\frac{30}{100}$	30% (trinta por cento)
$\frac{115}{100}$	115% (cento e quinze por cento)

No problema anterior, vimos que 60% dos estudantes da escola Bem-te-vi são meninas. Se nessa escola há um total de 750 estudantes, quantas são as meninas?

Em outras palavras: Quanto é 60% de 750?

Como $60\% = \frac{60}{100}$, queremos saber: A fração $\frac{60}{100}$ dos estudantes da escola representa quantos estudantes?

Devemos calcular $\frac{60}{100}$ de 750, o que é o mesmo que $\frac{60}{100} \cdot 750$. Assim:

$$\frac{60}{100} \cdot 750 = \frac{6 \cdot 75}{1} = 450$$

Portanto, dos 750 estudantes da escola Bem-te-vi, 450 são meninas.

ATIVIDADES

14. Complete o quadro abaixo.

Fração centesimal	Taxa percentual
$\frac{11}{100}$	
$\frac{45}{100}$	
$\frac{95}{100}$	
$\frac{135}{100}$	
$\frac{1}{100}$	
$\frac{31}{100}$	
$\frac{100}{100}$	
$\frac{112}{100}$	
$\frac{231}{100}$	
$\frac{4}{100}$	

15. Complete o quadro a seguir.

Taxa percentual	Fração centesimal	Forma irredutível
25%	$\frac{25}{100}$	$\frac{1}{4}$
80%		
75%		
15%		
55%		
147%		
250%		
10%		

16. Paulinho e Rafa estavam jogando par ou ímpar. Em 7 de 10 jogadas deu "par".

a) Que fração das jogadas representa o resultado "par"?

b) Qual a porcentagem do resultado "par" nas jogadas?

17. Responda às questões abaixo.

a) Suponha que, de cada 5 pessoas no mundo, 1 é chinesa. Então, os chineses são quantos por cento da população mundial?

b) Suponha que, de cada 20 brasileiros, 3 nasceram na região Sul. Então, quantos por cento dos brasileiros são sulistas?

18. O vidraceiro está colocando vidro nas janelas. Observe cada janela e responda às perguntas abaixo.

Ilustra Cartoon/Arquivo da editora

Ilustra Cartoon/Arquivo da editora

a) Para cada janela, determine a fração que representa a parte correspondente ao vidro colocado.

b) Quantos por cento de cada janela já estão com vidro?

19. Complete o quadro seguindo o exemplo:

Taxa percentual	Fração centesimal	Número decimal
19%	$\frac{19}{100}$	0,19
100%		
213%		
151%		
21%		
37%		
4%		
6%		

20. Analise a seguinte igualdade:

$$10\% \cdot 10\% = 1\%$$

Ela é verdadeira ou falsa?

21. Calcule:

a) $\frac{2}{7}$ de 14

b) 20% de 150

c) 30% de 1 500

d) 75% de 4 000

22. Responda às questões abaixo.

a) $\frac{3}{5}$ de um número é 150. Qual é esse número?

b) 40% de um número é 150. Qual é esse número?

c) 45% de um número é 450. Qual é esse número?

Cálculo mental

Vamos treinar o cálculo mental com as taxas 100%, 50%, 25% e 10%.

$100\% = \frac{100}{100} = 1 \rightarrow$ 100% é o todo.

$50\% = \frac{50}{100} = \frac{1}{2} \rightarrow$ 50% é metade.

$25\% = \frac{25}{100} = \frac{1}{4} \rightarrow$ 25% é um quarto (ou metade da metade).

$10\% = \frac{10}{100} = \frac{1}{10} \rightarrow$ 10% é um décimo.

Por exemplo:

100% de 20 bolinhas é o todo: 20 bolinhas.

50% de 20 bolinhas é metade: 10 bolinhas.

25% de 20 bolinhas é metade da metade: 5 bolinhas.

10% de 20 bolinhas é um décimo: 2 bolinhas.

(Lembre-se: um décimo de um número é esse número dividido por 10.)

ATIVIDADES

23. Responda, calculando mentalmente, às questões sobre um grupo de 80 pessoas:

a) 100% são brasileiras. Quantas pessoas são brasileiras?

b) 50% são homens. Quantos são homens?

c) 25% das pessoas são solteiras. Quantas pessoas são solteiras?

d) 10% usam óculos. Quantas pessoas usam óculos?

e) Quantas são as mulheres?

f) 25% das mulheres são loiras. Quantas são as mulheres loiras?

g) 10% dos solteiros usam óculos. Quantos solteiros usam óculos?

h) 25% dos que usam óculos são mulheres. Quantas mulheres usam óculos?

i) 100% dos homens e 10% das mulheres gostam do verão. Quantas pessoas gostam do verão?

24. Calcule mentalmente:

a) 25% de 1 200

b) 10% de 680

c) 50% de 310

d) 100% de 425

e) 10% de 500

f) 50% de 1 440

g) 25% de 1 600

h) 50% de 5 200

i) 25% de 30 000

j) 10% de 1 milhão

25. Resolva mentalmente: Paulo declarou em seu testamento que metade do que tinha ficaria para sua esposa, e o restante seria dividido igualmente entre seus dois filhos.

a) Que porcentagem dos bens ficará para a esposa?

b) Que porcentagem dos bens ficará para cada filho?

26. Responda:

a) Quanto é 25% de 400?

b) Quanto é 90% de 50?

27. Responda:

a) Se 30% de um número é 51, qual é o número?

b) Se 15% de um número é 6, qual é o número?

Nas atividades **28** a **31** vamos trabalhar com aumentos e descontos dados em porcentagens.

28. Contando os estudantes de todos os anos, em 2010, o Colégio Céu Azul tinha 1 350 estudantes. Hoje, tem 10% a menos do que em 2010.

a) Quanto é 10% de 1 350?

b) Quantos estudantes o Colégio Céu Azul tem hoje?

29. Ao comprar um televisor, Antônio optou por pagar à vista ganhando um desconto de 5%. O preço do televisor, sem o desconto, era R$ 900,00.

Iakov Filimonov/Shutterstock

a) Quanto é 5% de R$ 900,00?

b) Quanto Antônio pagou à vista pelo televisor?

30. No ano passado, o pai de Marcos pagava uma mensalidade escolar de R$ 850,00. Para este ano, houve um acréscimo de 6% na mensalidade.

a) Quanto é 6% de R$ 850,00?

b) Quanto está a mensalidade deste ano?

31. Uma loja vendeu em novembro 480 celulares. Em dezembro, as vendas aumentaram 30% em relação ao mês anterior, devido às festas natalinas.

a) Quanto é 30% de 480?

b) Quantos celulares foram vendidos em dezembro?

32. Dois pedreiros, Pedro e João, vão receber um total de R$ 1 400,00 por um serviço prestado. O número de horas trabalhadas por Pedro foi 75% do número de horas trabalhadas por João. O valor a receber por hora é o mesmo para cada um. Quanto cada um deve receber?

33. Elabore um problema que possa ser resolvido pelas operações abaixo:

$$40\% \cdot 180 = \frac{40}{100} \cdot 180 = 72$$

$$75\% \cdot 120 = \frac{75}{100} \cdot 120 = 90$$

$$72 + 90 = 162$$

34. Elabore um problema que possa ser resolvido pelas operações abaixo:

$$25\% \cdot 140 = \frac{25}{100} \cdot 140 = 35$$

$$140 - 35 = 105$$

35. Elabore um problema sobre repartir uma quantidade em duas partes de tal modo que uma delas seja 80% da outra. Peça a um colega que o resolva enquanto você resolve o problema que ele elaborou.

Propriedades dos numerais decimais

PARTICIPE

A professora dividiu a turma em pequenos grupos para a resolução de algumas operações envolvendo numerais decimais. Juliana e Pedro devem encontrar numerais decimais a partir das frações dadas.

Resolução de Juliana: $\frac{125}{100} = 1,25$ Resolução de Pedro: $\frac{1250}{1000} = 1,250$

a) Explique como Juliana e Pedro fizeram para obter os numerais decimais.

b) As frações são equivalentes? Justifique sua resposta.

c) O que os numerais 1,25 e 1,250 têm em comum?

- Vamos considerar o numeral decimal 2,51 e transformá-lo numa fração decimal: $2,51 = \frac{251}{100}$
- Agora, vamos multiplicar sucessivamente os termos dessa fração por 10, por 100 e por 1 000:

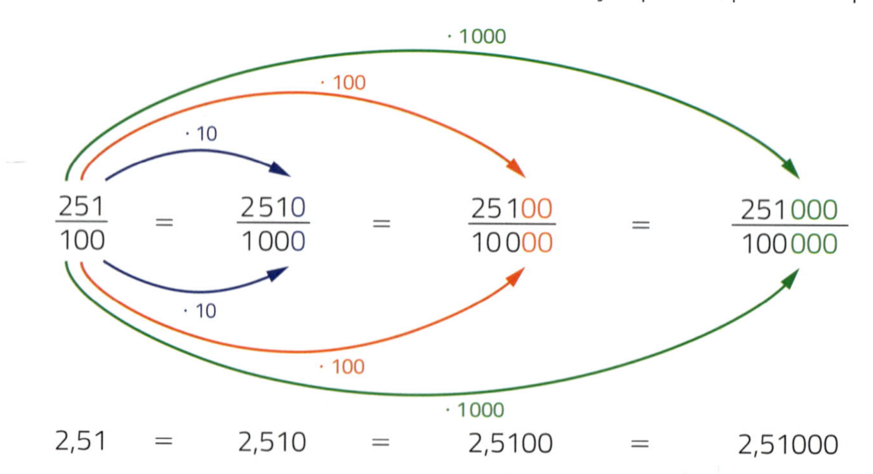

2,51 = 2,510 = 2,5100 = 2,51000

Quando retiramos ou acrescentamos um ou mais zeros à direita da parte decimal, obtemos numerais decimais que representam a mesma quantidade.

- Agora, vamos multiplicar 2,516 unidades sucessivamente por 10, 100 e 1 000:

$$2{,}516 \cdot 10 = \frac{2516}{1000} \cdot \frac{10}{1} = \frac{2516}{100} = 25{,}16$$

$$2{,}516 \cdot 100 = \frac{2516}{1000} \cdot \frac{100}{1} = \frac{2516}{10} = 251{,}6$$

$$2{,}516 \cdot 1000 = \frac{2516}{1000} \cdot \frac{1000}{1} = \frac{2516}{1} = 2516$$

Para multiplicar por 10, por 100, por 1 000, etc., basta deslocar a vírgula uma, duas, três ou mais casas decimais para a direita, respectivamente.

- Agora, vamos dividir 472,38 unidades sucessivamente por 10, por 100 e por 1 000:

$$472{,}38 : 10 = \frac{47\,238}{100} : \frac{10}{1} = \frac{47\,238}{100} \cdot \frac{1}{10} = \frac{47\,238}{1\,000} = 47{,}238$$

$$472{,}38 : 100 = \frac{47\,238}{100} : \frac{100}{1} = \frac{47\,238}{100} \cdot \frac{1}{100} = \frac{47\,238}{10\,000} = 4{,}7238$$

$$472{,}38 : 1000 = \frac{47\,238}{100} : \frac{1\,000}{1} = \frac{47\,238}{100} \cdot \frac{1}{1\,000} = \frac{47\,238}{100\,000} = 0{,}47238$$

Para dividir por 10, por 100, por 1 000, etc., basta deslocar a vírgula, respectivamente, uma, duas, três ou mais casas decimais para a esquerda.

ATIVIDADES

36. Classifique cada item como certo ou errado:

a) $2{,}54 = 25{,}4$

b) $37{,}1 = \frac{371}{10}$

c) $0{,}05 = 0{,}050$

d) $0{,}07 = 0{,}7$

e) $97{,}800 = 97{,}8$

f) $489{,}87 = \frac{48\,987}{100}$

37. Efetue as multiplicações, deslocando a vírgula do numeral:

a) $0{,}71 \cdot 10$

b) $0{,}0789 \cdot 100$

c) $8{,}9741 \cdot 1\,000$

d) $0{,}1 \cdot 10 \cdot 10 \cdot 10 \cdot 10$

e) $5{,}123 \cdot 100 \cdot 100 \cdot 100 \cdot 100$

f) $0{,}888 \cdot 1\,000 \cdot 1\,000 \cdot 1\,000 \cdot 1\,000$

g) $0{,}04 \cdot 10^4$

h) $0{,}479 \cdot 10^5$

38. Descubra que números devemos usar para substituir cada ////////// para que as igualdades sejam verdadeiras.

a) ////////// $\cdot 10^2 = 1\,428{,}61$

b) ////////// $\cdot 10^3 = 4{,}15$

c) ////////// $\cdot 10^5 = 9\,741\,500$

d) ////////// $: 10^2 = 0{,}184152$

e) ////////// $: 10^3 = 0{,}978957$

f) ////////// $: 10^5 = 0{,}019872$

39. Efetue cada uma das divisões a seguir, envolvendo os números 10, 100, 1 000 e 10 000.

a) $0{,}71 : 10$

b) $0{,}09 : 100$

c) $476{,}4 : 10$

d) $876{,}5 : 1\,000$

e) $85\,000 : 100 : 100 : 100 : 100$

f) $825\,000\,000 : 1\,000 : 1\,000 : 1\,000 : 1\,000$

g) $896{,}23 : 10^3$

h) $9{,}04 : 10^4$

40. Efetue as divisões indicadas em cada item a seguir.

a) 100 : 10

b) 100 : 10 : 10

c) 100 : 10 : 10 : 10

d) 100 : 10 : 10 : 10 : 10

41. Uma falha na impressão de um livro deixou alguns espaços borrados. Descubra os números que devem estar no lugar dos ■ para que as igualdades estejam corretas.

a) 3,43 · ■ = 343

b) 17,41 · ■ = 174,1

c) 0,0497 · ■ = 49,7

d) 117,8 : ■ = 11,78

e) 1,97653 : ■ = 0,197653

f) 1 275 : ■ = 0,1275

Voltando ao cálculo mental

Já sabemos:

$$100\% = \frac{100}{100} = 1$$

100% é o todo

$$10\% = \frac{10}{100} = \frac{1}{10}$$

10% é um décimo do todo

$$1\% = \frac{1}{100}$$

1% é um centésimo do todo

- Quanto é 10% de 125,5?

$$\frac{1}{10} \cdot 125{,}5 = \frac{125}{10} = 12{,}55$$

Para calcular 10% desse valor, basta deslocar a vírgula uma casa à esquerda.

- Quanto é 1% de 380,5?

$$\frac{1}{100} \cdot 380{,}5 = \frac{380{,}5}{100} = 3{,}805$$

Para calcular 1% desse valor, basta deslocar a vírgula duas casas à esquerda.

ATIVIDADES

42. Responda calculando mentalmente. Quanto é:

a) 10% de 87,6?

b) 10% de 350?

c) 10% de R$ 2 430,80?

d) 1% de 134,2?

e) 1% de 5 000?

f) 1% de R$ 1 350 480,00?

43. Resolva calculando mentalmente.

Renato tinha um salário de R$ 1 900,00 no ano passado. Este ano recebeu um aumento de 10%.

A empresa em que ele trabalha fornece um plano de saúde opcional, mediante um desconto de 1% do salário. Renato optou por aceitar o plano.

a) No ano passado, quanto era descontado do salário para pagar o plano de saúde?

b) De quantos reais foi o aumento do salário neste ano?

c) Qual é o salário deste ano?

d) Quanto é descontado neste ano para o plano de saúde?

Comparando numerais decimais

PARTICIPE

I. Voltando ao material dourado, observe as figuras.

A

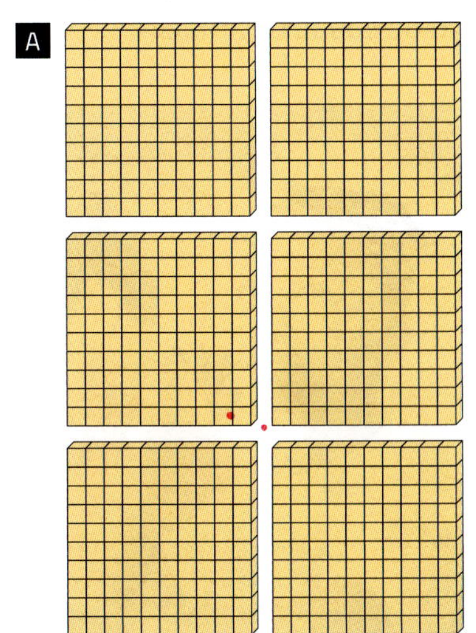

B

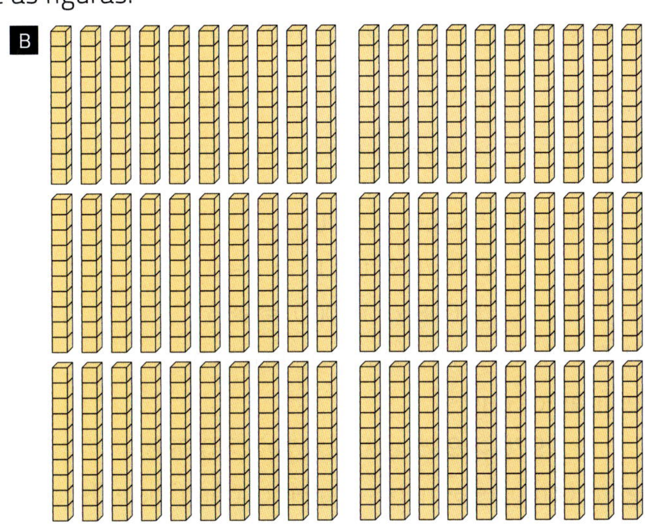

a) Se tomarmos o cubo maior como unidade, qual é o numeral decimal que você deve utilizar para representar a figura A? E para representar a figura B?

b) Qual desses numerais decimais é o menor? Justifique sua resposta.

II. Agora observe estas figuras:

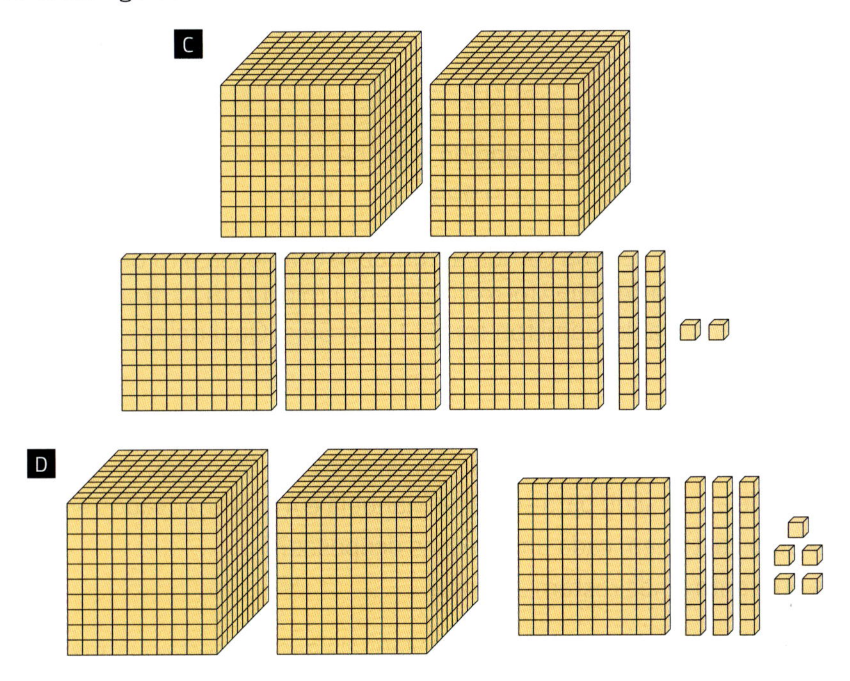

a) Ainda usando o cubo maior como unidade, que numerais decimais estão representados nas figuras C e D?

b) Qual é o maior? Por quê?

As notas da prova

Dois amigos, Antônia e Osvaldo, fizeram uma prova de Matemática e tiraram as notas 7,5 e 7,25, respectivamente.

Quem tirou a maior nota? Por quê? Responda após ler a explicação a seguir.

Vamos comparar os números 0,197 e 0,0985.

Para comparar numerais decimais, procedemos da seguinte maneira:

1º) Reescrevemos os dois numerais decimais com o mesmo número de casas decimais:

$$0{,}197 = 0{,}\overbrace{1970}^{\text{4 casas}} \qquad 0{,}\overbrace{0985}^{\text{4 casas}}$$

Rido/Shutterstock

2º) Eliminamos a vírgula nos dois numerais. Nesse exemplo, eliminar a vírgula significa multiplicar os dois numerais por 10 000:

$$0{,}1970 \cdot 10\,000 = 1\,970$$

$$0{,}0985 \cdot 10\,000 = 985$$

3º) Comparamos os numerais resultantes.

Verificamos que:

$$1\,970 > 985\text{; então, } 0{,}197 > 0{,}0985.$$

Agora, compare as notas obtidas por Antônia e Osvaldo no problema "As notas da prova" e responda às perguntas.

ATIVIDADES

44. Indique qual é maior:

a) 197 ou 1,97 **b)** 0,98 ou 11,1 **c)** 0,21 ou 0,12

45. Qual dos sinais $>$ ou $<$ deve ser colocado no lugar de //////////?

a) 0,036 ////////// 0,17 **b)** 9,999 ////////// 9,997 **c)** 7,878 ////////// 7,87

46. Três pilotos participaram de uma corrida automobilística no circuito de Interlagos, na cidade de São Paulo. A volta mais rápida de Felipe foi realizada em 1 min 12,182 s; a volta mais rápida de João Paulo foi de 1 min 11,473 s e a de Hamilton foi de 1 min 68 s. Qual deles deu a volta mais rápida nessa corrida?

47. Nesta semana, Pedro arrecadou R$ 1 050,00 com a venda de ovos. Desse total, ele guardou 35% na poupança, gastou 32% na manutenção do seu sítio e com 8% pagou despesas na farmácia. Ele deu 6% de presente de aniversário para sua filha Manuela e 4% foram usados em pequenas despesas.

a) Quanto Pedro gastou em cada uma dessas despesas?

b) Quantos por cento ainda restam a Pedro?

48. No exercício anterior você ficou sabendo que Manuela ganhou certa quantia de seu pai como presente de aniversário. Desse dinheiro, ela separou 24% para comprar uma lapiseira, 6% para comprar uma bijuteria e 30% para tomar lanche na escola.

a) Quanto Manuela gastou em cada compra?

b) Quantos por cento sobraram do dinheiro que Manuela ganhou do pai? Quantos reais são?

EDUCAÇÃO FINANCEIRA

Fique ligado!

Alguns serviços a gente não paga no momento em que utiliza. Energia elétrica é um deles. Gastamos a qualquer hora e pagamos uma vez por mês. Nesses casos, é grande o risco de esquecermos quão importante é economizar. Fazendo as atividades a seguir, você vai aprender um pouco mais sobre a conta de energia e poderá pensar numa maneira de reduzir o consumo e os gastos.

Para fazer esta atividade, você deve ter em mãos as últimas três contas de luz (energia elétrica) da sua residência.

I. Analise a parte de cada conta que vem com o título "LEITURA" ou "MEDIDOR".

a) Anote em um papel os números de "Leitura" que aparecem nas contas.

b) Por diferença, calcule o consumo de energia elétrica nos dois últimos meses.

Exemplo:
Se em "Leitura" estão os números 9 163, 9 457 e 9 772, então o consumo foi:
- 9 457 kWh − 9 163 kWh = 294 kWh no segundo mês;
- 9 772 kWh − 9457 kWh = 315 kWh no terceiro mês.

(kWh = quilowatt-hora)

II. Na descrição do faturamento da última conta, descubra:

a) Qual é a tarifa básica que a empresa cobra por kWh, sem tributos?

b) Qual é o valor cobrado pelo consumo anotado no medidor, sem tributos?

c) O valor que você anotou no item anterior corresponde a que porcentual do valor total da fatura (conta)?

III. Pesquise o significado dos termos "energia", "distribuição de energia", "transmissão de energia", "encargos" e "tributos".

a) Verifique na última conta que valor consta para cada um desses itens e anote-o.

b) A quantos por cento do valor total, sem tributos, corresponde cada um desses itens?

NVKuvshinov/Shutterstock

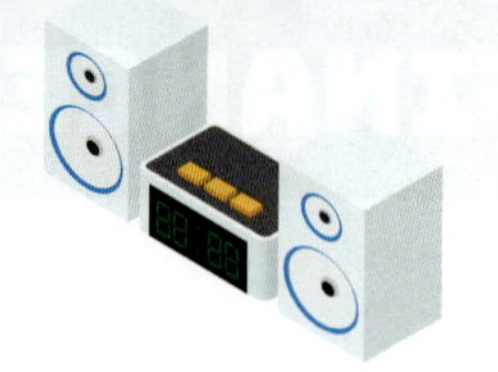

Fotografias: NVKuvshinov/Shutterstock

IV. Na descrição dos tributos, pesquise:

a) Quais são os tributos?

b) Qual é o governo que recolhe cada tributo (federal, estadual ou municipal)?

c) A quantos por cento do valor total da fatura corresponde cada um desses tributos?

V. Faça uma lista de todos os aparelhos elétricos utilizados em sua residência.

VI. Desses aparelhos, quais consomem energia apenas por estarem ligados numa tomada, mesmo sem serem utilizados (consumo do *stand by*)?

VII. Faça uma estimativa do consumo de energia elétrica de sua residência com a iluminação. Admita que todas as lâmpadas fiquem acesas por 5 horas em cada dia, durante os 30 dias do mês.

Exemplo:

Uma lâmpada de 100 W (watt) acesa durante 10 h (hora) consome:

100 W · 10 h = 1000 Wh (watt-hora) = 1 kWh

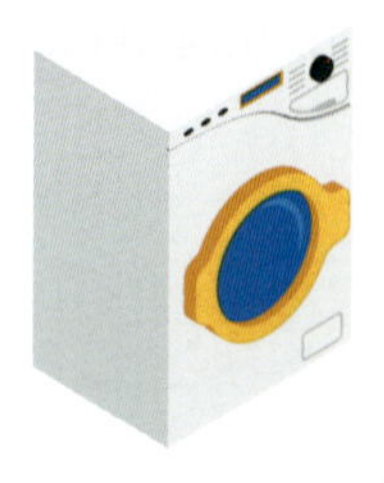

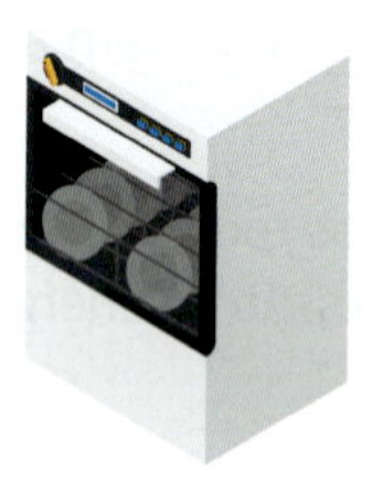
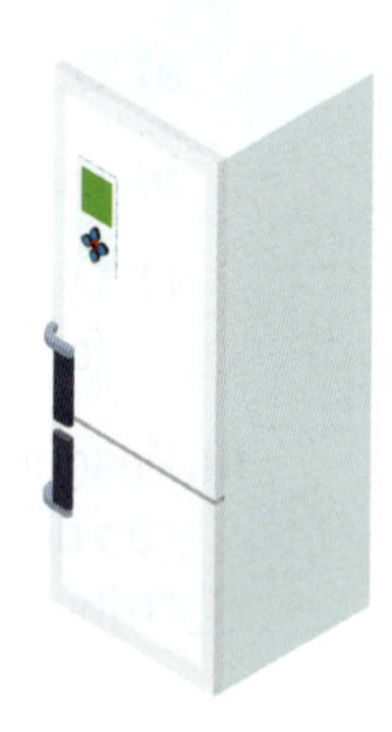

Em grupos de três ou quatro estudantes, realizem as seguintes tarefas:

1. Comparem os resultados que obtiveram no item **I. b**.

2. Pesquisem e discutam: Dos aparelhos elétricos que listaram no item **V**, qual é o responsável pelo maior consumo de energia?

3. Discutam: Existe um período do ano em que é naturalmente maior o consumo de energia?

CAPÍTULO 16

Operações com decimais

Praça de pedágio em uma rodovia em Mato Grosso do Sul.

NA REAL

Quanto pagar?

Presente nas estradas e rodovias, o pedágio é responsável por controlar a quantidade de veículos que trafegam por elas e também por efetuar a cobrança para manter os custos relacionados a construção, segurança e manutenção das estradas e rodovias.

Quando se viaja de carro, é muito comum ter de pagar um ou mais pedágios durante o trajeto. Os pedágios são pagos nas cabines de cobrança e o seu valor é calculado por quilômetro percorrido.

Imagine que você esteja viajando com sua família de carro e sabe que vão passar por 3 pedágios no trajeto. O valor do primeiro pedágio é de R$ 6,20, o do segundo R$ 5,40 e o do terceiro R$ 7,15. Vocês dispõem de uma nota de R$ 20,00 e gostariam de pagar os três pedágios com ela. É possível? Vai sobrar ou faltar dinheiro?

Na BNCC
EF06MA04
EF06MA11

Adição e subtração

Para adicionar números decimais, é possível proceder assim:

1º) Igualar o número de casas decimais das parcelas, acrescentando zeros se necessário.

2º) Alinhar os números colocando vírgula debaixo de vírgula.

3º) Proceder como na adição de números naturais e colocar no resultado uma vírgula alinhada com as outras.

Para subtrair números decimais, procedemos como na adição.

Veja, por exemplo, como efetuar 29,86 − 17,498:

Igualamos o número de casas decimais, colocamos vírgula debaixo de vírgula e procedemos como na subtração de números naturais. Ao final, colocamos a vírgula no resultado, alinhada com as outras.

$$\begin{array}{r} 29{,}860 \\ -\ 17{,}498 \\ \hline 12{,}362 \end{array}$$

PARTICIPE

Manuel foi ao supermercado e comprou uma travessa de inox que custou R$ 139,90, uma lata de leite em pó que custou R$ 10,80 e um pé de alface por R$ 2,80.

Robert Kneschke/Shutterstock

a) Que operação você deve utilizar para calcular quanto Manuel gastou no supermercado? Efetue e registre essa operação.

b) Para adicionar números decimais, podemos transformá-los em frações centesimais e, em seguida, fazer os cálculos. Refaça os cálculos do item anterior utilizando esse processo.

Qual é o resultado em fração? Qual é o número decimal correspondente?

c) Para efetuar cálculos com números decimais, é mais prática esta disposição:

$$\begin{array}{r} 139{,}90 \\ +\ \ 10{,}80 \\ 2{,}80 \\ \hline \end{array}$$

As vírgulas devem ficar alinhadas.

Complete o cálculo como se fosse uma adição de números naturais. Não se esqueça de colocar a vírgula no resultado; ela deve ficar alinhada com as outras.

d) O resultado obtido por você no item **a** foi o mesmo que o obtido no item **c**? Quanto Manuel gastou no supermercado?

e) Para ter ideia de quanto seria aproximadamente a resposta, arredonde os preços para números próximos deles, sem casas decimais. Qual seria a resposta com os preços arredondados?

f) Comparando com a resposta que você havia dado, é razoável achar que acertou?

g) Agora refaça o cálculo com o auxílio de uma calculadora e confira se ele está correto.

1 3 9 · 9 + 1 0 · 8 + 2 · 8 =

Não é necessário digitar o último zero das casas decimais. Por quê?

ATIVIDADES

1. Efetue as adições a seguir:

a) 4,1 + 5,78

b) 9,78 + 97,8

c) 0,041 + 5,6 + 9,088

d) 0,0718 + 1,4765

e) 5,6 + 0,07895

2. Você precisa calcular o resultado da seguinte adição: 5,62 + 437,98 + 99,9

a) Estime quanto é, aproximadamente, esse resultado.

b) Calcule o valor exato da soma.

c) A estimativa que você fez no item **a** é próxima do resultado obtido no item **b**?

3. Para descobrir quem está conversando com quem nestas linhas cruzadas, efetue as operações indicadas e associe-as com os resultados corretos. Você pode usar uma calculadora.

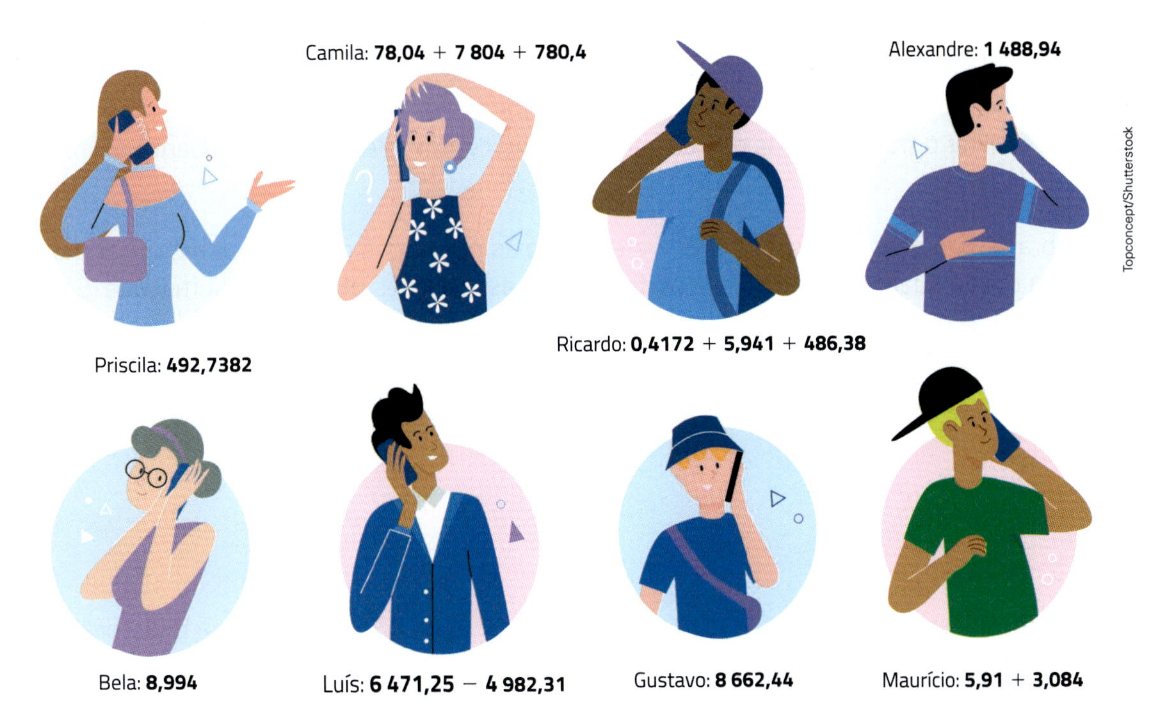

Topconcept/Shutterstock

4. Efetue as subtrações a seguir:

a) 5,789 − 1,23

b) 6,01 − 5,981

c) 47,02 − 30,495

d) 7,56 − 1,42

e) 7,02 − 6,954

f) 486,1 − 11,786

5. Você precisa calcular o troco de: R$ 100,00 − R$ 25,15 − R$ 48,60.

a) Estime de quanto deve ser esse troco aproximadamente.

b) Calcule o valor exato do troco.

c) A estimativa que você fez no item **a** é próxima do resultado obtido no item **b**?

d) Confirme a resposta usando uma calculadora.

6. Em 2020, de acordo com a estimativa do IBGE, apenas sete cidades brasileiras tinham mais de 2 milhões de habitantes:

- Belo Horizonte: 2,52 milhões de habitantes.
- Brasília: 3,05 milhões de habitantes.
- Fortaleza: 2,69 milhões de habitantes.
- Manaus: 2,22 milhões de habitantes.
- Rio de Janeiro: 6,75 milhões de habitantes.
- Salvador: 2,89 milhões de habitantes.
- São Paulo: 12,32 milhões de habitantes.

a) Quais eram as cinco cidades mais populosas do país em 2020?

b) Contando apenas nas cinco cidades mais populosas, quantos habitantes havia?

c) "Excluindo o Rio de Janeiro, São Paulo sozinha tinha mais habitantes que as outras cinco cidades juntas." Essa afirmação é verdadeira ou falsa?

d) Qual cidade tinha aproximadamente 25% da população de São Paulo?

7. Mateus foi à padaria e gastou R$ 3,64 na compra de pãezinhos e R$ 8,76 na compra de muçarela fatiada. Para pagar essa compra, ele deu ao caixa uma nota de R$ 20,00.

a) Quantos reais Mateus deveria receber de troco?

b) Para facilitar o troco, Mateus deu ao caixa mais 40 centavos em moedas. Quanto ele recebeu de troco?

8. Descubra os personagens desta história efetuando as operações dos cartões e comparando os resultados com o quadro a seguir. Você pode fazer as associações utilizando estimativas. Se ficar em dúvida, faça a conta.

[5,08 + 71,77 + 13,496] encontrou [11,008 + 13,2476 + 2] e juntos foram à casa de [10 − 8,4175].

Lá eles encontraram [497,215 − 389,789] e [117,4 − 98,8715] e a turma toda foi ao cinema.

Nome	Número
Alexandre	90,346
Gabriela	1,5825
Luciana	19,5286

Nome	Número
Priscila	18,5285
Maurício	26,2556
Ricardo	107,426

Depois, reescreva esse pequeno texto e continue a história. Para não errar nenhum nome, confira se acertou as contas refazendo-as com uma calculadora.

NA OLIMPÍADA

O problema do troco

(Obmep) Artur deu duas notas de cem reais para pagar uma conta de R$ 126,80. Qual é o valor do troco que ele deve receber?

a) R$ 71,20
b) R$ 71,80
c) R$ 72,20
d) R$ 73,80
e) R$ 73,20

Reprodução/Obmep, 2015.

Multiplicação com decimais

Fazendo compras

No supermercado, Manuel lembrou que precisava comprar 5,4 kg de um corte de carne que custa R$ 15,75 o quilo.

Quanto ele vai gastar nessa compra?

Para ter ideia de quanto gastaria, ele imaginou que, se fossem 5 kg a 16 reais o quilo, ele pagaria: 5×16 reais = 80 reais. Então, o valor da conta deve ser próximo desse, certo?

Robert Kneschke/Shutterstock

Para responder, precisamos multiplicar 5,4 por 15,75. Dispondo de uma calculadora, podemos calcular o valor exato digitando:

5 · 4 × 1 5 · 7 5 =

O resultado aparecerá no visor.

Sem dispor de calculadora, essa operação pode ser feita de duas maneiras.

- $5{,}4 = \dfrac{54}{10}$ e $15{,}75 = \dfrac{1575}{100}$

  Então:

  $$5{,}4 \cdot 15{,}75 = \frac{54}{10} \cdot \frac{1575}{100} = \frac{85\,050}{1\,000} = 85{,}050$$

- $15{,}75 \cdot 100 = 1575$ e $5{,}4 \cdot 10 = 54$

  Então:

$$\begin{array}{r} 1\,575 \\ \times\ 54 \\ \hline 6\,300 \\ 7\,875 \\ \hline 85\,050 \end{array}$$

Observe que esse valor foi obtido multiplicando os fatores por 100 e por 10.

Como $100 \cdot 10 = 1\,000$, esse resultado está multiplicado por 1 000. Desse modo, agora precisamos dividir 85 050 por 1 000.

$85\,050 : 1\,000 = 85{,}050$

Logo: $5{,}4 \cdot 15{,}75 = 85{,}050$.

Então, Manuel vai gastar R$ 85,05.

As duas maneiras de efetuar a operação estão corretas. Mas, para facilitar os cálculos, vamos aprender uma regra prática:

1º) Multiplicamos os números decimais como se fossem números naturais.

2º) Calculamos a soma dos números de casas decimais dos fatores. Essa soma corresponde à quantidade de casas decimais do produto calculado.

Manuel havia estimado um gasto de 80 reais na compra de 5 kg de carne. Como vai comprar um pouco mais, vai gastar um pouco mais. Fazer uma estimativa do resultado de uma operação matemática, por arredondamentos, é um bom meio de ter ideia da resposta, que deve ser sempre razoavelmente próxima da estimativa feita.

Potenciação com base decimal

Veja os exemplos a seguir.

Exemplo 1

Vamos calcular a potência $(0{,}5)^2$. Temos: $(0{,}5)^2 = 0{,}5 \cdot 0{,}5 = 0{,}25$

Exemplo 2

Vamos calcular a potência $(0{,}12)^3$.

Temos: $(0{,}12)^3 = 0{,}12 \cdot 0{,}12 \cdot 0{,}12 = 0{,}0144 \cdot 0{,}12 = 0{,}001728$

Veja outra maneira de efetuar esse cálculo:

$$(0{,}12)^3 = \left(\frac{12}{100}\right)^3 \begin{cases} (12)^3 = 12 \cdot 12 \cdot 12 = 1\,728 \\ (100)^3 = 100 \cdot 100 \cdot 100 = 1\,000\,000 \end{cases}$$

Então: $(0{,}12)^3 = \dfrac{1\,728}{1\,000\,000} = 0{,}001728$

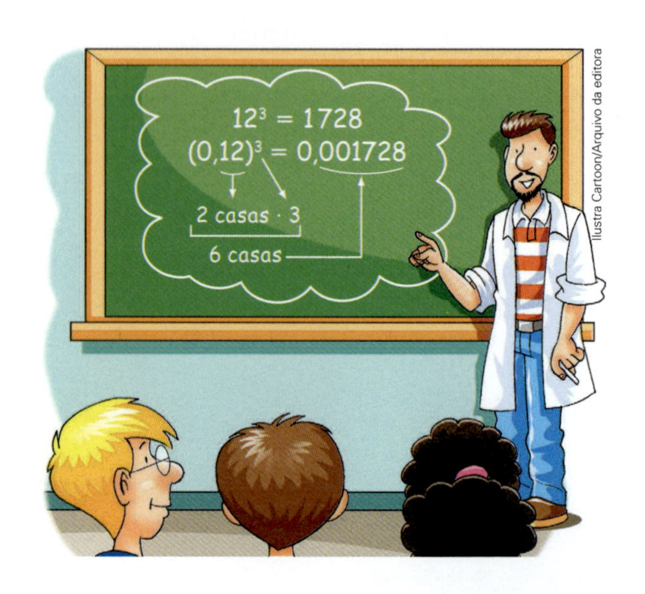

As duas maneiras de efetuar o cálculo das potências estão corretas. Mas, para facilitar essa operação, vamos aprender uma regra prática:

1º) Desconsideramos a vírgula e elevamos o número ao expoente como se fosse um número natural.

2º) Multiplicamos o número de casas decimais da base pelo expoente. Esse resultado corresponde à quantidade de casas decimais da potência calculada.

ATIVIDADES

9. Você precisa efetuar a seguinte multiplicação: 110 500 × 1,5.

a) Estime de quanto deve ser o resultado aproximado.

b) Calcule o valor exato da multiplicação proposta.

c) A estimativa que você fez no item **a** é próxima do resultado obtido no item **b**?

d) Confirme a resposta usando uma calculadora.

10. Descubra os ingredientes desta receita de bolo efetuando as operações e comparando o resultado obtido com o do quadro.

Banco de imagens/Arquivo da editora

- 4,71 · 3 *com casca e sem semente*
- *2 xícaras de* 5,05 · 4
- *1* $\frac{3}{4}$ *xícara de* 5,1 · 7,4
- *4* 9,72 · 3,15 *pequenos*
- *1 colher de sopa de* 2,8 · 4,15 · 7,3

Ilustrações: Artur Fujita/Arquivo da editora

Ingredientes	Resultado
farinha de trigo	20,2
um abacaxi	13,14
farinha de rosca	2,02
uma banana	141,3
fermento	84,826
uma laranja	14,13
sal	377,4
açúcar	37,74
óleo	3,0618
ovos	30,618

11. Uma lanchonete divide uma *pizza* em 8 pedaços iguais e os vende a R$ 8,25 cada um.

a) Quanto custam 3 pedaços?

b) Quanto custa metade da *pizza*?

12. Calcule as expressões de cada quadro e depois responda:

Quadro I
$42,3 + 0,78 - 37,821$
$(0,415 + 9,162) \cdot 4,3$

Quadro II
$11,94 \cdot (1,1)^2 - 13,008$
$0,5 \cdot 0,25 \cdot 125$

a) Em qual dos quadros está a expressão de maior resultado?

b) Em qual dos quadros está uma expressão de resultado compreendido entre 1 e 10?

13. Calcule:

a) 50% de 526,80.
b) 10% de 1 349,50.
c) 25% de 120,36.
d) 30% de 7,5.

14. Associe os valores de cada ficha da linha de cima com os valores de uma das fichas da linha de baixo:

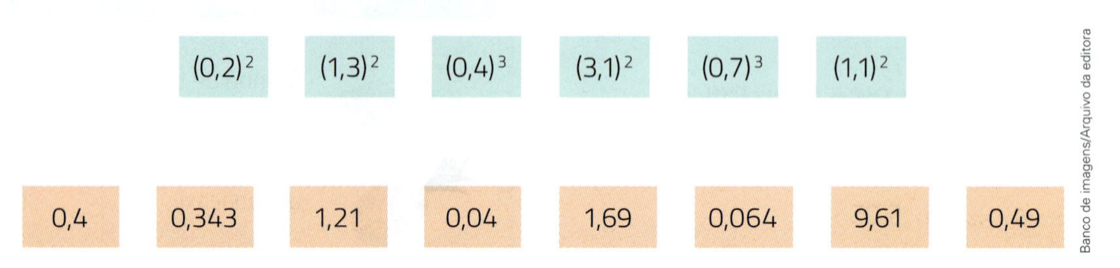

A seguir, responda:

a) Quanto é $(1,3)^2 - (0,4)^3$?

b) Quanto é $(1,3 + 1,1 + 0,7)^2$?

Texto para as atividades **15** e **16**.

As taxas percentuais também podem aparecer com casas decimais, como nas afirmações abaixo:

- Após dois períodos consecutivos de queda, aumentou o desmatamento na Mata Atlântica. Foram desflorestados entre 2018 e 2019 um total de 14 502 hectares – um crescimento de 27,2% comparado com o período anterior (2017 e 2018), que foi de 11 399 hectares.
- Carlos trabalha como vendedor em uma loja de eletrodomésticos e ganha de comissão 2,25% das vendas que faz.
- A arrecadação de impostos cai 6,9% em 2020 e tem pior resultado em 10 anos.

15. Transforme as porcentagens de cada item em fração decimal. Veja um exemplo: $4,52\% = \frac{4,52}{100} = \frac{452}{10\,000}$

a) 2,25%
b) 27,2%
c) 6,9%

16. Transforme as porcentagens de cada item em número decimal. Veja um exemplo: $3,5\% = \frac{3,5}{100} = 0,035$

a) 12,8%
b) 7,55%
c) 123%
d) 0,6%

17. Calcule:

a) 8,25% de 600.
b) 20,5% de 240.

18. Eugênia tinha um salário de R$ 1 800,00 e recebeu um aumento de 4,8%. Quantos reais correspondem a esse aumento? Quanto Eugênia passou a ganhar?

19. Certo município tinha 442 880 habitantes no ano de 2010. Devido ao fechamento de algumas fábricas, muitas pessoas se mudaram para outras cidades em busca de trabalho. Em 2021, o número de habitantes era 12,5% menor. Quantos eram os habitantes em 2021?

20. Marcos e Tereza foram ao supermercado, cada um com sua calculadora. Observe a lista de compras de cada um e o preço dos produtos que eles compraram.

Lista de compras de Marcos	
3 latas de ervilha	1 pacote de sal
1 vidro de azeitona	4 pacotes de açúcar
4 latas de atum	1 lata de azeite
2 embalagens de óleo	3 pacotes de macarrão
5 latas de leite condensado	5 latas de molho de tomate
2 pacotes de arroz	1 vidro de palmito
3 pacotes de feijão	4 potes de margarina

Lista de compras de Tereza	
2 latas de leite condensado	2 vidros de palmito
3 pacotes de feijão	3 latas de molho de tomate
1 pacote de arroz	2 vidros de azeitona
2 pacotes de macarrão	2 latas de ervilha
1 lata de atum	3 potes de margarina

Ilustra Cartoon/Arquivo da editora

Responda às questões:

a) Marcos levou R$ 180,00 e Tereza levou R$ 130,00. Quanto cada um gastou? Quanto sobrou?

b) Com o troco, Tereza comprou 3,5 metros de tecido para fazer uma cortina e pagou R$ 12,40 por metro. Quanto Tereza gastou com o tecido?

c) Marcos aproveitou o troco para comprar uma assadeira que estava anunciada por R$ 17,20. O dono da loja lhe deu um desconto de 15%. Quanto Marcos pagou pela assadeira?

Divisão

A contribuição de cada estudante

A professora Tânia vai fazer aniversário e alguns estudantes compraram um bolo para levar à escola nesse dia. O bolo que escolheram custa R$ 30,00, valor que será dividido igualmente entre eles. Com quanto vai contribuir cada estudante se:

a) o grupo tiver 6 estudantes? b) o grupo tiver 8 estudantes?

Ruth Black/Shutterstock

- Vamos responder ao item **a**.

Como 30 : 6 = 5, se o grupo tiver 6 estudantes, cada um contribuirá com R$ 5,00. Nesse caso, a divisão é exata.

30	6
0	5

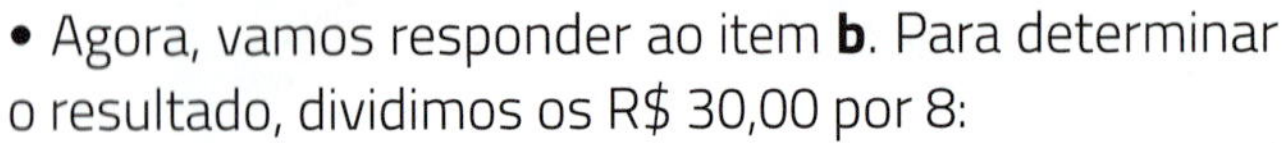

- Agora, vamos responder ao item **b**. Para determinar o resultado, dividimos os R$ 30,00 por 8:

30	8
6	3

O quociente é 3 e o resto é 6. Então, se cada estudante contribuir com R$ 3,00 faltarão R$ 6,00 para comprar o bolo. Assim, cada um deverá contribuir com R$ 3,00 e mais uma parte em centavos. Com quantos centavos a mais cada um deverá contribuir?

1 centavo é a centésima parte do real, ou seja, 1 real equivale a 100 centavos.

Então, 6 reais correspondem a: 6 × 100 centavos = 600 centavos. Dividindo por 8:

600	8
40	75
0	

Cada um deverá contribuir, então, com mais 75 centavos, totalizando 3 reais e 75 centavos para cada estudante, ou seja, R$ 3,75.

Em uma calculadora, digite as teclas representadas abaixo para determinar a divisão de 30 por 8:

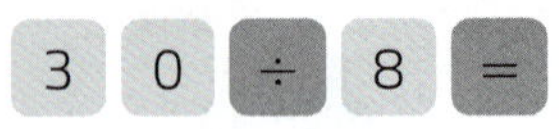

O visor mostrará que o resultado é 3,75, indicando que cada um dos 8 estudantes deverá contribuir com R$ 3,75 (três reais e setenta e cinco centavos).

Será que, sem utilizar a calculadora, podemos chegar a esse resultado efetuando uma única divisão? Veja a seguir que é possível realizar esse cálculo.

Divisões exatas

Vamos retomar o estudo da divisão de números naturais, agora com o conhecimento de números decimais.

Queremos calcular, com a maior precisão possível, os seguintes quocientes:

- 18 : 3 = ?

18	3
0	6

A divisão é exata. O quociente é 6.

- 20 : 8 = ?

```
20 |8
 4  2
```

Nesse caso, como há resto 4, temos um quociente aproximado: 2.

Podemos obter um quociente mais preciso (com resto 0), se continuarmos a divisão. Para isso:

1º) acrescentamos um zero ao resto, transformando 4 unidades em 40 décimos;

2º) colocamos vírgula à direita do quociente, para separar a parte inteira da parte decimal;

3º) dividindo 40 por 8, obtemos quociente 5 e resto 0.

```
20 |8          20 |8          20 |8
 4  2    →     40  2,    →    40  2,5
                               0
```

Ilustra Cartoon/Arquivo da editora

Concluímos que 20 dividido por 8 é igual a 2,5, ou seja, 2 inteiros e 5 décimos.

- 57 : 25 = ?

```
57 |25
07  2
```

Nesse caso, a cada resto não nulo acrescentamos um zero e continuamos dividindo.

```
57 |25          57 |25          57 |25          57 |25
07  2     →     070  2,    →    070  2,2   →    070  2,28
                                 20              200
                                                  00
```

Logo, 57 : 25 = 2,28.

- 12 : 25 = ?

Nesse caso, como o dividendo é menor que o divisor:

1º) acrescentamos um zero ao dividendo, transformando 12 unidades em 120 décimos;

2º) colocamos um zero seguido de vírgula no quociente;

3º) dividimos 120 por 25 até obter resto 0.

```
12 |25          120 |25          120 |25
          →          0,    →     200  0,48
                                  00
```

Logo, 12 : 25 = 0,48.

- 1 : 16 = ?

```
1 |16
```

$1 = \frac{10}{10} = \frac{100}{100}$

Ilustra Cartoon/Arquivo da editora

Como 1 é menor que 16, procedemos da seguinte maneira:

1º) acrescentamos zeros ao dividendo até ele ficar maior que o divisor;

2º) colocamos também zeros no quociente, com vírgula à direita do primeiro zero;

3º) dividimos 100 por 16 até obter resto 0.

```
1 |16          100 |16          100 |16
         →          0,0    →    040  0,0625
                                 080
                                  00
```

1 : 16 = 0,0625

Há divisões entre números naturais em que, após alguns passos, obtemos um quociente decimal e resto 0. Nesses casos, o quociente é chamado de **decimal exato**.

ATIVIDADES

21. Volte ao problema "A contribuição de cada estudante" e responda ao item **b**, efetuando a divisão de 30 por 8 até obter resto zero.

22. Calcule os quocientes em cada item:

a) 63 : 2

b) 75 : 4

c) 83 : 8

d) 18 104 : 125

23. Um pacote com 8 bombons custou R$ 18,00. Quanto custou cada bombom?

24. Efetue as divisões indicadas.

a) 11 : 50

b) 1 637 : 20

c) 12 647 : 100

25. Você precisa efetuar a divisão de 3 156 por 8.

a) Estime de quanto deve ser esse quociente aproximadamente.

b) Calcule o valor exato do quociente.

c) A estimativa que você fez no item **a** é próxima do resultado obtido no item **b**?

d) Confirme a resposta usando uma calculadora.

26. Calcule o resultado de cada divisão.

a) 3 : 125

b) 411 : 4

c) 143 : 8

d) 51 : 25

e) 48 : 5

f) 749 : 80

27. O prêmio de R$ 1 620 385,00 de uma loteria foi repartido entre 4 ganhadores. Quantos reais cada um recebeu?

28. Escreva cada fração na forma decimal efetuando a divisão do numerador pelo denominador.

a) $\frac{7}{16}$

b) $\frac{316}{5}$

c) $\frac{2}{25}$

d) $\frac{1611}{100}$

e) $\frac{107}{40}$

f) $\frac{1}{20}$

29. Elabore um problema que possa ser resolvido pelas seguintes operações:

$214{,}45 \times 2 = 428{,}90$

$35{,}30 \times 5 = 176{,}50$

$428{,}90 + 176{,}50 = 605{,}40$

$605{,}40 \div 6 = 100{,}90$

30. Elabore um problema sobre repartir uma quantidade em três partes de tal modo que a parte menor seja metade da parte maior e quatro quintos da terceira parte.

Divisões não exatas

Digite na calculadora:

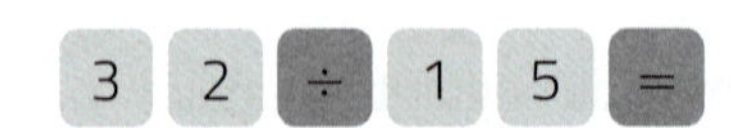

Que número aparece no visor?

Há divisões não exatas em que só é possível obter um valor aproximado do quociente, porque o resto da divisão nunca será igual a zero.

Acompanhe, passo a passo, o cálculo de 32 : 15.

1º)

```
32 |15
02  2
```

Como há resto não nulo, o quociente é um número decimal maior que 2 e menor que 3.

Ou seja, 2 é um valor do quociente aproximado por falta, com erro menor que uma unidade.

2º)

```
32  |15
020  2,1
 05
```

Como na divisão de 20 por 15 há resto não nulo, o quociente será maior que 2,1 e menor que 2,2.

Ou seja, 2,1 é um valor do quociente aproximado por falta, com erro menor que $\frac{1}{10}$ da unidade.

3º)

```
32    |15
020    2,13
 050
  05
```

Como na divisão de 50 por 15 há resto não nulo, o quociente é maior que 2,13 e menor que 2,14.

Ou seja, 2,13 é um valor do quociente aproximado por falta, com erro menor que $\frac{1}{100}$ da unidade.

Observe que, mesmo prosseguindo na divisão, jamais obtemos resto zero. O algarismo 5 se repete como resto nos passos seguintes, e dessa maneira obtemos valores do quociente aproximados por falta: 2,133; 2,1333; 2,13333, etc.

O número que aparece no visor da calculadora quando calculamos 32 : 15 é um desses valores aproximados do quociente, com o número de casas disponíveis na máquina.

Observe que o algarismo 3 se repete periodicamente no quociente.

Há divisões não exatas em que conseguimos obter apenas valores aproximados (por falta) para o quociente, porque nunca obtemos resto zero.

Nesse caso, como há algarismos que se repetem periodicamente no quociente, este é chamado **dízima periódica**.

ATIVIDADES

31. Calcule o valor aproximado por falta de cada quociente, com erro menor que 1 da unidade, isto é, com aproximação de uma casa decimal.

a) 7 : 3
b) 11 : 7
c) 13 : 6
d) 214 : 3

32. Sabemos que uma fração representa o quociente da divisão do numerador pelo denominador. Divida o numerador pelo denominador e compare as frações $\frac{9}{5}$ e $\frac{12}{7}$. Qual é a maior?

33. Calcule o valor aproximado por falta de cada quociente, com aproximação de duas casas decimais, isto é, com erro menor que $\frac{1}{100}$.

a) 8 : 3
b) 9 : 7
c) 10 : 6
d) 171 : 17

34. Usando uma calculadora, calcule o resultado das divisões e depois responda qual é a maior fração.

a) $\frac{17}{2}$, $\frac{94}{11}$ ou $\frac{171}{20}$?

b) $\frac{464}{90}$ ou $\frac{1\,537}{300}$?

35. Calcule o valor aproximado por falta de cada quociente, de modo que o erro seja menor que $\frac{1}{1\,000}$.

a) 62 : 6
b) 71 : 7
c) 42 : 11
d) 26 : 3

36. Alguém colou uma mensagem em código na lousa de uma sala de aula.

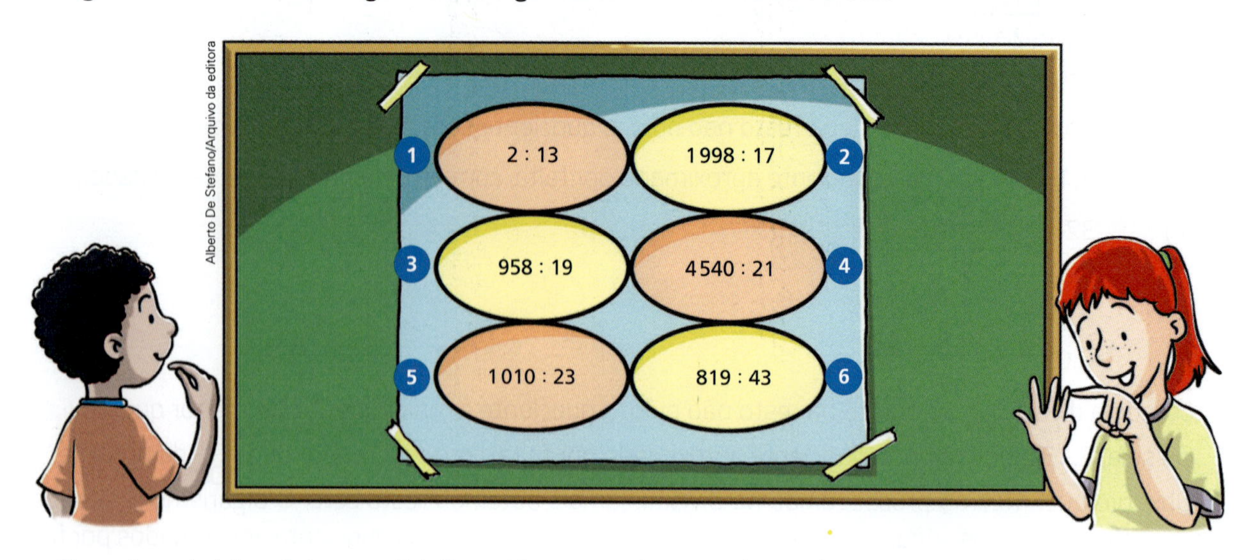

Alberto De Stefano/Arquivo da editora

Para descobri-la, efetue as divisões até a segunda casa decimal e troque os quocientes pelas palavras correspondentes indicadas no quadro abaixo. A seguir, reescreva a frase.

0,15 – lugar	50,42 – lixo	43,91 – na
11,75 – do	5,42 – lanche	57,22 – lancheira
117,52 – de	216,19 – é	19,04 – lixeira

37. Você sabe quais são as cores do arco-íris? Descubra calculando o valor aproximado por falta de cada quociente, de modo que o erro seja menor que $\frac{1}{1000}$. Use a calculadora.

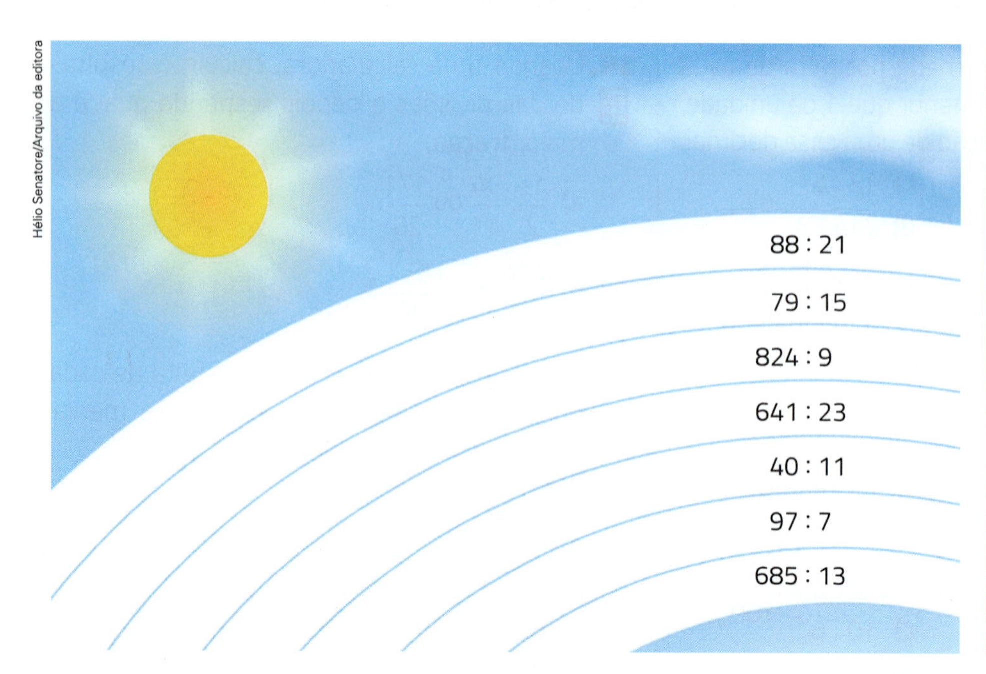

Hélio Senatore/Arquivo da editora

Resultado	Cor
13,857	anil
3,636	azul
27,869	verde
4,190	vermelho
0,3636	marrom
41,90	rosa
91,555	amarelo
52,692	violeta
5,266	laranja

Divisões com decimais

PARTICIPE

Fátima dispõe de 15,60 m de tecido para confeccionar toalhas de mesa com 1,20 m de comprimento, mantendo a largura do tecido.

a) Que operação ela deve fazer para calcular a quantidade de toalhas que podem ser confeccionadas com esse tecido? Represente-a.

b) Transforme os numerais decimais 15,60 e 1,20 em frações decimais.

c) Agora, represente a operação que você indicou no item **a** usando frações decimais. Como você poderia realizar esse cálculo? Troque ideias com seus colegas.

d) Fátima poderá confeccionar quantas toalhas com o tecido que tem?

e) Digite na calculadora:

1 5 · 6 ÷ 1 · 2 =

Qual resultado aparece no visor?

Vamos calcular o quociente 2,17 : 0,8.

Existe uma regra prática para dividir dois decimais. Para compreendê-la melhor, vamos substituir os decimais pelas frações correspondentes:

$$2{,}17 : 0{,}8 = \frac{217}{100} : \frac{8}{10} = \frac{217}{100} : \frac{80}{100} = \frac{217}{100} \cdot \frac{100}{80} = \frac{217}{80} = 217 : 80$$

```
217     |80
 570     2,7125
  100
  200
   400
     0
```

Logo, dividir 2,17 por 0,8 é o mesmo que dividir 217 por 80.

Assim, podemos resumir a divisão com decimais em três passos:

1º) Igualamos o número de casas decimais do dividendo e do divisor acrescentando zeros.

2º) Eliminamos as vírgulas.

3º) Dividimos os números naturais obtidos.

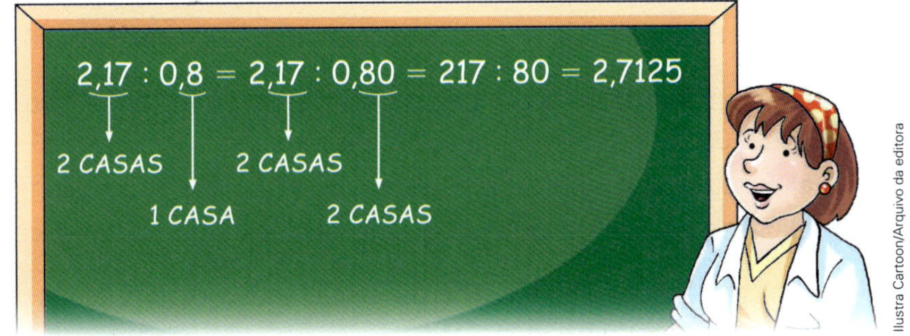

Ilustra Cartoon/Arquivo da editora

ATIVIDADES

38. Calcule, com duas casas decimais, os quocientes abaixo:

a) 2,4 : 0,12 **b)** 5,85 : 0,003 **c)** 14,7 : 0,003

39. Você precisa efetuar a divisão de 100 por 4,5.

a) Estime quanto deve ser aproximadamente o seu resultado.

b) Calcule o quociente da divisão com duas casas decimais.

c) A estimativa que você fez no item **a** é próxima do resultado obtido no item **b**?

d) Confirme a resposta usando uma calculadora.

40. O que cada um vai ganhar de presente de Natal? Descubra calculando os quocientes com duas casas decimais e comparando-os com o quadro.

Presente	Resultado
boneca	303,75
bicicleta	37,50
bola de vôlei	4,08
livro	0,90
camiseta	9
tênis	281,25
tablet	0,09
mochila	2,04

Luis Ricardo Montanari/Arquivo da editora

41. Calcule os quocientes com três casas decimais:

a) 0,03 : 4

b) 3,7 : 0,2

c) 0,750 : 2,5

d) 5,14 : 0,3

42. Em uma doceria, cada quindim custa R$ 2,80 e cada brigadeiro R$ 2,35. Tatiana levou uma nota de R$ 10,00 para comprar doces.

a) Se ela escolher só quindins, no máximo quantos poderá comprar? Quanto vai sobrar de troco?

b) Se ela escolher só brigadeiros, no máximo quantos poderá comprar? Quanto vai sobrar de troco?

43. Uma garrafa tem 750 mililitros de refrigerante. Quantos copos de 187,50 mililitros podem ser servidos com duas dessas garrafas?

44. Uma tinta é vendida em latas de 18 litros, em galões de 3,6 litros ou em latinhas de 0,90 litro.

a) Quantos galões cabem em uma lata?

b) Quantas latinhas cabem em um galão?

c) Pedro precisa comprar 30 litros de tinta. Para garantir a menor sobra possível, e carregar o menor número de embalagens, quantas latas, galões e latinhas deve comprar?

45. Transforme as frações irredutíveis em números decimais. Depois, identifique os decimais exatos e as dízimas periódicas.

a) $\frac{5}{4}$ **b)** $\frac{7}{25}$ **c)** $\frac{5}{11}$ **d)** $\frac{11}{6}$

Dízima periódica simples e composta; fração geratriz

Vimos que há divisões em que o quociente é uma dízima periódica.

Numa dízima periódica, o **período** é o número formado pelos algarismos que se repetem.

Exemplo 1

$$\frac{5}{11} = 5 : 11 = 0{,}454545...$$

A dízima periódica 0,454545... tem período 45. Também indicamos assim: $0{,}\overline{45}$. A barra é colocada sobre os algarismos que compõem o período.

Dizemos que $\frac{5}{11}$ é a **fração geratriz** da dízima 0,454545...

A dízima periódica $0{,}\overline{45}$ é **simples**, porque seu período tem início logo após a vírgula.

Exemplo 2

$$\frac{11}{6} = 11 : 6 = 1{,}8333... \text{ ou } 1{,}8\overline{3}$$

A dízima periódica 1,8333... tem período 3.

Dizemos que $\frac{11}{6}$ é a **fração geratriz** da dízima 1,8333...

A dízima periódica $1{,}8\overline{3}$ é **composta**, pois um dos algarismos após a vírgula (8 décimos) não faz parte do período.

PARTICIPE

Para transformar as frações em números decimais, Joaquim usou uma calculadora e registrou os resultados com seis casas decimais. Ele anotou:

1. $\frac{1}{3} = 0{,}333333$
2. $\frac{71}{33} = 2{,}151515$
3. $\frac{23}{6} = 3{,}833333$
4. $\frac{100}{14} = 7{,}142857$
5. $\frac{120}{16} = 7{,}500000$
6. $\frac{50\,101}{40\,000} = 1{,}252525$

Ele precisava identificar as frações que geravam dízimas periódicas e respondeu que eram as frações indicadas por 1, 2, 3 e 6. Será que Joaquim acertou a resposta?

Transforme as frações em números decimais e responda:

a) Quais dessas frações geram dízimas periódicas? Quais são decimais exatos?

b) A resposta de Joaquim está correta?

c) Às vezes, quando lemos o resultado de uma divisão na calculadora, pode parecer que uma dízima é periódica, quando, na verdade, não é. O contrário também pode acontecer. Quais das leituras acima podem ter enganado Joaquim?

d) Efetuando a divisão na calculadora, só vemos o resultado aproximado com um número finito de casas decimais (seis nesse registro que ele fez). Podemos ter certeza de que se trata de um decimal exato ou de uma dízima periódica? Por quê?

Decimal exato ou dízima periódica?

Todas as frações abaixo são irredutíveis e não aparentes.

- $\frac{5}{4}$
- $\frac{7}{125}$
- $\frac{1}{50}$
- $\frac{5}{11}$
- $\frac{11}{6}$
- $\frac{13}{15}$

Sem dividir o numerador pelo denominador, podemos identificar se frações irredutíveis e não aparentes podem ser convertidas em número decimal exato ou em dízima periódica.

Para isso, devemos decompor o denominador de cada fração em um produto de fatores primos.

Veja alguns exemplos.

- $\frac{5}{4} \rightarrow 4 = 2^2$ (só fator 2)
- $\frac{7}{125} \rightarrow 125 = 5^3$ (só fator 5)
- $\frac{1}{50} \rightarrow 50 = 2 \cdot 5^2$ (fatores 2 e 5)

Concluímos que $\frac{5}{4}$, $\frac{7}{125}$ e $\frac{1}{50}$ correspondem a números decimais exatos.

Se a decomposição do denominador contiver apenas os fatores 2 ou 5, então ele é divisor de uma potência de 10 (10, 100, 1 000, etc.) e, portanto, a fração pode ser convertida em número decimal exato.

- $\frac{5}{11} \rightarrow 11$ (11 é primo)

  $\frac{5}{11} = 0,\overline{45}$
- $\frac{11}{6} \rightarrow 6 = 2 \cdot 3$ (tem o fator 3)

  $\frac{11}{6} = 1,8\overline{3}$
- $\frac{13}{15} \rightarrow 15 = 3 \cdot 5$ (tem o fator 3)

  $\frac{13}{15} = 0,8\overline{6}$

Concluímos que $\frac{5}{11}$, $\frac{11}{6}$ e $\frac{13}{15}$ correspondem a dízimas periódicas.

Dada uma fração na forma irredutível, se o denominador contiver algum fator primo diferente de 2 e 5, então ele não é divisor de nenhuma potência de 10 e, portanto, a fração não pode ser convertida em fração decimal. A fração pode ser escrita como uma dízima periódica.

Por exemplo, vamos retomar as frações da seção "Participe".

1 $\frac{1}{3}$: o denominador tem o fator 3. Essa fração gera dízima periódica.

2 $\frac{71}{33} = \frac{71}{3 \cdot 11}$: o denominador tem o fator 3 (ou o 11). Essa fração gera dízima periódica.

3 $\frac{23}{6} = \frac{23}{2 \cdot 3}$: o denominador tem o fator 3. Essa fração gera dízima periódica.

4 $\frac{100}{14}$: deve ser primeiro convertida à forma irredutível:

$\frac{100}{14} = \frac{50}{7}$: o denominador tem o fator 7. Essa fração gera dízima periódica.

5 $\frac{120}{16} = \frac{60}{8} = \frac{30}{4} = \frac{15}{2} = 7{,}5$: essa fração corresponde a um número decimal exato.

6 $\frac{50\,101}{40\,000} \rightarrow 40\,000 = 4 \cdot 10^4 = 2^2 \cdot (2 \cdot 5)^4$: o denominador só tem os fatores 2 e 5. Essa fração corresponde a um número decimal exato.

Para saber se uma fração corresponde a um número decimal exato ou a uma dízima periódica, podemos utilizar o seguinte fluxograma:

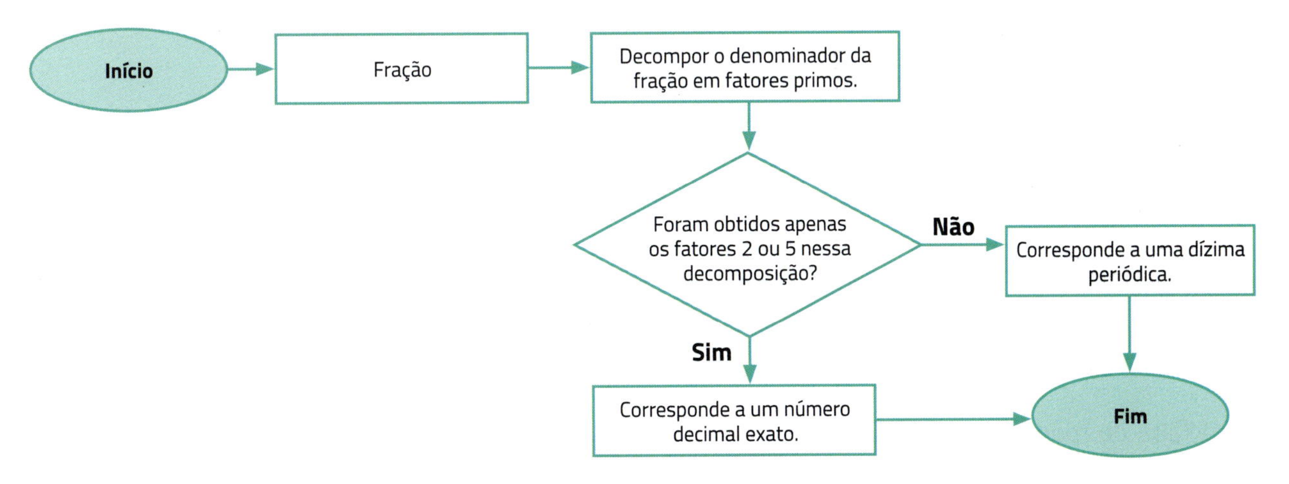

ATIVIDADES

46. Observe as frações: $\frac{41}{4}, \frac{4}{9}, \frac{16}{3}, \frac{93}{25}, \frac{974}{75}, \frac{611}{4}, \frac{450}{91}, \frac{79}{125}, \frac{5}{18}, \frac{217}{5}, \frac{173}{50}$ e $\frac{491}{3}$.

a) Identifique quais delas podem ser convertidas em números decimais exatos e quais podem ser convertidas em dízimas periódicas.

b) Transforme as frações em números decimais.

47. Identifique quais frações abaixo podem ser convertidas em números decimais exatos.

a) $\frac{6}{15}$

b) $\frac{28}{35}$

c) $\frac{44}{33}$

d) $\frac{39}{26}$

48. Elabore um problema que possa ser resolvido pelas operações abaixo:

$45 : 6 = 7{,}5$

$45 : 4 = 11{,}25$

$2 \cdot 7{,}5 + 11{,}25 = 15 + 11{,}25 = 26{,}25$

NA MÍDIA

Um terço das moedas emitidas no país ficam fora de circulação por ano

O hábito dos brasileiros, de encher cofrinhos, tira de circulação um terço das moedas emitidas no país por ano. Para desespero de comerciantes, caixas e cobradores de ônibus, a população guarda até 7,4 bilhões de unidades que deveriam estar no mercado, facilitando o troco e viabilizando transações. [...]

O Banco Central (BC) explica que esse fenômeno de guardar moedas em cofrinhos, gavetas ou no carro, chamado "entesouramento", ocorre no mundo inteiro. Estudos da instituição apontam que os brasileiros entesouram 7,4 bilhões de moedas. [...] "Em 2017, já foram disponibilizadas mais 86,7 milhões de moedas, alcançando 119 moedas por habitante", explica, por meio da assessoria de imprensa. Existem em circulação 24,68 bilhões de unidades de moedas ou R$ 6,23 bilhões em valor, o que corresponde a uma disponibilidade *per capita* de R$ 30. [...]

cesarvr/Shutterstock

Disponível em: https://www.correiobraziliense.com.br/app/noticia/economia/2017/02/13/internas_economia,573091/por-que-o-brasileiro-tira-de-circulacao-um-terco-das-moedas-emitidas.shtml. Acesso em: 3 mar. 2021.

A tabela a seguir exibe a quantidade de moedas em circulação no país em 20 de novembro de 2020.

Moedas do Sistema Monetário Brasileiro		
Denominação	**Quantidade**	**Valor (R$)**
0,01	3 191 178 998	31 911 789,98
0,05	7 038 545 115	351 927 255,75
0,10	7 309 830 699	730 983 069,90
0,25	3 204 746 371	801 186 592,75
0,50	3 217 171 827	1 608 585 913,50
1,00	3 753 824 784	3 753 824 784,00
Total de moedas	**27 715 297 794**	**7 278 419 405,88**

Fonte: Banco Central do Brasil – Meio Circulante. Disponível em: https://www3.bcb.gov.br/mec-circulante/?wicket:interface=:12::::. Acesso em: 3 mar. 2021.

A falta de moedas cria problemas, principalmente para fazer trocos em pagamentos de pequenos valores. Responda:

1. A que fração do Real corresponde uma moeda de 25 centavos?
2. Para pagar 3 reais e 83 centavos numa padaria, uma senhora deu uma cédula de 5 reais. Quanto ela deve receber de troco? Quantas moedas, no mínimo, ela deve receber perfazendo troco exato?
3. Aponte alguns motivos para a falta de moedas no mercado.
4. De acordo com a tabela apresentada, a quantidade de moedas em circulação no país era da ordem de ////////// bilhões, num valor aproximado de ////////// bilhões de reais. Que números, com uma casa decimal, devem ser escritos nos //////////?
5. Quantos bilhões de moedas, aproximadamente, estavam sendo usadas no dia a dia no ano de 2020, se estimarmos que um terço delas estava fora de circulação?
6. Em 2020, o valor aproximado das moedas de 25 centavos de Real que circulavam pelo país era de ////////// milhões de reais, o que representava //////////% do valor total de todas as moedas. Que números naturais devem ser escritos nos //////////?

Origens das frações decimais

Como é sabido, a diversidade de línguas em nosso mundo é muito grande. Mas, felizmente, apesar dessas diferenças, quase todos os povos civilizados usam a mesma linguagem aritmética. Ou seja, usam os mesmos algarismos (0, 1, 2, ..., 9), a mesma maneira de escrever os números e essencialmente os mesmos algoritmos. Quase todos os povos usam o **sistema de numeração indo-arábico**. Essa designação vem do fato de que esse sistema de numeração foi criado na Índia – segundo alguns estudiosos, já estaria pronto e em uso, inclusive com um símbolo para o zero, por volta do ano 700 – e de que foi graças aos árabes que se disseminou.

A mais antiga exposição do sistema indo-arábico é uma obra escrita pelo persa Al-Khwarizmi (que viveu no século IX) por volta do ano 825. Como os árabes dominaram a península Ibérica de 711 a 1492, certamente levaram para essa região os numerais hindus. Há um manuscrito em espanhol, do século X, em que eles aparecem – sem o zero. Mas os europeus também tomaram conhecimento do novo sistema de numeração, por intermédio de viagens e do comércio.

E o que levou os hindus a desenvolver um sistema de numeração decimal posicional? (Nesse sistema, o valor do algarismo depende da sua posição no número. Por exemplo, o algarismo 2 vale 20 em 123 e 200 em 213.)

Por um lado, o povo hindu sempre revelou grande talento para os aspectos aritméticos da matemática. Mas também é preciso levar em conta que os chineses, alguns séculos antes de Cristo, já tinham desenvolvido um sistema de numeração decimal posicional e que havia, de longa data, um significativo intercâmbio cultural e comercial entre China e Índia. Porém, o sistema de numeração hindu acabou prevalecendo.

É importante salientar que os chineses, antes de Cristo, já usavam seu sistema de numeração para representar frações decimais com base no princípio posicional, o que os hindus não conseguiram. Como ilustração do princípio posicional para frações, consideremos o número 23,45, expresso com a notação atual. Trata-se de uma fração decimal em que:

Melvyn Longhurst/Alamy/Fotoarena

Estátua de Al-Khwarizmi, em Khiva, Usbequistão, em 2013.

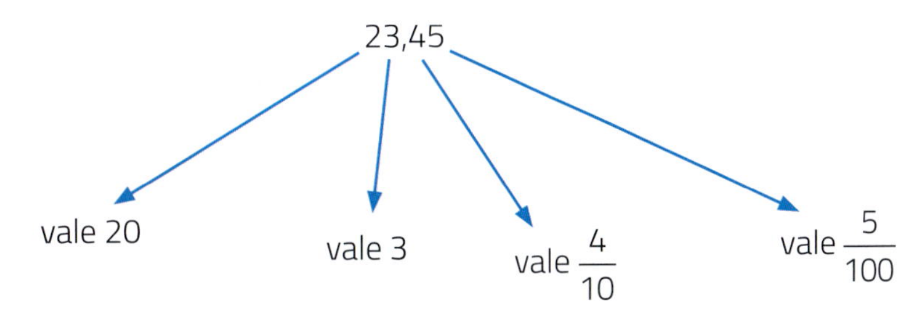

O primeiro registro de uso de frações decimais depois dos chineses aparece numa obra de aritmética do século X, do árabe Al-Uqlidisi. Embora não tenha entrado no campo das generalizações, o autor usou frações decimais para expressar, por exemplo, a fração comum $\frac{19}{2^5}$. O resultado (correto) obtido por ele foi 0'59375 (= 0,59375).

Apesar disso, as frações decimais quase não foram usadas na Europa na Idade Média e mesmo em boa parte do Renascimento. Mas essa situação começou a mudar com a publicação, em 1585, de um livreto intitulado *De Thiende* (*A arte dos décimos*), do holandês Simon Stevin (1548-1620). Duas das notações usadas por Stevin para separar a parte inteira de uma fração decimal da parte fracionária podem ser vistas a seguir para o número 34,567:

34 ⓪ 5 ① 6 ② 7 ③ ou

⓪	①	②	③
34	5	6	7

Muitas formas de separar a parte inteira da parte fracionária foram usadas posteriormente à obra de Stevin. O grande matemático escocês John Napier (1550-1617) utilizou o ponto e, mais tarde, sugeriu também a vírgula com essa finalidade. Os países anglo-saxões, de maneira geral, optaram pela primeira sugestão de Napier, ao passo que, no Brasil e na França, por exemplo, a opção foi pela vírgula. Mas, com o uso das calculadoras e a globalização, a preferência pelo ponto poderá se impor com o tempo.

1. Quando as calculadoras portáteis foram introduzidas, parecia que as frações comuns estavam com os dias contados. Mas isso não aconteceu porque as frações comuns e as taxas percentuais também facilitam os cálculos. Mostre, com exemplos, uma vantagem da utilização de frações decimais, frações comuns e taxas percentuais em cálculos matemáticos.

2. Sabendo que $\frac{32}{15} = 2{,}1\overline{3}$ e $\frac{5}{3} = 1{,}\overline{6}$, como você efetuaria a multiplicação $2{,}1\overline{3} \cdot 1{,}\overline{6}$? Qual é o resultado?

3. O livro *Liber Abaci* (1228), de Leonardo de Pisa (ou Fibonacci), tinha como um de seus objetivos principais introduzir o sistema de numeração indo-arábico na Europa. Mas ele só usou três tipos de frações: comuns (próprias), unitárias (comuns com numerador 1) e sexagesimais. Assim, ignorou as frações decimais. Por exemplo:

a) $\frac{99}{100}$ aparece com $\frac{1}{25} + \frac{1}{5} + \frac{1}{4} + \frac{1}{2}$ (mas sem o símbolo de adição, ainda não usado no século XIII).
Essa igualdade é verdadeira?

b) O valor, até a segunda casa sexagesimal, da resposta de um problema resolvido por ele é: 4 · 27′24″. Transforme esse número numa fração decimal.

4. Para calcular o produto 0,000378 · 0,54, Stevin procederia da maneira mostrada abaixo. Explique esse procedimento.

		④	⑤	⑥	
	·	3	7	8	
			5	4	②
	1	5	1	2	
1	8	9	0		
2	0	4	1	2	
④	⑤	⑥	⑦	⑧	

bohemama/Shutterstock

Comprimento e área

NESTA UNIDADE VOCÊ VAI

- Reconhecer, nomear e comparar polígonos.
- Identificar características dos triângulos e classificá-los.
- Identificar características dos quadriláteros e classificá-los.
- Construir ampliações e reduções de figuras.
- Resolver problemas envolvendo medida de comprimento e área.

CAPÍTULOS

CAPÍTULO 17 Comprimento

Pit Stock/Shutterstock

Montanha-russa Kingda Ka localizada em Nova Jersey, EUA.

NA REAL

Qual a maior montanha-russa do mundo?

A montanha-russa mais alta do mundo é a Kingda Ka e está localizada no parque de diversões Six Flags Great Adventure, em Nova Jersey, Estados Unidos. Ela tem 456 pés de altura!

Observe as informações no quadro ao lado sobre a Kingda Ka.

Ilustra Cartoon/Arquivo da editora

Em países como os Estados Unidos a unidade de comprimento **pé** é muito utilizada, e 1 pé equivale a 30,48 centímetros. Qual é a altura da montanha-russa Kingda Ka em metros?

Para que uma pessoa possa andar nessa montanha-russa ela deve ter altura maior ou igual à altura mínima permitida. Você poderia andar na Kingda Ka com a altura que tem hoje?

Na BNCC
EF06MA24

Medindo comprimentos

Um pouco da história das unidades de comprimento

Os primeiros padrões de medida de que se tem notícia baseavam-se em partes do corpo humano:

- O **cúbito** (ou **côvado**), usado por egípcios e babilônios muitos séculos antes de Cristo, era representado pelo comprimento do antebraço, desde a extremidade do dedo médio até o cotovelo.

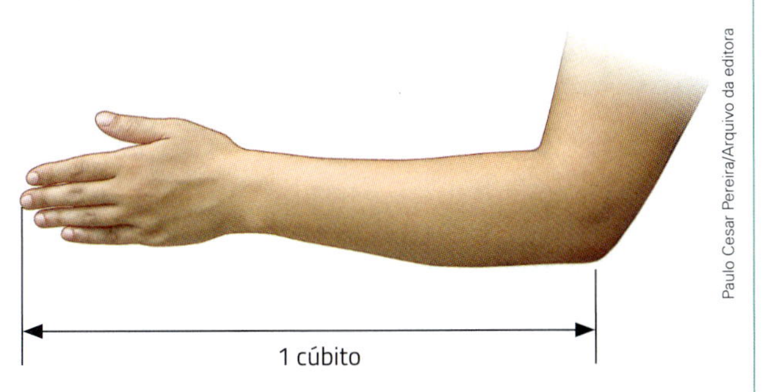

- A **polegada** era igual à largura do polegar. Hoje, uma polegada equivale a 2,54 cm. É uma unidade usada, por exemplo, nas medidas de televisores, monitores de computador, diâmetro de tubos, aros de pneus de bicicletas e automóveis.

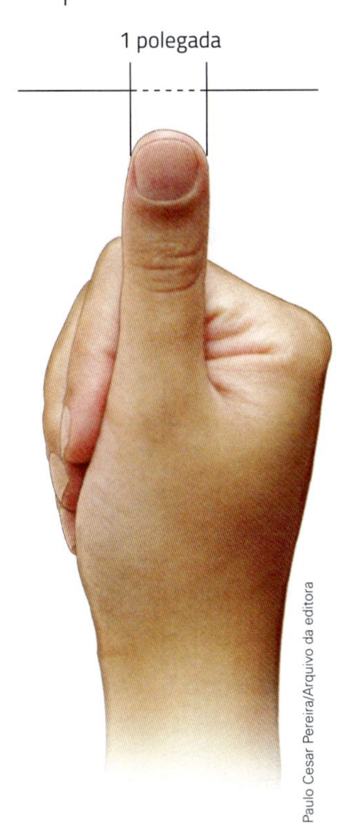

- O **palmo** corresponde à distância entre a extremidade do polegar e a ponta do dedo mínimo, considerando a mão aberta.

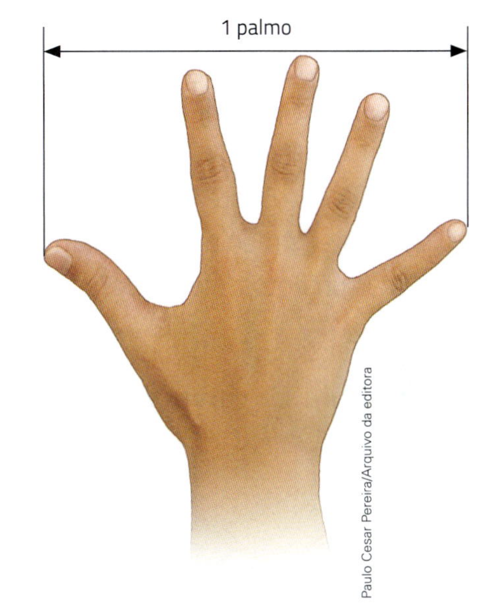

- O **pé** era utilizado para fazer medidas desde o tempo do Império Romano. Hoje, 1 pé equivale a 12 polegadas, tamanho médio dos pés masculinos. Três pés correspondem a uma **jarda**. No futebol, a medida oficial da largura do gol é 8 jardas (7,32 m) e a altura, 8 pés (2,44 m).

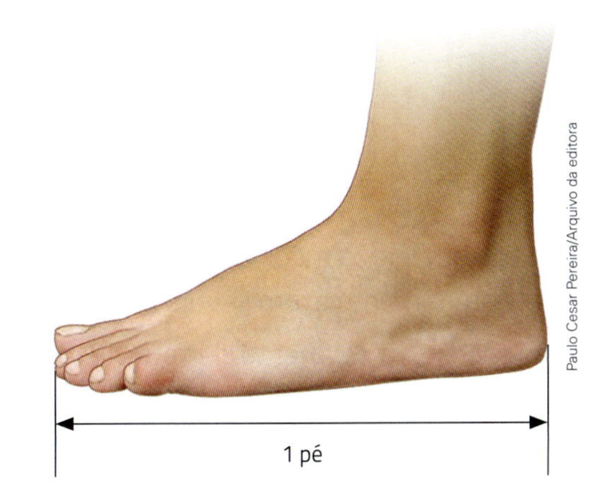

Essas unidades geravam muita imprecisão nas medidas, uma vez que as partes do corpo variam de pessoa para pessoa. Com a criação de uma unidade padronizada de medida de comprimento, o **metro**, como veremos adiante, esse problema foi resolvido. A polegada, o pé e a jarda, por exemplo, ainda são usados, mas com valores padronizados.

PARTICIPE

André e Leandro devem comprar ripas de madeira para cercar a horta da escola. No dia combinado para a medição, os dois se encontraram na horta, mas se esqueceram de levar uma trena para fazer as medições. André teve uma ideia: pegar um pedaço de madeira para medir as laterais da horta.

Ilustra Cartoon/Arquivo da editora

Leandro ficou intrigado: "Vamos levar esse pedaço de madeira para o marceneiro?". Em seguida, pensou melhor e sugeriu: "Vamos pegar um pedaço de barbante, esticamos e medimos o comprimento e depois levamos até o marceneiro".

a) Você acha que André fez a melhor escolha? Justifique.

b) O que mais os meninos poderiam ter utilizado para fazer as medições?

c) Que instrumentos usados para medir comprimentos você conhece?

Estes desenhos são **curvas simples**.

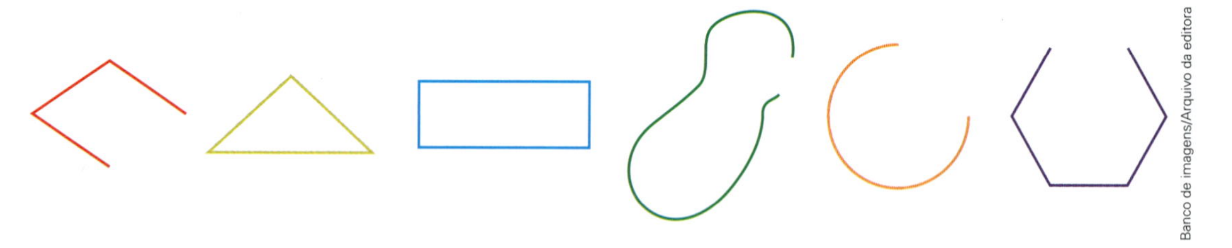

Banco de imagens/Arquivo da editora

Como poderíamos medir o comprimento de cada uma dessas curvas?

Se fosse possível esticar uma curva, teríamos um segmento de reta, como representado a seguir. Esse segmento tem comprimento igual ao da curva.

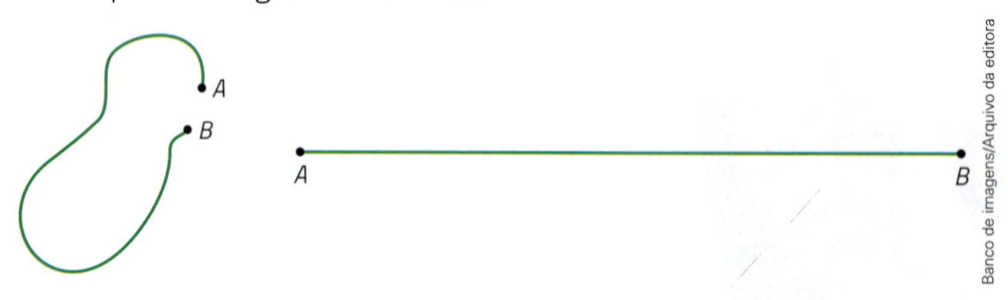

Banco de imagens/Arquivo da editora

Quando queremos medir a extensão de uma curva simples, nós a associamos a um segmento de reta de igual comprimento e, em seguida, medimos esse segmento.

Para medir um segmento de reta $\overline{AB}$, escolhemos um segmento unitário u, que será a **unidade** de medida: u

Em seguida, verificamos quantas vezes u cabe em $\overline{AB}$ e obtemos a medida do comprimento de $\overline{AB}$ na unidade u.

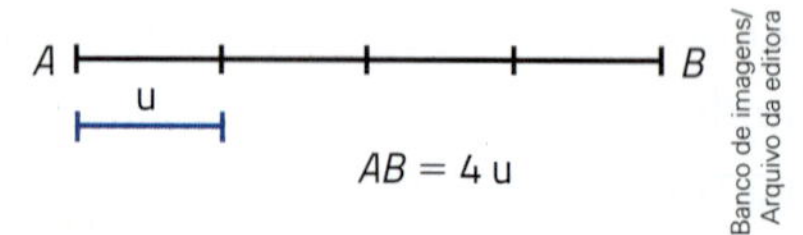

Banco de imagens/Arquivo da editora

A medida do comprimento de $\overline{AB}$ é igual a 4 u.

Vamos agora imaginar que cortamos um pedaço de barbante e desenhamos com ele uma curva simples *AB*. Observe:

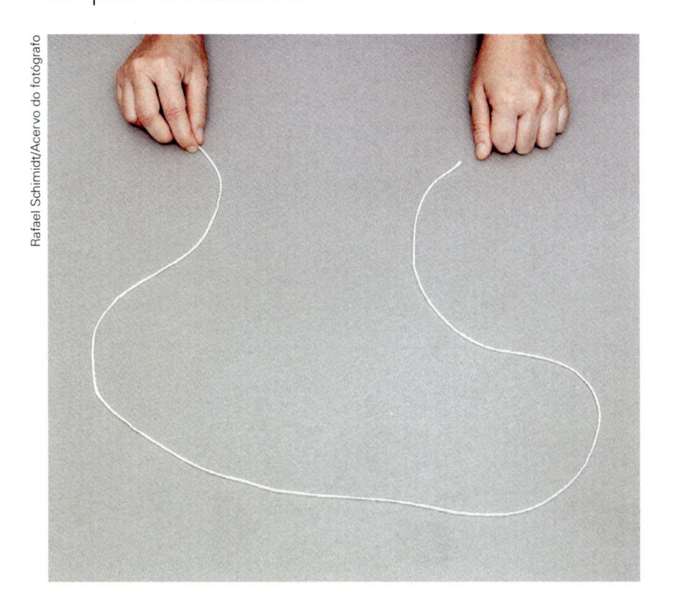

Rafael Schimidt/Acervo do fotógrafo

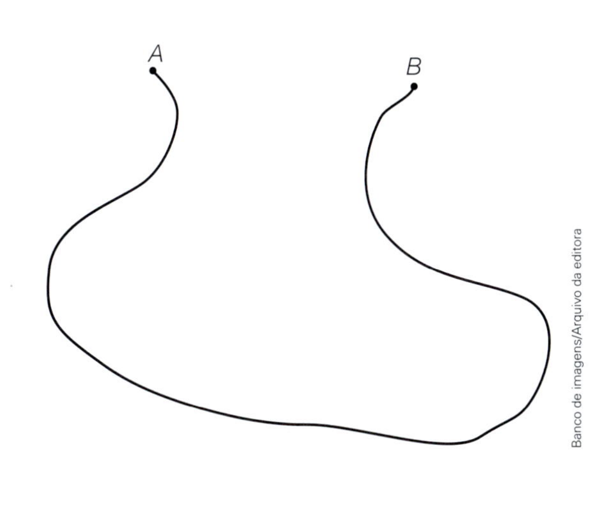

Banco de imagens/Arquivo da editora

Vamos medir o comprimento de uma curva usando duas unidades de medida diferentes e ver o que acontece:

- unidade escolhida: u
  medida obtida: $AB = 8$ u
- unidade escolhida: v
  medida obtida: $AB = 4$ v

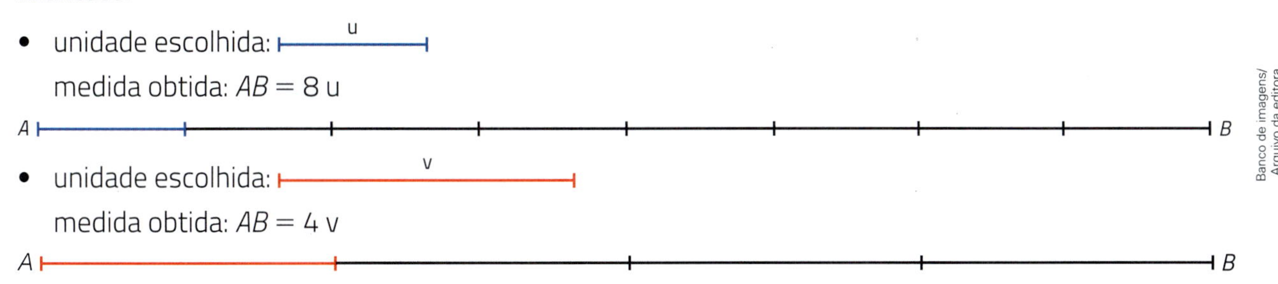

Banco de imagens/Arquivo da editora

Observe que, medindo a mesma curva, obtivemos números diferentes. Isso é o que aconteceria se cada pessoa pudesse escolher livremente uma unidade para medir comprimento. Por exemplo, se uma pessoa escolher o palmo e outra escolher o pé para medir o mesmo comprimento, provavelmente cada uma obterá uma medida diferente.

Unidade padronizada de comprimento

Existe, então, a necessidade de definir uma unidade de medida de comprimento padrão, isto é, uma unidade de medida de comprimento que seja conhecida por todos.

A unidade de medida padronizada de comprimento é o **metro** (**m**).

Por muito tempo, o metro foi estabelecido como a décima milionésima parte da distância da linha do equador ao polo norte. Era o comprimento de uma barra metálica que se encontra no Museu Internacional de Pesos e Medidas, na cidade de Sèvres, na França.

Hoje, define-se metro como a distância linear percorrida pela luz no vácuo, durante um intervalo de $\frac{1}{299\,792\,458}$ segundo.

Leia mais sobre a criação do metro na seção "Na História" da página 326.

Que unidade de medida de comprimento usar?

Qual é a distância entre Campo Grande (MS) e Cuiabá (MT)?

Para medir grandes extensões, podemos empregar como unidade de medida de comprimento um dos **múltiplos do metro**:

- decâmetro (dam)
- hectômetro (hm)
- quilômetro (km)

Dessas unidades, a mais utilizada é o quilômetro.

Quanto mede a largura desse quadro na parede da sala de aula?

Alberto De Stefano/Arquivo da editora

Para medir pequenas extensões, podemos empregar como unidade de medida um dos **submúltiplos do metro**:

- decímetro (dm)
- centímetro (cm)
- milímetro (mm)

Múltiplos e submúltiplos do metro

Apresentamos, a seguir, um quadro com as unidades de medida de comprimento, seus símbolos e os valores correspondentes em metros:

Múltiplos			Unidade	Submúltiplos		
quilômetro	**hectômetro**	**decâmetro**	**metro**	**decímetro**	**centímetro**	**milímetro**
km	**hm**	**dam**	**m**	**dm**	**cm**	**mm**
1 000 m	100 m	10 m	**1 m**	0,1 m	0,01 m	0,001 m

Observe que cada unidade de medida de comprimento é igual a 10 vezes a unidade imediatamente inferior:

km	hm	dam	m	dm	cm	mm
1 000 m	100 m	10 m	**1 m**	0,1 m	0,01 m	0,001 m

· 10 · 10 · 10 · 10 · 10 · 10

E cada unidade de medida de comprimento é igual a 1 décimo da unidade imediatamente superior:

km	hm	dam	m	dm	cm	mm
1 000 m	100 m	10 m	**1 m**	0,1 m	0,01 m	0,001 m

: 10 : 10 : 10 : 10 : 10 : 10

Veja nestes exemplos como devem ser lidos os comprimentos expressos em metros:

- 0,1 m → lê-se: 1 décimo de metro (ou 1 decímetro).
- 0,25 m → lê-se: 25 centésimos de metro (ou 25 centímetros).
- 6,37 m → lê-se: 6 inteiros e 37 centésimos de metro (ou 6 metros e 37 centímetros).
- 0,005 m → lê-se: 5 milésimos de metro (ou 5 milímetros).

ATIVIDADES

1. Meça a largura de sua carteira escolar usando uma régua. Qual é a medida que você encontrou?

2. Luciana mediu a largura de sua carteira escolar usando um lápis como unidade de medida. Júlia mediu a largura da mesma carteira usando como unidade de medida o centímetro. Quem obteve o maior número?

3. Ricardo mediu o comprimento da quadra de esportes da escola usando como unidade de medida o seu passo; Alexandre mediu o mesmo comprimento usando como unidade de medida o metro. Quem obteve o maior número?

4. Ajude o carteiro a colocar cada envelope no escaninho correto, de acordo com o "destino" indicado. Para isso, associe os nomes das unidades de medida aos respectivos símbolos.

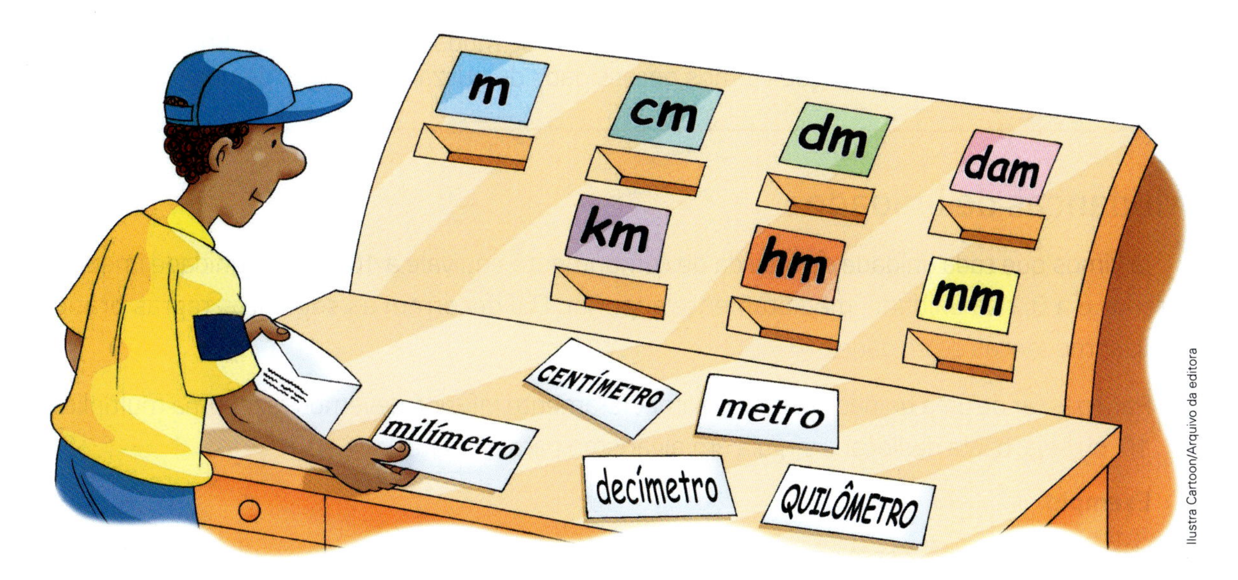

Ilustra Cartoon/Arquivo da editora

5. Que unidade de medida de comprimento é mais adequada para medir:

a) a largura do seu caderno?

b) a distância entre São Paulo e Rio de Janeiro?

c) a altura de um prédio de 20 andares?

6. Reescreva as igualdades substituindo cada ////////// pela unidade correta.

a) 37,2 m = 37 ////////// e 2 //////////

b) 1,07 m = 1 ////////// e 7 //////////

c) 1,213 m = 1 ////////// e 213 //////////

PARTICIPE

Lucas fará uma viagem com a família. Ele vai à casa dos avós, que fica em uma cidade distante 300 km da casa dele. Chegando à cidade, e considerando a prefeitura um ponto de referência, eles ainda devem percorrer mais 300 metros até a casa dos avós.

a) O que diferencia a distância entre as cidades e a distância entre a prefeitura e a casa dos avós de Lucas? Justifique sua resposta.

b) É possível fazer comparações com unidades de medida diferentes, por exemplo, 250 km e 300 m?

c) Observe a régua. O que demarcam os tracinhos menores? E os maiores?

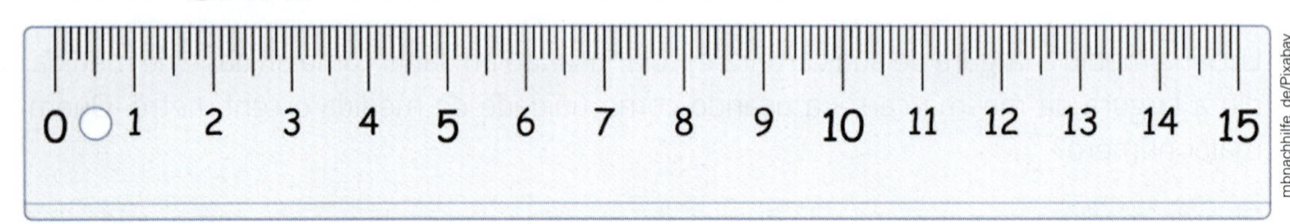

mbnachhilfe_de/Pixabay

d) Medir 1 cm é o mesmo que medir 10 mm? Por quê?

e) 5 cm equivalem a quantos milímetros?

f) 80 mm equivalem a quantos centímetros?

g) Se você comparar 5 cm com 80 mm, qual dessas medidas é a maior? Como você fez a comparação?

h) As transformações que você utilizou chamam-se mudanças de unidade. Em sua opinião, por que em algumas situações temos necessidade de utilizar mudanças de unidade?

Mudanças de unidade

Já vimos que cada unidade de medida de comprimento equivale a 10 vezes a unidade imediatamente inferior e a 0,1 da unidade imediatamente superior. Daí decorrem as seguintes regras práticas para realizar mudanças de unidade:

- Para passar de uma unidade para outra imediatamente inferior, devemos fazer uma multiplicação por 10, ou seja, basta deslocar a vírgula um algarismo para a direita.

  Exemplo

  Vamos expressar 3,72 cm em milímetros. Como 1 cm = 10 mm, temos:

  $$3{,}72 \text{ cm} = (3{,}72 \cdot 10) \text{ mm} = 37{,}2 \text{ mm}$$

- Para passar de uma unidade para outra imediatamente superior, devemos fazer uma divisão por 10, ou seja, basta deslocar a vírgula um algarismo para a esquerda.

  Exemplo

  Vamos expressar 389,2 cm em decímetros. Como $1 \text{ cm} = \frac{1}{10}$ dm, temos:

  $$389{,}2 \text{ cm} = (389{,}2 : 10) \text{ dm} = 38{,}92 \text{ dm}$$

- Para passar de uma unidade para outra qualquer, basta aplicar sucessivas vezes uma das regras anteriores.

Exemplo

Vamos expressar:

- 3,54 km em metros: 3,54 km = 35,4 hm = 354 dam = 3 540 m

  Ou diretamente (pois 1 km = 1 000 m): 3,54 km = (3,54 · 1 000) m = 3 540 m

- 87,5 cm em metros: 87,5 cm = 8,75 dm = 0,875 m

  Ou diretamente $\left(\text{pois } 1 \text{ cm} = \frac{1}{100} \text{ m}\right)$: 87,5 cm = (87,5 · 0,01) m = 0,875 m

ATIVIDADES

7. Os símbolos das unidades despencaram do quadro! Recoloque-os nos lugares corretos.

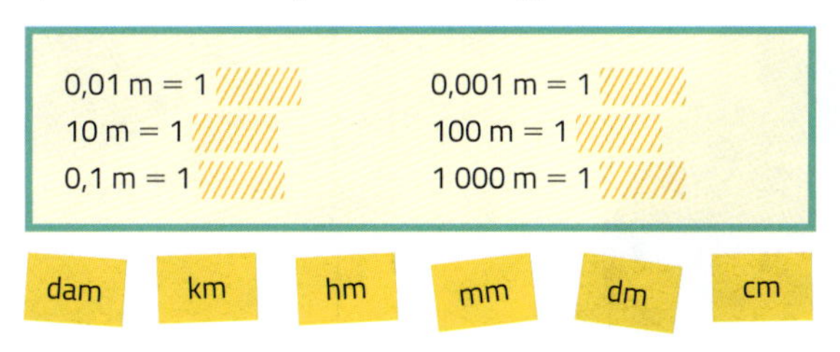

8. Quantos metros correspondem a:

a) 10 dm?
b) 1 km?
c) 1,7 km?
d) 129 cm?
e) 548 mm?

9. Quantos centímetros correspondem a:

a) 1 m?
b) 1 dm?
c) 1 km?
d) 2,1 m?
e) 37 mm?

10. No seu aniversário, a professora Ana Paula recebeu um presente diferente de cada turma. Expresse as somas em metros e associe os resultados às palavras do quadro para descobrir quais foram os presentes dos estudantes.

flores	10,851 m
perfume	6,789 m
bombons	12,852 m
sapatos	162,27 m
colar	11,851 m

6º A: 2,1 m + 4,75 m + 5,001 m

6º B: 0,064 km + 12,7 dm + 0,097 km

6º C: 81,7 cm + 972 mm + 5 m

11. Descubra a mensagem escrita na faixa, expressando as somas em metros e associando os valores às palavras do quadro.

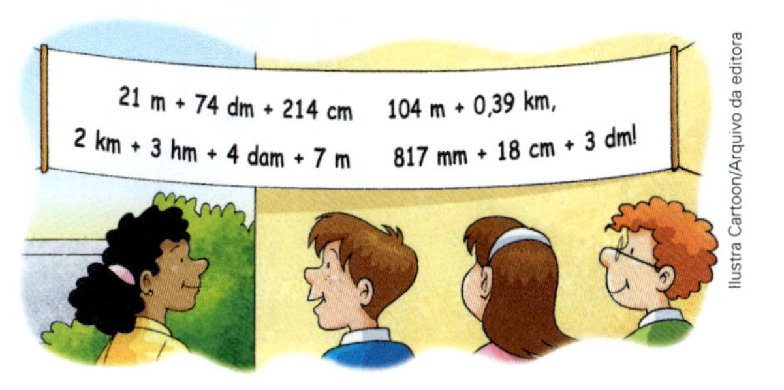

Ilustra Cartoon/Arquivo da editora

professora	2 347 m
feliz	30,54 m
Ana Paula	1,297 m
Vanda	12,97 m
aniversário	494 m

12. Medi os lados do tampo de vidro de uma mesa quadrada usando uma régua de 30 cm. Em cada lado do tampo cabem 2 réguas e meia.

a) Quantos centímetros mede cada lado do tampo da mesa?

b) Quantos metros mede cada lado do tampo da mesa?

13. Uma polegada equivale a 2,54 cm. Quantos milímetros correspondem a uma polegada?

14. Um pé equivale a 12 polegadas. Quantos centímetros equivalem a um pé?

15. Uma jarda equivale a 3 pés. No futebol, a marca do pênalti ficava oficialmente a 12 jardas da linha do gol. Essa medida corresponde a quantos metros? Dê a resposta aproximada com duas casas decimais.

NA MÍDIA

Ameaça vinda do espaço

Imagem de um asteroide e da Terra fornecida pela Nasa.

Mais cedo ou mais tarde, um asteroide com a largura de três campos de futebol pode atingir a Terra. O próximo risco de colisão do Apophis com nosso planeta será 2068. Mas bem antes disso, em 2029, ele se aproximará o suficiente para ser bem estudado. Uma passagem inofensiva, que pode ajudar os cientistas a evitarem um futuro impacto.

Daqui a nove anos, o Apophis passará a 31 mil km da Terra — mais ou menos um décimo da distância entre nosso planeta e a Lua —, a uma velocidade de 30 km/s. [...]

O 99942 Apophis está no terceiro lugar na lista da Nasa, agência espacial norte-americana, para os potencialmente perigosos "objetos próximos da Terra" (NEOs), com uma chance de 1 em 150 mil de colidir com nosso planeta em 2068.

[...]

Por isso, a aproximação de 2029 é crucial para conhecermos melhor este objeto ameaçador, estudando seu exterior, interior e comportamento. [...]

Disponível em: https://www.uol.com.br/tilt/noticias/redacao/2020/11/20/asteroide-apophis-passara-perto-da-terra-em-2029-cientistas-ja-tem-planos.htm. Acesso em: 30 abr. 2021.

1. Segundo o texto, 31 mil km é "mais ou menos um décimo da distância entre nosso planeta e a Lua". Então, de acordo com o texto qual é a estimativa da distância da Terra à Lua?
2. Pesquise qual é a distância média da Terra à Lua.
3. O comprimento de um campo de futebol oficial é 105 metros em média. Assim, de acordo com o texto, qual é a largura do Apophis?
4. A velocidade de 30 km/s significa que a cada segundo o asteroide percorre 30 km. Então, em 1 hora ele percorre aproximadamente 10^n metros. Qual é o valor do expoente n?

CAPÍTULO 18

Poligonal, polígonos e curvas

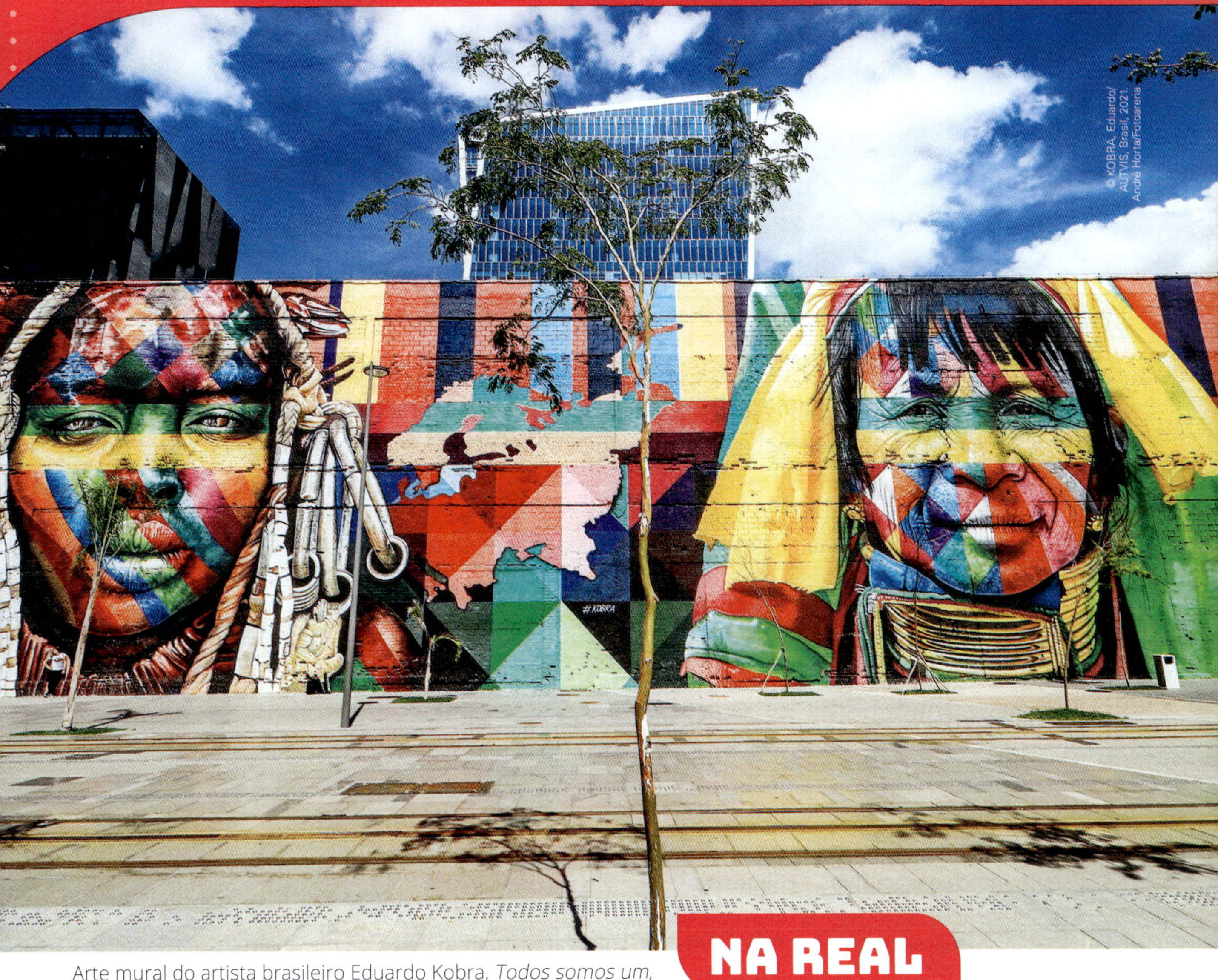

Arte mural do artista brasileiro Eduardo Kobra, *Todos somos um*, Rio de Janeiro.

NA REAL

Existe matemática na arte?

O muralista brasileiro Eduardo Kobra possui obras espalhadas pelos cinco continentes e uma bela história com a arte de rua. Atualmente é reconhecido pelo *Guinness Book* como autor do maior grafite do mundo. *Todos somos um* é o mural premiado com 3 mil metros quadrados de área que está localizado no Rio de Janeiro.

Alguns traços são marcantes e característicos das obras desse artista, que revelou que as cores e as formas geométricas presentes em suas criações são inspiradas em lembranças da infância, pois seu pai era tapeceiro e ele vivia em meio aos catálogos de tecidos com diferentes padrões. Quais formas geométricas você consegue identificar na obra de arte acima?

Na BNCC
EF06MA18
EF06MA19
EF06MA20
EF06MA22
EF06MA24
EF06MA28
EF06MA29

Características da poligonal

Unindo segmentos

Observe as figuras e responda: Quais são as extremidades do segmento $\overline{FG}$? E do segmento $\overline{GH}$?

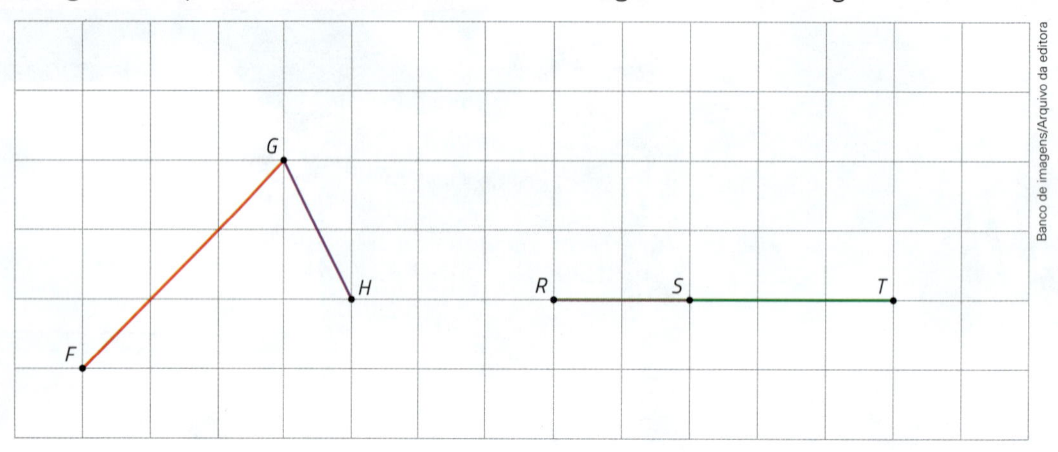

As extremidades do segmento $\overline{FG}$ são os pontos F e G, e as do segmento $\overline{GH}$ são os pontos G e H.

Observe que G é a extremidade comum dos segmentos $\overline{FG}$ e $\overline{GH}$. Dizemos que $\overline{FG}$ e $\overline{GH}$ são segmentos de reta **consecutivos**.

Dois segmentos de reta que têm uma extremidade comum são **segmentos consecutivos**.

Os segmentos $\overline{RS}$ e $\overline{ST}$ também são consecutivos?

R S T

Sim. $\overline{RS}$ e $\overline{ST}$ são segmentos consecutivos, porque S é extremidade comum de $\overline{RS}$ e $\overline{ST}$.

Concluímos que:

- $\overline{FG}$ e $\overline{GH}$ são segmentos consecutivos;
- $\overline{RS}$ e $\overline{ST}$ também são segmentos consecutivos.

Os segmentos $\overline{RS}$ e $\overline{ST}$, além de consecutivos, estão na mesma reta. Por isso, dizemos que $\overline{RS}$ e $\overline{ST}$ são segmentos **consecutivos** e **colineares**.

Dois segmentos consecutivos são **colineares** quando estão na mesma reta.

Agora considere a figura a seguir.

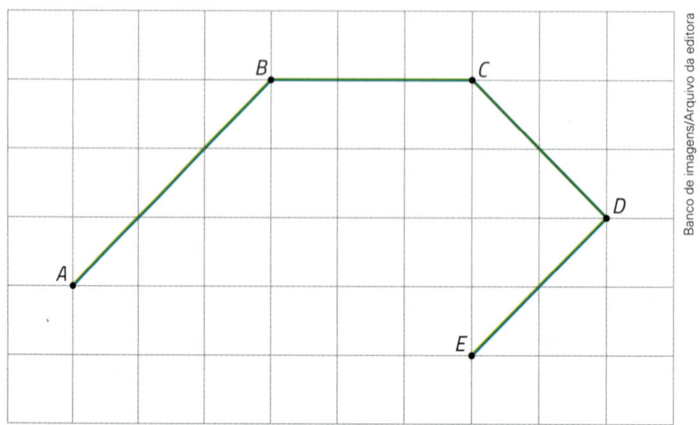

Nesse caso, podemos afirmar que:

- são quatro segmentos sucessivamente consecutivos: $\overline{AB}$, $\overline{BC}$, $\overline{CD}$ e $\overline{DE}$;
- não há dois segmentos vizinhos colineares.

Dizemos que essa figura é uma **poligonal**.

Poligonal é a figura formada pelos pontos de um número finito de segmentos de reta sucessivamente consecutivos, com quaisquer dois segmentos vizinhos não colineares.

As características da poligonal anterior são indicadas assim:

- **poligonal**: *ABCDE*
- **lados**: $\overline{AB}$, $\overline{BC}$, $\overline{CD}$ e $\overline{DE}$
- **vértices**: pontos *A*, *B*, *C*, *D* e *E*
- **extremidades**: *A* e *E*

Classificação

Observe abaixo como podemos classificar as poligonais:

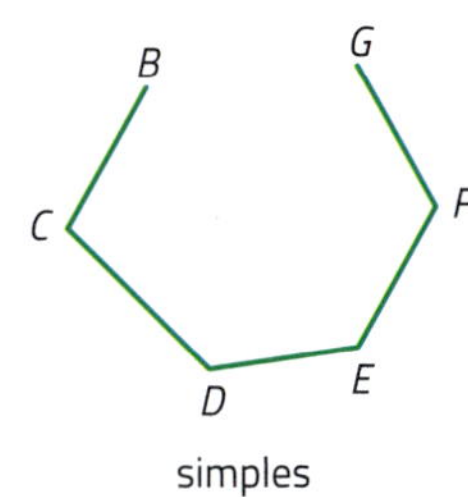

simples

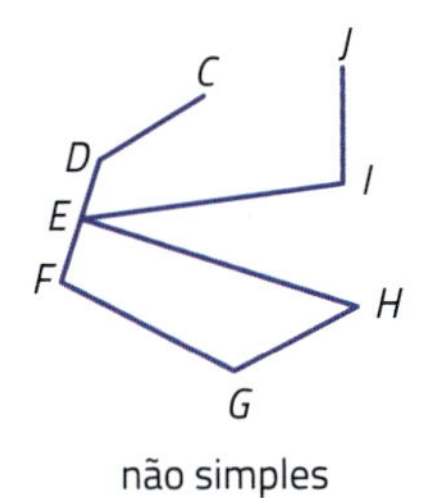

não simples

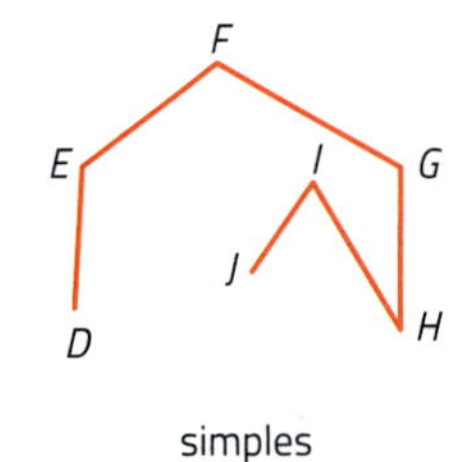

simples

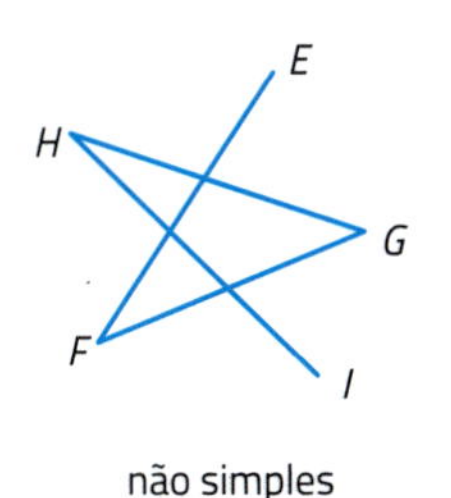

não simples

Banco de imagens/Arquivo da editora

Nas poligonais simples, dois lados que não são vizinhos não se tocam.

Nas poligonais não simples existem dois lados não consecutivos que se tocam.

Uma **poligonal** é **simples** quando dois lados não consecutivos quaisquer não têm ponto comum. Caso contrário, ela é **não simples**.

ATIVIDADES

1. A professora de Matemática pediu aos estudantes que se reunissem em grupos e, usando barbantes coloridos, construíssem no geoplano figuras de segmentos consecutivos e colineares.

Veja o esquema do que eles fizeram:

① A B C D

② A B C D E

③

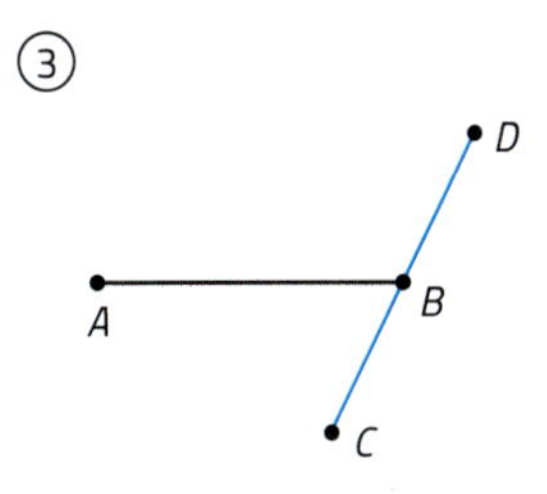

④

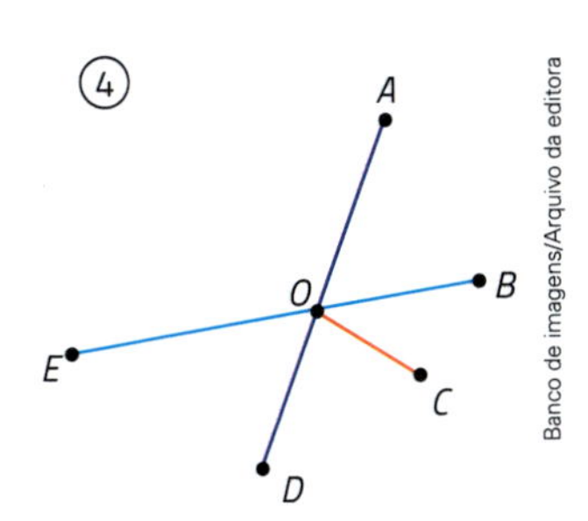

Banco de imagens/Arquivo da editora

Em cada figura:

a) quais são os segmentos consecutivos?

b) quais são os segmentos consecutivos e colineares?

2. Observe cada uma destas figuras e, depois, responda às questões.

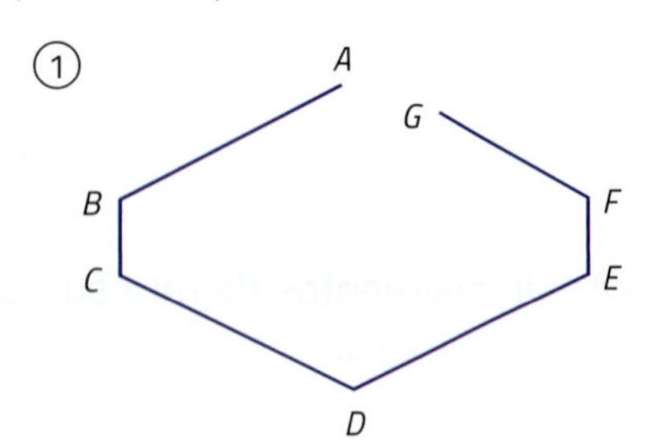

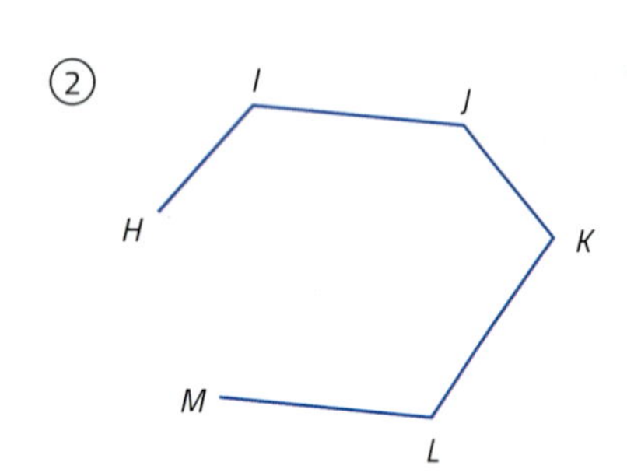

Banco de imagens/Arquivo da editora

a) Qual é o nome dessas figuras?

b) Quais são as extremidades?

c) Quais são os vértices?

d) Quais são os lados?

3. Observe as figuras:

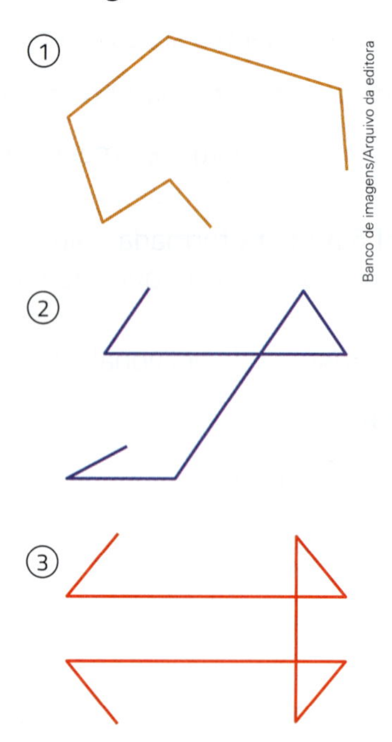

Banco de imagens/Arquivo da editora

a) Quais dessas poligonais são simples? Quais são não simples?

b) Dê o número de vértices e o número de lados de cada poligonal.

O que é polígono?

Observe as poligonais desenhadas abaixo. Qual é a diferença entre elas?

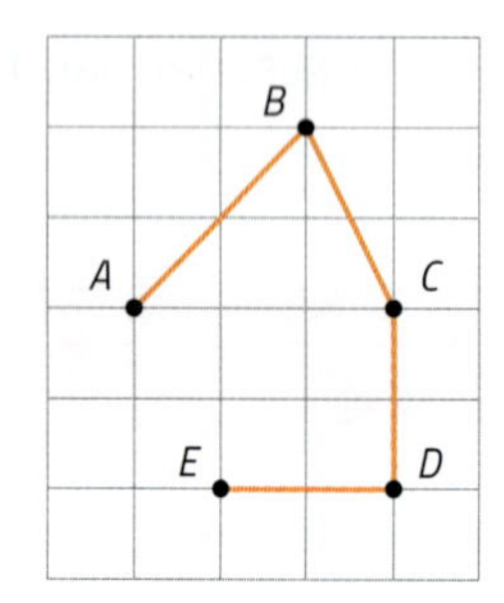

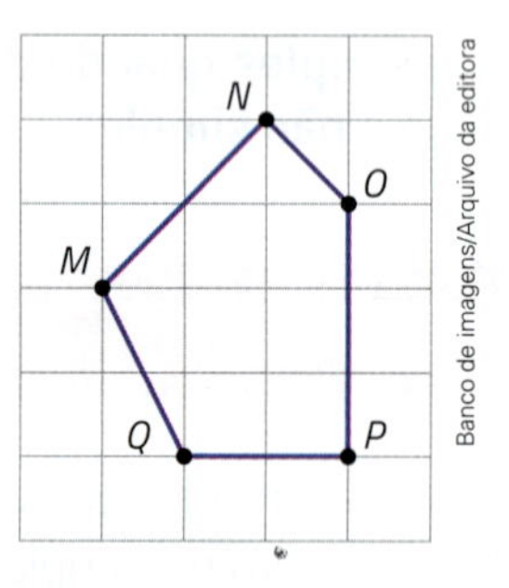

Banco de imagens/Arquivo da editora

ABCDE é uma poligonal **aberta**, e *MNOPQ* é uma poligonal **fechada**.

A poligonal fechada também é chamada **polígono** e nesse caso é indicada por *MNOPQ*.

Polígono é uma poligonal em que as extremidades coincidem.

Considerando o polígono *MNOPQ*, observamos que:

- seus vértices são os pontos *M*, *N*, *O*, *P* e *Q*;
- seus lados são os segmentos $\overline{MN}$, $\overline{NO}$, $\overline{OP}$, $\overline{PQ}$ e $\overline{QM}$;
- seus ângulos são $Q\hat{M}N$, $M\hat{N}O$, $N\hat{O}P$, $O\hat{P}Q$ e $P\hat{Q}M$.

O **número de lados de um polígono** é igual ao número de vértices.

Classificação

Agora, observe alguns polígonos:

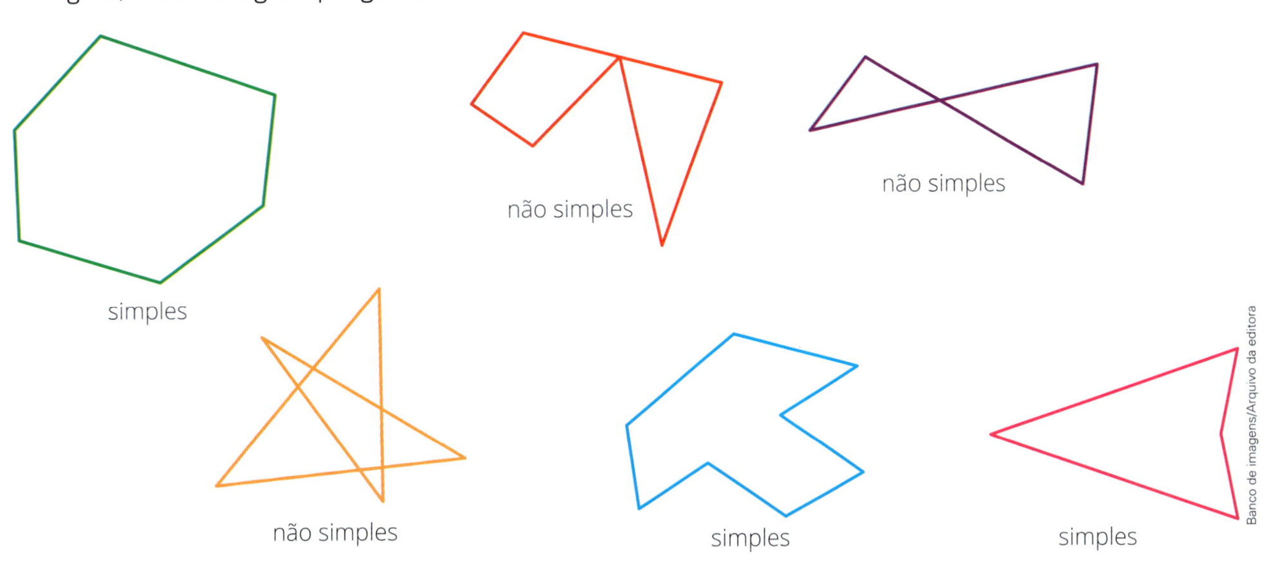

Nos **polígonos simples**, dois lados que não são vizinhos não se tocam. Os **polígonos não simples** têm dois lados não vizinhos que se tocam.

PARTICIPE

Renato fez um esboço da planta baixa da casa de seus sonhos para representar como gostaria que o espaço fosse dividido. Veja a imagem:

a) O que os polígonos utilizados por Renato nesse esboço têm em comum?

b) Que polígonos são representados pelas letras *B* e *C*?

c) Que polígonos são representados pelas letras *E* e *F*?

d) Qual é a letra que representa um trapézio?

Nomes dos polígonos

Os polígonos recebem nomes de acordo com o número de lados ou de vértices que apresentam. Veja no quadro a seguir os nomes dos principais polígonos.

Polígono	Nome do polígono	Vértices	Lados
	triângulo	3	3
	quadrilátero	4	4
	pentágono	5	5
	hexágono	6	6
	heptágono	7	7
	octógono	8	8
	eneágono	9	9
	decágono	10	10
	undecágono	11	11
	dodecágono	12	12
	pentadecágono	15	15
	icoságono	20	20

Triângulos

Observe a foto ao lado, que mostra a cobertura das casas. Veja que o telhado será apoiado em estruturas triangulares, e isso ocorre porque os engenheiros civis sabem que os triângulos têm características muito especiais. É por esse motivo que vamos estudá-los.

Roger Bamber/Alamy/Fotoarena

É comum a estrutura de sustentação dos telhados ser feita em formato triangular.

Na figura ao lado há três segmentos consecutivos e não colineares, $\overline{AB}$, $\overline{BC}$ e $\overline{CA}$. Juntos, esses segmentos formam um polígono (ou linha poligonal fechada) chamado **triângulo**. Indicamos o triângulo ABC por $\triangle ABC$.

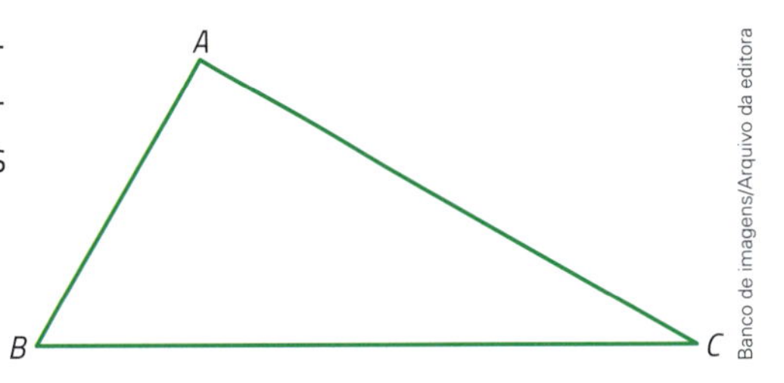

Dados três pontos A, B e C não colineares, chama-se triângulo ABC a reunião dos segmentos $\overline{AB}$, $\overline{BC}$ e $\overline{CA}$.

Em um triângulo ABC, os pontos A, B e C são chamados **vértices**, e os segmentos $\overline{AB}$ (de medida c), $\overline{BC}$ (de medida a) e $\overline{CA}$ (de medida b) são chamados **lados**.

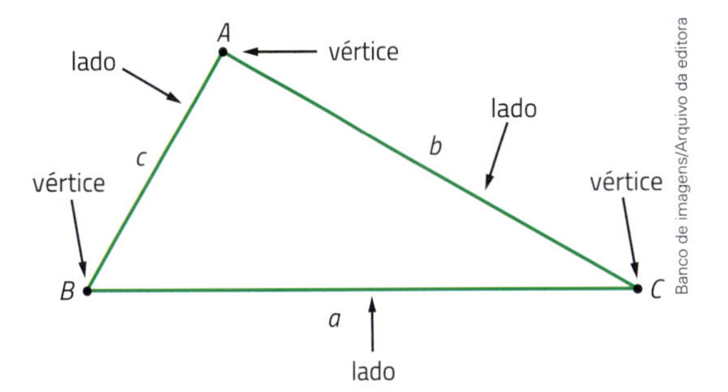

Os ângulos $B\hat{A}C$ (ou $\hat{A}$), $A\hat{B}C$ (ou $\hat{B}$) e $A\hat{C}B$ (ou $\hat{C}$) são chamados **ângulos internos** do triângulo.

Para simplificar a linguagem, é usual dizer:

- o lado a é o oposto ao ângulo $\hat{A}$;
- o lado b é o oposto ao ângulo $\hat{B}$;
- o lado c é o oposto ao ângulo $\hat{C}$.

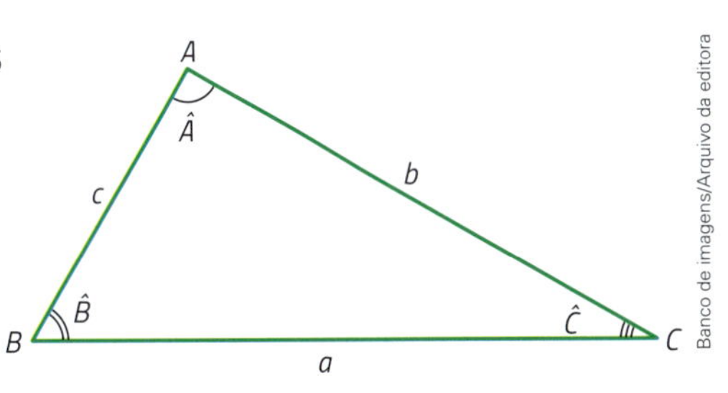

O **perímetro** de um triângulo é a soma das medidas dos seus lados. No triângulo ABC, temos: $a + b + c$

Classificação de triângulos quanto aos lados

Quando comparamos os lados de um triângulo, três casos podem ocorrer:

1º caso – Os três lados são congruentes. Nesse caso, o triângulo é chamado **equilátero**.

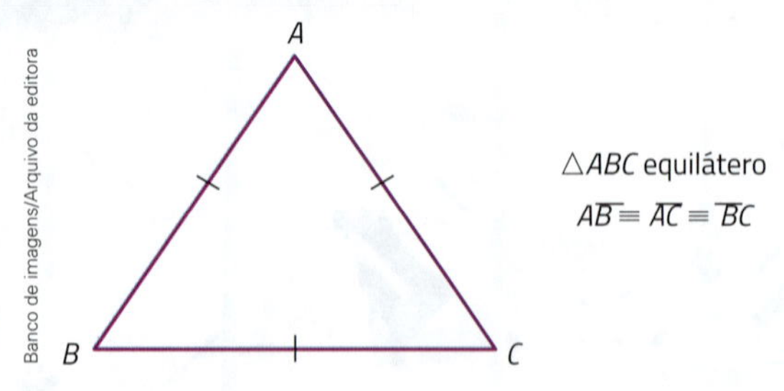

2º caso – Dois lados são congruentes. O outro lado é a base do triângulo. Nesse caso, o triângulo é dito **isósceles**.

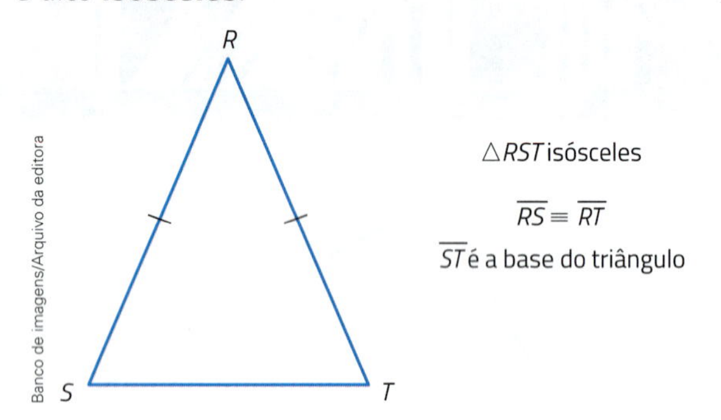

3º caso – Dois lados quaisquer não são congruentes. Nesse caso, o triângulo é dito **escaleno**.

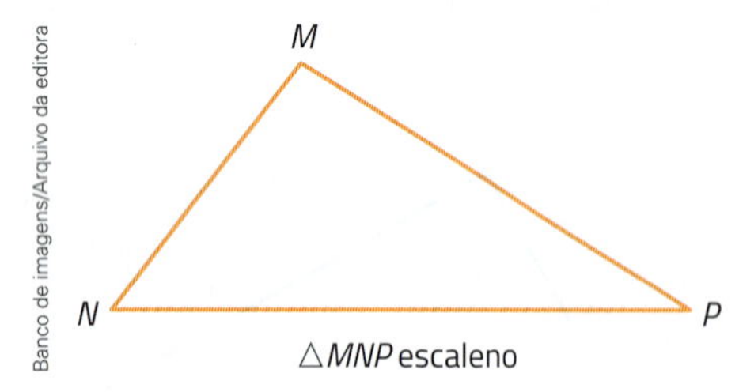

Exemplos

- O triângulo abaixo não tem dois lados de mesma medida; é, portanto, escaleno.

  O perímetro deste triângulo é:
  35 mm + 28 mm + 20 mm = 83 mm

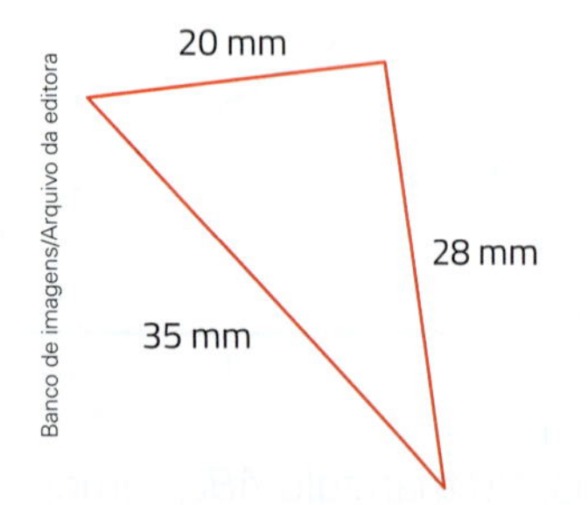

- O triângulo abaixo tem dois lados congruentes; é, portanto, isósceles.

  O perímetro deste triângulo é:
  $2 \cdot 4$ cm + 3 cm = 11 cm

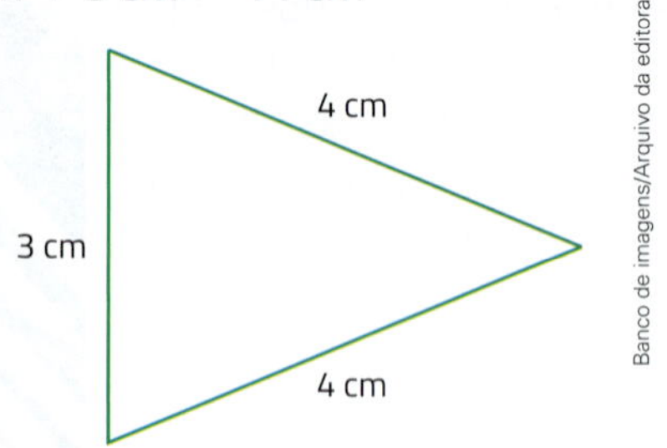

- O triângulo abaixo tem os três lados congruentes; é, portanto, equilátero.

  O perímetro deste triângulo é:
  $3 \cdot 2{,}5$ cm = 7,5 cm

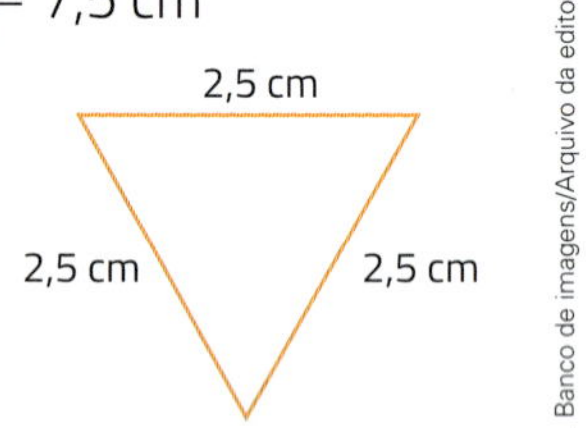

Agora, vamos aprender a construir um triângulo conhecendo as suas medidas.

Construindo um triângulo

Dadas as medidas dos lados $a = 5$ cm, $b = 4{,}5$ cm e $c = 3{,}5$ cm, vamos construir o triângulo ABC usando régua e compasso:

1º) Partindo do maior lado, traçamos o segmento $\overline{BC}$ de medida $a = 5$ cm.

B C

Banco de imagens/Arquivo da editora

2º) Tomamos o compasso com abertura $b = 4{,}5$ cm, fixamos a ponta-seca no ponto C e traçamos um arco.

3º) Tomamos o compasso com abertura $c = 3,5$ cm, fixamos a ponta-seca no ponto B, e traçamos outro arco.

4º) Os dois arcos se cruzam no ponto A. Ligando A a B e a C, construímos o triângulo ABC.

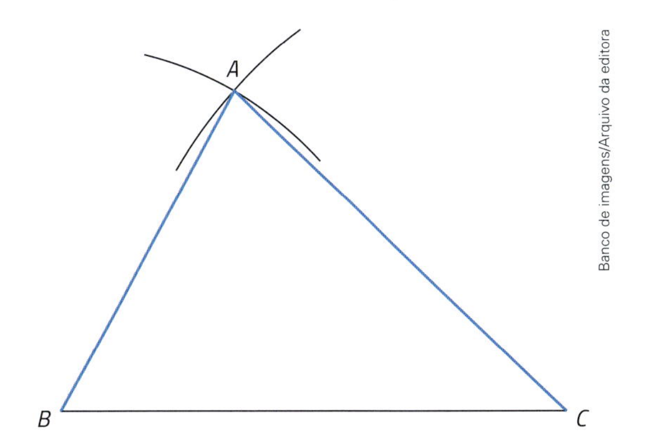

ATIVIDADES

4. Classifique os triângulos a seguir quanto à medida de seus lados:

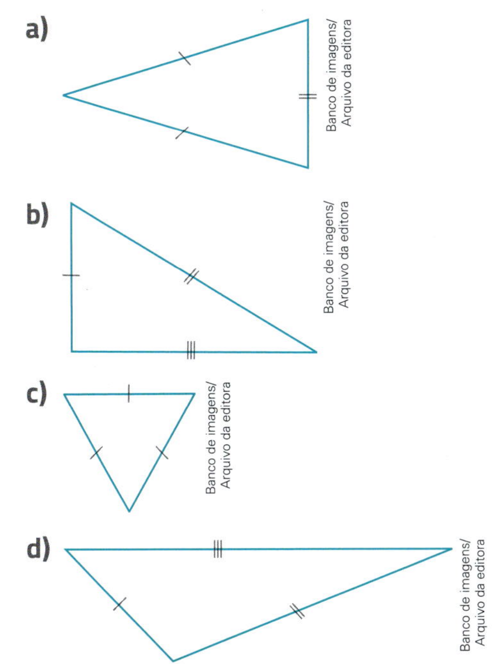

5. Classifique o triângulo de acordo com as medidas dos lados.

a) 5 cm, 7 cm e 9 cm

b) 10 cm, 10 cm e 12 cm

c) 3 cm, 3 cm e 3 cm

d) 3 cm, 4 cm e 5 cm

6. Durante uma aula de Arte, Gustavo desenhou um triângulo a pedido de sua professora. O triângulo a ser desenhado deveria ser escaleno. Sabendo que o triângulo que Gustavo desenhou tem dois lados com mesma medida, o triângulo que ele desenhou tem as características solicitadas pela professora?

7. Durante uma aula de Matemática sobre classificação de triângulos quanto aos lados, Giovanna fez a seguinte observação: todo triângulo equilátero é isósceles, mas nem todo triângulo isósceles é equilátero. A afirmação de Giovanna está correta?

Classificação dos triângulos quanto aos ângulos

Os triângulos podem ser classificados em relação às medidas dos ângulos internos. Considerando que a soma das medidas dos ângulos de um triângulo é 180°, podem ocorrer as seguintes situações:

- Os três ângulos são agudos. Nesse caso, o triângulo é dito **acutângulo**.

  Por exemplo, o triângulo representado ao lado tem ângulos internos de medidas 50°, 60° e 70°.

  Note que:

  $50° + 60° + 70° = 180°$

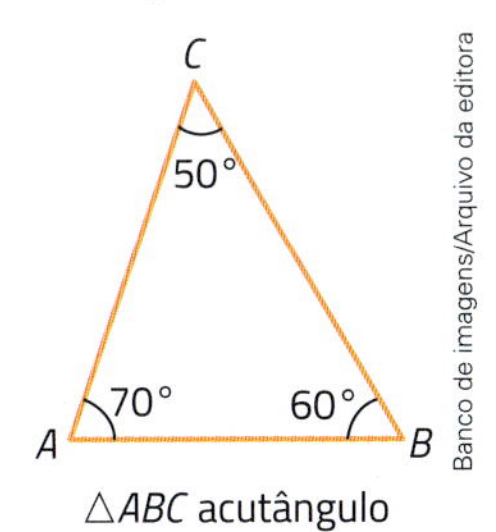

$\triangle ABC$ acutângulo

- Um dos ângulos é reto, e os outros dois são agudos. Nesse caso, o triângulo é dito **retângulo**.

  Por exemplo, o triângulo representado a seguir tem ângulos internos de medidas 90°, 35° e 55°. Note que:

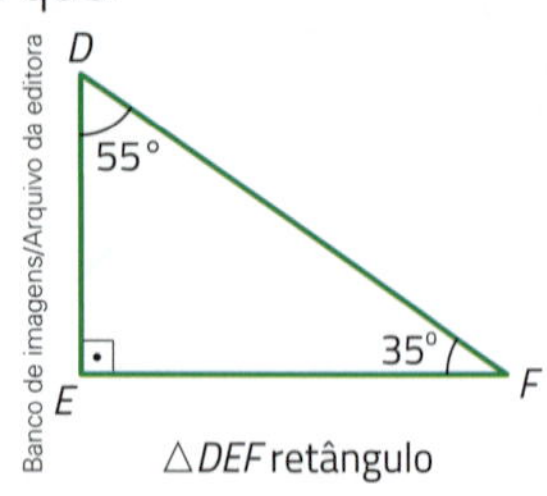

$\triangle DEF$ retângulo

$90° + 35° + 55° = 180°$

- Um dos ângulos é obtuso, e os outros dois são agudos. Nesse caso, o triângulo é dito **obtusângulo**.

  Por exemplo, o triângulo representado abaixo tem ângulos internos de medidas 120°, 20° e 40°.

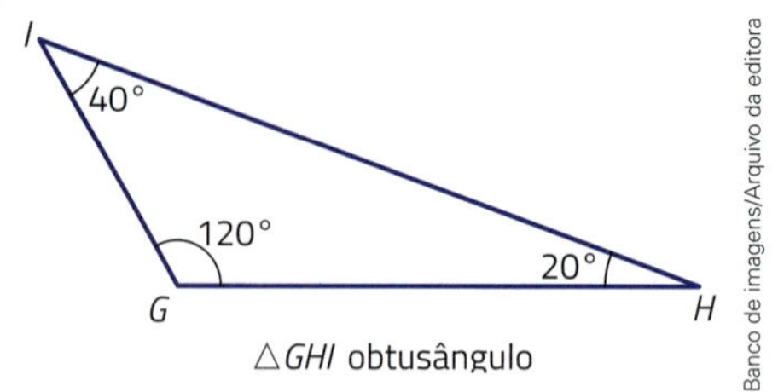

$\triangle GHI$ obtusângulo

Note que:

$120° + 20° + 40° = 180°$

ATIVIDADES

8. Com o auxílio de um transferidor, meça e indique a medida do ângulo interno de cada um dos triângulos. Na sequência, classifique-os quanto aos ângulos.

a)

b)

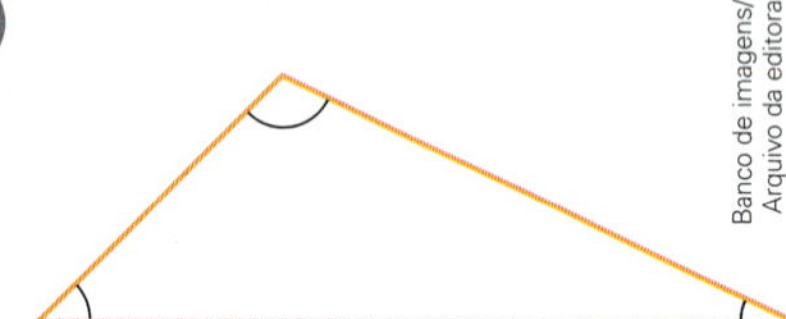

c)

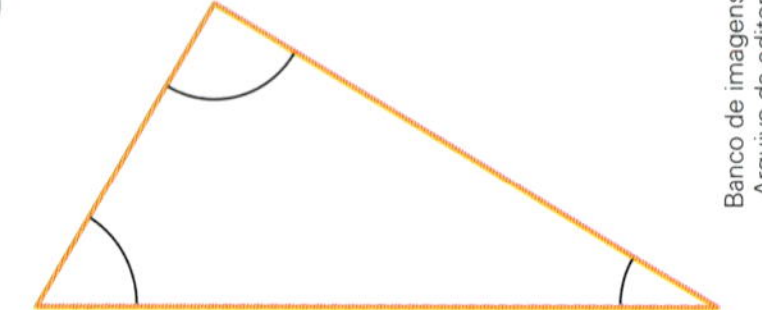

9. Classifique o triângulo de acordo com as medidas de seus ângulos internos.

a) 45°, 45° e 90°

b) 60°, 60° e 60°

c) 30°, 40° e 110°

d) 37°, 42° e 101°

10. Lívia ficou em dúvida sobre como poderia classificar os triângulos em relação às medidas dos ângulos internos e pediu ajuda a André, seu colega de turma. Ao explicar, ele usou, como exemplo de um triângulo obtusângulo, um triângulo cujos ângulos mediam 30°, 60° e 90°. O exemplo de André está correto? Justifique.

Quadriláteros

Como vimos no quadro da página 266, um quadrilátero é um polígono que tem 4 lados.

No quadrilátero *ABCD* ao lado, temos:

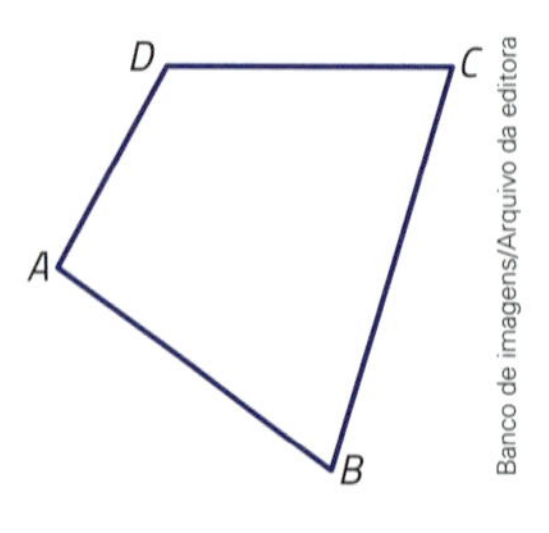

- lados: $\overline{AB}$, $\overline{BC}$, $\overline{CD}$ e $\overline{DA}$
- vértices: *A*, *B*, *C* e *D*
- ângulos: $D\hat{A}B$, $A\hat{B}C$, $B\hat{C}D$ e $C\hat{D}A$

Por sua importância na Geometria, alguns quadriláteros têm denominação própria. Os principais quadriláteros são os seguintes:

Composição com vermelho, amarelo, preto, cinza e azul (1921), do pintor holandês Piet Mondrian. Essa obra apresenta diversos quadriláteros em sua composição.

Reprodução/Museu Municipal de Haia, Holanda.

Trapézio

É um quadrilátero simples que tem dois lados paralelos. Nos trapézios *ABCD* abaixo, temos $\overline{AB}$ paralelo a $\overline{CD}$.

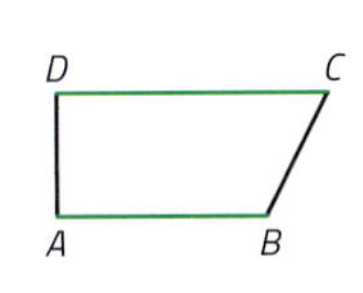

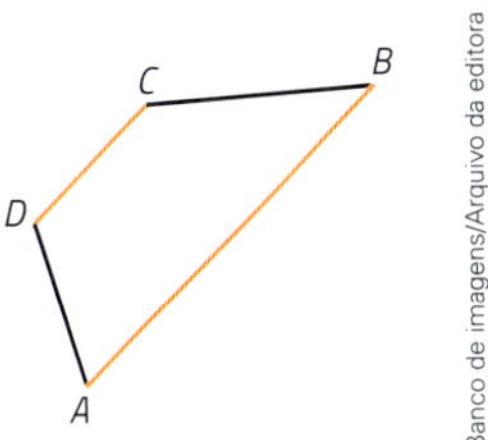

Banco de imagens/Arquivo da editora

Paralelogramo

É um quadrilátero que tem dois pares de lados paralelos. Nos paralelogramos *ABCD* abaixo, $\overline{AB}$ é paralelo a $\overline{CD}$ e $\overline{BC}$ é paralelo a $\overline{DA}$.

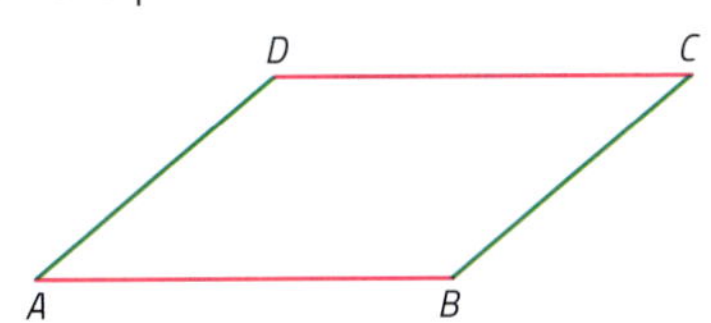

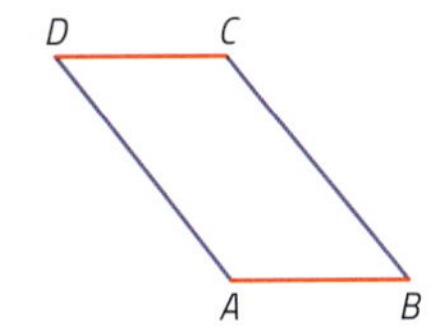

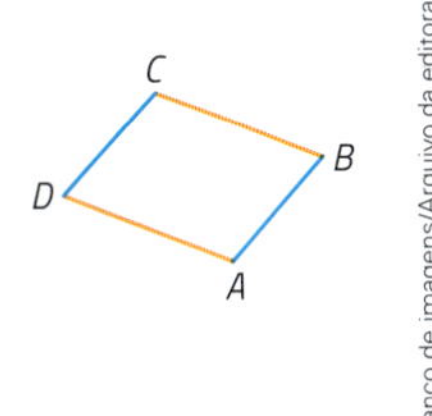

Banco de imagens/Arquivo da editora

Retângulo

É um paralelogramo que tem todos os ângulos retos. Observe nos retângulos *ABCD* abaixo.

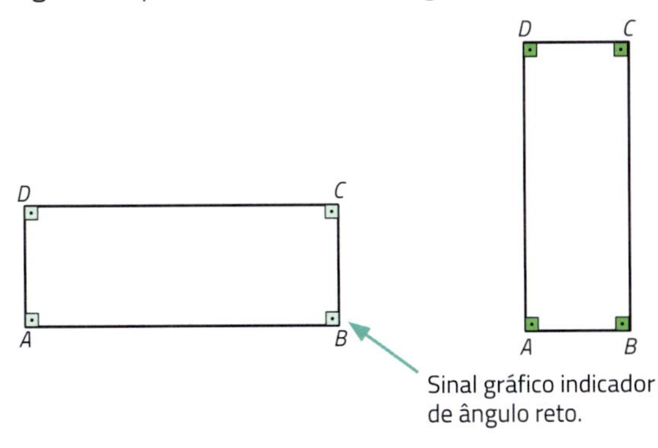

Sinal gráfico indicador de ângulo reto.

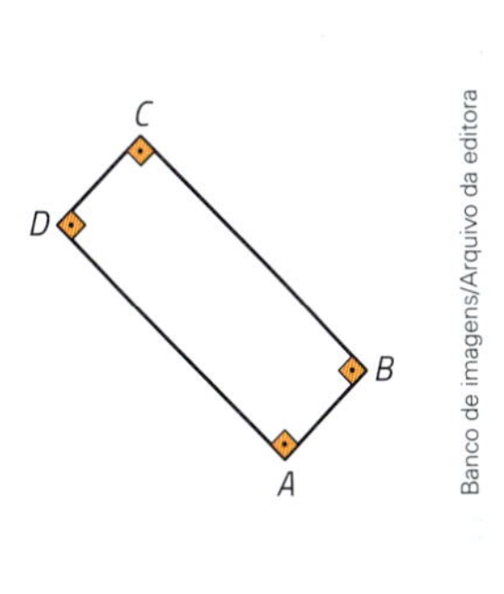

Banco de imagens/Arquivo da editora

Losango

É um paralelogramo em que todos os lados são congruentes, isto é, têm medidas iguais. Observe os losangos abaixo. Os tracinhos em cada figura indicam que as medidas dos lados são iguais.

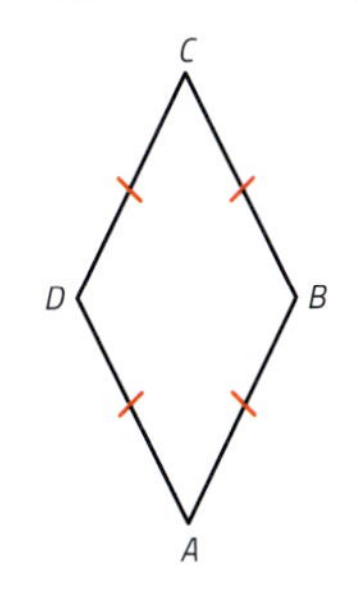

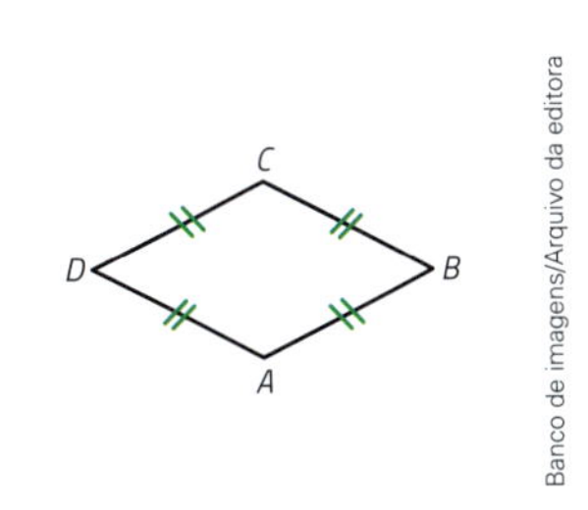

Banco de imagens/Arquivo da editora

Quadrado

É um paralelogramo em que todos os ângulos são retos e todos os lados têm medidas iguais. Veja estes quadrados.

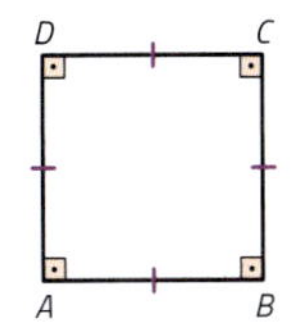

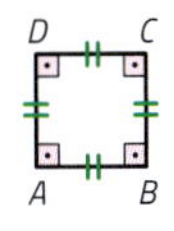

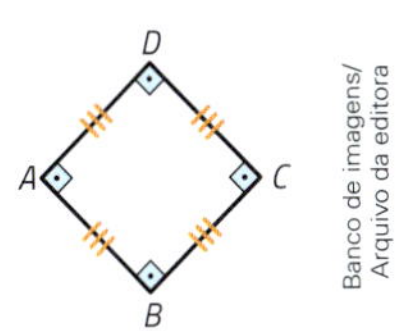

Banco de imagens/Arquivo da editora

ATIVIDADES

11. Cada criança está pensando na quantidade de lados ou vértices do polígono que vai desenhar. Que polígono cada uma vai desenhar?

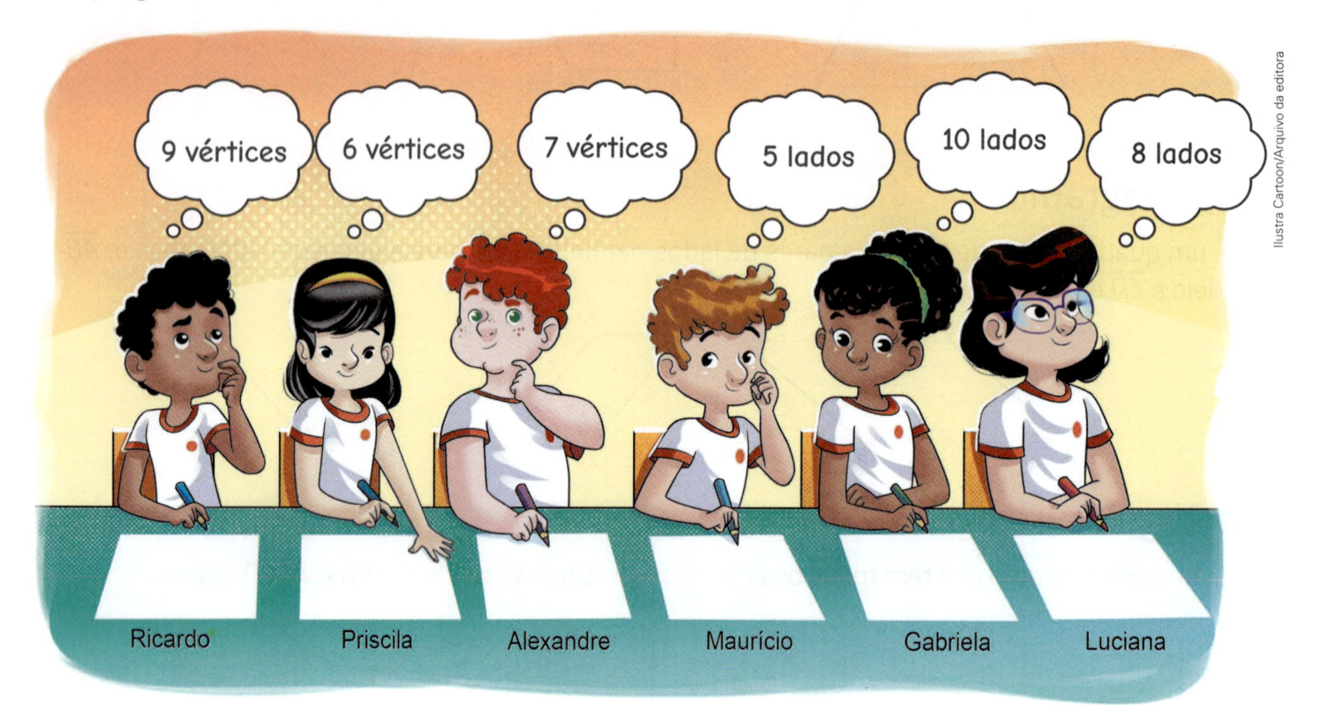

12. Observe os polígonos abaixo e responda às questões a seguir:

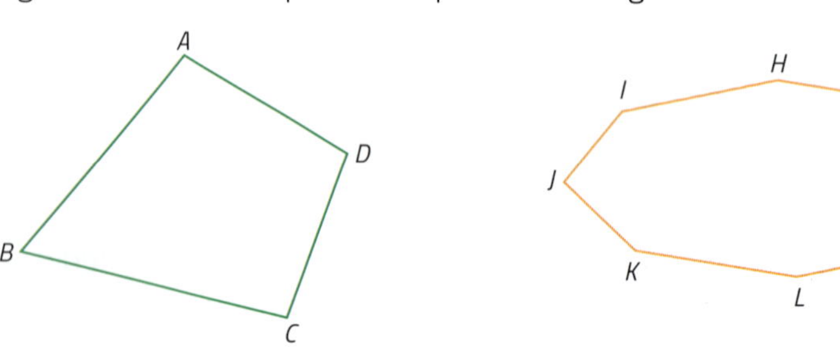

a) Qual é o nome de cada polígono?

b) Quantos e quais são os vértices de cada polígono?

c) Quais são os lados de cada polígono?

13. Complete o quadro abaixo com os dados dos seguintes polígonos: triângulo, decágono, pentágono, quadrilátero e hexágono.

Nome do polígono	Vértices	Lados	Ângulos
triângulo	//////////	//////////	//////////
decágono	//////////	//////////	//////////
pentágono	//////////	//////////	//////////
quadrilátero	//////////	//////////	//////////
hexágono	//////////	//////////	//////////

14. Observe as figuras.

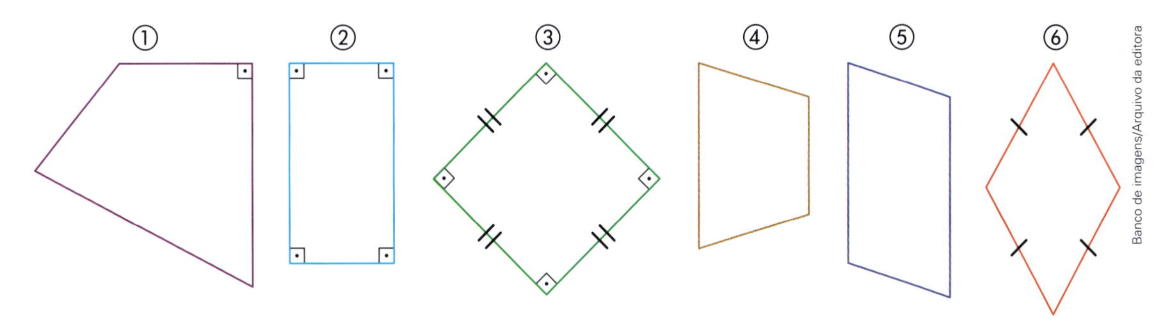

Agora, responda:

a) Quais têm dois pares de lados paralelos?

b) Quais têm todos os lados de mesma medida?

c) Quais têm todos os ângulos retos?

d) Quais são paralelogramos?

e) Quais são losangos?

f) Quais são retângulos?

g) Quais são quadrados?

h) Que nome recebe o quadrilátero da figura 4?

O comprimento da cerca

Pedro quer fazer uma cerca em uma parte do sítio para colocar suas galinhas. A área do terreno que ele vai cercar tem a forma de um polígono com as seguintes medidas:

Quanto será o comprimento dessa cerca?

Para calcular esse comprimento, Pedro precisa adicionar as medidas do terreno:

$$2{,}6 \text{ m} + 2{,}6 \text{ m} + 2{,}0 \text{ m} + 5{,}0 \text{ m} + 3{,}0 \text{ m} = 15{,}2 \text{ m}$$

Portanto, a cerca vai medir 15,2 m de comprimento.

PARTICIPE

Cláudio, Frederico e Oscar compraram terrenos e precisam cercá-los com 3 voltas de fios de arame cada um. Veja as imagens:

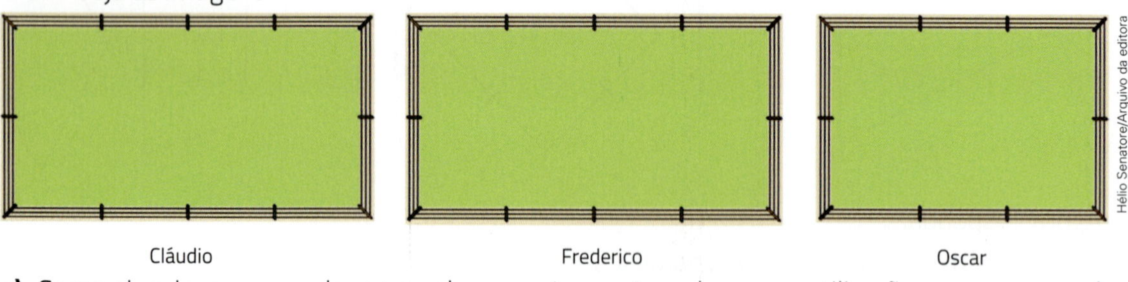

a) Como eles devem proceder para saber quantos metros de arame utilizarão para cercar cada terreno?

b) O terreno de Frederico tem as seguintes medidas: 24 m de largura por 60 m de comprimento.

- Quantos metros de arame serão necessários para uma volta da cerca?
- Quantos metros serão necessários para as três voltas?

Perímetro de um polígono

A soma da medida do comprimento de todos os lados de um polígono chama-se **perímetro**.

O perímetro do polígono da figura que representa o cercado de Pedro, no problema "O comprimento da cerca", é de 15,2 m.

O **perímetro** de um polígono é a soma da medida do comprimento de todos os lados do polígono.

ATIVIDADES

15. Utilizando régua e esquadro, construa um quadrado cuja soma das medidas dos lados seja 20 cm.

16. Utilizando régua e esquadro, construa um retângulo cuja soma das medidas dos lados seja 18 cm e que tenha comprimento de medida igual ao dobro da medida da largura.

17. Utilizando régua e esquadro, construa um trapézio que tenha dois ângulos retos, base maior de medida 6 cm, base menor de medida 4 cm e altura de medida 3 cm.

18. Calcule o perímetro de cada polígono a seguir.

a)

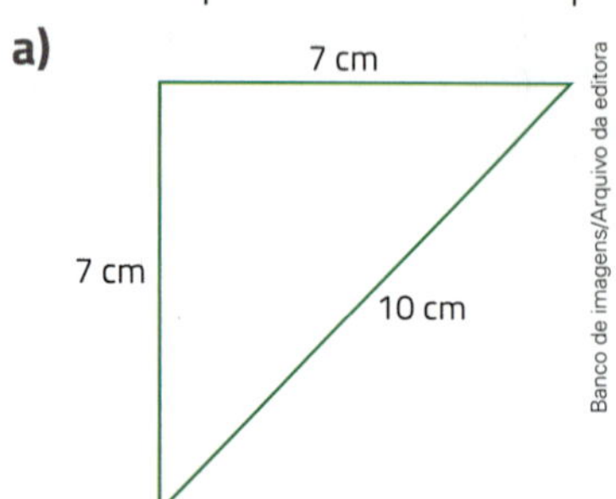

b)

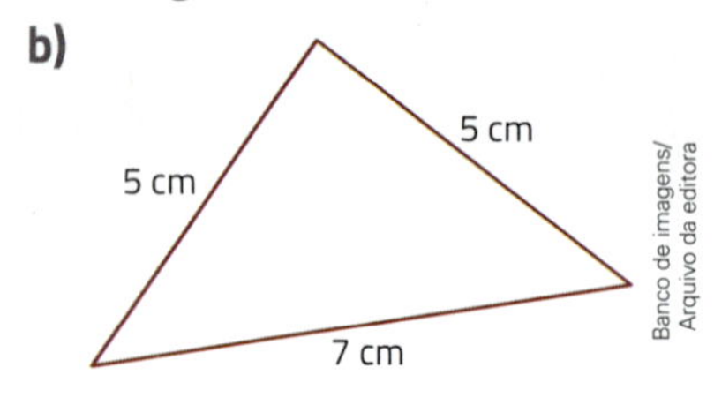

c)

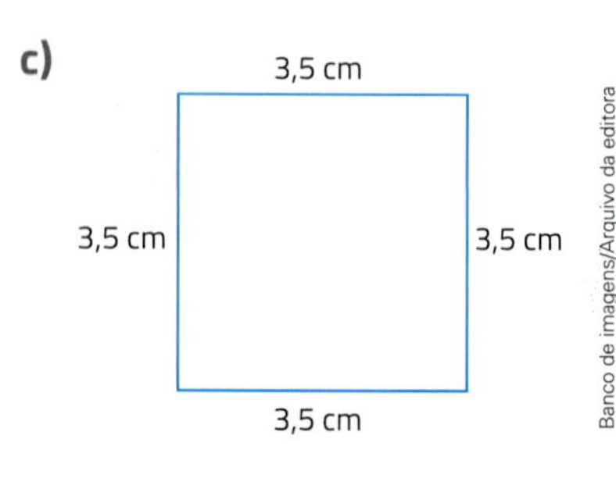

d)

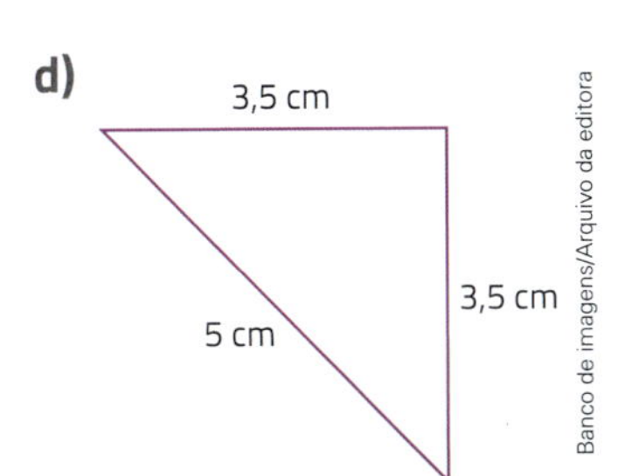

e)

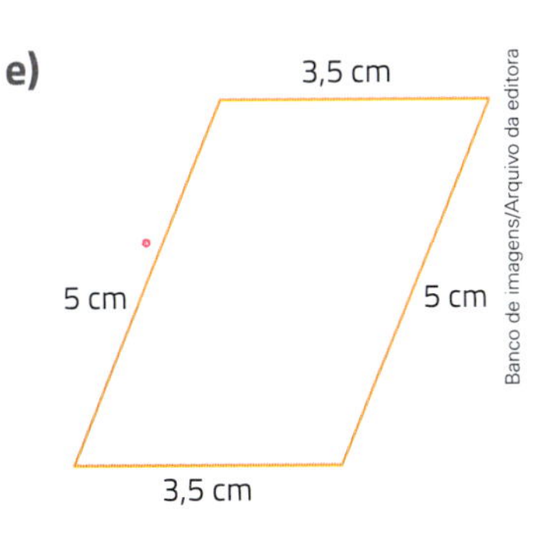

19. Calcule, em metros, o perímetro de um triângulo cujos lados medem 2 m, 0,003 km e 350 cm.

20. Calcule o perímetro de um quadrado de lado 3,8 cm.

21. Quantos metros de arame serão necessários para cercar o terreno indicado na figura ao ao lado, sabendo que vai ser feita uma cerca de 5 fios?

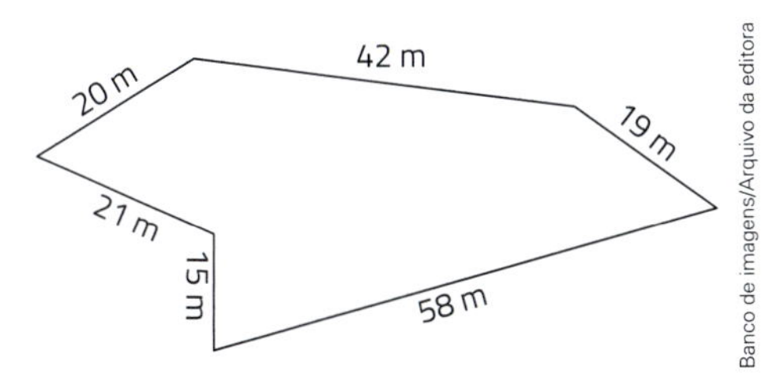

22. Calcule o perímetro do campo de futebol do município de Alegria.

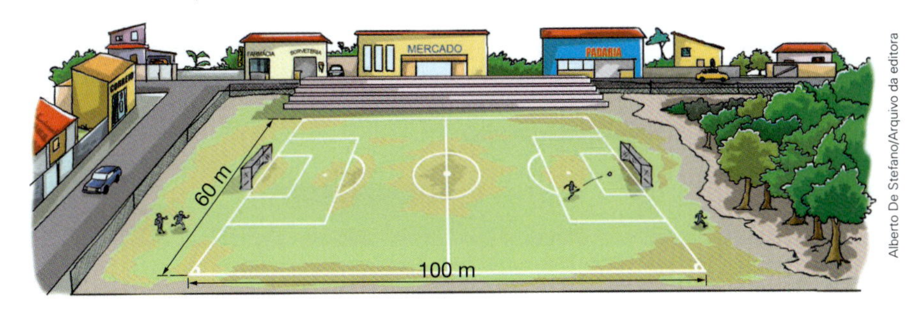

23. Desenhe a planta baixa de uma quadra de basquete em que a medida de seu comprimento é o dobro da medida de sua largura.

24. Quantos metros de corda são necessários para cercar um ringue de boxe em forma de quadrado, com lado medindo 4 m? (Lembre-se de que serão usadas cordas em três níveis diferentes.)

25. Gilberto deu 7 voltas correndo na pista em torno de um parque que tem a forma de losango com 55 m de lado. Que distância ele percorreu?

26. Os quarteirões de certa cidade são retangulares e medem 85 m por 112 m. Se um carro vai do ponto *A* ao ponto *B* pela trajetória indicada na figura, quantos metros ele percorre?

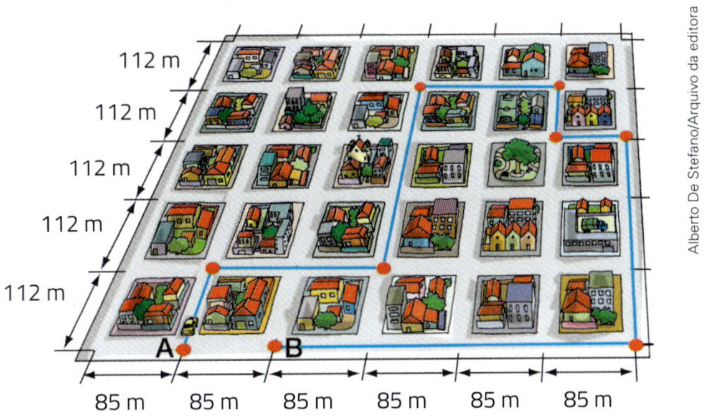

27. Desenhe a planta baixa da sua sala de aula e represente todos os elementos presentes nela.

O monumento da avenida

Observe na fotografia abaixo o monumento projetado pela artista plástica Tomie Ohtake (1913-2015) para homenagear os 80 anos da imigração japonesa no Brasil. Ele está localizado no canteiro central da avenida 23 de Maio, em São Paulo (SP), e foi inaugurado em 1988.

Paulo Whitaker/Reuters/Fotoarena

Avenida 23 de Maio, São Paulo (SP), em 2017.

Qual é o formato desse monumento: curva aberta ou curva fechada?

Ele é uma curva aberta.

Curvas abertas

As figuras abaixo representam curvas que são abertas e que não se cruzam. São **curvas abertas simples**.

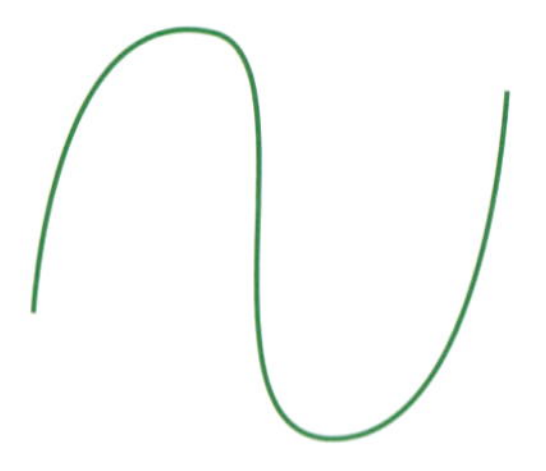

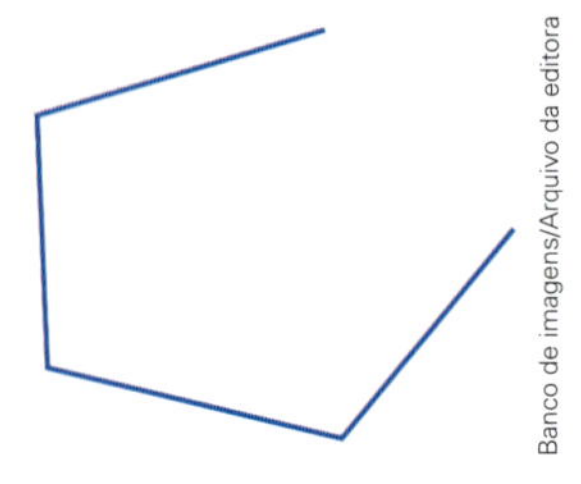

Banco de imagens/Arquivo da editora

As figuras a seguir representam curvas abertas que se cruzam. São **curvas abertas não simples**.

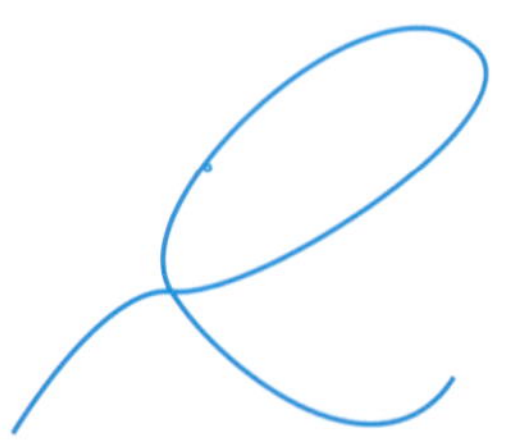
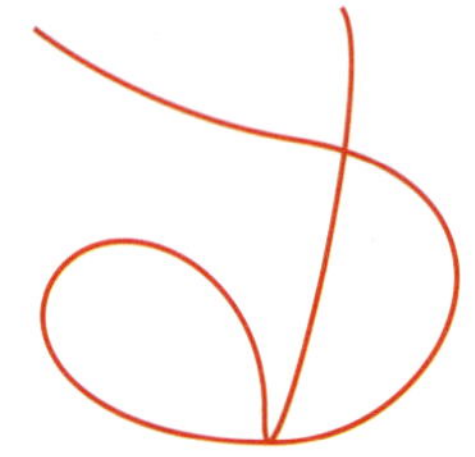
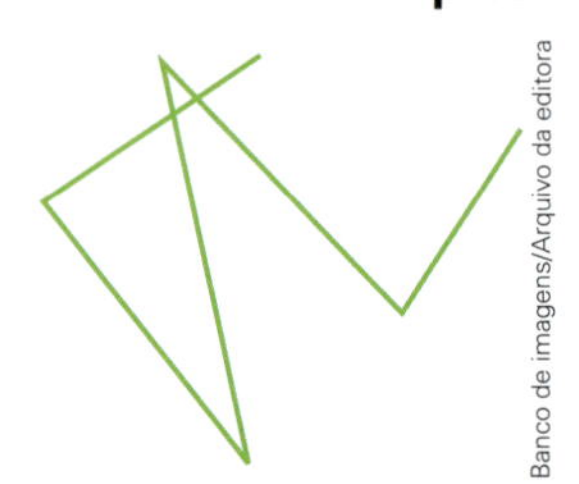

Banco de imagens/Arquivo da editora

Curvas fechadas

As figuras a seguir representam curvas fechadas que não se cruzam. São **curvas fechadas simples**.

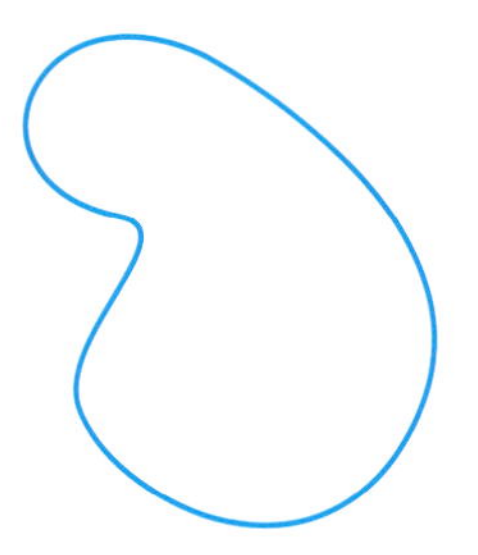

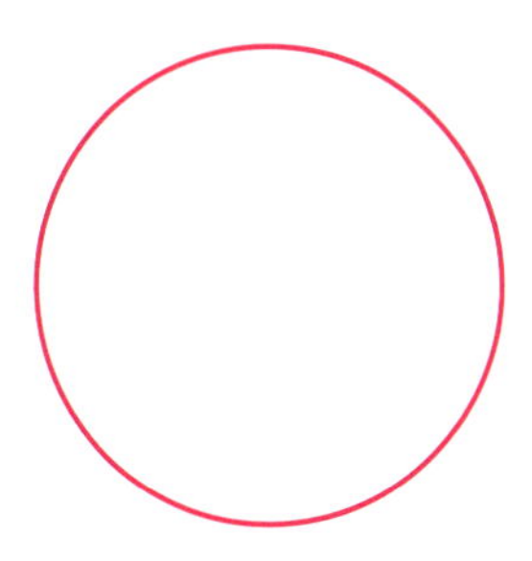

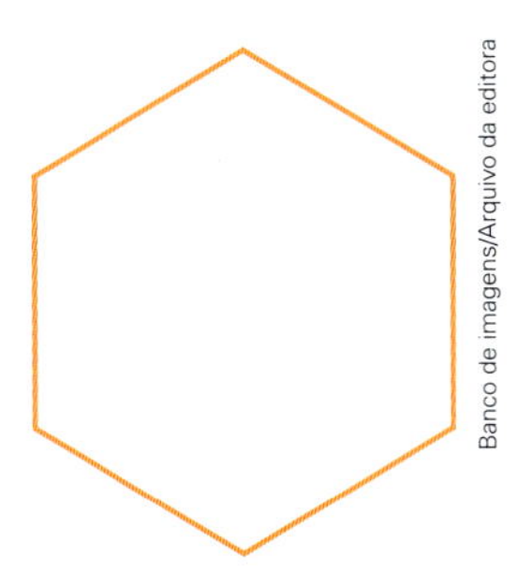

Banco de imagens/Arquivo da editora

Os polígonos simples são curvas poligonais fechadas simples.

As figuras abaixo representam curvas fechadas que se cruzam. São **curvas fechadas não simples**.

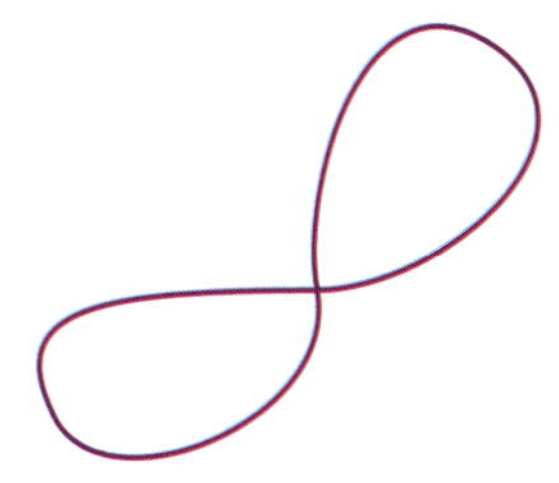

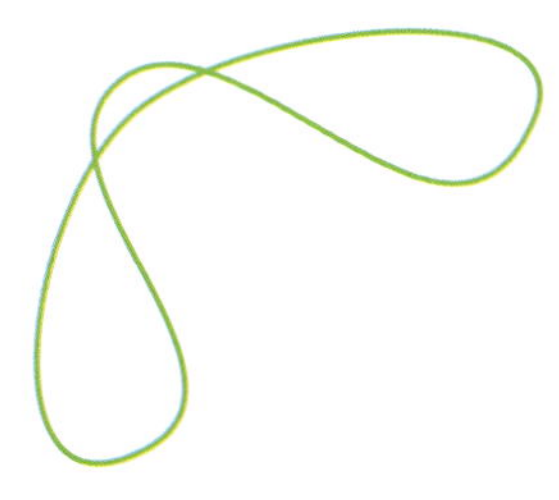

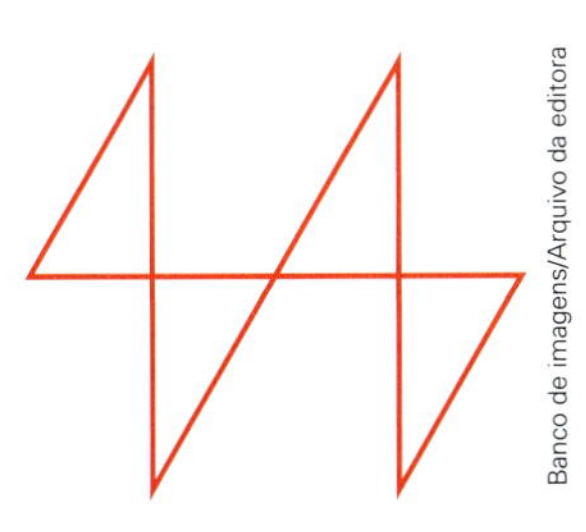

Banco de imagens/Arquivo da editora

Os polígonos não simples são curvas poligonais fechadas não simples. Observe as curvas abaixo e suas classificações.

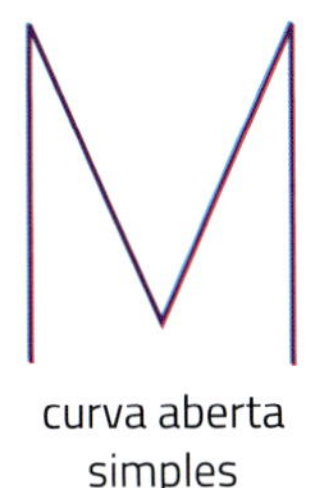

curva aberta simples

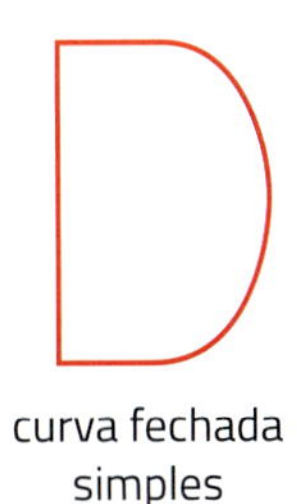

curva fechada simples

curva aberta não simples

curva fechada não simples

Banco de imagens/Arquivo da editora

Interior e exterior

Na figura abaixo está representada uma curva fechada simples. Os pontos *A*, *B* e *C* são pontos **internos** à curva, pois estão do "lado de dentro" dela.

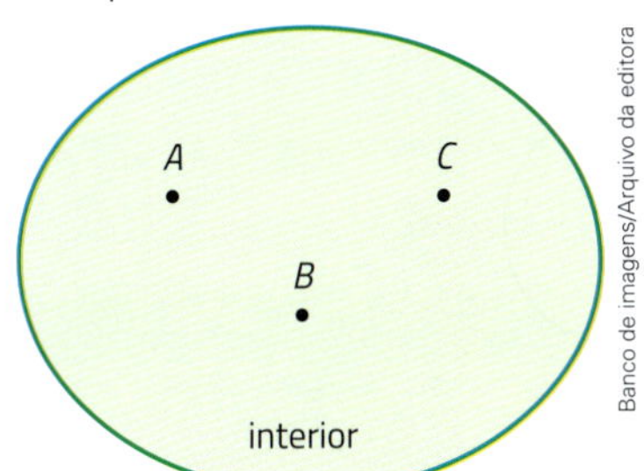

Banco de imagens/Arquivo da editora

O conjunto de pontos internos de uma curva é chamado **interior** da curva. É a **região interior** da curva.

Na figura abaixo está representada outra curva fechada simples. Os pontos *R*, *S* e *T* são pontos **externos** à curva, pois estão do "lado de fora" dela.

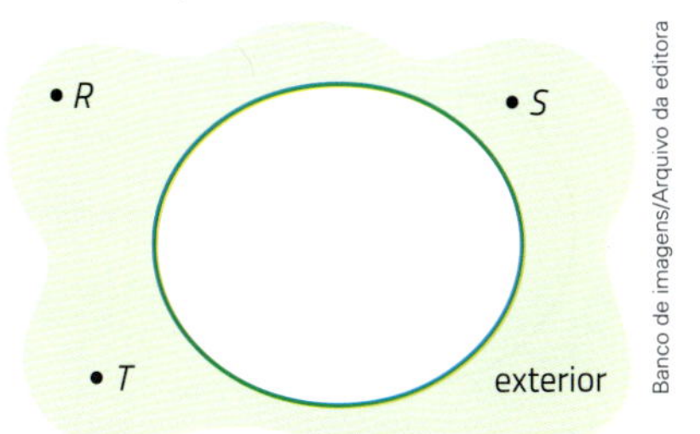

Banco de imagens/Arquivo da editora

O conjunto dos pontos externos de uma curva é chamado **exterior** da curva. É a **região exterior** da curva.

ATIVIDADES

28. Classifique cada curva abaixo de acordo com os critérios: *a* (aberta), *f* (fechada), *s* (simples) e *ns* (não simples).

a)

Banco de imagens/Arquivo da editora

b)

Banco de imagens/Arquivo da editora

c)

Banco de imagens/Arquivo da editora

d)

Banco de imagens/Arquivo da editora

e)

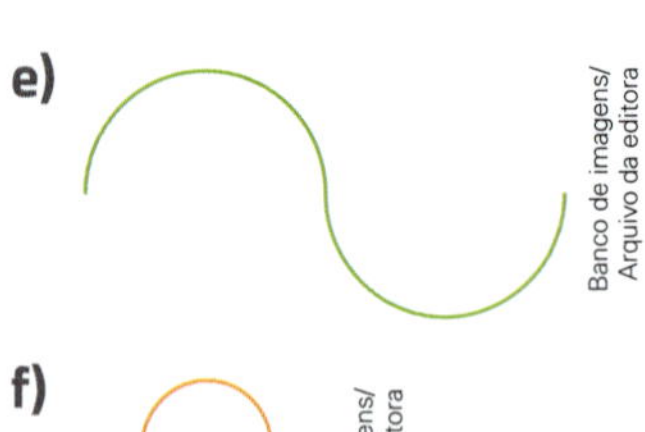

Banco de imagens/Arquivo da editora

f)

Banco de imagens/Arquivo da editora

29. Luciana e Ricardo desenharam curvas e alguns pontos:

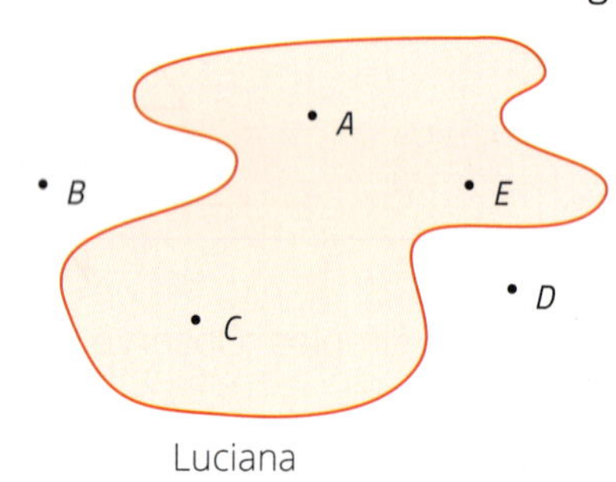

Luciana

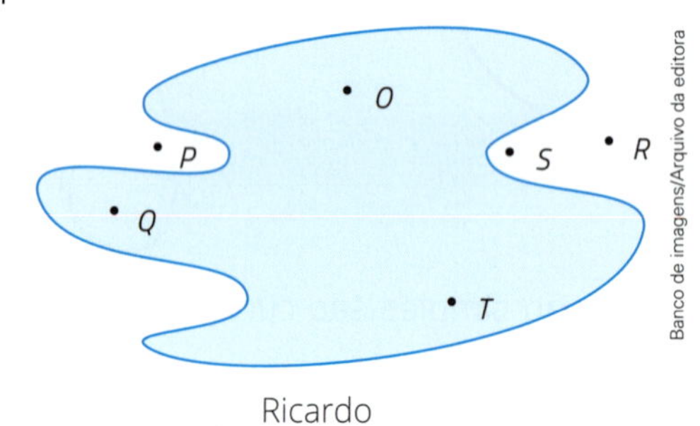

Ricardo

Banco de imagens/Arquivo da editora

a) Em relação à curva que Luciana desenhou, identifique os pontos internos e os pontos externos.

b) Faça o mesmo em relação à curva que Ricardo desenhou.

30. Observe as curvas seguintes.

1

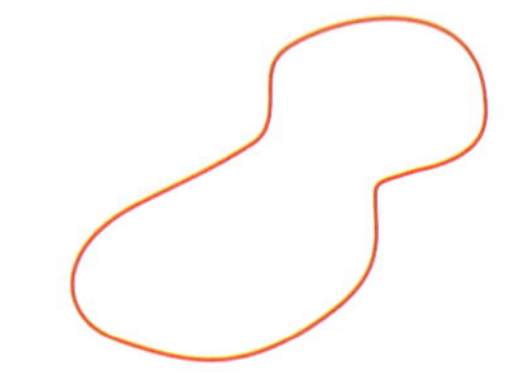

2

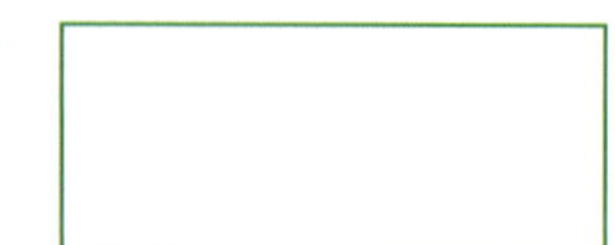

3

4

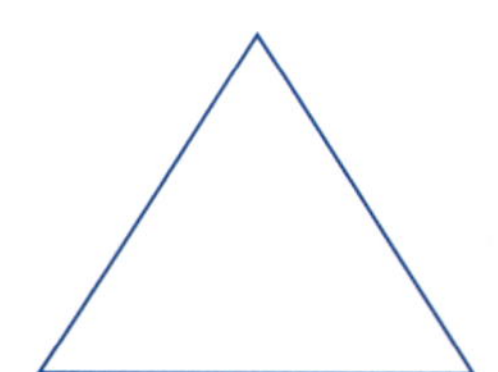

5

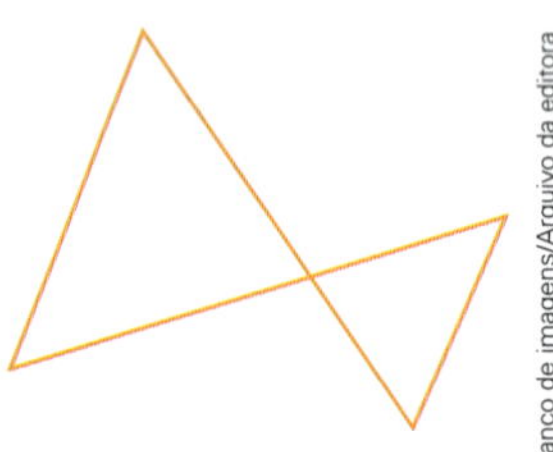

6

7

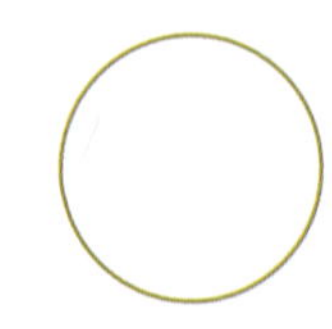

8

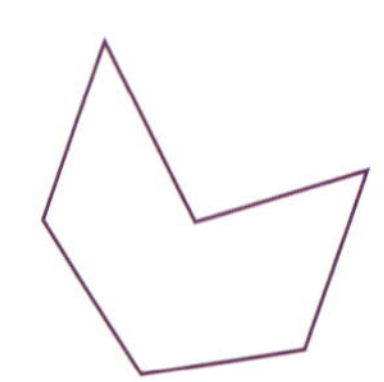

Banco de imagens/Arquivo da editora

Construa um quadro para organizar as características de cada curva.

Curva	Aberta ou fechada	Simples ou não simples
////////.	////////.	////////.

31. Se imaginarmos uma pista de corrida de automóveis como uma linha, como podemos classificar as curvas de:

a) um circuito de Fórmula 1?

Rodolfo Buhrer/La Imagem/Fotoarena

Vista aérea do Autódromo de Interlagos, São Paulo (SP), em 2009.

b) um circuito de Fórmula Indy?

Kirby Lee/Associated Press/Imageplus

Circuito de Indianápolis, na cidade de mesmo nome, Estados Unidos, em 2011.

CAPÍTULO 19 Área

Fotos: Rubens Chaves/Pulsar Imagens

Rua Gonçalo de Carvalho, Porto Alegre (RS).

NA REAL

As árvores são importantes?

Não são só as árvores das florestas que desempenham um papel importante. Você já reparou quantas árvores há na sua rua ou no seu bairro? A arborização em centros urbanos também influencia diretamente a qualidade de vida dos moradores desses lugares. A Organização Mundial de Saúde (OMS) recomenda que haja, pelo menos, 12 m^2 de área verde por habitante em área urbana.

Uma cidade com 56 000 habitantes tem a quantidade mínima de área verde por habitantes recomendada pela OMS. A área verde total dessa cidade é equivalente a mais ou menos 100 campos de futebol com 7 000 m^2 cada um?

Na BNCC
EF06MA21
EF06MA24

Medidas de área

Recordando o Tangram

Banco de imagens/Arquivo da editora

Cada uma das sete peças do Tangram representa uma **região plana** ou **superfície plana**. Como medir essas superfícies?

PARTICIPE

Diogo quer revestir o piso da sala com cerâmica e precisa determinar quantas placas do piso que escolheu deve comprar. Veja a representação da sala:

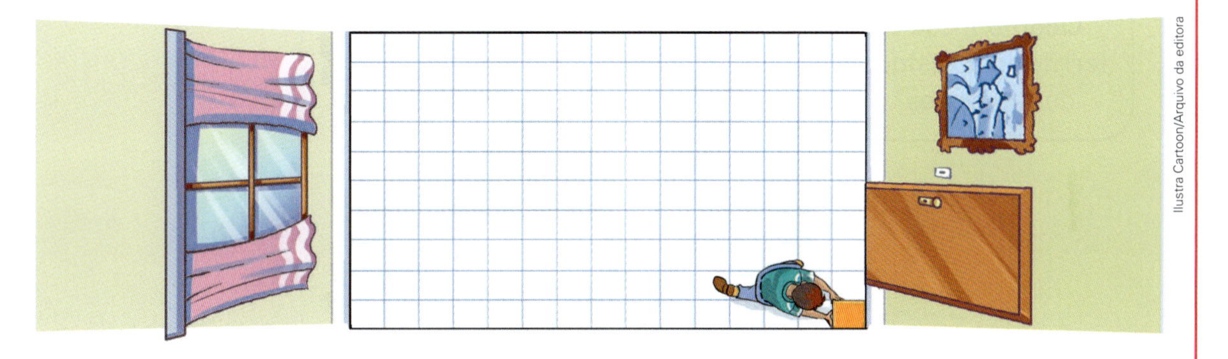

Ilustra Cartoon/Arquivo da editora

a) O formato da sala lembra qual polígono?

b) Qual é a unidade de medida utilizada por Diogo?

c) Diogo verificou que cabem 15 placas de piso no lado maior e 10 placas de piso no lado menor da sala.

Como ele pode fazer para descobrir a quantidade total de placas que serão utilizadas para cobrir essa superfície?

d) Quantas placas Diogo deve comprar?

Medir uma superfície significa compará-la com outra, tomada como unidade, e estabelecer quantas vezes essa unidade cabe na superfície a ser medida.

Nos exemplos abaixo, a superfície S está sendo comparada com a unidade u e com a unidade v.

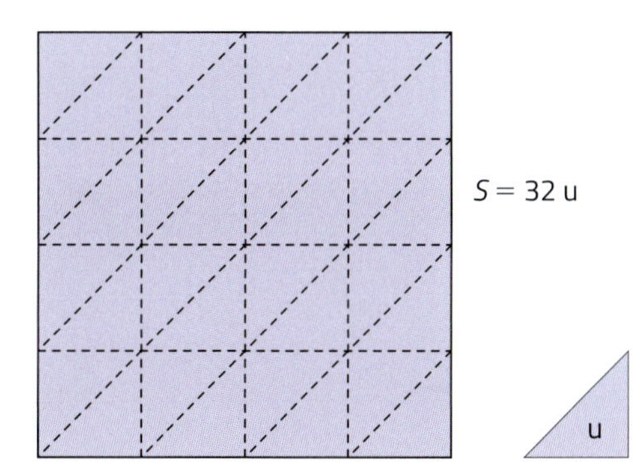

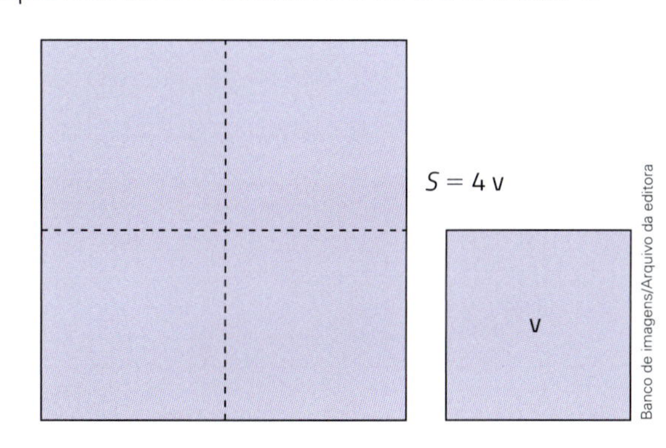

Banco de imagens/Arquivo da editora

Observe que a superfície S apresenta medidas de acordo com a unidade usada.

Unidade padronizada de área

Como no caso das medidas de comprimento, também foi necessário criar uma unidade de área padrão – uma unidade com forma e tamanho conhecidos e que fosse aceita por todos. A unidade escolhida é o **metro quadrado**, indicado por m^2.

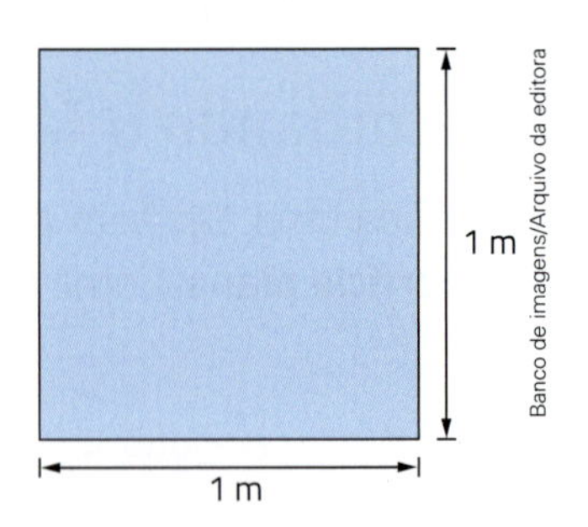

A unidade de área padrão é o **metro quadrado (m^2)**. O metro quadrado é a área de uma região quadrangular de 1 metro de lado.

Múltiplos e submúltiplos do metro quadrado

Que unidade usar para medir grandes superfícies?

Observe a resposta no mapa.

Para medir grandes superfícies, o metro quadrado é uma unidade de medida muito "pequena". Nesse caso, utilizamos como unidade de medida um dos múltiplos do metro quadrado:

- decâmetro quadrado (dam^2)
- hectômetro quadrado (hm^2)
- quilômetro quadrado (km^2)

O decâmetro quadrado, por exemplo, é a área de uma região quadrangular de 1 decâmetro de lado.

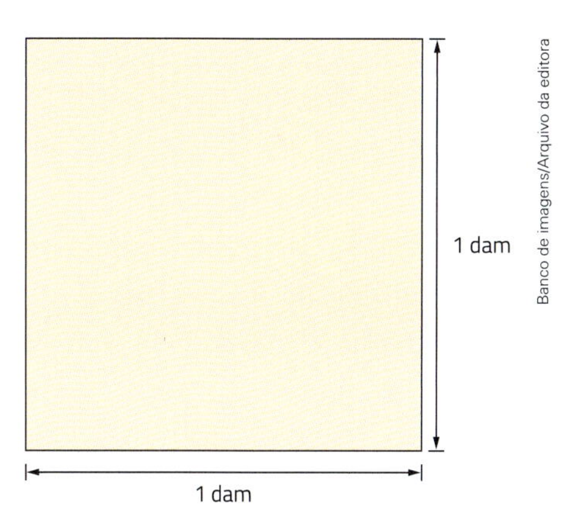

Banco de imagens/Arquivo da editora

As figuras desta página representam um quadrado cujos lados medem 1 dam, ou seja, 10 m.

Vamos dividir cada lado dessa região em 10 partes iguais. Como 1 dam = 10 m, cada parte vai medir 1 m de lado.

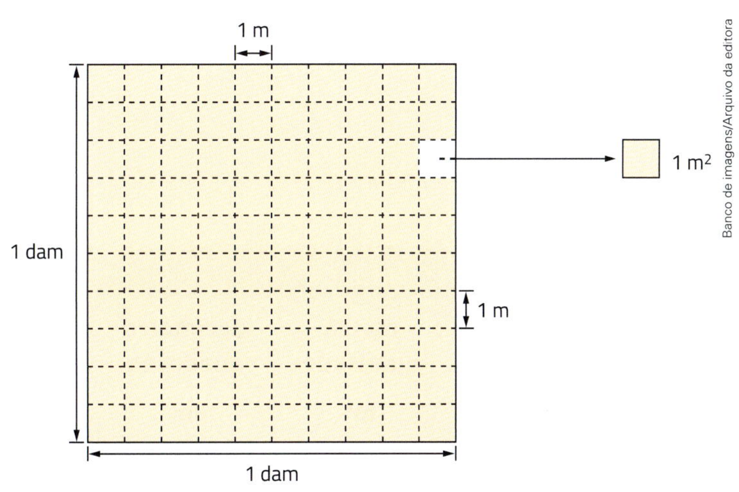

Banco de imagens/Arquivo da editora

Como $10 \cdot 10 = 100$, podemos concluir que essa região ficou dividida em 100 quadradinhos de 1 m^2. Então: 1 dam^2 = 100 m^2.

Usando o mesmo raciocínio, chegamos a:

$$1\ hm^2 = 100\ dam^2 = (100 \cdot 100)\ m^2 = 10\,000\ m^2$$

$$1\ km^2 = 100\ hm^2 = 10\,000\ dam^2 = 1\,000\,000\ m^2$$

Qual é a área de uma folha de seu livro de Matemática?

Ilustra Cartoon/Arquivo da editora

Que unidade usar para medir pequenas superfícies?

Uma folha deste livro mede, mais ou menos, 566 cm^2.

Para medir pequenas superfícies, empregamos os **submúltiplos do metro quadrado**:

- decímetro quadrado (dm^2)
- centímetro quadrado (cm^2)
- milímetro quadrado (mm^2)

Como exemplo, vamos considerar uma superfície quadrangular de 1 m^2 dividida em 100 partes iguais.

Cada lado da superfície mede 1 m, portanto será dividido em 10 partes de 1 dm cada uma.

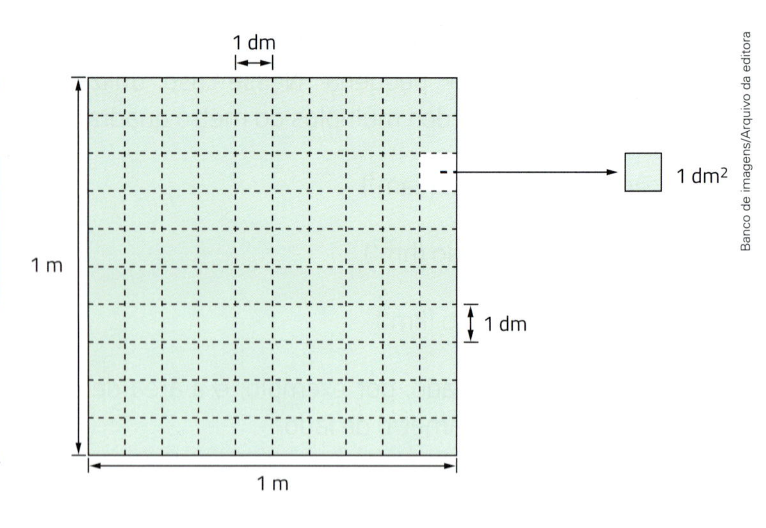

A figura ao lado representa um quadrado de $1 m^2$ de área, ou seja, $100 dm^2$.

Como $10 \cdot 10 = 100$, então:

$1 m^2 = 100 dm^2$

Concluímos que $1 dm^2$ corresponde a $\frac{1}{100}$ de m^2: $1 dm^2 = 0{,}01 m^2$

Se os lados forem divididos em 100 ou em 1 000 partes iguais, vamos concluir que:

- $1 m^2 = (100 \cdot 100) cm^2 = 10\,000 cm^2$
- $1 m^2 = (1\,000 \cdot 1\,000) mm^2 = 1\,000\,000 mm^2$
- $1 cm^2 = 0{,}0001 m^2$
- $1 mm^2 = 0{,}000001 m^2$

No quadro abaixo, estão apresentadas as unidades de área, seus símbolos e o valor correspondente em metros quadrados.

Múltiplos			**Unidade**	**Submúltiplos**		
quilômetro quadrado	**hectômetro quadrado**	**decâmetro quadrado**	**metro quadrado**	**decímetro quadrado**	**centímetro quadrado**	**milímetro quadrado**
km²	**hm²**	**dam²**	**m²**	**dm²**	**cm²**	**mm²**
1 000 000 m²	10 000 m²	100 m²	1 m²	0,01 m²	0,0001 m²	0,000 001 m²

Observe que cada unidade de área é igual a 100 vezes a unidade imediatamente inferior:

km²	**hm²**	**dam²**	**m²**	**dm²**	**cm²**	**mm²**
1 000 000 m²	10 000 m²	100 m²	1 m²	0,01 m²	0,0001 m²	0,000 001 m²

· 100 · 100 · 100 · 100 · 100 · 100

E cada unidade de área é igual a 1 centésimo da unidade imediatamente superior:

km²	**hm²**	**dam²**	**m²**	**dm²**	**cm²**	**mm²**
1 000 000 m²	10 000 m²	100 m²	1 m²	0,01 m²	0,0001 m²	0,000 001 m²

: 100 : 100 : 100 : 100 : 100 : 100

Observe nestes exemplos como devem ser lidas as áreas expressas em metros quadrados:

- $0{,}01 m^2 \rightarrow$ lê-se: um centésimo de metro quadrado (ou um decímetro quadrado).
- $0{,}17 m^2 \rightarrow$ lê-se: dezessete centésimos de metro quadrado (ou dezessete decímetros quadrados).
- $2{,}8173 m^2 \rightarrow$ lê-se: dois inteiros e oito mil, cento e setenta e três décimos-milésimos de metro quadrado (ou dois metros quadrados e oito mil, cento e setenta e três centímetros quadrados).

ATIVIDADES

1. Associe o nome das medidas expressas nas cartas aos símbolos correspondentes nos selos:

2. Alexandre mediu a área da sala de aula usando como unidade de medida uma folha de seu caderno; Júlia mediu a área da mesma sala usando como unidade de medida o metro quadrado. Quem obteve maior número?

3. Que unidade você usaria para medir a área de sua sala de aula? E a da tela de um telefone celular?

4. Uma região de 1 m^2 mede:

a) quantos dm^2? **b)** quantos cm^2? **c)** quantos mm^2?

5. Uma região de 1 km^2 equivale a quantos metros quadrados?

Mudanças de unidade

Já vimos que cada unidade de área é igual a 100 vezes a unidade imediatamente inferior e é igual a 1 centésimo da unidade imediatamente superior. Daí, decorrem as seguintes regras práticas para realizar mudanças de unidades.

1ª) Para passar de uma unidade para outra imediatamente inferior, devemos fazer uma multiplicação por 100, ou seja, basta deslocar a vírgula dois algarismos para a direita.

Exemplo

Vamos expressar 611,72 m^2 em decímetros quadrados. Como 1 m^2 = 100 dm^2, temos:

$$611{,}72\ m^2 = (611{,}72 \cdot 100)\ dm^2 = 61\,172\ dm^2$$

2ª) Para passar de uma unidade para outra imediatamente superior, devemos fazer uma divisão por 100, ou seja, basta deslocar a vírgula dois algarismos para a esquerda.

Exemplo

Vamos expressar 9,6 cm^2 em decímetros quadrados. Cada cm^2 é 1 centésimo do dm^2, então:

$$9{,}6\ cm^2 = (9{,}6 : 100)\ dm^2 = 0{,}096\ dm^2$$

3ª) Para passar de uma unidade para outra qualquer, basta aplicar sucessivas vezes uma das regras anteriores.

Exemplo

Vamos expressar:

- 3,5 m^2 em centímetros quadrados.
  $3{,}5\ m^2 = 350\ dm^2 = 35\,000\ cm^2$
  Ou, de modo direto:
  $3{,}5\ m^2 = (3{,}5 \cdot 10\,000)\ cm^2 = 35\,000\ cm^2$
- 107 cm^2 em metros quadrados.
  $107\ cm^2 = 1{,}07\ dm^2 = 0{,}0107\ m^2$
  Ou, de modo direto:
  $107\ cm^2 = (107 : 10\,000)\ m^2 = 0{,}0107\ m^2$

ATIVIDADES

6. Que unidades de área devem ser escritas no lugar de cada ////////?

a) $0{,}13\ m^2 = 13$ ////////

b) $0{,}9872\ m^2 = 9\,872$ ////////

c) $0{,}01\ m^2 = 1$ ////////

d) $15{,}47\ m^2 = 1\,547$ ////////

e) $10{,}32\ m^2 = 103\,200$ ////////

f) $0{,}0001\ m^2 = 1$ ////////

g) $100\ cm^2 = 1$ ////////

h) $10\,000\ m^2 = 1$ ////////

i) $1\,000\,000\ m^2 = 1$ ////////

7. Quantos metros quadrados são

a) $947\ dm^2$?

b) $10\,615\ cm^2$?

8. Quantos metros quadrados são

a) $3\ km^2$?

b) $10\,122\,300\ mm^2$?

9. Uma área de $0{,}16\ km^2$ será dividida em quatro partes iguais. Quantos metros quadrados deverá medir cada parte?

10. Expresse em metros quadrados.

a) $4\ m^2 + 250\ cm^2$

b) $0{,}5\ km^2 + 600\ m^2$

c) $2\ m^2 + 3\ dm^2 + 4\ cm^2$

d) $0{,}1\ km^2 + 1\ 9{,}3\ hm^2 + 74{,}3\ dam^2$

Unidades agrárias

Para medir grandes extensões de terra são usadas **unidades de medida de área** especiais chamadas unidades agrárias. São elas:

- are (a): $1\ a = 100\ m^2$
- hectare (ha): $1\ ha = 100\ a = 10\,000\ m^2$
- alqueire: $1\ alqueire = 2{,}42\ ha = 24\,200\ m^2$

Note que:

$1\ a = 1\ dam^2$ $1\ ha = 1\ hm^2$ $1\ alqueire = 2{,}42\ ha$

Veja que as unidades decâmetro quadrado e hectômetro quadrado são pouco utilizadas, exceto como medidas agrárias, porém com os nomes de are e hectare, respectivamente.

O alqueire aqui apresentado é o "alqueire paulista". Há algumas variações regionalizadas no Brasil: o "alqueire do Norte" equivale a $27\,225\ m^2$ (2,72 ha), o "alqueire mineiro" equivale a $48\,400\ m^2$ (4,84 ha) e o "alqueire baiano" equivale a $96\,800\ m^2$ (9,68 ha).

ATIVIDADES

11. O que é mais provável medir 1 hectare: o terreno de uma casa ou o quarteirão de uma cidade?

12. Que unidade, are, hectare ou alqueire, é mais conveniente para expressar a área de uma fazenda?

13. Quantos metros quadrados mede uma região de:

a) 15 a?
b) 1,25 ha?
c) 6,2 a?
d) 5,9 ha?
e) 2 alqueires?

Texto para as atividades **14** a **16**.

O sítio de Augusta tem 15 ha. Ao lado do sítio fica a fazenda Lago Azul, que tem 200 alqueires. Na Lago Azul, uma plantação de eucaliptos cobre uma área equivalente a 57 alqueires.

14. Qual é a área do sítio de Augusta em metros quadrados?
E em quilômetros quadrados?

15. Qual é a área da fazenda Lago Azul em metros quadrados?
E em quilômetros quadrados?

16. Qual é a área ocupada pela plantação de eucaliptos em metros quadrados?

Texto para as atividades **17** e **18**.

Leia esta manchete publicada no jornal regional no dia 26 de julho de 2017:

Incêndio no Parque Rio Vermelho, em Florianópolis, atinge 5 hectares de mata.

Disponível em: https://ndonline.com.br/florianopolis/ noticias/incendio-no-parque-do-rio-vermelho-em-florianopolis-atinge-5-hectares-de-mata. Acesso em: 9 nov. 2017.

Ao todo, a área do parque é de 1 532 hectares. Um campo de futebol tem aproximadamente 7 000 m².

17. A área de mata atingida pelo incêndio corresponde a aproximadamente quantos campos de futebol?

18. Qual é a área do parque do Rio Vermelho em quilômetros quadrados?

Áreas de alguns polígonos

Um polígono delimita uma região do plano, que é o seu interior.

O polígono e seu interior formam uma **região poligonal**.

No exemplo abaixo, um pentágono está delimitando uma região do plano. O pentágono e essa região formam uma **região pentagonal**.

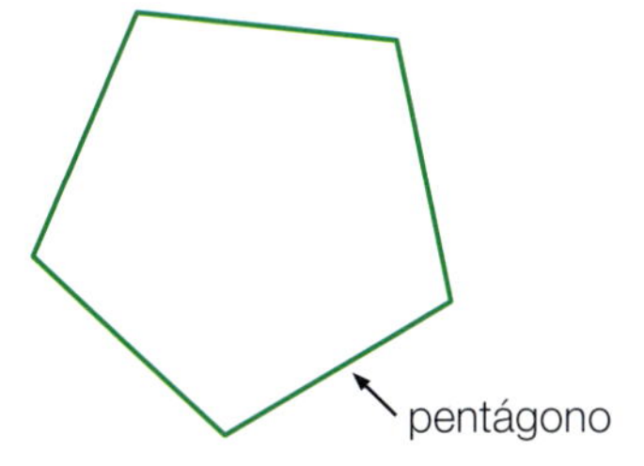

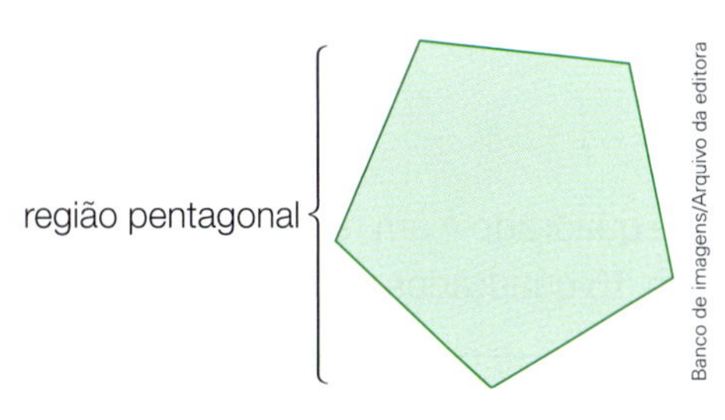

Banco de imagens/Arquivo da editora

A área da região poligonal pode ser medida ou calculada. Daqui em diante, essa área será chamada simplesmente de **área do polígono**.

Quando dizemos **área do quadrado,** estamos nos referindo à área da superfície que é constituída pelo polígono quadrado e seu interior.

O mesmo vale para outros polígonos. Assim, **área do triângulo**, por exemplo, é a área da superfície constituída pelo triângulo e seu interior.

Área do retângulo

Se um retângulo tem 4 cm de comprimento e 3 cm de largura, qual é a sua área?

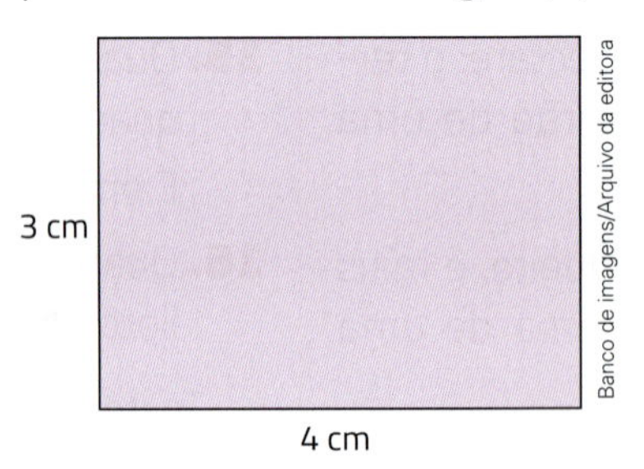

Para calcular essa área, podemos dividir o comprimento do retângulo em 4 partes de 1 cm e a largura em 3 partes de 1 cm. Traçando as linhas divisórias, o retângulo fica dividido em 12 centímetros quadrados. Ou seja, sua área é 12 cm^2:

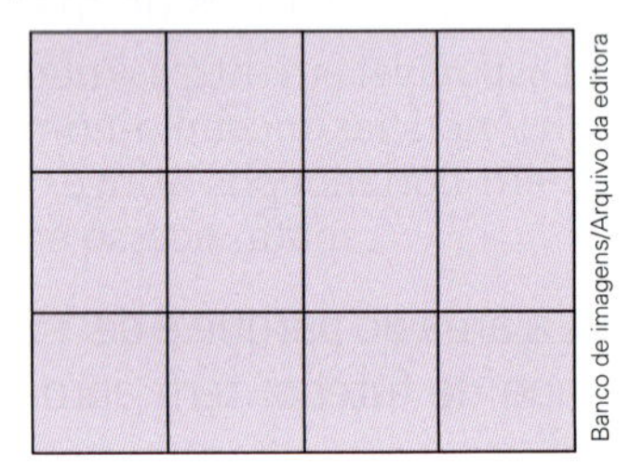

área = 4 cm · 3 cm = 12 cm^2

A **área do retângulo** é igual ao produto do comprimento pela largura:

área do retângulo = comprimento · largura.

Note que o comprimento e a largura devem apresentar medidas na mesma unidade. Se essa unidade for o centímetro, a área será dada em centímetros quadrados. Se a unidade for o metro, a área será dada em metros quadrados.

Área do quadrado

Se um quadrado tem 4 cm de lado, qual é a sua área?

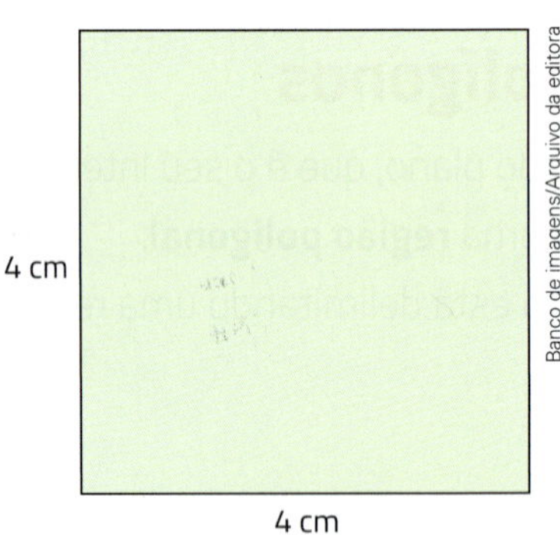

Note que esse quadrado é um retângulo com 4 cm de comprimento e 4 cm de largura. Então, dividindo esse polígono em 16 quadrados com 1 cm de lado, concluímos que sua área equivale a 16 cm^2:

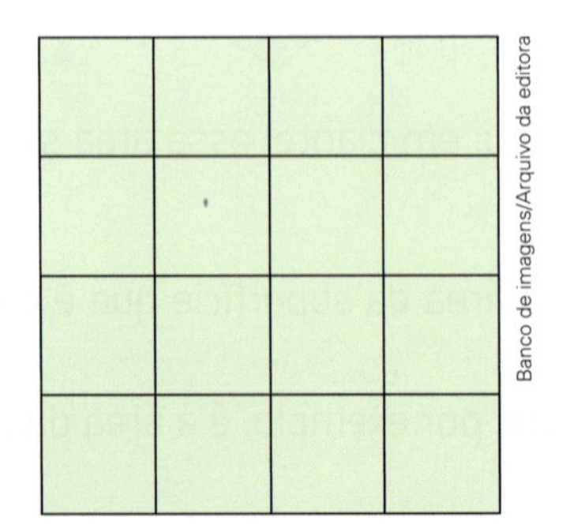

área = 4 cm · 4 cm = 16 cm^2

A **área do quadrado** é igual ao produto da medida do lado por ela mesma:

área do quadrado = medida do lado · medida do lado.

ATIVIDADES

19. Calcule a área da superfície colorida em cada item:

a)

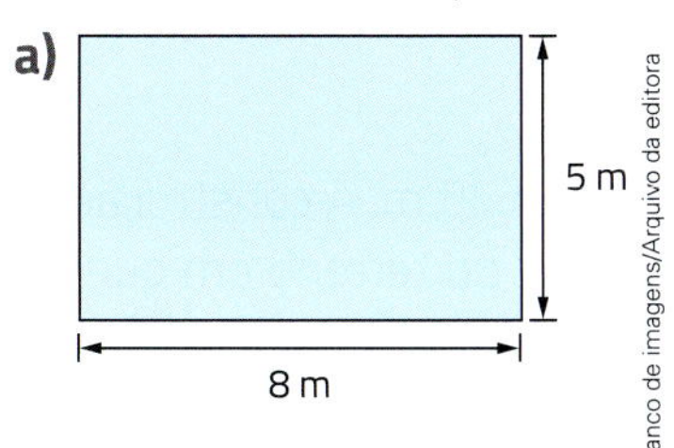

c)

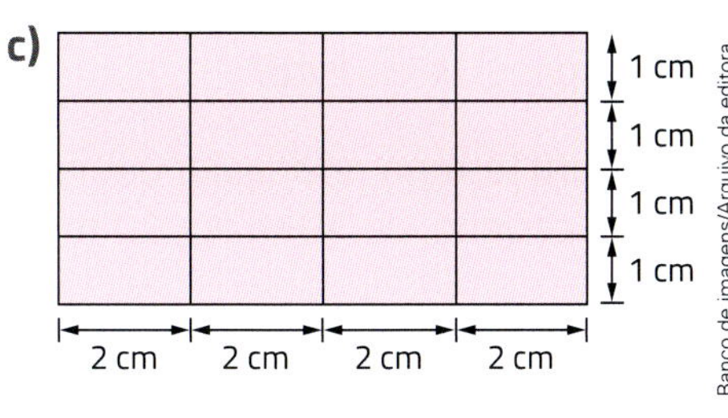

e)

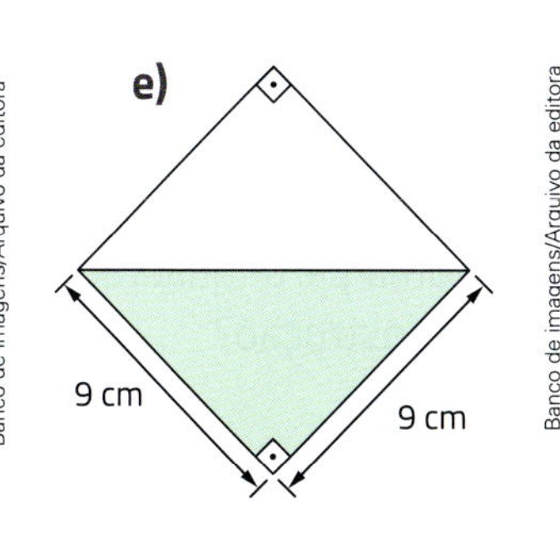

b)

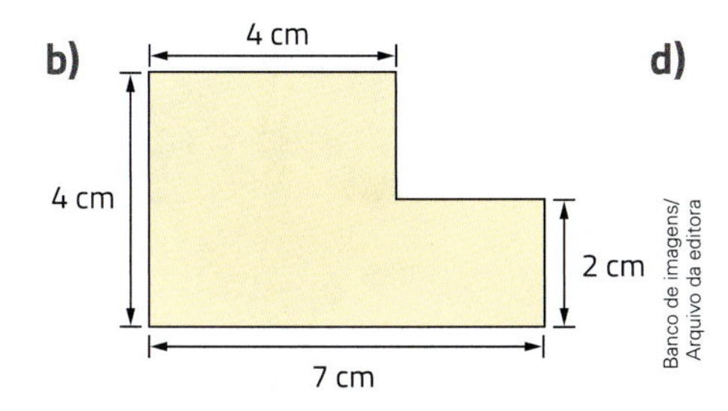

d)

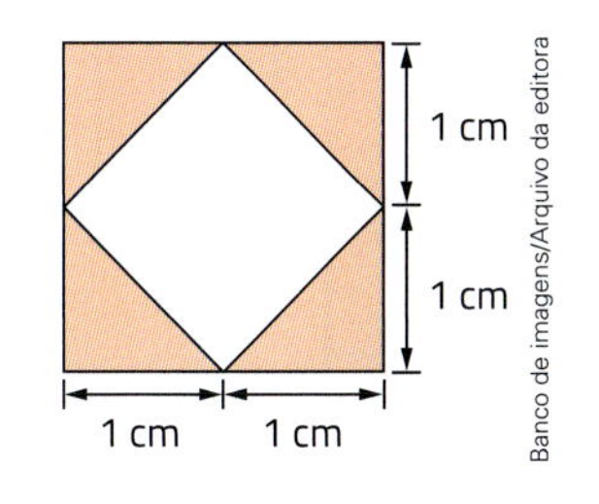

f)

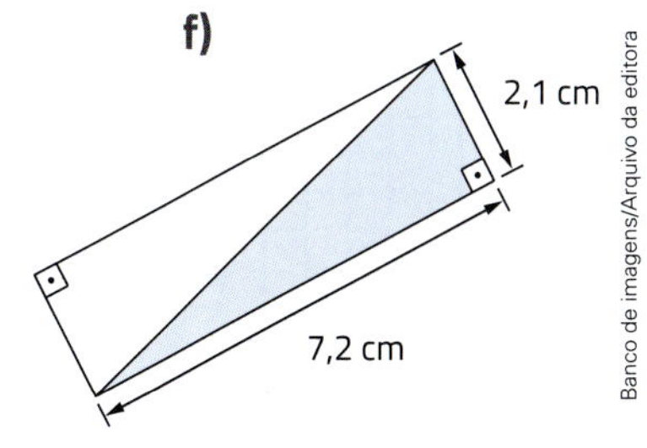

20. Calcule a área de:

a) um retângulo de base 12 cm e altura 8 cm.

b) um retângulo de dimensões 6,5 cm e 2,5 cm.

c) um quadrado de lado 1,2 cm.

d) um quadrado de lado 2,7 m.

e) um quadrado cujo perímetro é igual a 20 cm.

21. O salão de uma escola tem a forma de um quadrado com 10 m de lado. Quantas lajotas quadradas com 20 cm de lado são necessárias para ladrilhar todo o piso do salão?

22. Deseja-se revestir com azulejos as paredes laterais e o fundo de uma piscina retangular de comprimento 7,50 m, largura 4,50 m e profundidade 1,50 m. Os azulejos escolhidos são quadrados e medem 15 cm de lado. Quantos azulejos são necessários para revestir toda a piscina?

23. O serviço de um pintor custa R$ 6,25 por metro quadrado. Quanto esse pintor deve cobrar para pintar as quatro paredes e o teto de um salão retangular de 10 m de comprimento, 6 m de largura e 3 m de altura?

24. Um livro de 208 páginas (104 folhas) tem o formato de um retângulo com dimensões 21 cm × 28 cm. Quantos metros quadrados de papel há no livro?

25. Uma casa está construída em um terreno retangular que mede 12 m por 25 m. A construção ocupa uma parte quadrada dentro do terreno, de 10 m por 10 m. Qual é a área do terreno em que não há construção?

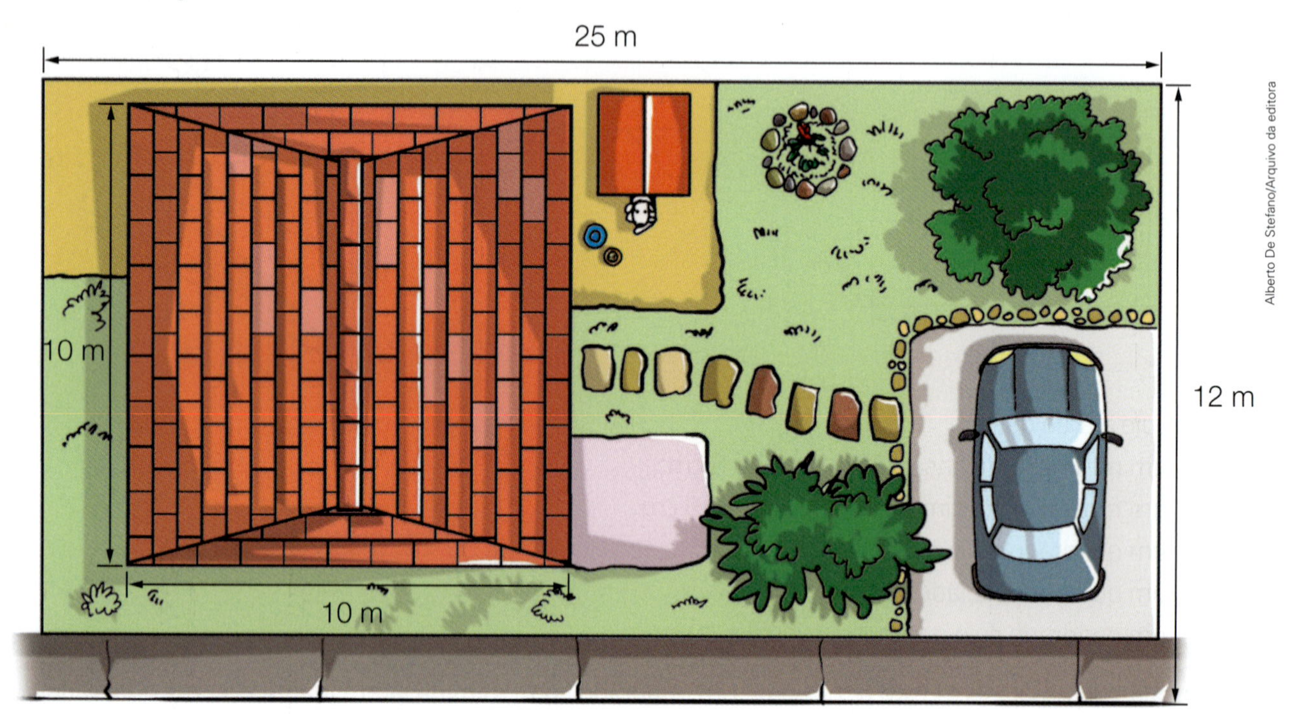

Alberto De Stefano/Arquivo da editora

26. Esta é a representação da janela da sala de uma casa.

A janela é composta de duas vidraças basculantes.

Calcule a área do vidro utilizado na janela.

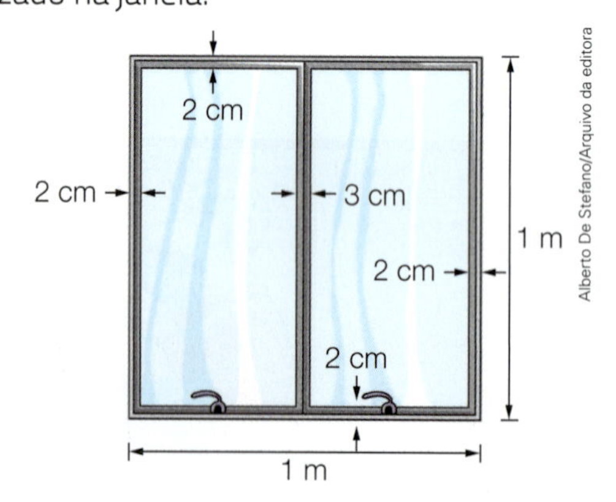

Alberto De Stefano/Arquivo da editora

27. Elabore um problema que possa ser resolvido com as operações abaixo:

$100\text{ m} + 120\text{ m} + 100\text{ m} + 120\text{ m} = 440\text{ m}$

$100\text{ m} \cdot 120\text{ m} = 12\,000\text{ m}^2$

Ampliação e redução de figuras planas

Vamos ampliar e reduzir figuras planas utilizando malhas quadriculadas com medidas diferentes.

Primeiro, desenhamos a figura abaixo em uma malha com quadradinhos de lado medindo 1 cm. Esta será nossa figura original.

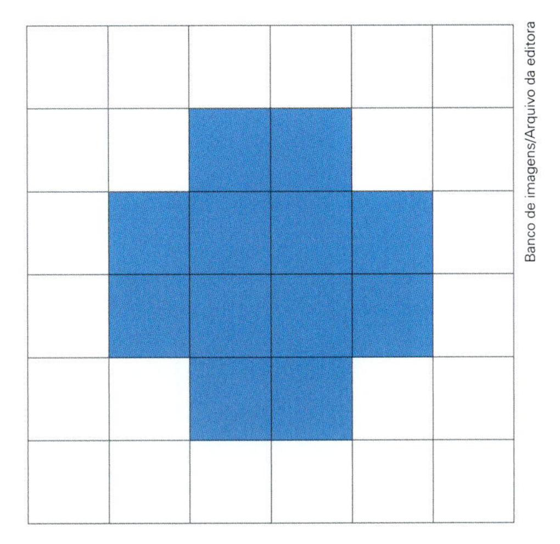
Banco de imagens/Arquivo da editora

Depois, reproduzimos a figura original em uma malha com quadrados de lado medindo 2 cm, obtendo a figura I e, em outra, com quadradinhos de lado medindo 0,5 cm, obtendo a figura II:

Figura I

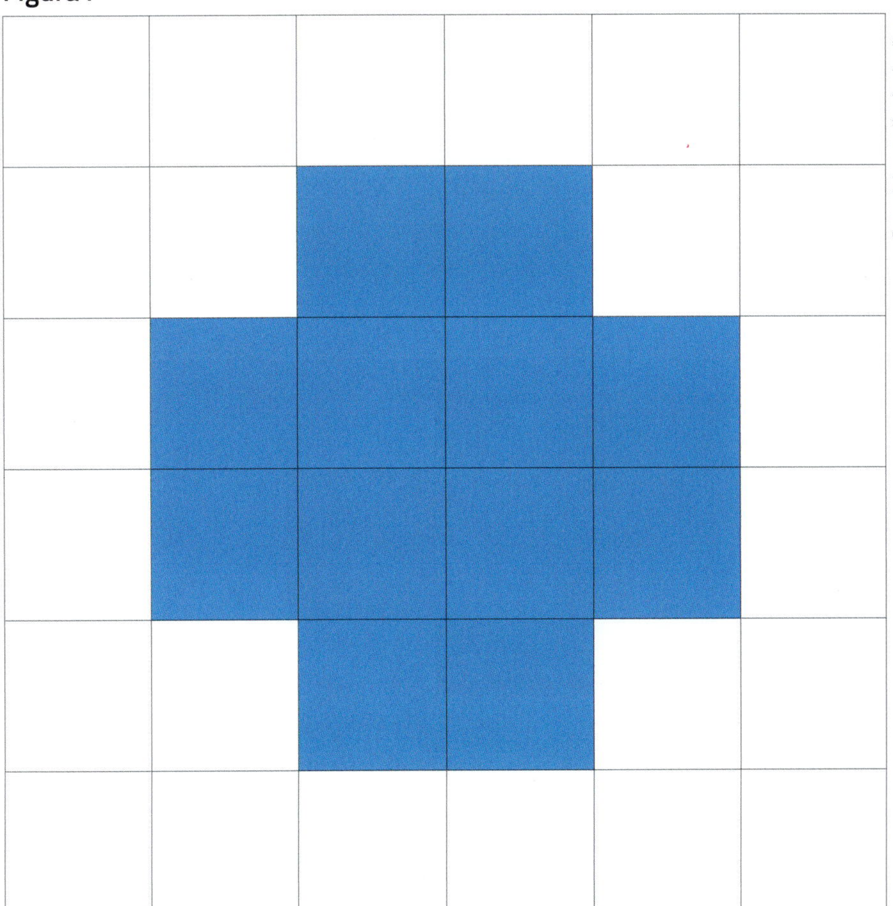
Banco de imagens/Arquivo da editora

Figura II

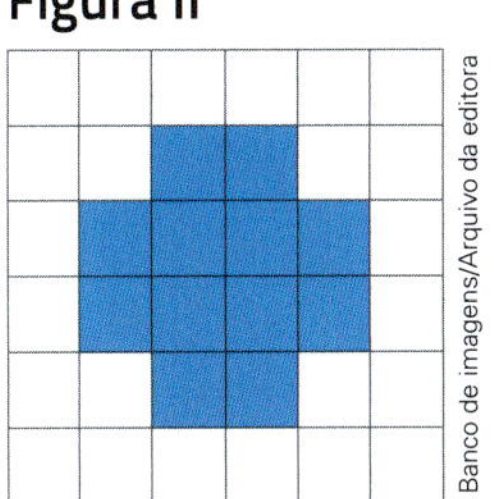
Banco de imagens/Arquivo da editora

Agora vamos reproduzir a figura original em uma malha com retângulos medindo 1 cm por 2 cm (figura III) e em outra malha com retângulos medindo 2 cm por 1 cm (figura IV):

Figura III

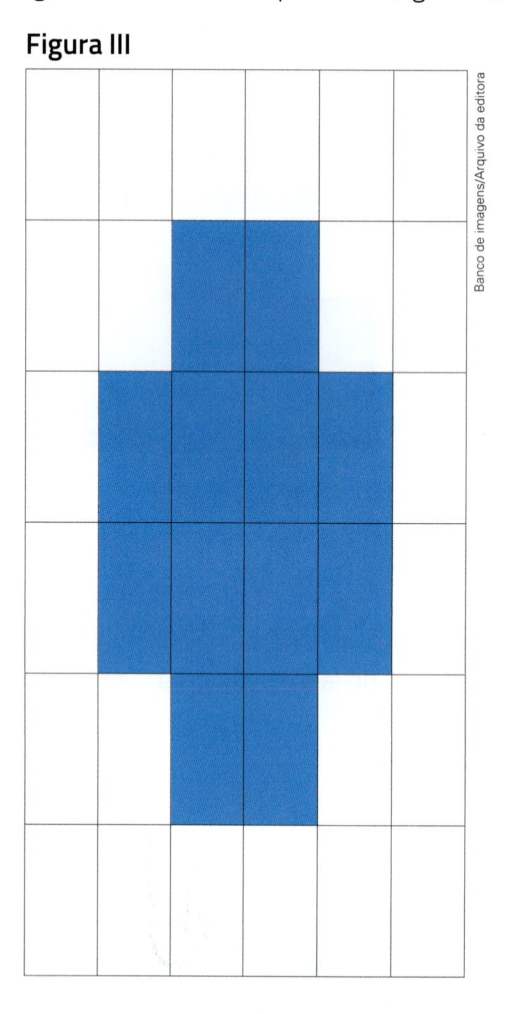

Figura IV

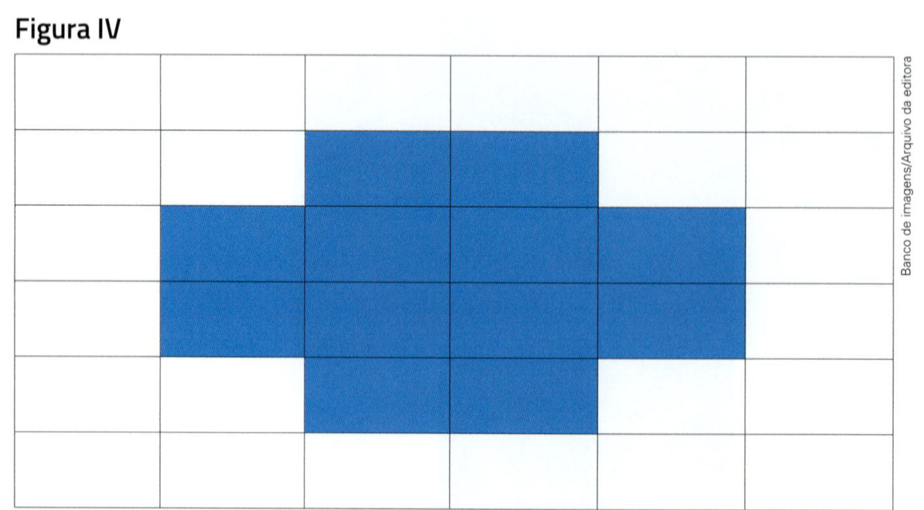

Observando as figuras construídas, percebemos que as figuras I e II mantêm a forma da figura original, enquanto as figuras III e IV não – na figura III, a altura foi aumentada, porém a largura permaneceu a mesma; na figura IV, a largura foi alterada, enquanto a altura permaneceu a mesma.

Na figura I as dimensões da figura original aumentaram igualmente (foram duplicadas) e, na figura II, elas diminuíram igualmente (foram reduzidas à metade). Além disso, os ângulos observados nas figuras I e II são iguais aos correspondentes na figura original. Então, dizemos que a figura I é uma **ampliação** da figura original, enquanto a figura II é uma **redução** da figura original.

Por isso, as figuras I e II são chamadas **figuras semelhantes** à figura original.

Quando ampliamos ou reduzimos uma figura, todas as dimensões dela são multiplicadas por um mesmo número (uma constante) e todos os ângulos são mantidos. Desse modo, a figura mantém sua forma, e o resultado é uma figura semelhante à original.

Observação: Ao reduzir ou ampliar uma figura, todas as medidas das dimensões devem variar proporcionalmente – isto é, serem multiplicadas pela mesma constante –, e os ângulos devem ter medidas iguais aos originais.

ATIVIDADES

28. Analise os retângulos desenhados na malha abaixo:

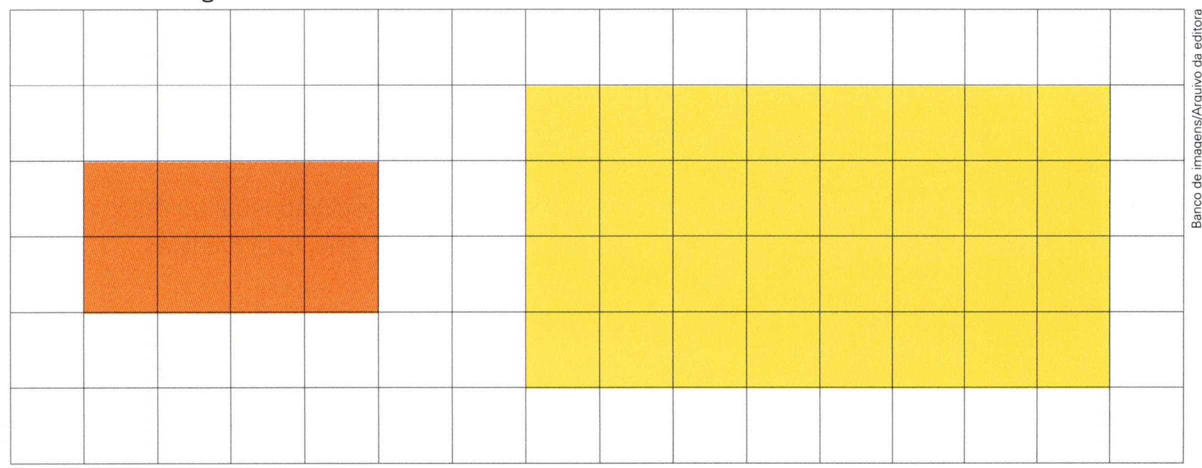

Banco de imagens/Arquivo da editora

a) Meça com uma régua e responda: Quais são as medidas das dimensões do retângulo laranja? E do amarelo?

b) Esses retângulos são semelhantes? Por quê?

c) O perímetro do retângulo amarelo é quantas vezes o do laranja?

d) A área do retângulo amarelo é quantas vezes a do laranja?

29. Use malhas quadriculadas para reproduzir a figura dada em cada item e, depois, faça uma ampliação e uma redução dela. Nas ampliações multiplique as medidas das dimensões da figura por 2; nas reduções, multiplique por 0,5.

a)

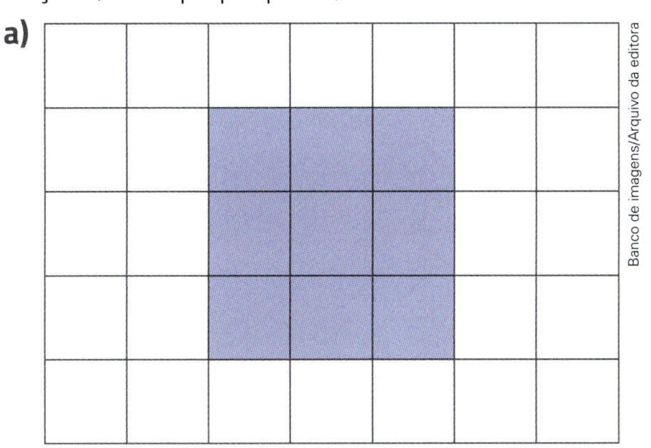

Banco de imagens/Arquivo da editora

b) 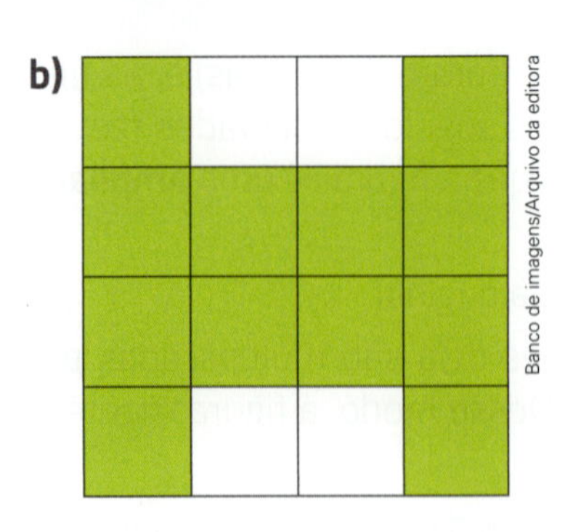

c) 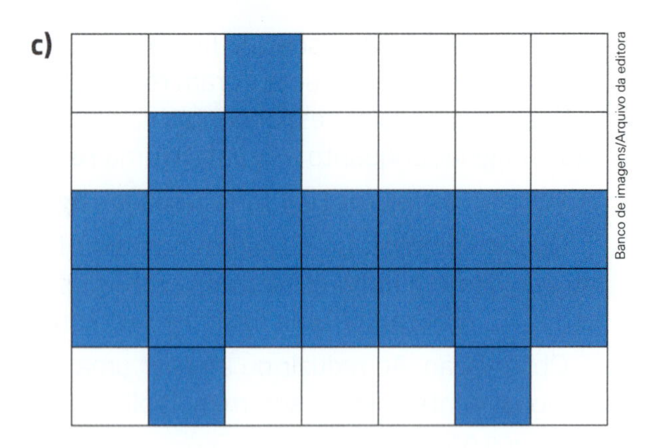

30. Calcule os perímetros das figuras originais, ampliadas e reduzidas, construídas na atividade 29 Por quanto ficou multiplicado o perímetro de cada figura na ampliação? E na redução?

31. Calcule as áreas das figuras originais, ampliadas e reduzidas, construídas na atividade 29. Por quanto ficou multiplicada a área de cada figura na ampliação? E na redução?

32. Ao construir uma figura semelhante a uma original, por ampliação ou por redução, o perímetro fica multiplicado pelo mesmo número que as dimensões foram multiplicadas? E a área?

33. Na malha quadriculada abaixo temos um triângulo *ABC*. Na sua opinião, qual ou quais dos demais triângulos desenhados é semelhante ao triângulo *ABC*? Se necessário, faça medidas.

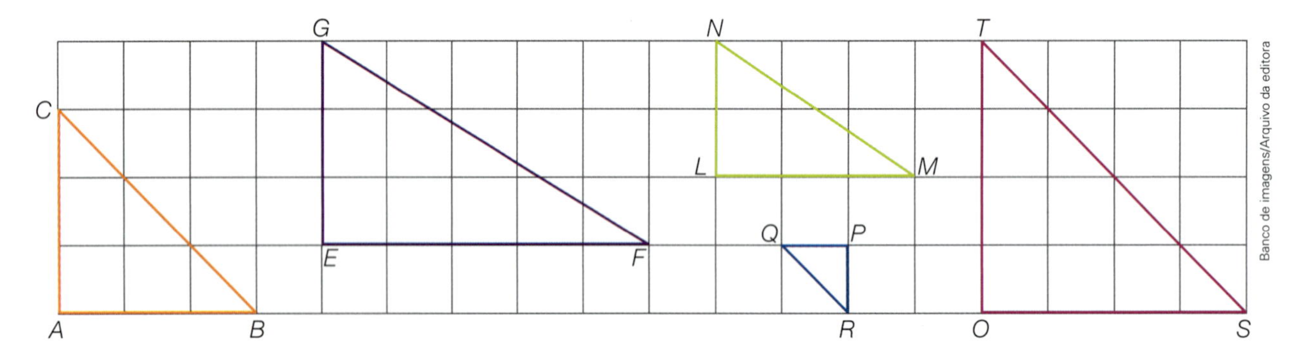

34. Um quadrado com 5 cm de lado outro com 8 cm de lado são figuras semelhantes? Por quê?

35. Sobre a figura abaixo aplicamos uma malha de quadradinhos de 0,5 cm de lado. Amplie essa figura em uma malha de quadrados maiores, à sua escolha.

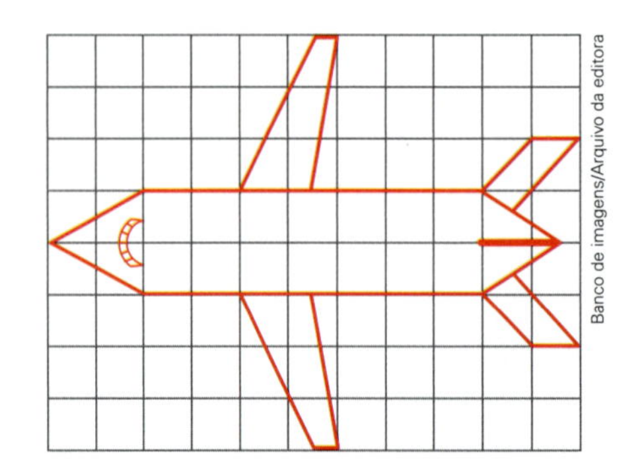

NA OLIMPÍADA

O problema dos números

(Obmep) Observe a figura. Qual é a soma dos números que estão escritos dentro do triângulo e também dentro da circunferência, mas fora do quadrado?

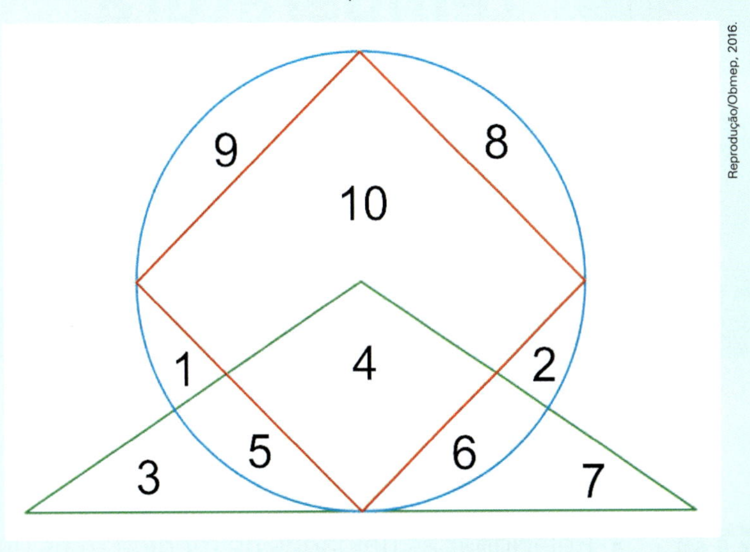

a) 10 **b)** 11 **c)** 14 **d)** 17 **e)** 20

Estimando a área

(Obmep) A área da figura azul é igual à soma das áreas de quantos quadradinhos do quadriculado?

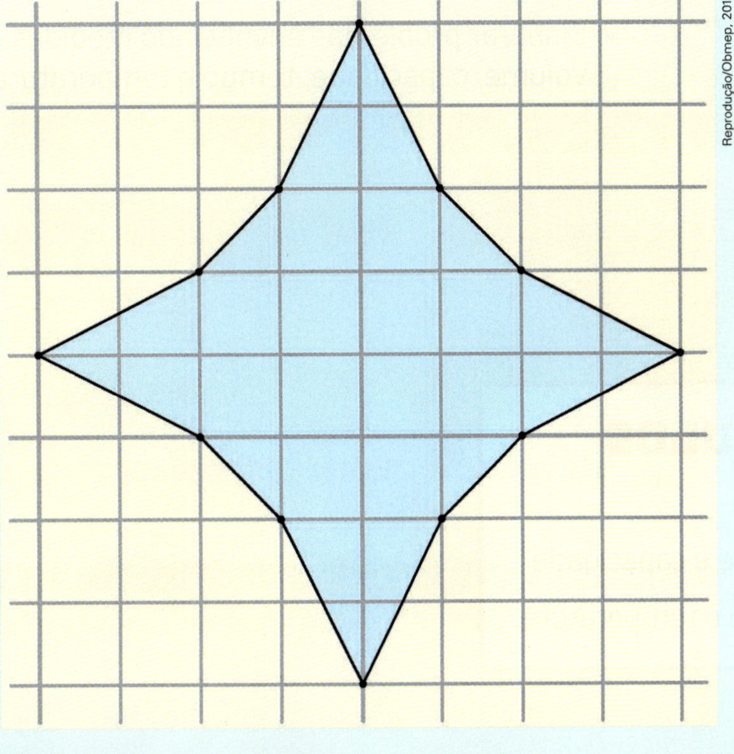

a) 12 **b)** 22 **c)** 32 **d)** 64 **e)** 100

Massa, volume, capacidade, tempo e temperatura

NESTA UNIDADE VOCÊ VAI

- Resolver problemas envolvendo medidas de massa, volume, capacidade, tempo e temperatura em diferentes situações.
- Relacionar as unidades de medida mais usuais de massa, volume, capacidade, tempo e temperatura.
- Determinar o volume de alguns sólidos geométricos.
- Realizar operações envolvendo medidas mistas.
- Elaborar problemas envolvendo medidas de massa, volume, capacidade, tempo e temperatura.

CAPÍTULOS

CAPÍTULO **20** Massa

beats1/Shutterstock

NA REAL

A balança quebrou, e agora?

Durante a realização de uma receita de *cookie*, um confeiteiro verificou que uma das funções da balança profissional que ele usa para medir a massa dos ingredientes quebrou, e no visor aparece apenas a massa em quilogramas.

Como ele poderia fazer para medir as massas de manteiga, açúcar, farinha e chocolate necessárias para fazer essa receita utilizando a balança que só apresenta a massa em quilogramas?

Cookie de chocolate

Ingredientes

200 g de manteiga
250 g de açúcar mascavo
150 g de açúcar branco
450 g de farinha de trigo
1 pitada de sal
2 colheres de sobremesa de essência de baunilha
1/2 colher de sopa de fermento em pó
2 ovos
250 g de gotas de chocolate

Ericson Guilherme Luciano/Arquivo da editora

Na BNCC
EF06MA01
EF06MA24

Medidas de massa

O que mostra a balança?

Observe, na imagem ao lado, dois béqueres iguais: um contém água e o outro contém óleo. Os volumes de água e de óleo são semelhantes.

Você sabe dizer qual dos dois béqueres está mais pesado?

Se colocarmos os dois béqueres em uma balança de dois pratos, a balança pende para o lado do béquer com água. Portanto, o béquer com água é mais pesado.

Dotta2/Arquivo da editora

Dotta2/Arquivo da editora

Por que isso acontece?

O béquer com água contém mais matéria que o béquer com óleo.

Então, podemos concluir que a massa da água é maior que a massa do óleo.

De modo geral, dizemos que a massa é a medida da quantidade de matéria que um corpo contém.

Vamos, agora, pesar dois béqueres com o mesmo volume de água. O que acontece?

Dotta2/Arquivo da editora

Os pratos da balança se equilibram porque os dois béqueres têm massas iguais.

Unidade padronizada de massa

Para determinar a quantidade de massa de um corpo C, devemos escolher um outro corpo como unidade de medida de massa e verificar quantas unidades são necessárias para equilibrar o corpo C em uma balança.

Paulo Cesar Pereira/Arquivo da editora

Se cada pessoa pudesse escolher livremente uma unidade de medida de massa para determinar a massa de um corpo, obteríamos valores diferentes para um mesmo corpo, dependendo da unidade de medida escolhida.

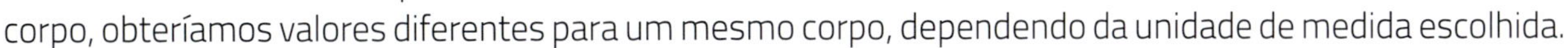

Foi preciso, então, definir uma unidade de medida padronizada de massa.

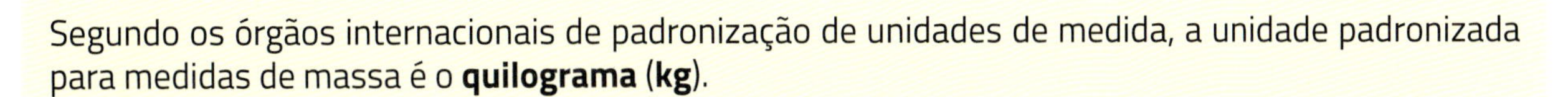

Segundo os órgãos internacionais de padronização de unidades de medida, a unidade padronizada para medidas de massa é o **quilograma** (**kg**).

No dia a dia, também utilizamos o **grama** (**g**), submúltiplo do quilograma:

$$1\ \text{kg} = 1\,000\ \text{g e } 1\ \text{g} = \frac{1}{1\,000}\ \text{kg}$$

O quilograma é a massa de uma peça de platina que se encontra no Museu Internacional de Pesos e Medidas, na cidade de Sèvres, na França.

Qual unidade de medida de massa usar?

Qual é a massa de um elefante?

Para expressar a medida de massa de corpos muito pesados, costumamos empregar como unidade de medida de massa um dos múltiplos do grama:

- decagrama (dag);
- hectograma (hg);
- quilograma (kg).

gualtiero boffi/Shutterstock

A massa de um elefante pode chegar a 7 500 kg.

As imagens desta página não estão representadas em proporção entre si.

Qual é a massa de uma borboleta?

Para expressar a medida de massa de corpos muito pequenos e leves, costumamos empregar como unidade de massa um dos submúltiplos do grama:

- decigrama (dg);
- centigrama (cg);
- miligrama (mg).

suns07butterfly/Shutterstock

Algumas borboletas podem ter massa menor do que 1 grama.

Múltiplos e submúltiplos do grama

No quadro abaixo, são apresentados: as unidades de medida de massa, os símbolos e os valores correspondentes em gramas.

Múltiplos			Unidade	Submúltiplos		
quilograma	**hectograma**	**decagrama**	**grama**	**decigrama**	**centigrama**	**miligrama**
kg	**hg**	**dag**	**g**	**dg**	**cg**	**mg**
1 000 g	100 g	10 g	**1 g**	0,1 g	0,01 g	0,001 g

Observe que cada unidade de medida de massa é igual a 10 vezes a unidade imediatamente inferior:

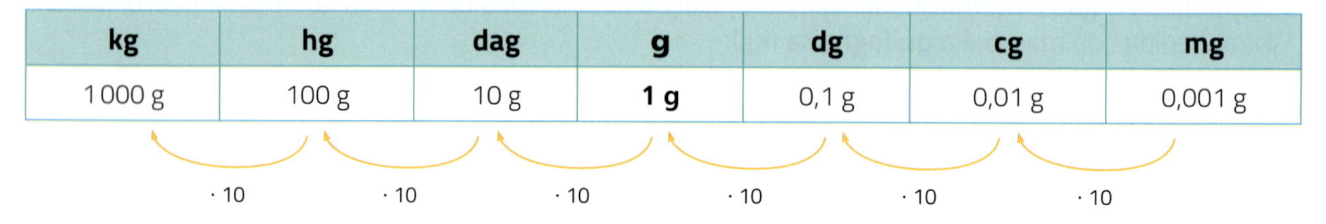

kg	hg	dag	g	dg	cg	mg
1 000 g	100 g	10 g	**1 g**	0,1 g	0,01 g	0,001 g

E cada unidade de medida de massa é igual a 1 décimo da unidade imediatamente superior:

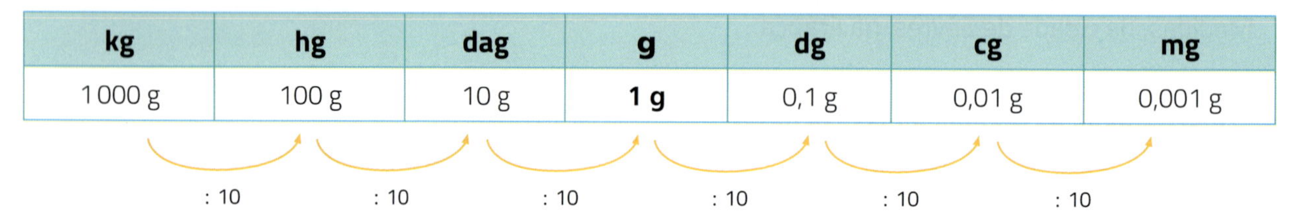

kg	hg	dag	g	dg	cg	mg
1 000 g	100 g	10 g	**1 g**	0,1 g	0,01 g	0,001 g

A leitura de medidas de massa é muito semelhante à leitura de medidas de comprimento. Veja como as medidas de massa devem ser lidas:

- 0,001 g → lê-se: 1 milésimo de grama (ou 1 miligrama).
- 0,32 g → lê-se: 32 centésimos de grama (ou 32 centigramas).
- 57,8 g → lê-se: 57 inteiros e 8 décimos de grama (ou 57 gramas e 8 decigramas).

Mudanças de unidade

As mudanças de unidade de medida de massa são feitas de modo semelhante às mudanças de unidade de medida de comprimento. Veja:

- 7,41 kg = (7,41 · 1 000) g = 7 410 g
- 8 dg = (8 : 10) g = 0,8 g
- 7 370 g = 737 dag = 73,7 hg = 7,37 kg ou 7 370 g = (7 370 · 0,001) kg = 7,37 kg

> - 1 cm³ de água equivale a aproximadamente 1 g.
> - 1 L de água corresponde a 1 kg.
> - 1 tonelada (t) é o mesmo que 1 000 kg.
> - 1 m³ de água tem 1 t de massa.

ATIVIDADES

1. Que unidade de medida você usaria para medir a massa de:

a) um elefante? **b)** um automóvel? **c)** um lápis?

2. Qual é a massa de:

a) 1 L de água? **b)** 1 mL de água? **c)** 1 dm^3 de água? **d)** 1 m^3 de água?

3. Qual é a massa de:

a) 20 L de água? **b)** 50 L de água? **c)** 21 mL de água?

4. Quantos quilogramas são:

a) 2 t? **b)** 3 t? **c)** 16,1 t?

5. Quantas toneladas são:

a) 4 000 kg? **b)** 6 500 kg? **c)** 82 000 kg?

6. Adicione as medidas de massa e expresse os resultados em gramas.

a) 8,41 g + 0,0701 kg

b) 3,45 kg + 6 g

c) 0,635 kg + 0,0816 kg + 987 dg

d) 10,7 g + 0,611 kg + 6 156 mg

e) 2,46 g + 0,072 kg + 71 dg + 2 336 mg

f) 37 g + 1,007 kg + 727 dg + 13 dg

7. A massa da vaca Mimosa é 380 kg, e a do cavalo Valente é 31 arrobas.

Ilustra Cartoon/Arquivo da editora

Lembrando que 1 arroba equivale a 15 kg, responda:

a) Quantas arrobas tem a vaca Mimosa? Quantos quilogramas excedem?

b) De quantos quilogramas é a massa do cavalo Valente?

Texto para as atividades **8** a **18**.

Em grupos de dois ou três estudantes, leiam o texto a seguir. Depois, conversem e resolvam as atividades.

Exposição na galeria

A Galeria de Artes de Alegria está passando por uma grande reforma. No mês que vem ela vai receber uma importante exposição, reunindo os pintores mais famosos do país.

Por causa das reformas, o trânsito da rua Gaivota, onde fica a galeria, está complicado. A rua não é muito grande e tem 697 cm de largura. Um caminhão carregado com 122 sacos de cimento com 50 kg cada um está estacionado em frente à galeria para descarregar. Quando vazio, esse caminhão pesa 3,25 t.

Luigi Rocco/Arquivo da editora

Na entrada da galeria está sendo construído um poço com 2,5 m de comprimento, 1,3 m de largura e 2,2 m de profundidade, para abrigar um chafariz. Por causa desse chafariz, foi preciso construir uma caixa-d'água em forma de cubo com 2 m de aresta (medida interna). Junto com a exposição de quadros, vai ocorrer um ciclo de palestras em um auditório que tem as seguintes dimensões: 85 m de comprimento, 16 m de largura e 3,2 m de altura.

Luigi Rocco/Arquivo da editora

O coquetel de recepção já está sendo preparado. Foram encomendados 37 500 g de legumes para a maionese, comprados a R$ 3,80 o quilograma. Para os canapés, foram compradas várias latas de biscoito. Cada lata cheia pesa 3,47 kg e vazia pesa 0,59 kg. O vinho, que veio do Rio Grande do Sul, está acondicionado em um tonel com capacidade para 218 L e vai ser engarrafado em recipientes de 9 dL. Para quem não bebe vinho, 0,80 m^3 de guaraná será engarrafado em recipientes com capacidade para 0,5 L.

Luigi Rocco/Arquivo da editora

Mas ainda há quem prefira água. Por isso, 19 L de água serão acondicionados em um tipo de recipiente que, vazio, pesa 780 g.

8. Rafael, dono da galeria, mediu a largura da rua Gaivota usando o próprio pé como unidade e obteve a medida de 17 pés. Quantos centímetros mede o pé de Rafael?

9. Qual é a massa do caminhão de cimento carregado?

10. Quantos litros de água serão necessários para encher completamente o poço do chafariz?

11. Quantos litros de água serão necessários para encher a caixa-d'água que está sendo construída?

12. Qual é o volume de ar existente no auditório?

13. Quanto foi gasto com os legumes para a maionese?

14. Qual é a massa dos biscoitos para os canapés dentro de cada lata?

15. Se a massa de cada biscoito é 60 g, quantos biscoitos vêm em cada lata?

16. Quantas garrafas de vinho serão enchidas?

17. Quantas garrafas de guaraná serão obtidas?

18. Qual será a massa do recipiente para água quando estiver com os 19 litros de água se a massa de 1 litro de água pura é 1 kg?

19. Elabore um problema que possa ser resolvido com as operações abaixo.

$$2\text{ kg} \times 3 = 6\text{ kg}$$
$$4\text{ kg} \times 2 = 8\text{ kg}$$
$$6\text{ kg} + 8\text{ kg} = 14\text{ kg}$$

NA MÍDIA

Baleias jubartes no Brasil

[...]

A população local da espécie, que cem anos atrás era de aproximadamente 25 mil baleias, foi dizimada a míseros 2% disso (cerca de ■ animais) em meados do século 20, por causa da caça predatória no Oceano Antártico, para onde as baleias migram entre dezembro e junho para se alimentar. Uma moratória global à caça foi decretada em 1986 pela Comissão Baleeira Internacional (CBI) e reproduzida em lei pelo governo brasileiro no ano seguinte.

Hoje, 28 anos mais tarde, a população de jubartes que visita anualmente as águas calmas e mornas do Nordeste brasileiro para se reproduzir é de aproximadamente 15 mil baleias – cerca de 60% do que era "originalmente". Daí a decisão de retirá-la da lista de espécies ameaçadas do Brasil.

[...]

A jubarte é uma espécie global. A população que vive na costa leste da América do Sul é uma de várias que ocorrem pelo planeta – todas elas em processo de recuperação. [...] estima-se que havia cerca de 140 mil jubartes no planeta no início do século 20, e hoje há cerca de 80 mil (◆%).

A União Internacional para Conservação da Natureza (IUCN) já considera a espécie como não ameaçada globalmente desde 2008.

Leonardo Merçon/Zuma Press/Fotoarena

Baleia jubarte fotografada no litoral do Espírito Santo, na cidade de Vitória.

RAIO X DA ESPÉCIE
Jubarte
Nome científico: Megaptera novaeangliae
Incidência: São animais migratórios, ocorrendo em todos os oceanos. Migram para regiões mais quentes para se reproduzir, como na costa nordeste do Brasil
Comprimento:
16 m
Peso: 35 toneladas
Expectativa de vida: 60 anos
INFOGRÁFICO/ESTADÃO

Arte AE/Agência Estado

Disponível em: http://sustentabilidade.estadao.com.br/noticias/geral,baleias- jubartes-do-brasil-estao-salvas-da-extincao,1169762. Acesso em: 5 jun. 2021.

Responda às perguntas a seguir, considerando o que você leu no texto.

1. Para qual finalidade as baleias jubartes visitam as águas do Nordeste brasileiro?
2. Em que polo fica a Antártida?
3. Que número foi omitido com o símbolo ■ na notícia?
4. E com o símbolo ◆?
5. Se 15 mil baleias representam 60% das que "originalmente" visitavam o Nordeste brasileiro há 28 anos, quantas baleias frequentavam a costa nessa época?
6. Em média, um brasileiro do sexo masculino tem 1,70 m de altura e massa igual a 70 kg. Quantos homens aproximadamente dessa altura, deitados, são necessários para formar uma fileira que tenha o mesmo comprimento de uma baleia jubarte?
7. A massa de uma baleia jubarte é quantas vezes a massa de um brasileiro médio?
8. Imagine uma piscina com 35 toneladas de água. Qual é o comprimento, a largura e a profundidade dessa piscina? Considere que 1 m^3 de água tenha 1 tonelada de massa.
9. Pesquise outras espécies de baleias que costumam visitar a costa brasileira. Depois, compartilhe as informações que obteve com os colegas.

CAPÍTULO 21

Volume e capacidade

Sergio Pedreira/Pulsar Imagens

Cisterna utilizada para armazenar água da chuva em Tucano, Bahia.

NA REAL

Quantos dias dura esta água?

Cisternas são reservatórios utilizados em muitas regiões do Brasil para armazenar e conservar água da chuva. A água armazenada costuma ser utilizada em diversas atividades residenciais, como irrigar plantas, lavar o quintal, dar descarga.

Além de fazer uso consciente da água, podemos economizar este recurso com a ajuda das cisternas, afinal muitas atividades domésticas não exigem que a água seja potável.

De acordo com a Organização das Nações Unidas (ONU), o consumo de água por pessoa é cerca de 110 000 mililitros de água por dia para atender às necessidades de consumo e higiene.

Supondo que em uma residência com 5 pessoas foi instalada uma cisterna com capacidade de 8 000 litros, esse volume de água seria suficiente para abastecer essa família por quanto tempo?

Na BNCC
EF06MA01
EF06MA24

Medidas de volume

Os objetos no espaço

Todo ser e todo objeto são constituídos de matéria. Essa matéria ocupa certo espaço e apresenta uma forma própria.

Os seres e objetos têm, em geral, formas complexas.

As imagens desta página não estão representadas em proporção entre si.

ilovezion/Shutterstock — Abacaxi

Yeamake/Shutterstock — Cadeira

Unlisted/Stock Photos — Guarda-chuva

FRDMR/Shutterstock — Girafa

Os objetos com formato mais simples lembram a forma dos sólidos geométricos. Veja alguns exemplos:

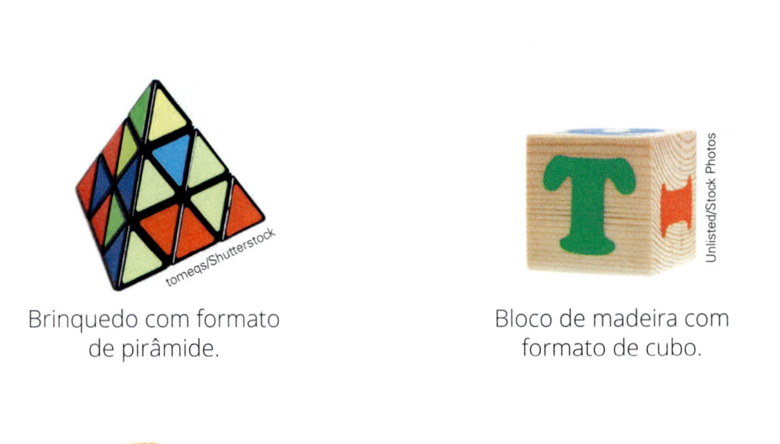

tomeqs/Shutterstock

Brinquedo com formato de pirâmide.

Unlisted/Stock Photos

Bloco de madeira com formato de cubo.

monticello/Shutterstock

Bola com formato de esfera.

Unlisted/Stock Photos

Casquinha de sorvete com formato de cone.

josefauer/Shutterstock

Tronco de árvore com formato cilíndrico.

Alis Photo/Shutterstock

Tijolo com formato de bloco retangular.

PARTICIPE

Luísa está fazendo algumas experiências.

Experiência 1

Luísa pôs duas bolinhas de gude dentro de um copo que já estava cheio de água, e a água do copo transbordou.

Experiência 2

Ela também tentou colocar 7 embalagens de 1 litro de leite dentro de uma caixa com capacidade para 6 embalagens de 1 litro de leite.

a) Na experiência 1, por que a água transbordou?

b) Na experiência 2, ela conseguirá colocar as 7 embalagens na caixa?

c) Se fossem 5 embalagens de leite, caberiam na caixa? A caixa ficaria cheia?

d) Que medida você acha que está envolvida nessas duas experiências?

Observe a representação das peças do material dourado.

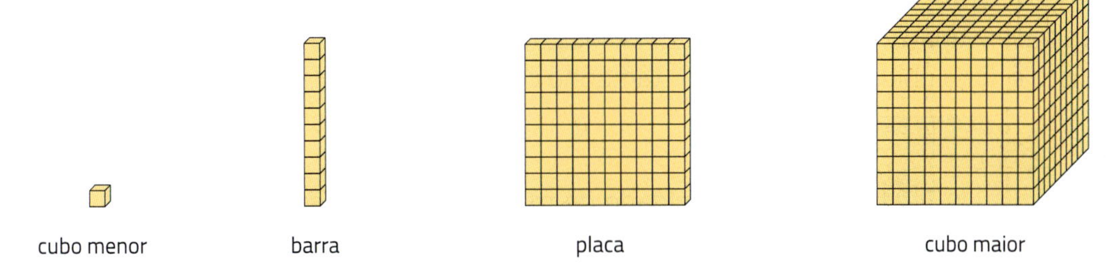

Podemos medir o espaço ocupado pelo cubo maior usando as placas, as barras ou os cubos menores:

- 1 cubo maior ocupa o espaço correspondente ao ocupado por 10 placas;
- 1 cubo maior ocupa o espaço correspondente ao ocupado por 100 barras;
- 1 cubo maior ocupa o espaço correspondente ao ocupado por 1 000 cubinhos menores.

Os números 10, 100 e 1 000 expressam o **volume** do cubo maior, tomando como unidades de medida a placa, a barra e o cubinho menor, respectivamente.

Em geral, para medir a quantidade de espaço ocupado por um sólido, escolhemos uma unidade de medida e verificamos quantas vezes ela cabe nesse sólido. A quantidade encontrada é chamada **volume** do sólido.

Observe outros exemplos:

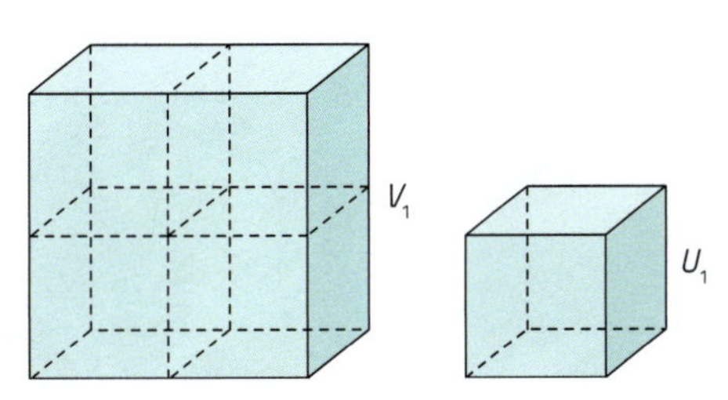

U_1 cabe 4 vezes em V_1, isto é, $V_1 = 4\ U_1$.

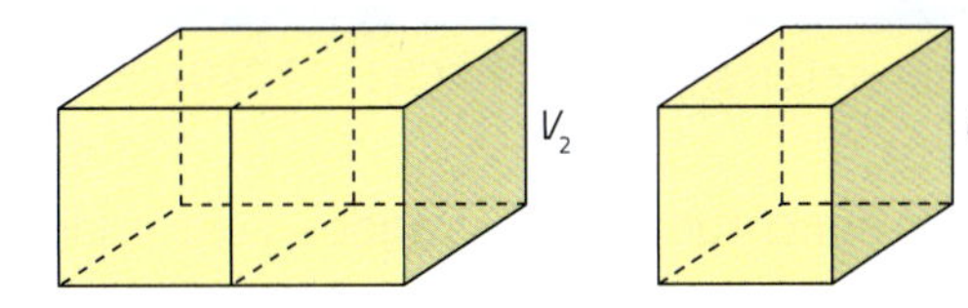

U_2 cabe 2 vezes em V_2, isto é, $V_2 = 2\ U_2$.

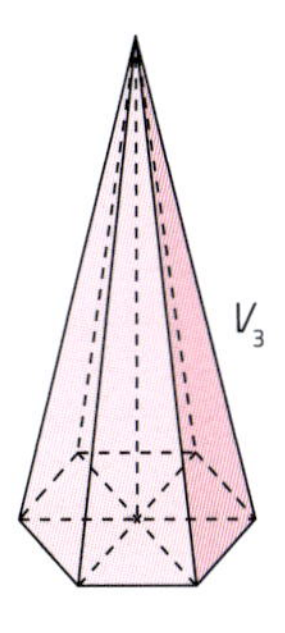

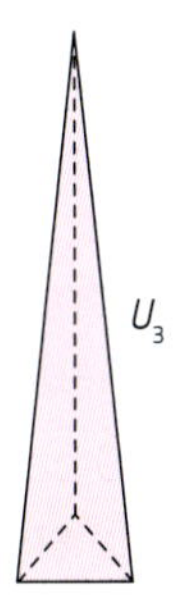

U_3 cabe 6 vezes em V_3, isto é, $V_3 = 6\ U_3$.

Se cada pessoa pudesse escolher livremente uma unidade de medida de volume para medir o espaço ocupado por determinado sólido, existiriam diferentes valores, dependendo da unidade usada, para expressar a mesma medida. Por isso, adota-se uma unidade padronizada de volume.

Unidade padronizada de volume

Para não haver variação nos valores das medidas de volume, definiu-se uma unidade de medida padronizada, isto é, uma unidade com forma e tamanho conhecidos e aceita por todas as pessoas.

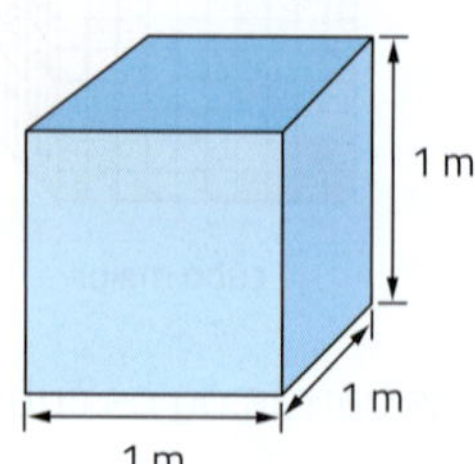

A unidade de medida padronizada de volume é o **metro cúbico (m^3)**. O metro cúbico corresponde ao volume de um cubo cuja aresta mede 1 m.

Qual unidade de medida de volume usar?

Qual é o volume da Terra?

O volume da Terra é cerca de 1 083 319 780 000 km^3.

Para expressar o espaço ocupado por corpos muito grandes, costumamos empregar como unidade de medida de volume um dos múltiplos do metro cúbico:

- decâmetro cúbico (dam^3);
- hectômetro cúbico (hm^3);
- quilômetro cúbico (km^3).

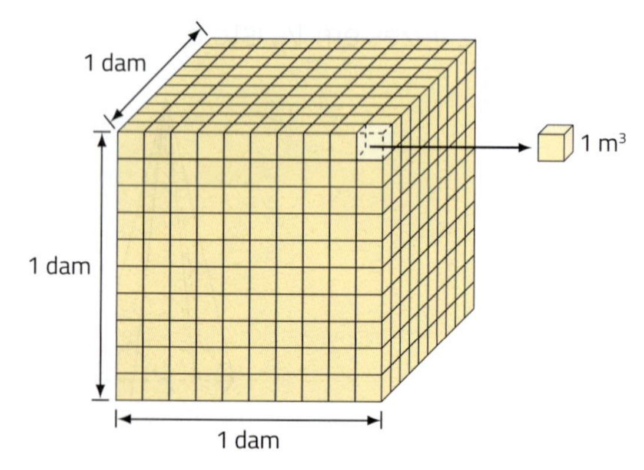

O decâmetro cúbico, por exemplo, corresponde ao volume de um cubo cuja aresta mede 1 dam, isto é, 10 m.

Dividindo cada aresta em 10 partes iguais a 1 m, podemos notar que o cubo se divide em $10 \cdot 10 \cdot 10$ cubinhos de 1 m^3. Então:

$$1\ dam^3 = (10 \cdot 10 \cdot 10)\ m^3 = 1\,000\ m^3$$

Por raciocínio semelhante, temos:

$$1\ hm^3 = 1\,000\ dam^3 = (1\,000 \cdot 1\,000)\ m^3 = 1\,000\,000\ m^3$$

$$1\ km^3 = 1\,000\ hm^3 = 1\,000\,000\ dam^3 = 1\,000\,000\,000\ m^3$$

Qual é o volume de um dado?

Brett Jordan/Unsplash

Para expressar o espaço ocupado por corpos pequenos, empregamos como unidade de medida de volume um dos submúltiplos do metro cúbico:

- decímetro cúbico (dm^3);
- centímetro cúbico (cm^3);
- milímetro cúbico (mm^3).

O decímetro cúbico, por exemplo, corresponde ao volume de um cubo cuja aresta mede 1 dm.

Se tomarmos um cubo de aresta 1 m, portanto, de volume 1 m^3, e dividirmos cada aresta em 10 partes iguais a 1 dm, notaremos que o cubo ficará dividido em $10 \cdot 10 \cdot 10$ cubinhos de 1 dm^3. Então:

$$1\ m^3 = (10 \cdot 10 \cdot 10)\ dm^3 = 1\,000\ dm^3$$

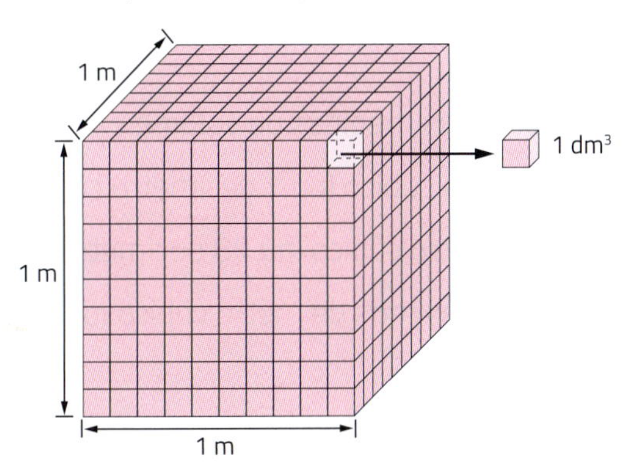

Conclusão:

$$1\ m^3 = 1\,000\ dm^3$$

$$1\ dm^3 = \frac{1}{1\,000}\ m^3 = 0{,}001\ m^3$$

Por raciocínio semelhante, temos:

$$1\ m^3 = (100 \cdot 100 \cdot 100)\ cm^3 = 1\,000\,000\ cm^3$$

$$1\ cm^3 = 0{,}000001\ m^3$$

$$1\ m^3 = (1\,000 \cdot 1\,000 \cdot 1\,000)\ mm^3 = 1\,000\,000\,000\ mm^3$$

$$1\ mm^3 = 0{,}000000001\ m^3$$

Múltiplos e submúltiplos do metro cúbico

No quadro abaixo, são apresentados: as unidades de medida de volume, os símbolos e os valores correspondentes em metros cúbicos.

Múltiplos			Unidade	Submúltiplos		
quilômetro cúbico	hectômetro cúbico	decâmetro cúbico	**metro cúbico**	decímetro cúbico	centímetro cúbico	milímetro cúbico
km^3	hm^3	dam^3	m^3	dm^3	cm^3	mm^3
1 000 000 000 m^3	1 000 000 m^3	1 000 m^3	**1 m^3**	0,001 m^3	0,000001 m^3	0,000000001 m^3

Observe que cada unidade de medida de volume é igual a 1000 vezes a unidade imediatamente inferior:

km³	hm³	dam³	m³	dm³	cm³	mm³
1000000000 m³	1000000 m³	1000 m³	**1 m³**	0,001 m³	0,000001 m³	0,000000001 m³

· 1000 · 1000 · 1000 · 1000 · 1000 · 1000

E cada unidade de medida de volume é igual a 1 milésimo da unidade imediatamente superior:

km³	hm³	dam³	m³	dm³	cm³	mm³
1000000000 m³	1000000 m³	1000 m³	**1 m³**	0,001 m³	0,000001 m³	0,000000001 m³

: 1000 : 1000 : 1000 : 1000 : 1000 : 1000

Veja exemplos de como devem ser lidas medidas de volume expressas em metros cúbicos:

- 0,001 m³ → lê-se: 1 milésimo de metro cúbico (ou 1 decímetro cúbico).
- 0,028 m³ → lê-se: 28 milésimos de metro cúbico (ou 28 decímetros cúbicos).
- 3,193 m³ → lê-se: 3 inteiros e 193 milésimos de metro cúbico (ou 3 metros cúbicos e 193 decímetros cúbicos).

ATIVIDADES

1. Quem obteve a medida numericamente maior: Ricardo, que mediu o volume de água de um balde usando um copo, ou Luciana, que mediu o mesmo volume de água usando uma jarra?

2. Escreva por extenso:

a) 0,028 m³ **b)** 5,735 m³ **c)** 0,000001 m³

3. Que unidade de medida você usaria para expressar:

a) o volume de refrigerante contido em uma garrafa?

b) o volume de ar contido na sua sala de aula?

c) o volume de água de uma piscina?

4. Um metro cúbico equivale a:

a) quantos decímetros cúbicos?

b) quantos centímetros cúbicos?

c) quantos milímetros cúbicos?

5. Um quilômetro cúbico equivale a quantos metros cúbicos?

Mudanças de unidade

Já vimos que cada unidade de volume é igual a 1000 vezes a unidade imediatamente inferior e é igual a 1 milésimo da unidade imediatamente superior.

Desse fato, decorrem as seguintes regras práticas para realizar mudanças de unidade:

1ª) Para mudar de uma unidade para outra imediatamente inferior, devemos fazer uma multiplicação por 1000, ou seja, basta deslocar a vírgula três algarismos para a direita.

Exemplo

Vamos expressar 3,85 m^3 em decímetros cúbicos. Em 1 m^3 cabem 1000 dm^3. Então:

$3{,}85\ m^3 = (3{,}85 \cdot 1000)\ dm^3 = 3850\ dm^3$

2ª) Para mudar de uma unidade para outra imediatamente superior, devemos fazer uma divisão por 1000, ou seja, basta deslocar a vírgula três casas para a esquerda.

Exemplo

Vamos expressar 900 cm^3 em decímetros cúbicos. 1 cm^3 é um milésimo de 1 dm^3. Então:

$900\ cm^3 = (900 : 1000) = 0{,}9\ dm^3$

3ª) Para mudar de uma unidade para outra qualquer, basta aplicar sucessivas vezes uma das regras anteriores.

Exemplos

Vamos expressar:

- 0,52 m^3 em centímetros cúbicos: $0{,}52\ m^3 = 520\ dm^3 = 520000\ cm^3$ ou
  $0{,}52\ m^3 = (0{,}52 \cdot 1000000)\ cm^3 = 520000\ cm^3$
- 7800 cm^3 em metros cúbicos: $7800\ cm^3 = 7{,}8\ dm^3 = 0{,}0078\ m^3$ ou
  $7800\ cm^3 = (7800 : 1000000)\ m^3 = 0{,}0078\ m^3$

ATIVIDADES

6. Quantos centímetros cúbicos cabem em:

a) 1 m^3?

b) 1 dm^3?

c) 1 km^3?

7. Copie as sentenças, substituindo cada ////////// pelo número correto:

a) 1 dm^3 = ////////// dam^3

b) 1 dm^3 = ////////// m^3

c) 1 cm^3 = ////////// m^3

8. Quantos metros cúbicos cabem em:

a) 10 dm^3?

b) 1900 cm^3?

c) 6485 dm^3?

d) 9840 dm^3?

e) 1,2 dam^3?

f) 67800 cm^3?

9. Expresse em metros cúbicos:

a) $6{,}4\ m^3 + 1240\ dm^3$

b) $2\ m^3 + 30\ dm^3 + 400\ cm^3$

c) $48\ m^3 + 4{,}8\ m^3 + 1200\ dm^3$

Volume do paralelepípedo (bloco retangular)

Se um paralelepípedo mede 5 cm de comprimento por 3 cm de largura e 4 cm de altura, qual é seu volume?

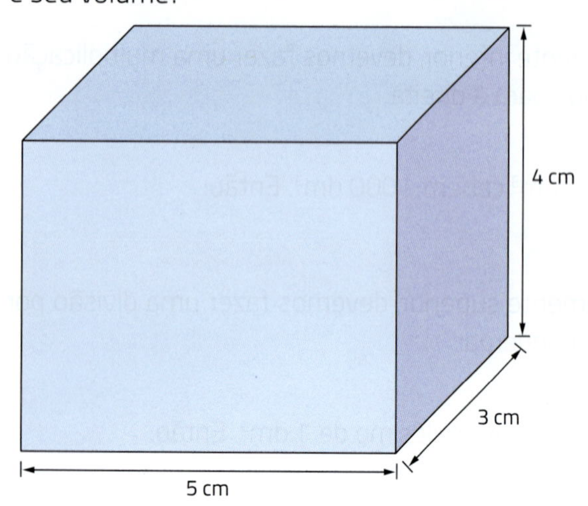

Podemos dividir a altura em 4 partes iguais de 1 cm cada uma e imaginar que o paralelepípedo foi dividido em "fatias", todas com altura de 1 cm.

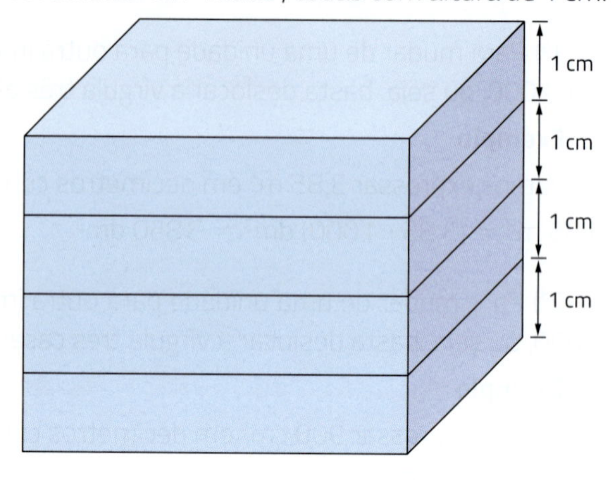

Vamos examinar agora uma dessas "fatias". Ela tem dimensões de 5 cm, 3 cm e 1 cm. E pode ser dividida, conforme mostra a figura, em 15 cubinhos ($5 \cdot 3 = 15$) de 1 cm^3 de volume cada um.

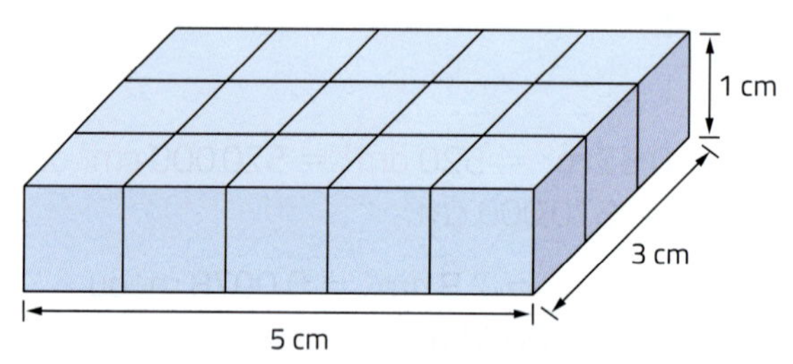

Portanto, o volume da "fatia" é de 15 cm^3.

Como o paralelepípedo inicial foi decomposto em 4 "fatias", então seu volume é dado por: $15\ cm^3 \cdot 4 = 60\ cm^3$, ou seja:

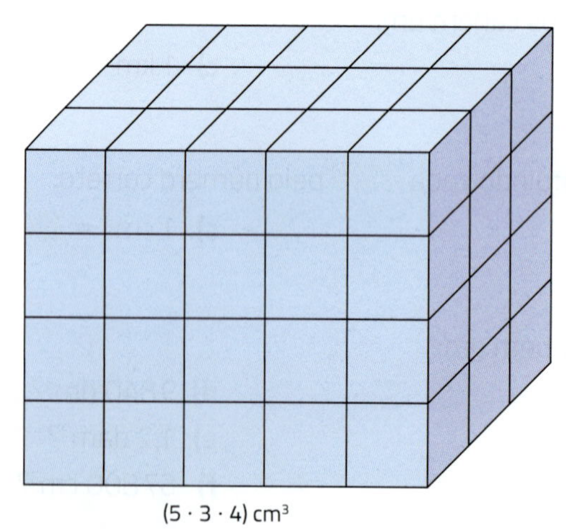

$(5 \cdot 3 \cdot 4)\ cm^3$

O **volume de um paralelepípedo** (ou **bloco retangular**) é igual ao produto das medidas de comprimento, largura e altura.

Volume do cubo

Se um cubo tem arestas de 2 cm, qual é o seu volume?

Podemos pensar assim: Um cubo é um paralelepípedo que tem comprimento, largura e altura de medidas iguais. Então, o volume do cubo é dado por:

$$(2 \cdot 2 \cdot 2)\ \text{cm}^3 = 8\ \text{cm}^3$$

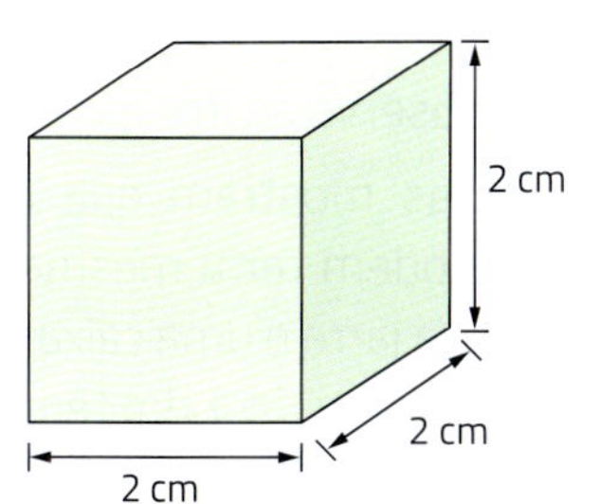

O **volume de um cubo** é igual ao produto de três fatores iguais à medida da aresta.

ATIVIDADES

10. A caixa-d'água de uma casa tem formato de paralelepípedo e as seguintes dimensões: 1,2 m, 1,2 m e 1,4 m. Qual é o volume dessa caixa-d'água?

11. Qual é o volume de ar em uma sala com formato de bloco retangular, com 5 m de comprimento, 3,2 m de largura e 2,3 m de altura?

12. Um depósito tem o formato de um paralelepípedo com área da base igual a 34 m² e altura de 22 m. Quantos metros cúbicos de grãos de milho podem ser armazenados nesse depósito?

13. Uma rua plana de 50 m de comprimento e 8 m de largura vai receber uma camada de asfalto de 12 cm de espessura. Qual é o volume, em metros cúbicos, de asfalto necessário para realizar esse trabalho?

Atenção!
Para calcular o volume, as medidas de comprimento, altura e largura devem estar expressas com a mesma unidade de medida.

Medidas de capacidade

Quando você enche totalmente um copo com suco, o líquido ocupa todo o espaço interno do copo. O copo é o **recipiente**, e o espaço ocupado pelo suco é a **capacidade** do copo.

De modo geral, os líquidos e os gases tomam a forma do recipiente que os contém.

Quando um recipiente está cheio de um líquido ou de um gás, sua capacidade é equivalente ao volume desse líquido ou gás.

Merla/Shutterstock

Os cilindros de ar usados na prática do mergulho contêm aproximadamente 2 400 L de ar comprimido.

As imagens desta página não estão representadas em proporção entre si.

Unlisted/Stock Photos

Os líquidos assumem a forma dos recipientes em que estão armazenados.

As grandezas **capacidade** e **volume** estão relacionadas. Podemos expressar medidas de capacidade usando a unidade metro cúbico, seus múltiplos e seus submúltiplos.

Entretanto, é comum medir a capacidade de recipientes com a unidade **litro** (**L**), seus múltiplos e seus submúltiplos.

O litro corresponde à capacidade de um cubo cuja aresta mede 1 dm, isto é:

$$1\ \text{L} = 1\ \text{dm}^3$$

Observe as imagens ao lado.

Elas mostram que recipientes diferentes podem ter a mesma capacidade. Nesse caso, a jarra e uma caixa com formato cúbico com aresta de 1 dm têm capacidade de 1 L.

Fotos: Cristina Xavier/ Arquivo da Editora

As imagens desta página não estão representadas em proporção entre si.

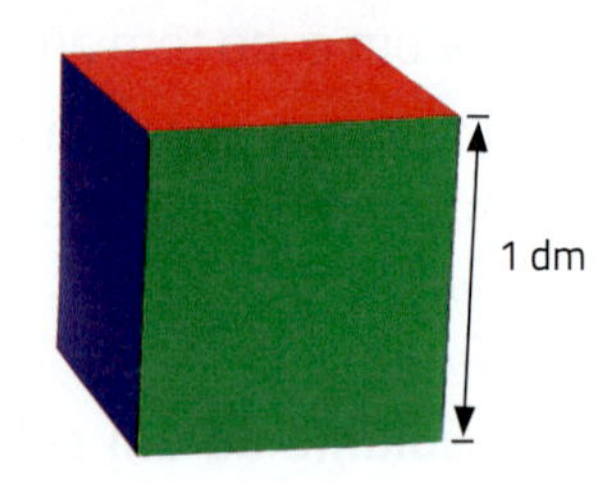

Múltiplos e submúltiplos do litro

No quadro abaixo, são apresentados: as unidades de medida de capacidade, os símbolos e os valores correspondentes em litros.

Múltiplos			Unidade	Submúltiplos		
quilolitro	**hectolitro**	**decalitro**	**litro**	**decilitro**	**centilitro**	**mililitro**
kL	**hL**	**daL**	**L**	**dL**	**cL**	**mL**
1 000 L	100 L	10 L	**1 L**	0,1 L	0,01 L	0,001 L

Observe que cada unidade de capacidade é igual a 10 vezes a unidade imediatamente inferior:

kL	hL	daL	L	dL	cL	mL
1 000 L	100 L	10 L	**1 L**	0,1 L	0,01 L	0,001 L

$\cdot 10$ $\cdot 10$ $\cdot 10$ $\cdot 10$ $\cdot 10$ $\cdot 10$

E cada unidade de capacidade é igual a 1 décimo da unidade imediatamente superior:

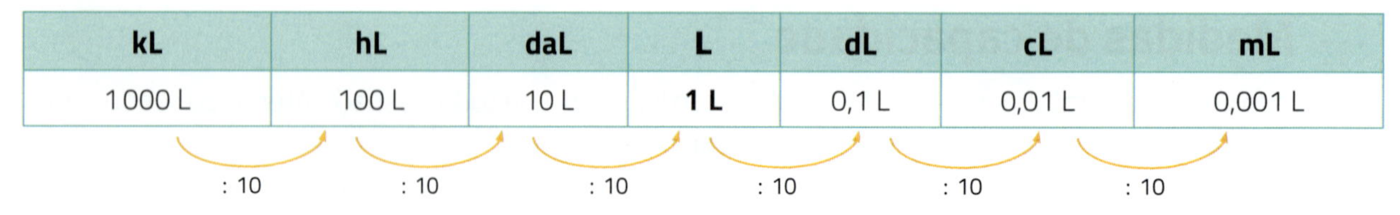

kL	hL	daL	L	dL	cL	mL
1 000 L	100 L	10 L	**1 L**	0,1 L	0,01 L	0,001 L

: 10 : 10 : 10 : 10 : 10 : 10

A leitura de medidas de capacidade é feita de modo parecido com a leitura de medidas de comprimento. Veja estes exemplos:

- 0,01 L → lê-se: 1 centésimo de litro (ou 1 centilitro).
- 0,17 L → lê-se: 17 centésimos de litro (ou 17 centilitros).
- 5,178 L → lê-se: 5 inteiros e 178 milésimos de litro (ou 5 litros e 178 mililitros).

Mudanças de unidade

As mudanças de unidade de capacidade são feitas de modo parecido com as mudanças de unidade de comprimento. Veja:

- 1 L = 10 dL, então: $6{,}84\ \text{L} = (6{,}84 \cdot 10)\ \text{dL} = 68{,}4\ \text{dL}$
- 1 dL é um décimo do litro, então: $81{,}7\ \text{dL} = (81{,}7 \cdot \frac{1}{10}\ \text{L} = 8{,}17\ \text{L}$
- 4 500 mL = 450 cL = 45 dL = 4,5 L ou
  como 1 mL é um milésimo do litro: $4\,500\ \text{mL} = (4\,500 \cdot 0{,}001)\ \text{L} = 4{,}5\ \text{L}$
- 1 kL = 1 000 L, então: $13{,}4\ \text{kL} = (13{,}4 \cdot 1\,000)\ \text{L} = 13\,400\ \text{L}$

ATIVIDADES

14. Quantos litros correspondem a:

a) 2 kL?
b) 3,5 hL?
c) 9,48 daL?
d) 4,5 kL?

15. Substitua cada ////////// pela unidade de medida que torna a frase verdadeira.

a) 2,4 L é igual a 2 ////////// e 4 //////////.
b) 7,51 L é igual a 7 ////////// e 51 //////////.
c) 12,417 L é igual a 12 ////////// e 417 //////////.
d) 0,5 L é igual a ////////// litro ou 5 //////////.

16. Quantos litros de água cabem em uma caixa-d'água em forma de cubo cujas arestas medem 1 m?

17. Em uma garrafa de 1 L podem ser colocados:

a) quantos centímetros cúbicos de água?
b) quantos milímetros cúbicos de água?

18. A informação abaixo está na bula de um remédio:

Informação nutricional Porção de 0,036 mL (1 gota)	
Quantidade por porção	% VD

a) Quantos mililitros tem uma gota desse remédio?
b) Quantos milímetros cúbicos tem uma gota desse remédio?

19. Quantos litros cabem em um recipiente cujo volume é:

a) 2 m^3?
b) 1,8 m^3?
c) 5 dm^3?
d) 500 cm^3?

20. Quantos metros cúbicos equivalem a:

a) 72 L?
b) 1,3 kL?
c) 8000 L?
d) 10000 mL?

21. Com o conteúdo de uma garrafa de 1 L de capacidade podemos encher exatamente 8 copinhos iguais. Qual é a capacidade de cada copinho?

22. Elabore um problema que possa ser resolvido usando as operações abaixo.

$2\ m \times 3\ m \times 5\ m = 30\ m^3 = 30000\ L$

$10\ cm \times 10\ cm \times 20\ cm = 2000\ cm^3 =$
$= 2\ dm^3 = 2\ L$

$30000\ L : 2\ L = 15000$

NA OLIMPÍADA

O suco de Pedrinho

(Obmep) Pedrinho colocou 1 copo de suco em uma jarra e, em seguida, acrescentou 4 copos de água. Depois decidiu acrescentar mais água até dobrar o volume que havia na jarra. Ao final, qual é o percentual de suco na jarra?

Reprodução/Obmep, 2015.

a) 5%
b) 10%
c) 15%
d) 20%
e) 25%

O problema do garrafão

(Obmep) Um garrafão cheio de água pesa 10,8 kg. Se retirarmos metade da água nele contida, pesará 5,7 kg. Quanto pesa, em gramas, esse garrafão vazio?

a) 400
b) 500
c) 600
d) 700
e) 800

CAPÍTULO 22

Tempo e temperatura

NOAA/NASA GOES Project/NASA

NA REAL

Qual é a melhor roupa para usar?

Você já deve ter assistido na televisão ou na internet a previsão do tempo para o estado em que mora. É comum no dia a dia, para nos programarmos para uma viagem ou saber qual tipo de roupa ou acessório usar, consultarmos a previsão do tempo para um dia ou um período de dias. A previsão possibilita que saibamos com antecedência as condições climáticas futuras.

Imagine que você vai sair de Goiânia, município de Goiás, às 13 h 40 min e chegará a Denver, Colorado, nos Estados Unidos, às 7 h 40 min. No dia da viagem, você consultou a previsão e verificou que a temperatura em Goiânia é de 26 °C, enquanto em Denver é de 22 °C, com previsão da chegada de uma frente fria para o dia seguinte. Com base nessas informações, você saberia que roupa usar no dia da viagem? Na sua opinião, qual é a melhor roupa para usar no desembarque em Denver nesse caso?

Na BNCC
EF06MA01
EF06MA24

Medidas de tempo

Como nós medimos o tempo?

Thaweewong Vichaiururoj/Shutterstock

No nosso dia a dia, são muitos os acontecimentos cuja duração necessitamos medir:

- o tempo gasto para ir de casa à escola;
- a duração de uma aula;
- a duração do recreio na escola;
- a duração de um programa de TV.

Esses são apenas alguns exemplos. Cite outros que você considere importantes.

Para indicar a duração de determinado acontecimento, escolhemos uma unidade de medida de tempo. A unidade de medida de tempo adotada como padrão é o **segundo** (**s**).

O segundo é uma unidade de medida padronizada ligada à duração de um fenômeno que se repete periodicamente: o dia solar.

O que é o dia solar? É o tempo necessário para a Terra dar uma volta completa em torno do próprio eixo (movimento de rotação). Em média, é o tempo que se passa entre o pôr do sol de um dia e o pôr do sol do dia seguinte.

A unidade de medida padronizada de tempo é o **segundo**. Um dia solar tem em média 86 400 segundos.

Para expressar o tempo de acontecimentos mais demorados, empregamos como unidade de medida de tempo:

minuto	hora	dia	mês	ano
(min)	(h)	(d)	(me)*	(a)

* Critério estabelecido pelos autores.

Vamos considerar um relógio analógico. Observe:

- O **minuto** é o tempo gasto pelo ponteiro dos segundos para dar uma volta completa no mostrador. Um minuto equivale a 60 segundos.

Hélio Senatore/Arquivo da editora

- A **hora** é o tempo gasto pelo ponteiro dos minutos para dar uma volta completa no mostrador. Uma hora equivale a 60 minutos. Como 1 minuto corresponde a 60 segundos, temos:

$$1 \text{ hora} = 60 \times 60 \text{ segundos}$$
$$1 \text{ hora} = 3600 \text{ segundos}$$

Ilustrações: Hélio Senatore/Arquivo da editora

1 h = 60 min
1 h = 3 600 s

- O **dia** é o tempo gasto pelo ponteiro das horas para dar duas voltas completas no mostrador. Um dia equivale a 24 horas. Como 1 hora corresponde a 3 600 segundos, temos:

$$1 \text{ dia} = 24 \times 3600 \text{ segundos}$$
$$1 \text{ dia} = 86400 \text{ segundos}$$

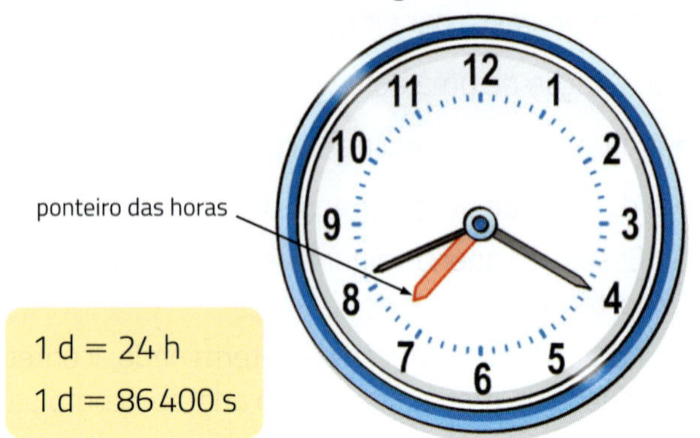

1 d = 24 h
1 d = 86 400 s

ATIVIDADES

1. Contando os meses de julho e agosto e mais três semanas, quantos dias são?

O **mês comercial** tem 30 dias e vamos indicá-lo por **me**.
O **ano comercial** tem 360 dias e vamos indicá-lo por **a**. Nas questões em que não se especifica o mês do ano, considere que o mês tem 30 dias.

2. Quantos minutos existem:
a) em 5 horas?
b) em 5 dias?
c) em 5 semanas?
d) em 1 mês comercial?

3. Quantos segundos existem:
a) em 1 hora?
b) em 1 semana?
c) em 1 mês comercial?
d) em 1 ano comercial?

4. Quantos meses tem:
a) um bimestre?
b) um trimestre?
c) um semestre?

5. Pesquise quantos anos tem:
a) um biênio.
b) um quinquênio (ou lustro).
c) uma década.
d) um século.

6. Que unidade de medida de tempo Luciana deve usar para medir a duração dos seguintes eventos:
a) Uma aula de Matemática na escola?
b) Uma viagem de carro de Porto Alegre (RS) até Florianópolis (SC)?
c) A queda de um tijolo do décimo andar de um edifício em construção?
d) Uma viagem de navio de um porto brasileiro até um porto inglês?

Texto para as atividades **7** e **8**.

Para ir de São Paulo ao Rio de Janeiro, um ônibus leva 6 horas.

Fonte: SIMIELLI, Maria Elena. *Geoatlas*. São Paulo: Ática, 2002.

7. Se dois ônibus saírem de São Paulo às 10 horas da manhã, a que horas eles chegarão ao Rio de Janeiro?

8. Se um ônibus sair de São Paulo às 22 horas de um dia, a que horas do dia seguinte ele chegará ao Rio de Janeiro?

9. No dia 9 de março de 1500, Pedro Álvares Cabral deu início à viagem que resultou na chegada ao Brasil em 22 de abril daquele ano. Supondo que ele tenha saído de Portugal às 10 horas da manhã de 9 de março e tenha chegado ao Brasil às 10 horas da manhã de 22 de abril, quantos dias teria durado a viagem? E quantas horas?

Mudanças de unidade

O tempo da corrida

Em uma corrida de Fórmula 1 deste ano, o piloto campeão levou 1 h 56 min 10 s para completar todas as voltas e ganhar a corrida.

No ano passado, o mesmo piloto ganhou a corrida em 6 775 s.

Para ganhar a corrida, o campeão demorou mais tempo neste ano ou no ano passado?

O circuito Albert Park, localizado perto da cidade de Melbourne, Austrália, recebe a Fórmula 1 desde 1996. Foto de 2018.

Essa pergunta pode ser respondida de duas maneiras:

- Transformando 1 h 56 min 10 s em segundos:

  1 h 56 min 10 s = 1 hora + 56 minutos + 10 segundos

  Temos:

$$1 \text{ hora} = 60 \text{ minutos} = 60 \times 60 \text{ segundos} = 3\,600 \text{ segundos}$$

$$56 \text{ minutos} = 56 \times 60 \text{ segundos} = 3\,360 \text{ segundos}$$

  Então:

$$1 \text{ h } 56 \text{ min } 10 \text{ s} = 3\,600 \text{ s} + 3\,360 \text{ s} + 10 \text{ s} = 6\,970 \text{ s}$$

  Comparando os resultados, o tempo de 6 775 s do ano passado é menor que o de 6 970 s deste ano.

- Transformando 6 775 s em horas:

  Primeiro calculamos quantos minutos existem em 6 775 s, dividindo 6 775 por 60:

$$
\begin{array}{rl}
6\,775 & \underline{|\ 60\quad} \\
-\ \underline{60\quad} & 112 \\
77 & \\
-\ \underline{60} & \\
175 & \\
-\ \underline{120} & \\
55 &
\end{array}
$$

  Então: 6 775 s = 112 min 55 s.

  Agora, calculamos quantas horas existem em 112 min, dividindo 112 por 60:

$$
\begin{array}{rl}
112 & \underline{|\ 60\quad} \\
-\ \underline{60} & 1 \\
52 &
\end{array}
$$

  Então, 112 min = 1 h 52 min e 6 775 s = 1 h 52 min 55 s.

  Comparando os resultados, 1 h 52 min 55 s é menos tempo que 1 h 56 min 10 s.

  Portanto, o piloto foi mais rápido no ano passado.

Observação: 1 h 52 min 55 s e 1 h 56 min 10 s são exemplos de **medidas mistas**, isto é, são medidas expressas em diferentes unidades (nesse caso, hora, minuto e segundo).

ATIVIDADES

10. Quantas horas há:

a) em uma quinzena?

b) em um mês?

11. Quantos minutos há:

a) em um trimestre?

b) em meia hora?

12. Transforme em número misto:

a) 80 000 min

b) 100 h

c) 96 s

d) 7 284 s

13. Compare e responda, usando um dos sinais: $=$ (igual a), $<$ (menor que) ou $>$ (maior que).

a) 7 min 36 s e 456 s

b) 3 h 36 min e 12 900 s

14. Transforme em número misto:

a) 194 me

b) 945 h

15. Compare as medidas de tempo usando $=$, $<$ ou $>$.

a) 2 h 17 min e 217 min

b) 1 d 4 h e 1 600 min

16. Quantos dias tem 1 a 3 me 4 d?

Operações com medidas mistas

Adição

Na histórica partida de futebol Brasil × Alemanha da Copa do Mundo de 2014, em Belo Horizonte (MG), o juiz apitou o final do primeiro tempo quando eram decorridos 45 min 58 s. O segundo tempo durou 46 min 55 s. Quanto tempo durou essa partida?

Primeiro tempo:		45 min 58 s
Segundo tempo:	+	46 min 55 s
Total:		91 min 113 s = 92 min 53 s = 1 h 32 min 53 s

113 s → 1 min 53 s; 92 min → 1 h 32 min

A partida teve 1 h 32 min 53 s de jogo.

Subtração

No exemplo "O tempo da corrida", quanto tempo a mais que no ano passado o piloto gastou este ano para ganhar a corrida?

Este ano:		1 h 56 min 10 s			1 h 55 min 70 s
Ano passado:	−	1 h 52 min 55 s	→	−	1 h 52 min 55 s
Total:		?			3 min 15 s

Ele gastou 3 min 15 s a mais que no ano passado.

Multiplicação por um número natural

Vamos imaginar que o piloto tenha feito, em um fim de semana, uma viagem que durou o triplo do tempo que ele gastou na corrida deste ano.

Quanto tempo durou essa viagem?

Vamos multiplicar 1 h 56 min 10 s por 3. Multiplicamos cada parte da medida mista. Observe:

1 h 56 min 10 s
× 3
3 h 168 min 30 s = 5 h 48 min 30 s

168 min → 2 h 48 min

A viagem durou 5 h 48 min 30 s.

Divisão por um número natural

Exatamente na metade do tempo dessa viagem, o piloto parou para abastecer o carro e tomar um café. Depois de quanto tempo do início da viagem ele parou?

Vamos dividir 5 h 48 min 30 s por 2.

Dividimos cada parte da medida mista. Se houver resto, transformamos na unidade imediatamente inferior antes da divisão seguinte.

Observe:

- **1ª etapa**

Dividimos as horas.

5 h 48 min 30 s | 2
1 h | 2 h

- **2ª etapa**

Substituímos 1 h por 60 min e adicionamos os minutos. Depois, dividimos o resultado por 2.

5 h 48 min 30 s | 2
1 h → + 60 min | 2 h 54 min
108 min
− 108 min
0

- **3ª etapa**

Dividimos os segundos.

5 h 48 min 30 s | 2
1 h → + 60 min − 30 s | 2 h 54 min 15 s
108 min 0
− 108 min
0

Ele parou depois de 2 h 54 min 15 s de viagem.

ATIVIDADES

17. Para participar de um congresso de livreiros em Belo Horizonte (MG), Arnaldo tomou o ônibus em Campinas às 6 h 40 min e chegou a Belo Horizonte às 14 h 4 min. Ele ficou tão cansado que foi dormir às 21 h 15 min e só acordou às 7 h 32 min do dia seguinte.

a) Quanto tempo demorou a viagem?

b) Quanto tempo ele dormiu?

18. Os dois tempos de uma partida de futebol duraram exatamente 48 min 40 s cada um. Quanto tempo durou toda a partida, sem contar o intervalo?

19. Na partida de futebol Brasil × Alemanha citada anteriormente, o segundo tempo durou quanto a mais do que o primeiro tempo?

20. Maria Clara leu três livros em exatamente 2 h 44 min. Se ela gastou o mesmo tempo para ler cada um, em quanto tempo ela leu os dois primeiros livros?

21. Calcule:

a) 3 h 5 min + 4 h 37 min

b) 5 h 52 min − 4 h 47 min

c) (6 h 12 min 5 s) × 3

d) (8 h 19 min 56 s) : 4

e) 3 min − 2 min 38 s

f) (5 d 16 h) × 5

22. O último jogo de xadrez que Ian disputou começou às 9 h 50 min 40 s e terminou às 11 h 40 min 36 s, sem intervalos. Qual foi o tempo de jogo?

23. Em um campeonato intermunicipal de vôlei feminino do estado de Minas Gerais, o time de Delfinópolis disputou uma partida com o time de Olhos-d'Água. A partida começou às 8 h 30 min. Foram jogados 5 *sets* com as seguintes durações:

- 1º *set*: 20 min 45 s
- 2º *set*: 22 min 15 s
- 3º *set*: 35 min 40 s
- 4º *set*: 17 min 30 s
- 5º *set*: 15 min 10 s

Os intervalos entre os *sets* foram de 3 minutos. A que horas terminou o jogo?

24. Todos os dias Celso vai a pé para o serviço. A livraria onde ele trabalha fica a 2 208 metros da sua casa e ele consegue andar em um ritmo de 80 metros por minuto. Na segunda-feira, ao sair de casa às 7 h da manhã, Celso acertou o relógio.

a) Quanto tempo Celso gasta para ir a pé de casa ao trabalho?

b) Se o relógio de Celso atrasa 1 segundo por hora, quando for exatamente 8 h da noite, que horas o relógio estará marcando?

25. Elabore um problema que possa ser resolvido usando a operação abaixo.

48 min 15 s + 51 min 30 s = 99 min 45 s =
= 1 h 39 min 45 s

Medidas de temperatura

Você deve conhecer a sensação de colocar um dedo em um balde cheio de gelo ou em uma panela com água quente, ou, ainda, já deve ter ouvido a expressão "o dia está muito quente". Situações como essas nos remetem à grandeza temperatura.

A **temperatura** é uma grandeza relacionada à ideia de frio e quente, e o termômetro é o instrumento usado para medir a temperatura.

No Brasil, adotamos a **escala termométrica Celsius** e utilizamos o **grau Celsius** (**°C**) como unidade de medida de temperatura. Nessa escala, 0 °C é a temperatura em que a água se transforma em gelo e 100 °C é a temperatura em que a água começa a ferver.

Observe abaixo diferentes modelos de termômetros.

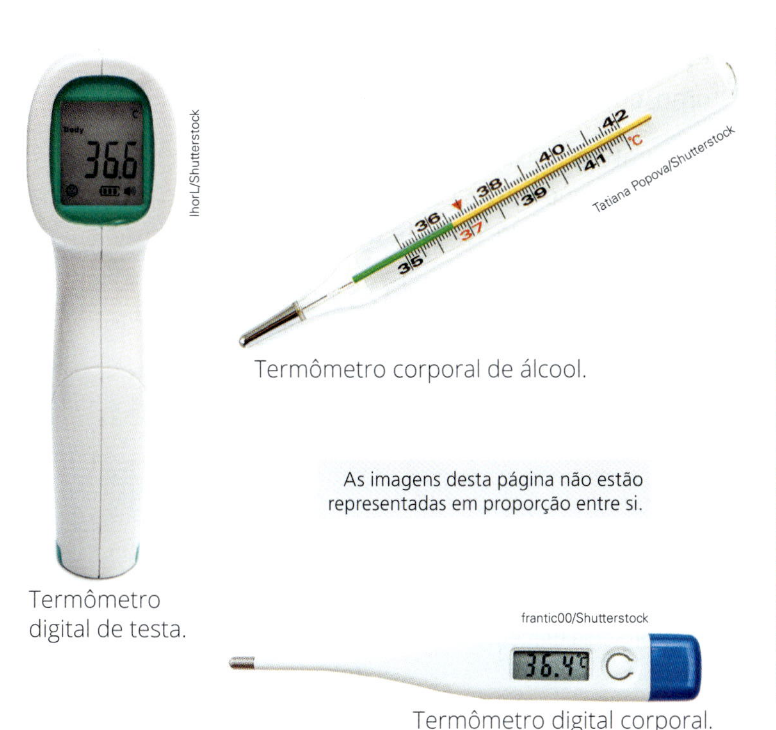

IhorL/Shutterstock

Termômetro digital de testa.

Tatiana Popova/Shutterstock

Termômetro corporal de álcool.

As imagens desta página não estão representadas em proporção entre si.

frantic00/Shutterstock

Termômetro digital corporal.

Nelson Antoine/Shutterstock

Termômetro digital de rua.

ATIVIDADES

26. Quais dos termômetros a seguir indicam temperaturas entre 35 °C e 40 °C?

a)

b)

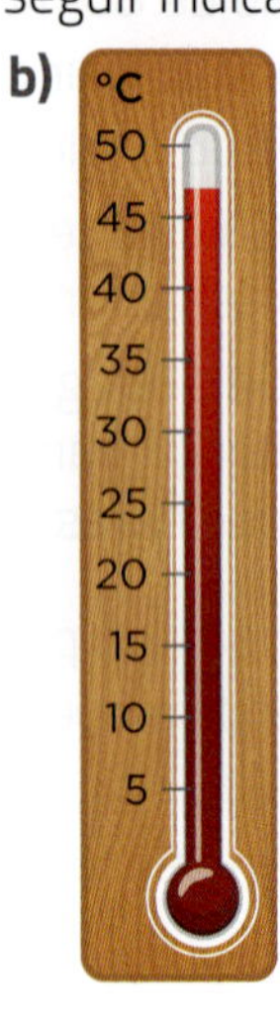

c)

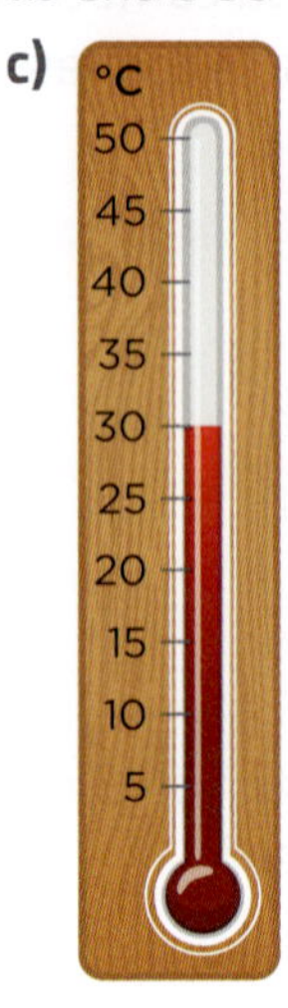

d)

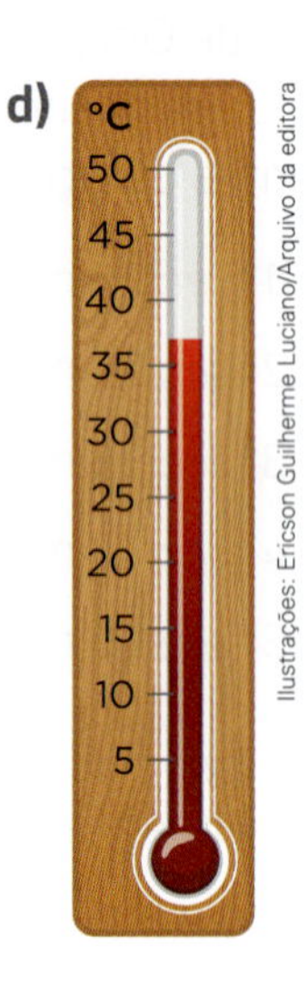

Ilustrações: Ericson Guilherme Luciano/Arquivo da editora

27. A pasteurização do leite consiste em um tratamento térmico em que o leite é aquecido até atingir 75 °C, durante determinado tempo. Em seguida, ele sofre um resfriamento de 72 °C. Qual é a temperatura mínima que esse leite atinge no processo de pasteurização?

28. Mesmo após ser desligado, um forno continua quente. O quadro a seguir mostra o tempo de resfriamento após um forno ter sido desligado e a temperatura correspondente.

Tempo (min)	0	5	10	15	20	25	30
Temperatura (°C)	280	200	155	135	120	100	85

a) Qual era a temperatura do forno quando ele foi desligado?

b) Qual era a temperatura do forno após 20 minutos?

c) Depois de 10 minutos que o forno foi desligado, qual era a temperatura?

d) Após 20 minutos do desligamento do forno, quantos graus a temperatura diminuiu?

29. Amplitude térmica é a diferença entre a temperatura máxima e a temperatura mínima registradas em determinado período. Observe a tabela a seguir, que mostra as temperaturas máxima e mínima registradas no município de Barueri, no estado de São Paulo, durante um período de cinco dias.

Temperaturas registradas em Barueri (SP), de 5/1/2020 a 9/1/2020

Dia da semana	Máxima (°C)	Mínima (°C)
domingo	26,8	17,2
segunda-feira	29,2	16,9
terça-feira	32,1	19,2
quarta-feira	31,1	19,9
quinta-feira	30,4	20,7

Fonte: Instituto Nacional de Meteorologia (Inmet).

Em qual desses dias a amplitude térmica foi maior?

30. Lucas anotou a temperatura máxima registrada no município em que mora durante 4 dias. Veja as informações que ele obteve no quadro abaixo.

Dia da semana	Temperatura (°C)
segunda-feira	18
terça-feira	24
quarta-feira	26
quinta-feira	31

Com base nas informações obtidas por Lucas, faça o que se pede.

a) Qual dos termômetros representados a seguir indica a temperatura registrada na quarta-feira?

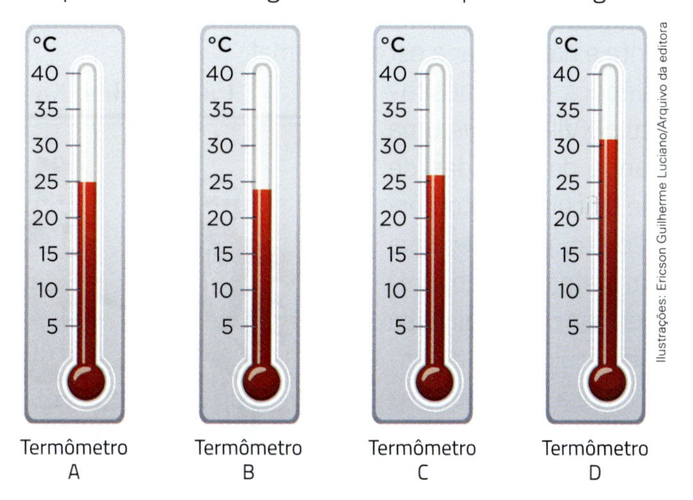

b) Associe cada termômetro ao dia da semana em que foi registrada a temperatura indicada.

segunda-feira | terça-feira | quarta-feira | quinta-feira

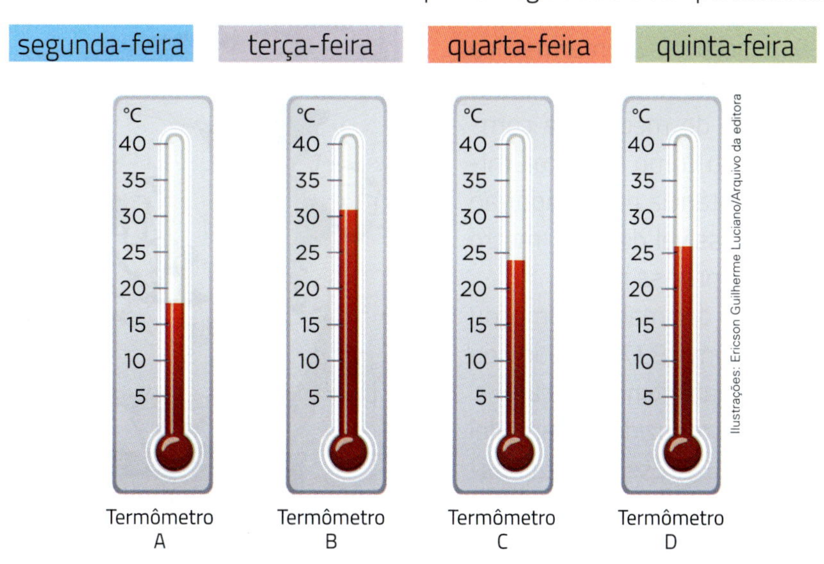

31. Elabore um problema que possa ser resolvido usando os dados do quadro abaixo. Depois, peça a um colega que resolva o problema que você elaborou enquanto você resolve o dele.

Horário	3 h	7 h	11 h	15 h	19 h	23 h
Temperatura (°C)	24	28	30	32	30	24

NA HISTÓRIA

O sistema métrico decimal

Palavras como **arrátel** e **côvado**, que soam estranhas para nós hoje em dia, foram tão familiares a nossos antepassados como, guardadas as proporções, as palavras quilo e centímetro atualmente. Arrátel e côvado designavam, respectivamente, uma unidade de peso e uma unidade de comprimento do sistema de pesos e medidas brasileiro que vigorava antes da adoção do **sistema métrico decimal**. Aliás, esse sistema antigo deixava a desejar por vários motivos, entre os quais o fato de não obedecer a uma estruturação consistente e não adotar a escala decimal.

No mundo daquela época – estamos falando de antes do século XVIII – havia uma diversidade muito grande de unidades de pesos e medidas, o que dificultava o comércio entre as nações. Porém, já se pensava na possibilidade de um sistema único, universal, decimal. Não era fácil conseguir essa uniformização, mas, no século XVIII, a Academia de Ciências da França nomeou uma comissão de grandes cientistas (como os matemáticos Laplace, Lagrange e Monge) para fazer um projeto com essa finalidade.

Dos trabalhos dessa comissão, encerrados em 1799, nasceu o sistema métrico decimal, hoje praticamente universalizado. O metro – a unidade de medida de comprimento – foi definido como a décima milionésima parte da distância do equador ao polo norte. (Hoje é possível definir o metro de uma maneira mais precisa.)

O sistema métrico decimal só começou a se tornar realidade em 1837, quando seu uso passou a ser obrigatório na França.

No Brasil, ele foi introduzido por uma lei em 26 de junho de 1862. Essa lei era bastante prudente, pois estabelecia um prazo de dez anos para que cessasse por completo o uso das antigas unidades de medida. Nesse meio-tempo, se prepararia o terreno para a mudança, com a vinda dos novos padrões da França e a inclusão do ensino do sistema métrico decimal nas escolas. A partir de 1º de julho de 1873, o uso do sistema antigo implicaria multas e até prisão.

Usage des Nouvelles Mesures.

1. le Litre (Pour la Pinte)
2. le Gramme (Pour la Livre)
3. le Mètre (Pour l'Aune)
4. l'Are (Pour la Toise)
5. le Franc (Pour une Livre Tournois)
6. le Stere (Pour la Demie Voie de Bois)

Gravure (vers 1799-1805).

Gravura francesa do século XVIII, de J. P. Delion, representando o uso de unidades de medida. Encontra-se no Museu Carnavalet, em Paris, França.

Ocorreu então, no Brasil, um fato que entrou para a história. Talvez porque a vigência do novo sistema de medidas tivesse coincidido com um aumento de impostos, algumas províncias do Nordeste tentaram resistir à sua adoção e desencadearam uma insurreição que ficou conhecida como Revolta do Quebra--Quilos. Naquela ocasião, chefiava o Gabinete do Governo o Visconde de Rio Branco, um estadista de grande valor e que não era homem de se intimidar.

Axis Images/Alamy/Fotoarena

Cartaz da Revolta do Quebra-Quilos.

Entre os líderes dos quebra-quilos, havia padres e senhores de engenho, o que, a princípio, acarretou uma certa adesão popular ao movimento. Mas, para enfrentar a firme reação do governo, os líderes da rebelião recrutaram bandoleiros e bandidos, o que acabou por enfraquecer o movimento. Pouco mais de um ano depois de iniciada a revolta, os insurretos tiveram de se render.

Hoje nos parece absurdo que uma mudança como essa, tão importante para o comércio internacional, pudesse ter acarretado derramamento de sangue. Mas, mesmo que não houvesse outros motivos, a tradição arraigada é uma barreira difícil de transpor. Por exemplo, nos Estados Unidos, a maior economia do mundo, o sistema métrico decimal ainda não substituiu o sistema inglês de pesos e medidas, tradicional do país. Esse sistema inclui unidades como o pé e a milha (unidades de comprimento) e a libra (de massa), e ainda está em pleno uso.

1. Escreva em numerais: "um décimo milionésimo".

2. O texto menciona uma definição mais precisa do metro, que utilizamos hoje em dia. Faça uma pesquisa para encontrar essa definição.

3. O texto fala em "províncias" do Nordeste. Como passaram a se chamar as províncias no Brasil, com o regime republicano?

4. Responda:

a) Qual era o regime político do Brasil em 1873?

b) Quem era o mandatário supremo?

c) Qual era o papel do chefe do Gabinete nesse regime?

5. Uma libra equivale a 453,6 g. Qual é a massa, em libras, de uma pessoa com 72 kg?

6. Em inglês, como se escrevem as unidades de medida pé e libra?

ThelmaElaine/Shutterstock

Placa indicando velocidade (35 milhas por hora = 35 M.P.H. = 55 km/h) e distância (3 milhas = 3 MI = 4,8 km).

Noções de Estatística e probabilidade

NESTA UNIDADE VOCÊ VAI

- Resolver problemas que envolvam porcentagens.
- Calcular a probabilidade de um evento aleatório.
- Ler e interpretar informações em tabelas e vários tipos de gráficos.
- Interpretar e resolver situações que envolvam dados de pesquisas.
- Construir gráfico usando planilha eletrônica.

CAPÍTULOS

CAPÍTULO 23

Noções de Estatística

Jovens skatistas sendo entrevistados em via pública.

NA REAL

Como conhecer a opinião das pessoas?

Talvez você já tenha visto pessoas sendo entrevistadas na rua, pessoalmente, pela televisão ou em alguma matéria na internet, e muito possivelmente já leu ou ouviu frases como "tantos por cento preferem tal marca", "o candidato tem tanto por cento de aprovação", etc.

É importante conhecer a opinião das pessoas; por exemplo, a desses skatistas que estão sendo entrevistados sobre quais melhorias acreditam ser necessárias no bairro onde moram. Porém, bairros ou comunidades são formados por pessoas com perfis diferentes; por isso, para realizar uma pesquisa sobre as características de um lugar, por exemplo, é fundamental que sejam entrevistadas muitas pessoas. Dessa forma, é possível entender se a maioria dos moradores tem a mesma opinião sobre determinado tema.

Além da coleta de dados com os moradores do bairro, o que mais é necessário planejar para uma pesquisa?

Na BNCC
EF06MA13
EF06MA31
EF06MA32
EF06MA33

Revendo porcentagens

Quem vai ganhar a eleição?

No município de Alegria, há 3 candidatos a prefeito: Antônio Carlos, João Pedro e Maria Clara. Em uma pesquisa de intenção de voto, foram consultados 600 eleitores. O jornal *Tabloide Alegrense* publicou o resultado da pesquisa em sua primeira página (veja abaixo).

De acordo com a pesquisa, o candidato Antônio Carlos é o favorito para ganhar a eleição.

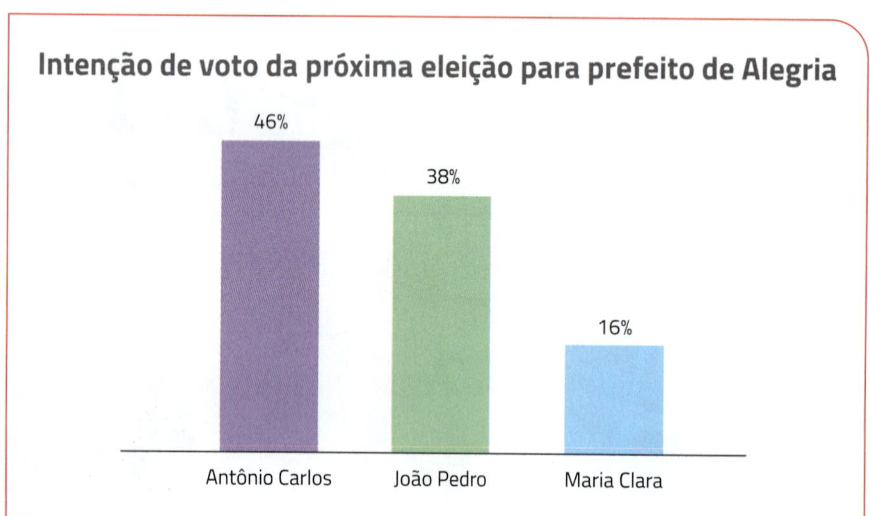

Fonte: *Tabloide Alegrense.*

As pesquisas eleitorais são baseadas em dados estatísticos. Vamos estudar as primeiras noções de Estatística. Com essas noções, veremos como são feitas pesquisas de intenção de voto, por exemplo.

BELL KA PANG/Shutterstock

Você é canhoto?

Dos 1 200 estudantes da Escola Juquiti, 8% são canhotos. Quantos são os estudantes canhotos?

A taxa percentual 8% equivale à fração $\frac{8}{100}$. Então, para saber quanto é 8% de 1 200 basta fazer este cálculo:

$$\frac{8}{100} \cdot 1\,200 = 96$$

Portanto, nessa escola, 96 estudantes são canhotos.

Qual é a taxa percentual da população?

A população de um município é de 25 000 pessoas, sendo 5 000 residentes na zona rural, e as demais, na zona urbana. Qual é a taxa percentual dos residentes na zona rural? E a dos residentes na zona urbana?

Os residentes na zona rural constituem uma fração da população: $\frac{5\,000}{25\,000}$. Vamos transformá-la em taxa percentual. Para isso, é necessário chegar à fração equivalente com denominador 100:

$$\frac{5\,000}{25\,000} = \frac{1}{5} = \frac{20}{100} = 20\%$$

Podemos realizar esse cálculo de outro modo: transformamos a fração para a forma decimal e, depois, em taxa percentual. Veja:

$$\begin{array}{l|l} 50\,000 & 25\,000 \\ \hline 0 & 0,2 \end{array}$$

$$\frac{5\,000}{25\,000} = 0,20 = \frac{20}{100} = 20\%$$

Na zona rural, reside 20% da população. A população total é 100%. Como

$$100\% - 20\% = 80\%$$

na zona urbana reside 80% da população.

Podemos calcular algumas porcentagens mentalmente.

Por exemplo, a taxa, 10% equivale a 1 décimo. Da população de 25 000 pessoas, 10% são 2 500 pessoas. O dobro de 2 500 é 5 000, que é igual ao número de pessoas da zona rural. Assim, 5 000 pessoas correspondem a 20% da população.

ATIVIDADES

1. O número de meninas da Escola Juquiti, apresentado na situação "Você é canhoto?", corresponde a 55% dos estudantes. Quantas meninas há na escola?

2. De acordo com o Departamento Estadual de Trânsito (Detran), em fevereiro de 2017, o município de São Paulo tinha um pouco mais de 8 000 000 de veículos, dos quais 71% eram automóveis. Quantos eram os automóveis?

3. Experimente realizar os cálculos mentalmente.

a) Quanto é 10% de 500? **b)** E 20% de 500? **c)** 100% é o todo. E quanto é 50%? E 25%?

4. Quanto é:

a) 20% de 4 000? **b)** 25% de 3 800? **c)** 75% de 3 600? **d)** 80% de 3 200?

5. Em uma turma de 40 estudantes, em que 2 são canhotos, qual é a porcentagem de canhotos?

6. As taxas percentuais podem ser expressas na forma de fração decimal. Por exemplo:

$$7,5\% = \frac{7,5}{100} = \frac{75}{1\,000}$$

Expresse na forma de fração decimal:

a) 0,9% **b)** 11,25%

7. Transforme as frações a seguir em taxas percentuais:

a) $\frac{23}{50}$ **b)** $\frac{7}{20}$ **c)** $\frac{8}{25}$ **d)** $\frac{200}{250}$ **e)** $\frac{15}{40}$ **f)** $\frac{15}{24}$ **g)** $\frac{43}{80}$ **h)** $\frac{89}{400}$

8. No Colégio Pontal estudam 160 estudantes no 6º ano. São 72 meninos e 88 meninas. Na turma de Gabriela há 40 estudantes, dos quais 24 são meninas. Contando todas as turmas, são 1 280 estudantes.

a) Considerando só os estudantes do 6º ano, qual é a taxa percentual dos meninos?

b) Considerando só o 6º ano, qual é a taxa percentual dos estudantes da turma de Gabriela?

c) Na turma de Gabriela, qual é a taxa percentual dos meninos?

d) Qual é a taxa percentual dos estudantes (considerando meninos e meninas) do 6º ano no colégio?

Etapas de uma pesquisa estatística

Planejamento e coleta dos dados

A professora do 6º ano do Colégio Municipal de Alegria (CMA) simulou, em 2020, uma pesquisa de intenção de voto referente às eleições municipais.

Para isso, ela elaborou previamente um cartão para ser preenchido pelos estudantes com alguns dados que ela desejava saber.

A professora entregou o cartão a todos os estudantes do 6º ano e orientou-os a assinalar o sexo, o local de residência e o candidato em quem votaria.

Sexo:	☐ masculino	☐ feminino	
Residência:	☐ Centro	☐ Zona Norte	☐ Zona Sul
Candidato:	☐ Antônio Carlos	☐ João Pedro	☐ Maria Clara

Com esses dados, diversos cálculos estatísticos poderiam ser feitos a respeito dos "eleitores". Por exemplo, intenção de voto por sexo e por região do município.

Organização dos dados

Depois de receber os cartões preenchidos de uma turma em que havia 40 estudantes, a professora elaborou o quadro a seguir:

Estudante	1	2	3	4	5	6	7	8	9	10	11	12	13	14	15	16	17	18	19	20
Sexo	F	M	F	F	M	M	F	F	F	M	F	M	F	M	F	F	M	F	F	M
Região	C	C	N	C	N	C	N	S	C	C	C	C	N	S	N	C	S	S	C	C
Voto	AC	AC	JP	MC	AC	AC	AC	JP	JP	AC	AC	MC	JP	AC	AC	AC	JP	MC	JP	AC

Estudante	21	22	23	24	25	26	27	28	29	30	31	32	33	34	35	36	37	38	39	40
Sexo	F	M	M	M	F	F	M	F	F	F	F	M	M	F	F	F	M	F	F	M
Região	S	C	C	N	C	S	N	C	C	N	N	C	S	C	N	C	S	C	C	C
Voto	JP	JP	AC	JP	AC	AC	MC	AC	JP	JP	MC	AC	JP	AC	AC	AC	JP	AC	MC	JP

No quadro, as abreviações significam:

M = masculino
F = feminino
S = Zona Sul
C = Centro
N = Zona Norte
AC = Antônio Carlos
MC = Maria Clara
JP = João Pedro

Com base nessas informações, ela realizou os cálculos desejados, apresentando os resultados em tabelas e gráficos. Vejamos a seguir como isso foi feito.

Apresentação: tabela e gráfico de colunas

O primeiro cálculo estatístico foi sobre o sexo dos estudantes da turma.

- Conta-se o número de estudantes de cada sexo:

masculino (♂): 16 feminino (♀): 24

O número de vezes em que cada resposta foi indicada é chamado **frequência absoluta**.

- Faz-se o cálculo das porcentagens que esses números representam em relação ao total de estudantes:

masculino (♂): $\frac{16}{40} = 0{,}40 = 40\%$ feminino (♀): $\frac{24}{40} = 0{,}60 = 60\%$

A razão entre a frequência absoluta e o número total de respostas é chamada **frequência relativa**.

Esses resultados estão representados na tabela a seguir, que chamamos de **tabela de frequências**:

Sexo dos estudantes do 6º ano do CMA

	Número de estudantes (Frequência absoluta)	Porcentagem (Frequência relativa)
Masculino ♂	16	40%
Feminino ♀	24	60%
Total	40	100%

Fonte: Pesquisa da professora do 6º ano do CMA, 2020.

Para melhor visualização, os resultados podem ser representados em um **gráfico** (ou **diagrama**) **de colunas**. Veja como é esse gráfico:

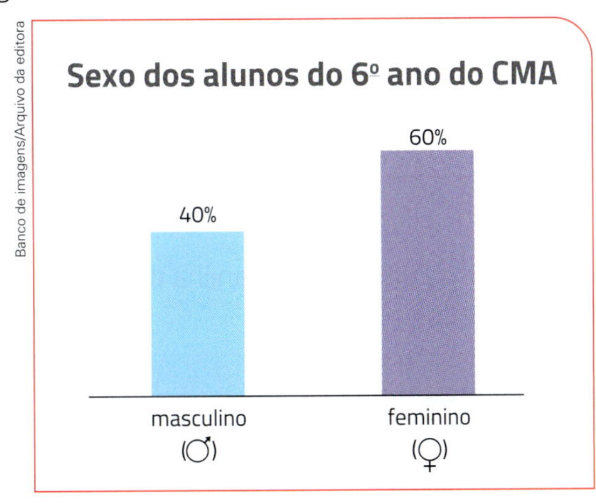

Fonte: Pesquisa da professora do 6º ano do CMA, 2020.

Começamos colocando o título do gráfico: Sexo dos estudantes do 6º ano do CMA. As colunas do gráfico são retângulos de bases iguais, que ficam apoiadas em uma linha reta horizontal (há também gráficos de barras retangulares horizontais, com bases apoiadas em uma linha reta vertical). A medida das bases (largura das colunas) não importa, mas normalmente elas são iguais para facilitar a compreensão do gráfico. Tendo bases iguais, as alturas dos retângulos correspondem às porcentagens observadas, sendo determinadas por um padrão escolhido, que chamamos **escala**.

Por exemplo, escolhemos uma altura de 1 cm para representar 20% dos estudantes. Assim, a altura da coluna referente ao sexo masculino terá 2 cm (porque 40% : 20% = 2), e a outra, referente ao sexo feminino, terá 3 cm (porque 60% : 20% = 3).

Acima de cada coluna podemos indicar as porcentagens (frequências relativas) correspondentes ou podemos indicá-las no eixo vertical, como no gráfico abaixo. Por fim, indicamos a fonte e a data dos dados representados.

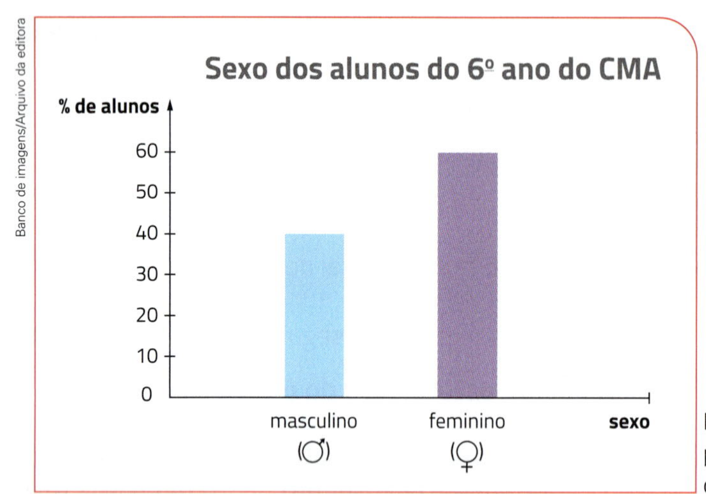

Fonte: Pesquisa da professora do 6º ano do CMA, 2020.

PARTICIPE

Nesta atividade investigativa, você deverá realizar uma coleta de dados com 10 de seus amigos ou familiares referentes à prática de coleta seletiva domiciliar (separação do lixo reciclável e do lixo orgânico). Para isso, os entrevistados devem responder às seguintes perguntas com **sim** ou **não**:

1. Você separa o lixo reciclável do lixo orgânico?
2. Você considera importante a prática de separar o lixo reciclável do lixo orgânico?
3. O bairro em que você mora possui um serviço especializado de coleta de lixo reciclável?
4. Você acredita que, com a prática da coleta seletiva, os efeitos ambientais negativos podem diminuir?

Na sequência, com a ajuda do professor, utilize uma planilha eletrônica para construir a tabela abaixo. Depois, preencha-a de acordo com os dados coletados.

Pergunta	Sim	Não
1. Você separa o lixo reciclável do lixo orgânico?	//////////	//////////
2. Você considera importante a prática de separar o lixo reciclável do lixo orgânico?	//////////	//////////
3. O bairro em que você mora possui um serviço especializado de coleta de lixo reciclável?	//////////	//////////
4. Você acredita que, com a prática da coleta seletiva, os efeitos ambientais negativos podem diminuir?	//////////	//////////

ATIVIDADES

As atividades **9** a **11** referem-se à pesquisa apresentada na página 332.

9. O segundo cálculo estatístico foi sobre o local de residência dos estudantes.

a) Observe a tabela de frequências a seguir e complete-a.

Local de residência	Frequência absoluta (número de estudantes)	Frequência relativa (porcentagem)
Centro	//////////	//////////
Zona Norte	//////////	//////////
Zona Sul	//////////	//////////
Total	**40**	**100%**

b) Represente os dados da tabela em um gráfico de colunas, indicando as porcentagens. Não esqueça de dar um título ao gráfico, colocar a fonte e a data dos dados.

c) Onde mora a maioria dos estudantes? Dê uma explicação possível para esse fato.

10. O terceiro cálculo estatístico foi sobre a intenção de voto dos "eleitores".

a) Complete a tabela a seguir com a intenção de voto dos estudantes do 6º ano. Depois, faça um gráfico de colunas para representar esses dados estatísticos.

Intenção de voto	Frequência absoluta (número de estudantes)	Frequência relativa (porcentagem)
Antônio Carlos	//////////	//////////
João Pedro	//////////	//////////
Maria Clara	//////////	//////////
Total	**40**	**100%**

b) Agora, considere apenas os votos dos meninos. Complete a tabela de frequências a seguir e faça um gráfico de colunas.

Intenção de voto	Frequência absoluta (número de estudantes)	Frequência relativa (porcentagem)
Antônio Carlos	//////////	//////////
João Pedro	//////////	//////////
Maria Clara	//////////	//////////
Total	**16**	**100%**

c) Por fim, considere só os votos das meninas. Faça uma tabela de frequências e um gráfico de colunas.

d) Compare e responda: Entre os meninos a intenção de voto é a mesma que entre as meninas? Explique.

11. Faça uma tabela de frequências e um gráfico de colunas da intenção de voto dos estudantes pelo local de residência:

a) considerando apenas os residentes no Centro da cidade;

b) considerando apenas os residentes na Zona Norte;

c) considerando apenas os residentes na Zona Sul.

Podemos dizer que a intenção de voto é a mesma em todas as regiões? Por quê?

Texto para as atividades **12** e **13**.

Na turma da Talita, em outubro de 2021, a professora propôs aos estudantes que fizessem algumas pesquisas estatísticas cujo tema eles mesmos escolheriam.

Um grupo escolheu pesquisar o esporte preferido dos estudantes, e outro grupo, o mês do aniversário. Os dados que eles coletaram estão na tabela abaixo.

Esporte preferido e mês de aniversário dos estudantes da turma da Talita

Estudante	Sexo	Esporte preferido	Mês de aniversário
1. Adriana	feminino	voleibol	março
2. Ana Paula	feminino	voleibol	setembro
3. Ângela	feminino	natação	agosto
4. Artur	masculino	natação	junho
5. Camila	feminino	futebol	julho
6. Célia	feminino	voleibol	março
7. Cristina	feminino	natação	junho
8. Enzo	masculino	futebol	julho
9. Fernando	masculino	futebol	fevereiro
10. Gisele	feminino	futebol	junho
11. Hélio	masculino	futebol	maio
12. Ingo	masculino	futebol	julho
13. Juliana	feminino	futebol	junho
14. Kelly	feminino	voleibol	abril
15. Laís	feminino	natação	janeiro
16. Luana	feminino	natação	janeiro
17. Marcelo	masculino	futebol	janeiro
18. Marco Antônio	masculino	futebol	dezembro
19. Mariana	feminino	voleibol	setembro
20. Mônica	feminino	voleibol	novembro
21. Natália	feminino	natação	dezembro
22. Natasha	feminino	natação	fevereiro
23. Patrícia	feminino	futebol	julho
24. Paulo	masculino	natação	janeiro
25. Pedro	masculino	futebol	fevereiro
26. Priscila	feminino	voleibol	agosto
27. Raul	masculino	natação	abril

28. Regina	feminino	voleibol	novembro
29. Renato	masculino	futebol	abril
30. Samantha	feminino	natação	julho
31. Tadeu	masculino	futebol	fevereiro
32. Talita	feminino	natação	maio
33. Tânia	feminino	voleibol	outubro
34. Telma	feminino	voleibol	agosto
35. Ubiratan	masculino	futebol	abril
36. Verônica	feminino	voleibol	março
37. Vivian	feminino	voleibol	junho
38. Waldir	masculino	futebol	novembro
39. Walter	masculino	natação	março
40. Wellington	masculino	futebol	março

Fonte: Alunos da turma de Talita, outubro de 2021.

12. Represente em uma tabela de frequências e em um gráfico de colunas os resultados sobre o esporte preferido:

a) considerando todos os estudantes;

b) considerando apenas os meninos;

c) considerando apenas as meninas.

d) A preferência é a mesma entre meninos e meninas?

13. Para facilitar, a professora sugeriu contar os aniversários de cada trimestre do ano.

a) Represente os aniversários de todos os estudantes em uma tabela de frequências como a seguinte e em um gráfico de colunas.

Número de aniversariantes por trimestre

Aniversário	Frequência absoluta	Frequência relativa
1º trimestre (jan./fev./mar.)	//////////	//////////
2º trimestre (abr./maio/jun.)	//////////	//////////
3º trimestre (jul./ago./set.)	//////////	//////////
4º trimestre (out./nov./dez.)	//////////	//////////
Total	**40**	**100%**

Fonte: Alunos da turma de Talita, outubro de 2021.

b) Os aniversários estão igualmente distribuídos pelos trimestres?

c) Represente os aniversários dos meninos em cada trimestre do ano em uma tabela e em um gráfico de colunas.

d) Repita o procedimento, considerando apenas os aniversários das meninas.

e) Os gráficos que você fez nos itens **c** e **d** são parecidos ou são muito diferentes? Você esperava que fossem assim?

MATEMÁTICA E TECNOLOGIA

População do Brasil

A tabela a seguir apresenta a estimativa da população brasileira em 1º de julho de 2020 de acordo com o Instituto Brasileiro de Geografia e Estatística (IBGE).

ESTIMATIVAS DA POPULAÇÃO RESIDENTE NO BRASIL POR REGIÃO COM DATA DE REFERÊNCIA EM 1º DE JULHO DE 2020

Região	Habitantes
Norte	18 672 591
Nordeste	57 374 243
Sudeste	89 012 240
Sul	30 192 315
Centro-Oeste	16 504 303

Fonte: IBGE. Diretoria de Pesquisas - DPE - Coordenação de População e Indicadores Sociais - COPIS. Disponível em: https://ftp.ibge.gov.br/Estimativas_de_Populacao/Estimativas_2020/estimativa_dou_2020.pdf. Acesso em: 6 jun. 2021.

Com os dados apresentados na tabela é possível construir, com o auxílio de uma planilha eletrônica, um gráfico de barras horizontais. Observe os passos para essa construção:

1º) Digite a tabela apresentada em uma planilha eletrônica.

2º) Segure o botão esquerdo do *mouse* e arraste o ponteiro de forma que todas as células da tabela fiquem selecionadas.

3º) Com todas as células selecionadas, na aba "inserir", como queremos construir um gráfico de barras horizontais, clique na primeira opção do tipo de gráfico "Barra 2D". Dessa forma, o *software* vai apresentar o tipo de gráfico selecionado com as informações da tabela.

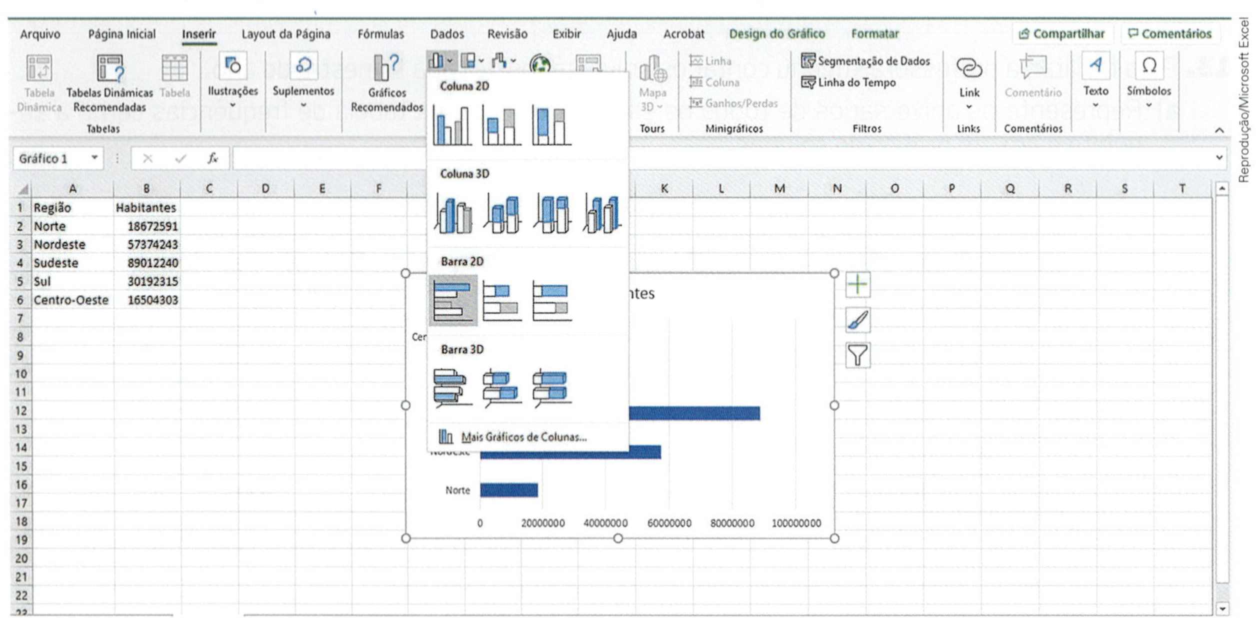

Tela da planilha eletrônica no 3º passo.

4º) Para inserir o título do gráfico, clique duas vezes no título apresentado pelo *software* e substitua-o pelo que você criou.

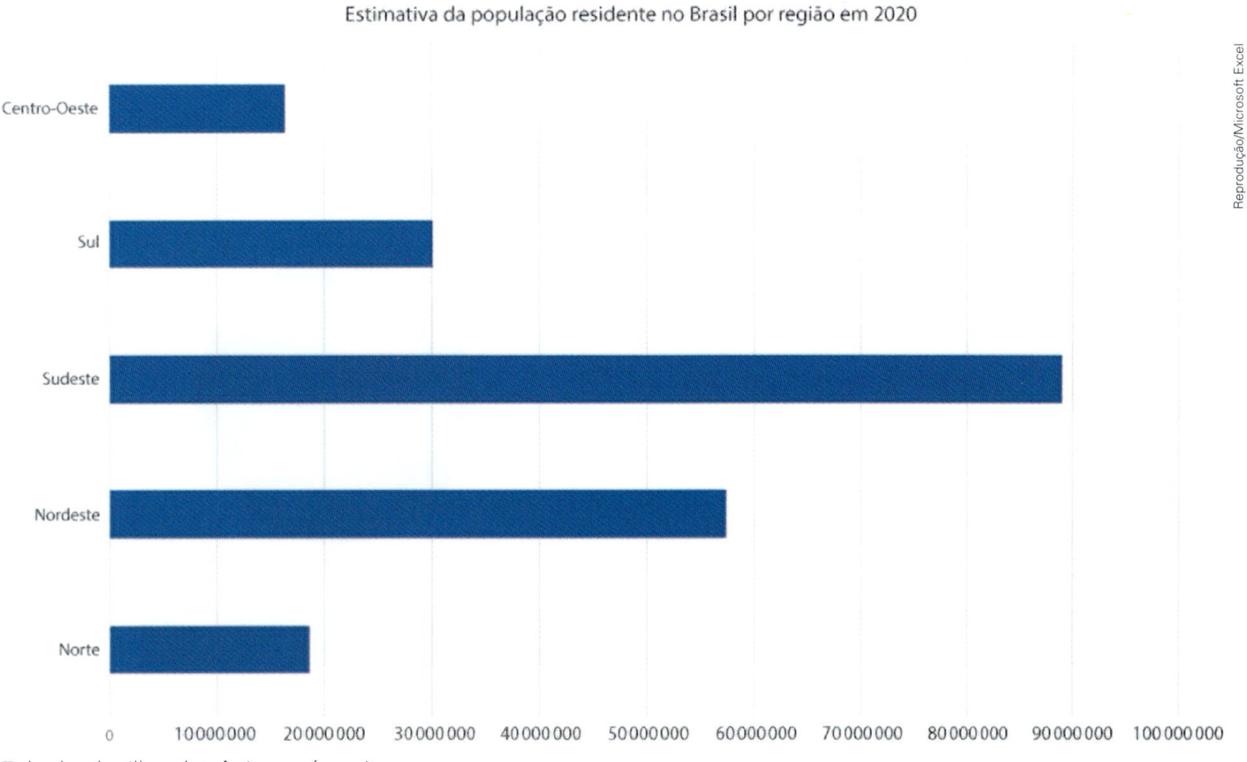

Tela da planilha eletrônica após o 4º passo.

Agora, faça o que se pede:

1. Qual era a estimativa da população brasileira em 1º de julho de 2020?

2. Aproximadamente, com uma casa decimal, que porcentagem da população do país estava concentrada na região Sudeste em 2020? E na região Norte?

3. Observando o gráfico construído, a região que apresenta a maior barra é a região que apresenta a maior população?

4. Pesquise no *site* do IBGE a estimativa da população brasileira no dia 1º de julho do ano mais recente que estiver disponível. Então, com a ajuda do professor represente em um gráfico as estimativas das populações das cinco regiões brasileiras com os dados mais recentes.

NA MÍDIA

Crianças do Brasil

[...]

A Pesquisa Nacional por Amostra de Domicílios Contínua 2018 estimou que temos no Brasil 35,5 milhões de crianças (pessoas de até 12 anos de idade), o que corresponde a 17,1% da população estimada no ano, de cerca de 207 milhões.

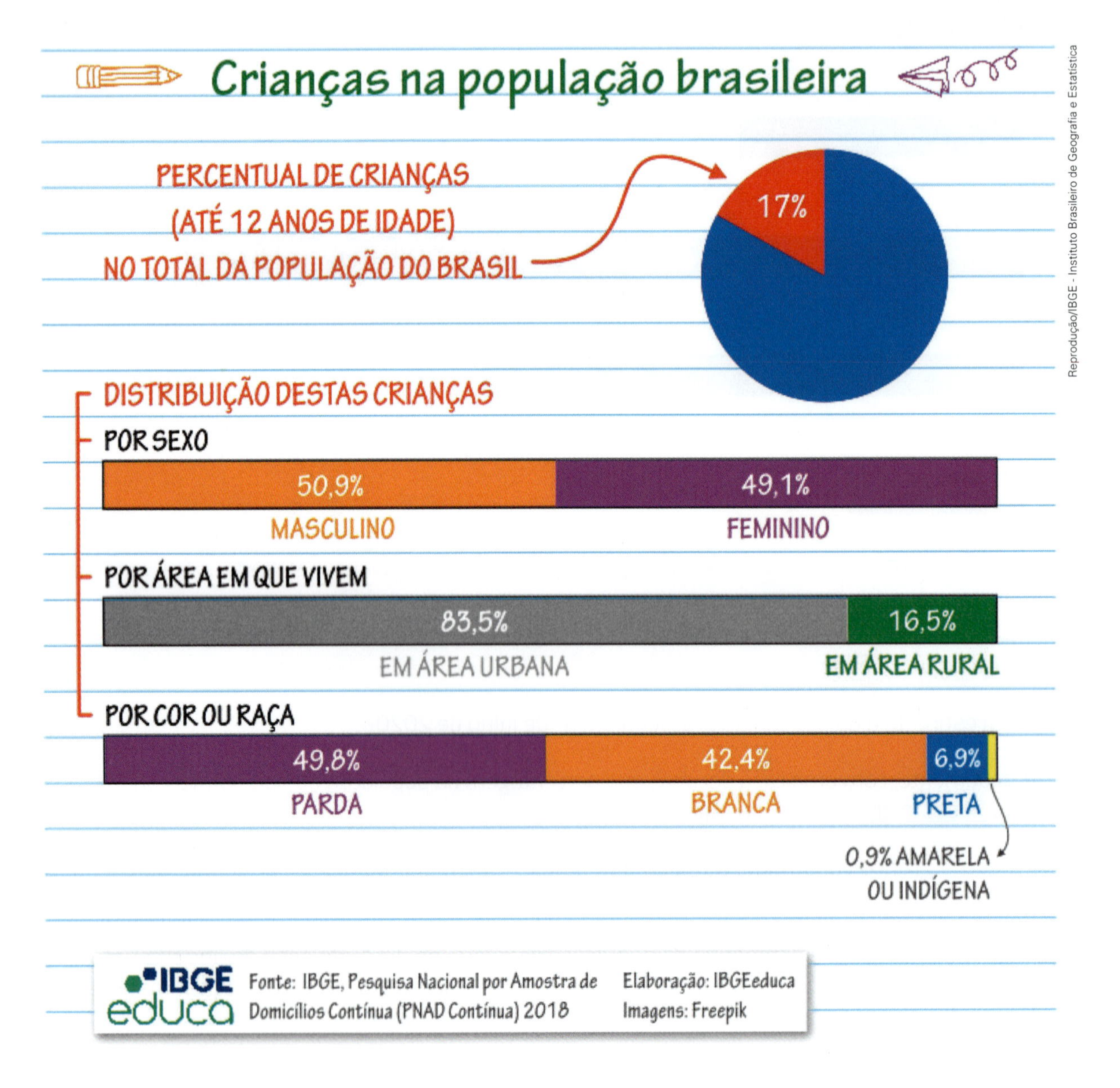

Podemos observar no gráfico acima que os meninos são maioria (50,9%), diferente do que acontece na população brasileira em geral, em que as mulheres correspondem a 51,7%.

[...]

Fonte: IBGE educa. Disponível em: https://educa.ibge.gov.br/criancas/brasil/2697-ie-ibge-educa/jovens/materias-especiais/20786-perfil-das-criancas-brasileiras.html. Acesso em: 6 jun. 2021.

1. Qual é a fonte dessa pesquisa? Em que ano foi realizada?
2. Na distribuição das crianças por sexo, qual é a frequência relativa do sexo masculino? E do feminino?
3. Considerando o número de crianças em 2018, construa a tabela de frequências (aproximadas) da distribuição da quantidade de crianças por sexo.
4. Faça a tabela de frequências (aproximadas) da distribuição por área em que viviam as crianças em 2018 e represente-a em um gráfico de colunas. Não esqueça de dar um título, indicar as marcações nos eixos, citar a fonte e a data dos dados.
5. Observe o gráfico a seguir, divulgado pelo IBGE, e redija um pequeno texto com algumas conclusões que podem ser obtidas a partir dele.

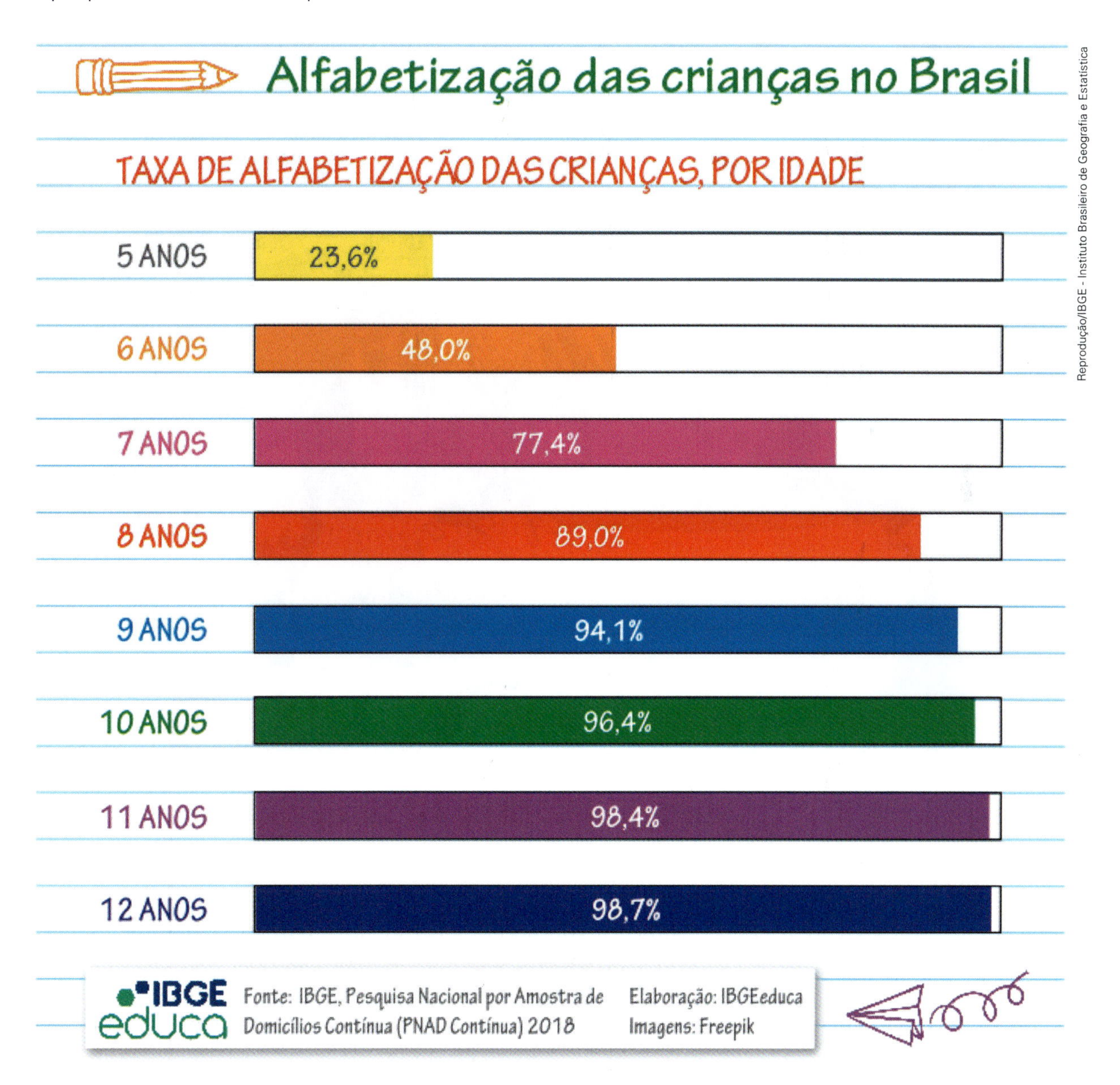

Disponível em: https://educa.ibge.gov.br/criancas/brasil/2697-ie-ibge-educa/jovens/materias-especiais/20786-perfil-das-criancas-brasileiras.html. Acesso em: 6 jun. 2021.

CAPÍTULO 24

Possibilidades e probabilidade

Érica Catarina Pontes/Shutterstock

Apresentação em Olinda, Pernambuco, 2020.

NA REAL

Qual dança será apresentada?

Determinada mostra cultural terá a apresentação de uma dança tipicamente brasileira que será decidida por meio de um sorteio. As opções de danças propostas pela organização são as seguintes: samba, maracatu, catira, carimbó, fandango e frevo.

Haverá um sorteio para decidir qual dessas danças será apresentada na mostra cultural. O sorteio será realizado da seguinte maneira: serão colocadas bolinhas, idênticas, cada uma com o nome de uma das danças, em uma urna, e uma das bolinhas será sorteada ao acaso.

Alguma dança tem mais chance de ser sorteada que outras? Qual é a chance de ser sorteado o maracatu?

Na BNCC
EF06MA30
EF06MA34

Problemas de contagem

De quantos modos?

Laís precisa colorir a figura ao lado.

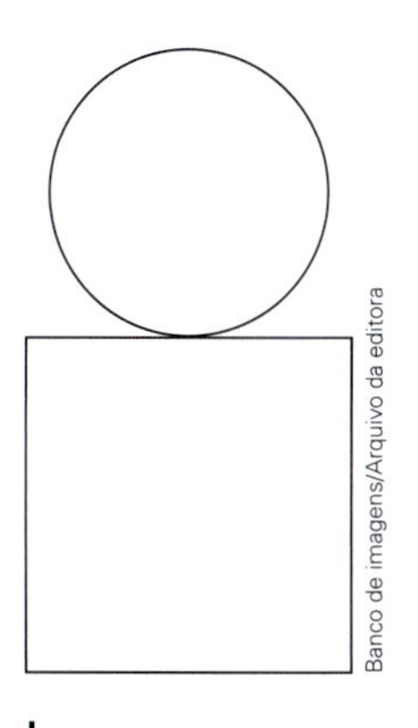
Banco de imagens/Arquivo da editora

O círculo deve ser colorido de amarelo ou vermelho. O quadrado deve ser colorido de azul, preto ou roxo.

De quantos modos Laís pode colorir a figura? Acompanhe o raciocínio:

O círculo pode ser colorido de dois modos (amarelo ou vermelho) e, para cada uma dessas possibilidades, o quadrado pode ser colorido de três modos (azul, preto ou roxo). Podemos indicar essas possibilidades como no esquema abaixo, que chamamos **árvore das possibilidades**:

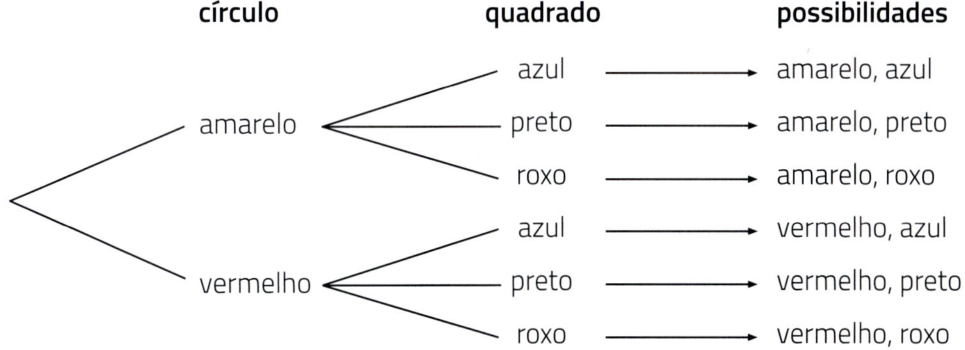

Temos, então, 6 (2×3) modos de colorir a figura. Laís pode escolher entre 6 possibilidades, que são:

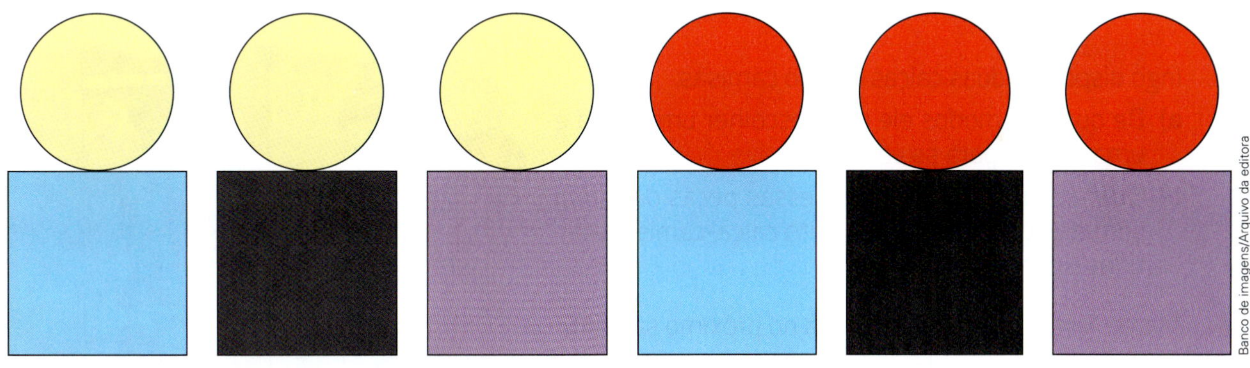
Banco de imagens/Arquivo da editora

Usamos a multiplicação para resolver muitos problemas de contagem, como o do exemplo anterior. Vamos resolver mais alguns.

PARTICIPE

Haverá um torneio de voleibol entre os quatro times dos estudantes do sexto ano do colégio Alfa, cada time representando uma das turmas 6º A, 6º B, 6º C e 6º D. Os jogos serão eliminatórios. Um sorteio já determinou os confrontos da primeira fase:

Jogo 1: 6º A × 6º D

Jogo 2: 6º B × 6º C

Os dois vencedores jogarão a partida final, decidindo qual é o campeão.

a) Quantas são as possibilidades para o vencedor no jogo 1?

b) Quais são essas possibilidades?

c) Se o vencedor do jogo 1 for o 6º A, quantas são as possibilidades para o vencedor no jogo 2?

d) Quais são essas possibilidades?

e) Se o vencedor do jogo 1 for o 6º D, quantas são as possibilidades para o vencedor no jogo 2?

f) Quais são essas possibilidades?

g) Quantas são as possibilidades de confronto na partida final?

h) Quais são essas possibilidades?

ATIVIDADES

1. Releia o texto sobre o torneio da seção "Participe". Depois, copie e complete a árvore de possibilidades a seguir.

Vencedor do jogo 1 | **Vencedor do jogo 2** | **Jogo final**

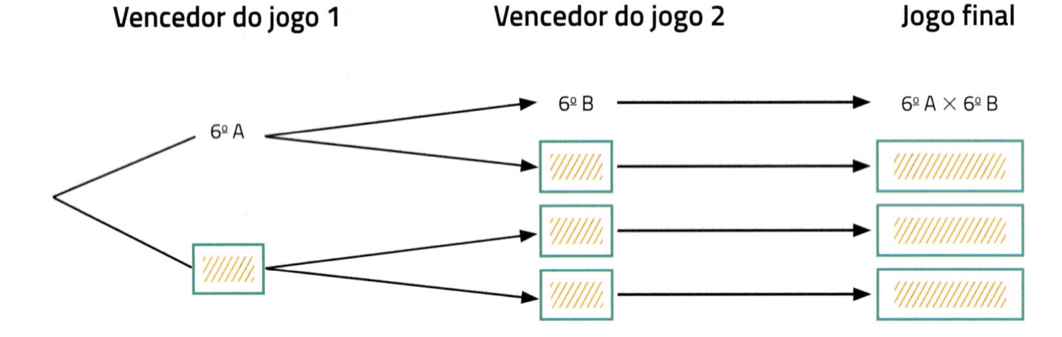

2. Ingo dispõe de duas calças e cinco camisas.

a) De quantos modos ele pode escolher uma calça e uma camisa para se vestir?

b) Quantos dias ele pode usar essas peças de roupa sem repetir o mesmo conjunto calça-camisa, vestindo um conjunto por dia?

Ilustra Cartoon/Arquivo da editora

3. Marco Antônio quer visitar Talita no próximo sábado. Para chegar à casa da amiga, ele pode escolher um entre três caminhos. Para voltar, Marco Antônio também pode escolher qualquer um dos três caminhos.

a) De quantos modos ele pode fazer o percurso de ida e volta?

b) Quantas visitas ele pode fazer, sem repetir o mesmo percurso de ida e volta?

c) De quantos modos ele pode visitar Talita indo por um caminho e voltando por outro?

4. Enzo adora sorvete. Na sorveteria que ele frequenta há quatro tipos de sabor: abacaxi, coco, limão e morango. Ele sempre compra uma bola de sorvete com um tipo de cobertura: morango, chocolate ou caramelo.

a) De quantos modos pode ser composto o sorvete com uma bola e uma cobertura?

b) Hoje Enzo resolveu pedir duas bolas de sorvete de sabores diferentes, sem cobertura. Escreva todas as possibilidades de escolha que ele tem. Quantas são?

Littlekidmoment/Shutterstock

5. Um baralho tem 4 naipes, sendo 2 pretos e 2 vermelhos:

Tiago Donizete Leme/ Arquivo da editora

Há 13 cartas de cada naipe. Como exemplo, veja as cartas com naipe de espadas:

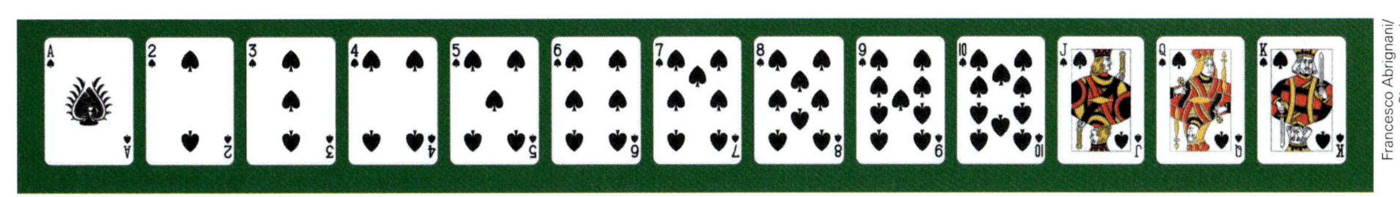

Francesco Abrignani/ Shutterstock

a) Quantas cartas pretas há ao todo no baralho?

b) Qual o total de cartas do baralho?

6. Na figura ao lado representamos seis cidades e as estradas que as ligam. Percorrendo sempre nos sentidos indicados pelas setas, os carros podem ir da cidade *A* para a cidade *F* por diversos caminhos, passando por pelo menos uma das outras cidades.

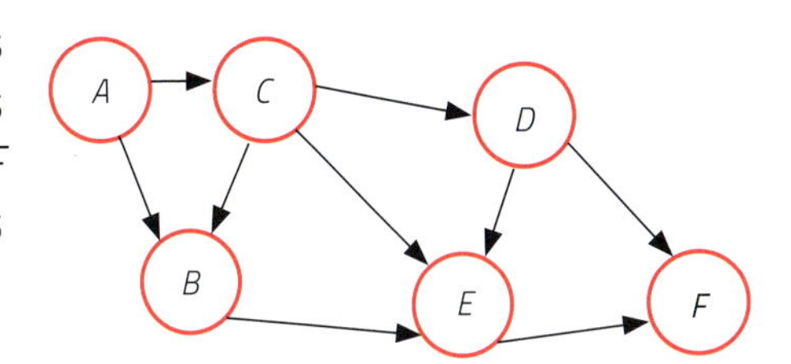

a) Quais são os caminhos para ir de *A* a *F*?

b) Quantos caminhos são?

Texto para as atividades de **7** a **9**.

Na figura abaixo as retas representam ruas de uma cidade, que estão nas direções norte-sul e leste-oeste.

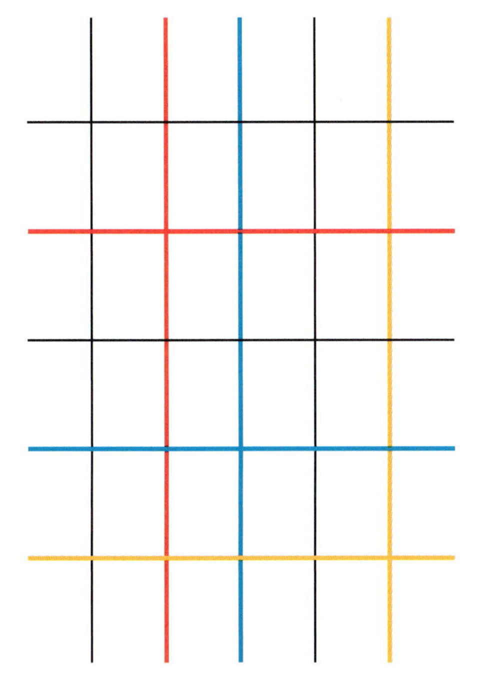

7. Pedro encontra-se na esquina das ruas vermelhas e quer ir à esquina das ruas azuis. Caminhando só para a direita ou para baixo, quantos caminhos ele pode percorrer para chegar ao destino desejado?

8. Estando na esquina das ruas azuis, Pedro agora quer ir para a esquina das ruas amarelas. Também caminhando sempre para a direita ou para baixo, quantos são os caminhos para chegar ao destino desejado?

9. Indo somente para a direita ou para baixo, quantos são os caminhos para ir da esquina das ruas vermelhas para a das ruas amarelas, passando pela das ruas azuis?

10. Ao chegar da caminhada, Pedro foi lavar as mãos com água e sabão. Dirigiu-se a uma pia que estava com a torneira fechada e dispunha de sabão e toalha. Descreva as etapas para lavar bem as mãos e represente esse processo por meio de um fluxograma.

PARTICIPE

I. Conte quantos estudantes estão presentes em sua classe hoje e respondas às questões de acordo com os valores encontrados.

Se o professor for escolher, ao acaso, alguém para resolver um exercício na lousa, o que é mais provável:

a) Que seja escolhido um menino ou uma menina? Por quê?

b) Quanto por cento dos presentes são as meninas?

II. Vamos agora retomar a tabela das páginas 336-337 com o resultado da pesquisa realizada com os estudantes da turma da Talita.

Esporte preferido e mês de aniversário dos estudantes da turma da Talita

Estudante	Sexo	Esporte preferido	Mês de aniversário
1. Adriana	feminino	voleibol	março
2. Ana Paula	feminino	voleibol	setembro
3. Ângela	feminino	natação	agosto
4. Artur	masculino	natação	junho
5. Camila	feminino	futebol	julho
6. Célia	feminino	voleibol	março
7. Cristina	feminino	natação	junho
8. Enzo	masculino	futebol	julho
9. Fernando	masculino	futebol	fevereiro
10. Gisele	feminino	futebol	junho
11. Hélio	masculino	futebol	maio
12. Ingo	masculino	futebol	julho
13. Juliana	feminino	futebol	junho
14. Kelly	feminino	voleibol	abril
15. Laís	feminino	natação	janeiro
16. Luana	feminino	natação	janeiro
17. Marcelo	masculino	futebol	janeiro
18. Marco Antônio	masculino	futebol	dezembro
19. Mariana	feminino	voleibol	setembro
20. Mônica	feminino	voleibol	novembro
21. Natália	feminino	natação	dezembro
22. Natasha	feminino	natação	fevereiro
23. Patrícia	feminino	futebol	julho
24. Paulo	masculino	natação	janeiro
25. Pedro	masculino	futebol	fevereiro
26. Priscila	feminino	voleibol	agosto

27. Raul	masculino	natação	abril
28. Regina	feminino	voleibol	novembro
29. Renato	masculino	futebol	abril
30. Samantha	feminino	natação	julho
31. Tadeu	masculino	futebol	fevereiro
32. Talita	feminino	natação	maio
33. Tânia	feminino	voleibol	outubro
34. Telma	feminino	voleibol	agosto
35. Ubiratan	masculino	futebol	abril
36. Verônica	feminino	voleibol	março
37. Vivian	feminino	voleibol	junho
38. Waldir	masculino	futebol	novembro
39. Walter	masculino	natação	março
40. Wellington	masculino	futebol	março

Fonte: Alunos da turma de Talita, outubro de 2021.

Sorteando ao acaso alguém dessa turma:

a) Quantas possibilidades há para o resultado do sorteio?

b) Quantas possibilidades há para que seja sorteado alguém que nasceu em fevereiro?

c) Quantos por cento dos estudantes nasceram em fevereiro?

d) Quantas possibilidades há para que seja sorteado alguém que declarou voleibol como esporte preferido?

e) Quantos por cento dos estudantes preferem voleibol?

f) Elabore mais duas perguntas a respeito desse sorteio e peça a um colega que as responda. Depois, responda às perguntas elaboradas por ele.

Cálculo de probabilidade

O professor Jaime, de Língua Portuguesa, sempre solicita aos estudantes que levem para a aula uma redação. Cada estudante pode escolher o tema que quiser, o importante é que toda semana produza um texto.

No início de cada aula, o professor sorteia um estudante para ler sua redação em voz alta. Ele atribui notas para o texto e para a leitura.

Arlete estuda no 6º ano e, contando com ela, sua turma tem 22 meninas e um total de 40 estudantes.

Em determinada aula do professor Jaime, qual é a probabilidade de que:

a) Arlete seja sorteada para a leitura a redação?

b) uma menina seja sorteada?

Monkey Business Images/Shutterstock

Observe a resolução desse problema:

a) A turma tem 40 estudantes. Então, há 40 possibilidades para o resultado do sorteio, todas igualmente prováveis. Arlete é uma dessas possibilidades.

Por ser 1 possibilidade em um total de 40 possibilidades igualmente prováveis, dizemos que a probabilidade de Arlete ser sorteada é de $\frac{1}{40}$.

b) Como a turma tem 22 meninas, para que uma menina seja sorteada, há 22 possibilidades no total de 40 possibilidades igualmente prováveis. Então, a probabilidade de que seja sorteada uma menina é de $\frac{22}{40}$.

Podemos simplificar essa fração: $\frac{22}{40} = \frac{11}{20}$

Ou transformá-la em taxa percentual: $\frac{11}{20} = \frac{55}{100} = 55\%$ (numerador e denominador multiplicados por 5)

Assim, podemos dizer que a probabilidade de que seja sorteada uma menina na aula do professor Jaime é de $\frac{11}{20}$. Ou, então, de 55%.

ATIVIDADES

Para responder às atividades **11** a **15**, retome a tabela da página 346. Sorteando ao acaso um estudante dessa turma, calcule as seguintes probabilidades:

11. De a Talita ser sorteada.

12. De ser sorteada uma menina.

13. De que seja sorteado alguém que nasceu em fevereiro.

14. De que seja sorteado alguém que declarou voleibol como esporte preferido.

15. De que seja sorteado alguém que tenha nascido em abril e seu esporte preferido seja futebol.

16. Antes de começar uma partida de futebol, o juiz lança uma moeda para sortear quem terá o direito de escolher o lado do campo em que vai jogar ou se iniciará o jogo com a bola.

O capitão de uma equipe escolhe "cara", e o outro, "coroa".

Qual é a probabilidade de o time do capitão que escolher "cara" ganhar o sorteio? (Admite-se que os resultados do lançamento da moeda são igualmente prováveis).

17. Érica vai colorir o interior das circunferências representadas abaixo começando por uma delas escolhida ao acaso.

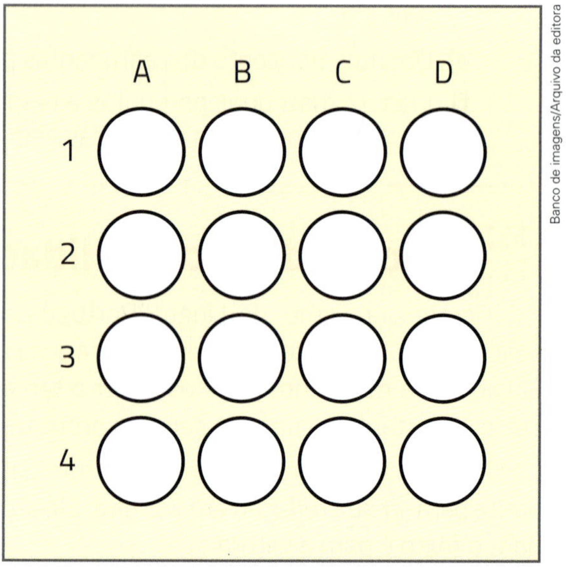

Banco de imagens/Arquivo da editora

a) Ao todo, quantas circunferências há na cartela?

b) Qual é a probabilidade de que Érica comece colorindo a circunferência da posição 4D?

c) Qual é a probabilidade de ela começar por uma circunferência da primeira linha?

18. Um dado tem o formato de um cubo, e as faces são numeradas de 1 a 6. Esse dado não é viciado; isso significa que todas as faces têm a mesma probabilidade de serem sorteadas.

Ericson Guilherme Luciano/Arquivo da editora

Qual é a probabilidade de que ao lançar esse dado a face voltada para cima apresente:

a) o número 2?

b) um número par?

PARTICIPE

I. Utilize um dado para realizar este experimento com um colega.

Unlisted/Stock Photos

Procedimento:

Joguem um dado (um de cada vez) e anotem o número de pontos da face voltada para cima.

Repitam esse procedimento muitas vezes (sugerimos 100 vezes) e anotem as informações em uma tabela como a indicada abaixo.

Pontos	Número de vezes
1	//////////
2	//////////
3	//////////
4	//////////
5	//////////
6	//////////
Total de lançamentos	//////////

Depois, determinem qual porcentagem do total de jogadas corresponde à observação de:

a) "2 pontos" na face voltada para cima;

b) "número par" na face voltada para cima.

Comparem essas porcentagens às probabilidades calculadas na atividade 18. Não se espera que elas sejam iguais, mas que sejam valores aproximados das probabilidades calculadas. Quanto mais lançamentos forem realizados, mais essas porcentagens se aproximam das probabilidades calculadas. Lembre-se: No cálculo das probabilidades, supomos um dado não viciado.

II. Formule um experimento para estimar a probabilidade de sair cara no lançamento de uma moeda de R$ 1,00. Após realizá-lo, elabore sua conclusão: as duas faces têm probabilidades iguais ou uma delas é claramente mais provável que a outra?

EDUCAÇÃO FINANCEIRA

É básico

O consumo de alimentos não é igual em todas as famílias. Seja em quantidade, seja em variedade, sempre encontraremos muitas diferenças entre uma família e outra, assim como em diferentes regiões do país. Por isso, vamos conhecer um pouco sobre a "cesta básica". As atividades a seguir o ajudarão nessa tarefa.

I. Pesquise a definição de "cesta básica". Que produtos compõem a "cesta básica nacional"?

II. Pesquise a composição e o valor mais recente da cesta básica em seu estado. Depois faça uma tabela e indique para cada produto a "quantidade" e o "gasto mensal".

Sugestão: Acesse a internet e procure essas informações no portal do Departamento Intersindical de Estatística e Estudos Socioeconômicos (Dieese), disponível em: www.dieese.org.br.

III. Comparando as colunas "quantidade" e "gasto mensal", determine o preço por quilograma ou por litro de cada um dos produtos da tabela obtida na etapa anterior.

IV. Converse com alguém de sua casa para responder às perguntas:

a) Que produtos da cesta básica são consumidos por sua família?

b) Em que quantidade os produtos da cesta básica são consumidos por sua família em um mês?

V. Faça uma tabela como a da tarefa **II** para calcular o preço da cesta básica de sua família.

Sugestão: Na primeira coluna, coloque os produtos listados na tarefa **IV**. **a**; na segunda coluna, coloque as quantidades listadas na tarefa **IV**. **b**; na terceira coluna, coloque os preços obtidos na tarefa **III**; na quarta coluna, coloque o gasto mensal de sua família com cada produto. Calcule o total dos valores da quarta coluna.

VI. Anote por três dias tudo o que você consumiu em comidas e bebidas. Em seguida, identifique quais desses produtos fazem parte da cesta básica.

VII. Converse com alguém de sua casa para responder à pergunta: "Qual é o gasto mensal de sua família com produtos alimentícios que não fazem parte da cesta básica?".

VIII. Você considera que os produtos relacionados na resposta da tarefa **VII** são essenciais ou supérfluos?

1. Converse com os colegas sobre os produtos colocados na cesta básica das famílias (ver tarefa **IV**, item **a**). As listas ficaram iguais? Por quê?

2. Converse com os colegas sobre as quantidades consumidas de cada produto na cesta básica das famílias (ver tarefa **IV**, item **b**). As quantidades ficaram iguais? Por quê?

Tatevosian Yana/Shutterstock

RESPOSTAS DAS ATIVIDADES

UNIDADE 1 Números e sistemas de numeração

CAPÍTULO 1 Números

1. 40; quarenta.
   210; duzentos e dez
   Sete centenas e oito unidades, setecentos e oito
   quatro milhares e uma centena; 4 100
   90 000; noventa mil
   600 000; seiscentos mil
   1 008 900; um milhão, oito mil e novecentos
2. a) sessenta e quatro
   b) trezentos e noventa e um
   c) quatrocentos e quatro
   d) dois mil, novecentos e treze
   e) cinquenta mil, seiscentos e dezessete
   f) cento e um mil e dez
3. a) 9
   9; 9.
   b) 8
   4; 2; 8
   c) 700; 0; 1
   7; 0; 1
   d) 100; 10; 0
   1; 1; 0
   e) 2 000; 400; 70; 3
   2; 4; 7; 3
4. a) 347 c) 3 502
   b) 8 632 d) 2 025
5. a) e b) Respostas pessoais.
6. 2020: dois mil e vinte
   211 766 882: duzentos e onze milhões, setecentos e sessenta e seis mil, oitocentos e oitenta e dois.
7. a) 54 e) 1 500
   b) 117 f) 8 710
   c) 560 g) 25 015
   d) 305 h) 900 909
8. a) 6
   b) 9
   c) 4: centenas de milhares
   2: unidades de milhares
   8: unidades de milhões
   d) Ausência de centenas simples.
9. a) unidades simples; 5
   b) unidades de milhares; 5 000
   c) dezenas de milhares; 50 000
   d) centenas de milhares; 500 000
10. a) centenas; 300
    b) centenas de milhares; 300 000
    c) unidades de milhões; 3 000 000
    d) dezenas de milhões; 30 000 000
11. 56: LVI; 65: LXV; 88: LXXXVIII; 100: C; 110: CX; 190: CXC; 200: CC
12. a) CDXXVIII d) CMXCIX
    b) DCLXXIV e) MCXIX
    c) MMXXVI f) $\overline{V}$DI
13. a) 1 927 d) 1 790
    b) 1 895 e) 1 772
    c) 1 783
14. a) 10 b) 14
15. a) Quatro; 50, 52, 54, 56
    b) 48
    c) 58
16. a) 10 000 c) 999 998
    b) 100 009 d) 99 999
17. a) Araraquara
    b) Campinas
18. a) XVI c) LXII
    b) XIV d) LXIV
19. a) errado c) certo e) errado
    b) certo d) errado f) certo
20. a) Marco Antônio c) 59, 75, 78, 83
    b) Talita d) 32, 23, 21, 12
21. azul; amarelo, verde.
22. A primeira mulher astronauta foi Valentina V. Tereshkova. Em 16/6/1963, tripulando a nave Vostok VI, ela realizou um voo de 48 órbitas em torno da Terra.
23 a) 45
   b) 45
24. a) 124 c) 12
    b) 432

CAPÍTULO 2 Adição e subtração

PARTICIPE

I. a) 46 + 45
   b) 91
   c) 19 + 45
   d) 64
   e) 91 + 19 ou 64 + 46. Há outras respostas.
   f) 110 anos.

II. a) 6 230 reais.
    b) 7 190 reais.

1. a) R$ 165,00 c) R$ 280,00
   b) R$ 225,00 d) R$ 785,00
2. a) 275
   b) 589
3. a) Cartão azul: 105 692; cartão rosa: 105 852
   b) 211 544
   c) 116 361
   d) 95 183
   e) 75 539
   f) 136 005
4. a) 6 827 exemplares.
   b) 3 922 livros.
   c) 2 905 livros.
   d) R$ 38,00
   e) R$ 42,00
   f) R$ 80,00
5. a) 45 anos.
   b) R$ 4 337,00
   c) R$ 5 126,00
6. 112 anos.
7. a) 516 jovens.
   b) 237 jovens.
   c) 214 meninas.
   d) No período da tarde.
   e) 76 meninas.
8. a) 75 003 carros; sábado
   b) 71 617 carros; domingo
9. Resposta pessoal.
10. a) 611
    b) 611
    Os resultados são iguais.
11. 28 162
    a) 28 162 b) 28 162
12. a) 262 b) 262 c) 262
    Os resultados são iguais.
13. a) 109
    b) 97
    c) 71
    d) 112
    e) A resposta depende das adições propostas.
14. a) 1 990 b) 1 990
15. a) 192
    b) 192
16. Resposta pessoal.
17. Resposta pessoal.
18. a) R$ 200,00
    b) R$ 100,00
    c) R$ 400,00
    d) R$ 500,00
19. a) R$ 600,00
    b) R$ 500,00
    c) R$ 700,00
    d) R$ 600,00
20. a) R$ 583,00 c) R$ 653,00
    b) R$ 557,00 d) R$ 627,00
21. a) Natal: 900 000; Cuiabá: 600 000; Porto Velho: 500 000; Rio Branco: 400 000
    b) João Pessoa e Natal: 800 000 + 900 000 = 1 700 000
22. Resposta pessoal.

PARTICIPE

a) É o preço para pagamento no ato da compra.
b) *A*
c) *B*
d) Custa 90 reais a mais.
e) É uma compra para pagar em mais de uma vez. Paga-se em parcelas, ou prestações, geralmente por um preço maior que o preço à vista.
f) Celular *A*: Ficará devendo 429 reais; Celular *B*: Ficará devendo 339 reais.

23. a) 65 766
b) 63
c) 42 960
d) 229

24. a) 483 folhas.
b) R$ 27,00
c) R$ 8 675,00
d) 17 moedas.

25. a) 765 mulheres.
b) 622 lugares.
c) 1 866 pessoas.

26. a) 38 anos.
b) Resposta pessoal.

PARTICIPE

a) 3
b) 3
c) ■ + 1; 4
d) ■ = 3
e) 2
f) 2
g) ▲ + 1 = 3

27. a) 1 806
b) 287

28. *A*: 229; *B*: 771; *C*: 229

29. a) 334
b) 241
c) 1 068

30. a) 801
b) 1 575

31. 44

32. a) Alexandre.
b) 15 minutos.

33. R$ 203,00

34. a) 23
b) 46
c) 15
d) 44

35. R$ 33,00

36.

20	70	10
60	15	25
20	15	65

Com mais números pares.

37. a) 29 + (62 − 48) ou 29 + 62 − 48 ou (62 − 48) + 29 ou 62 − 48 + 29
b) 43

38. Talita (18); Ingo (4)

39. a) +; −
b) −; − ; +
c) +; −; −

40. a) I. 3; II. 0; III. 4
b) I. 5 − (3 + 1) = 1; II. 6 − (4 − 2) = 4; III. 12 − (5 − 3) = 10

41. Resposta pessoal. Resultado: 10

42. a) Aumentará 4 unidades.
b) Aumentará 5 unidades.
c) Aumentará 50 unidades.

43. Nos jogos do Flamengo.

44. a) 33 + 35 + 44 = 112; 112 mil pessoas
b) 26 + 22 + 44 = 92; 92 mil pessoas
c) 112 (do Flamengo)+ 26 + 22 + 17 = 177; 177 mil pessoas
d) 112 182 pessoas.
e) 93 016 pessoas.
f) 178 232 pessoas.

UNIDADE 2 Noções iniciais de Geometria

CAPÍTULO 3 Noções fundamentais de Geometria

1. Paralelepípedo

2. Pirâmide de base quadrangular

PARTICIPE

a) Uma linha comum a duas faces.
b) Um ponto determinado pelo encontro de três arestas.
c) A figura rosa.

3. a) *A*, *B*, *C*, *D*, *E*, *F*, *G* e *H*.
b) 12 retas.
c) 6 planos.

4. a) *A*, *B*, *C* e *D*.
b) 6 retas.
c) 4 planos.

5. a) pontos.
b) 4 retas.

6.

Sólido geométrico	Número de lados do polígono da base	Número de vértices do sólido	Número de arestas do sólido	Número de faces do sólido
Bloco retangular	4	8	12	6
Prisma de base triangular	3	6	9	5
Prisma de base hexagonal	6	12	18	8
Pirâmide de base triangular	3	4	6	4
Pirâmide de base quadrada	4	5	8	5
Pirâmide de base hexagonal	6	7	12	7
Pirâmide de base octogonal	8	9	16	9

a) O número de vértices é igual ao dobro do número de lados do polígono da base.
b) O número de vértices é igual ao número de lados do polígono da base mais 1 unidade.
c) O número de arestas dos prismas é igual ao triplo do número de lados do polígono da base. Já o número de arestas das pirâmides é igual ao dobro do número de lados do polígono da base.
d) O número de faces dos prismas é igual ao número de lados do polígono da base mais 2 unidades. Já o número de faces das pirâmides é igual ao número de lados do polígono da base mais 1 unidade.

7. a) *B*3 e *C*3.
b) *D*12, *E*12, *F*12 e *G*12.
c) *K*5, *K*6, *K*7, *K*8 e *K*9.
d) *E*4, *F*5, *E*6 e *L*14, *M*13, *N*14.

8. *L*2 ou *N*2 ou *M*1 ou *M*3.

9. *B* (2, 6), *C* (1, 2), *D* (4, 1), *E* (7, 4), *F* (9, 7).

10. *A* (2, 1), *B* (5, 1), *C* (7, 3), *D* (5, 6), *E* (2, 5), *F* (0, 2).

11. Construção.

12. Construção.

13. Construção.

14. Construção.

15. Retas: *a*, *r*, *x*, *t*

16. a) *a*, *b*, *c* e *t*.
b) *r*, *s* e *t*.
c) *t*

17. a) *C*, *B* e *D*.
b) *A* e *E*.
c) *A* e *B*.
d) *C*

18. 10 retas; $\overleftrightarrow{AB}$, $\overleftrightarrow{AC}$, $\overleftrightarrow{AD}$, $\overleftrightarrow{AE}$, $\overleftrightarrow{BC}$, $\overleftrightarrow{BD}$, $\overleftrightarrow{BE}$, $\overleftrightarrow{CD}$, $\overleftrightarrow{CE}$, $\overleftrightarrow{DE}$

CAPÍTULO 4 Semirreta, segmento de reta e ângulo

PARTICIPE

a) • o posto de gasolina: Rua Amélia Bueno.
• o hospital: Rua Rodolfo Maia.
• a praça: No cruzamento entre as ruas Amélia Bueno e Rodolfo Maia.
b) É a praça.
c) Sim. Porque fica localizado exatamente no cruzamento dessas duas ruas.

1. a)
b) Construção.
c) Segmento $\overline{PQ}$.

2. a) 2
b) 4
c) 1
d) 3

3. a) 6 semirretas: $\overrightarrow{TR}$, $\overrightarrow{RS}$, $\overrightarrow{SV}$, $\overrightarrow{VS}$, $\overrightarrow{SR}$ e $\overrightarrow{RT}$.
b) 6 segmentos de reta: $\overline{TR}$, $\overline{TS}$, $\overline{TV}$, $\overline{RS}$, $\overline{RV}$ e $\overline{SV}$.

4.

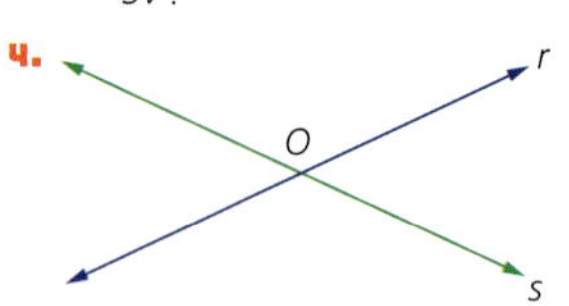

5. a) 2 semirretas: $\overrightarrow{BA}$ e $\overrightarrow{BC}$.
b) Ponto *A*.
c) 6 semirretas.

6. a) 6 semirretas.
b) $\overline{XY}$, $\overline{XZ}$ e $\overline{YZ}$.
c) $\overline{XZ}$; pontos *X* e *Z*.

PARTICIPE

a) Que ele chutou a bola no canto superior da trave.
b) Resposta pessoal.
c) Resposta pessoal.

PARTICIPE

Sim.

PARTICIPE

I. a) Sim.
b) Retas concorrentes.
c) Não.
d) Rua Adelaide e rua Rodolfo Maia; rua João Mesquita e rua Amélia Bueno.

II. A imagem A mostra duas retas que se cruzam; na imagem B as retas não se cruzam.

7. a) $\overrightarrow{AB}$ e $\overrightarrow{AC}$.
b) B
c) $\overrightarrow{CA}$ e $\overrightarrow{CB}$.

8. a) $A\hat{B}C$ e $C\hat{D}E$.
b) B e D.
c) $\overrightarrow{BA}$, $\overrightarrow{BC}$, $\overrightarrow{DC}$ e $\overrightarrow{DE}$.

9. Alternativa **d**.

10.

	a	b	c	d	e
a		concor-rentes	paralelas	concor-rentes	concor-rentes
b	concor-rentes		concor-rentes	paralelas	concor-rentes
c	paralelas	concor-rentes		concor-rentes	concor-rentes
d	concor-rentes	paralelas	concor-rentes		concor-rentes
e	concor-rentes	concor-rentes	concor-rentes	concor-rentes	

11. 2; 8

12. 4; *a* e *b*, *a* e *d*, *c* e *d*, *c* e *b*

13. a) *D*8
b) Cinco.
c) A resposta depende do trajeto escolhido pelos estudantes.

14. a) 15 b) 15 c) 3

15. d) 4 cm
e) Espera-se que as medidas sejam iguais.

16. Exemplo de resposta:
1) Trace uma semirreta $\overrightarrow{Oa}$.
2) Coloque o centro do transferidor em O e o 0 (zero) sobre a semirreta $\overrightarrow{Oa}$.
3) Mantendo o transferidor fixo, procure nele a marca correspondente ao 45° e marque o ponto B.
4) Retire o transferidor e, em seguida, trace a semirreta $\overrightarrow{OB}$.

17. a) A: $A\hat{B}C$ ou $C\hat{B}A$; B: $A\hat{C}B$ ou $B\hat{C}A$; C: $B\hat{A}C$ ou $C\hat{A}B$; D: $r\hat{V}s$ ou $s\hat{V}r$.
b) A: $\overrightarrow{BA}$ e $\overrightarrow{BC}$; B: $\overrightarrow{CB}$ e $\overrightarrow{CA}$; C: $\overrightarrow{AB}$ e $\overrightarrow{AC}$; D: $\overrightarrow{Vr}$ e $\overrightarrow{Vs}$.
c) B, C, A e V.

18. a) med $(A\hat{O}B) = 20°$
b) med $(A\hat{O}C) = 50°$
c) med $(A\hat{O}D) = 85°$
d) med $(A\hat{O}E) = 100°$
e) med $(A\hat{O}F) = 140°$
f) med $(A\hat{O}G) = 165°$

19. a) b) c) Construção.

20. a) 60' c) 900'
b) 600' d) 192'

21. a) 3600"
b) 60"
c) 1920"
d) 18000"
e) 36018"

22. $\frac{1}{60}$ e $\frac{1}{3\,600}$.

23. a) 187712"
b) 2895"

24. a) 45' 32"
b) 59' 58"

25. a) 53° 10'
b) 3° 44' 20"
c) 22° 10'

Unidade 3 Operações com números naturais

CAPÍTULO 5 Multiplicação

1. a) 4 + 4 + 4 + 4 + 4
b) 5 × 4
c) 20 horas.

2. 240 estudantes.

3. 800 horas.

4. 4 × 15 = 60. Na figura há 60 bolinhas.

5. 7200 pastilhas.

6. a) 72 c) 0
b) 8 d) 80

7. 59

8. 448 jogadores.

9. 518400 reais.

10. a) Exemplo de resposta:
1600 × 100 = 160000
b) Exemplo de resposta:
7000 × 800 = 5600000

11. Os resultados são: 287280; 2024000; 163200; 5639025.

12. Resposta pessoal.

13. a) 21978
b) 21978

14.

Número	Dobro	Triplo	Quádruplo
1	2	3	4
5	10	15	20
22	44	66	88
104	208	312	416
0	0	0	0
n	$2n$	$3n$	$4n$

15. 162

16. R$ 674.998,00

17. 40; 40

18. a) 1080 b) 1080
Os resultados são iguais.

19. a) 14000 b) 14000 c) 14000
Os resultados são iguais.

20. a) 219
b) 145
c) 262
d) 152

21. a) 37 c) 37
b) 68 d) 27

22. a) 396
b) 294
c) 430
d) 1500

23. a) 15 × 60 = 900
b) 300 + 600 = 900

24. 10050 − 980 = 9070

25. Resposta pessoal.

26. Resposta pessoal.

27. R$ 465700,00

28. a)
```
   9070
 ×   40
 ------
 362800
```
b)
```
   980
 × 105
 ------
 102900
```
c)
```
  362800
+ 102900
 -------
  465700
```

29. R$ 465700,00

30. Resposta possível: 4 × 7 + 2 × 5 = 38

31. 1ª prova: 28; 16; 2ª prova: 13; 17
Guilherme: 41 pontos.

32. 9

33. a) 440 metros.
b) 8000 centímetros.
c) 2000 centímetros.
d) 28000 centímetros.

34. a) 473 doces.
b) 801 salgados.

CAPÍTULO 6 Divisão

PARTICIPE

I. a) 720000 ÷ 6
b) 120000
c) Multiplicando 120000 por 6.
d) 6

II. a) 120000 reais.
b) 120000 ÷ 24000
c) 5
d) 5 × 24000 = 120000

1. a) 5 grupos.
b) 8

2. a) 21 dias; 3 semanas. c) 60 doces.
b) 20 caixas.

3. a) 36 litros.
b) 54 litros.
c) O gasto é o mesmo com os dois combustíveis.

4. R$ 2370,00

5. a) 8 meses. c) 8760 horas.
b) 30 semanas. d) 5 dúzias.

6. R$ 565,00

7. 1350 gramas.

8. R$ 3255,00

9. 36: dividendo; 4: divisor; 9: quociente

10. Resposta pessoal.

11. Resposta pessoal

PARTICIPE

I. a) 4 c) 3 × ■; 12
b) 4 d) ■ = 4

II. a) 2
b) 2
c) 2 × ▲ = 4
d) ▲ = 2
e) 15
f) ◆ = 15

12. 105

13. azul: 20; vermelho: 40

14. $a = 15$; $b = 6$; $c = 5$; $d = 10$; $e = 2$

15. 11; 1 232; 60; 52; 22

16. a) 7
b) 3
c) 57
d) 1
Giovana está certa.

17. azul: 5 119; vermelho: 896

18. R$ 24,00

19. a) 17
b) 36

20. 7

21. Luciana: 220; Alexandre: 85; Ricardo: 2 736; Priscila: 620; Maurício: 845; André: 49 291
Nenhum deles.

22. 20 equipes; 4 alunos

23. 261 semanas.

24. Sexta-feira

25. a) 1 606 caixas.
b) 27 palitos.
c) 4 820 caixas; 1 palito.

26. a) 4 679
b) Impossível; o resto não pode ser maior que o divisor.

27. a) Certa.
b) Certa.
c) Certa.
d) Certa.
e) Certa.
f) Errada.

28. a) 250 horas.
b) 10 dias e 10 horas.

29. a) R$ 2 360,00
b) R$ 1 180,00
c) R$ 2 020,00
d) Calculando a soma e a diferença. A soma deve ser R$ 3 200,00, e a diferença, R$ 840,00.

30. a) 4 anos.
b) 105 anos.
c) 5 anos.
d) 39 anos.
e) 42 anos.

31. a) 4 vezes.
b) 36
c) 108

32. a) 11 600
b) 58 000

33. Gerente: R$ 2 500,00; cada vendedor: R$ 1 250,00

34. a) 2 anos.
b) 92 anos.
c) 4 vezes.
d) 23 anos.
e) 21 anos.

35. a) 54 rodas.
b) 44 rodas.
c) 2 rodas.
d) 22 automóveis.
e) 5 motos.

36. a) R$ 10 395,00
b) R$ 675,00
c) R$ 45,00
d) 15 passageiros.
e) 62 passageiros.

37. 2 250 ingressos.

38. a) 12 anos.
b) 15 anos.

39. 72 ingressos.

40. 9 cortes.

CAPÍTULO 7 Potenciação e radiciação

PARTICIPE

I. a) 4
b) 8
c) 16
d) 32
e) 64

II. a) 9
b) 27
c) 81
d) 243

---

1. a) 16
b) 64
c) 256

2. a) $4 \times 4 \times 4 = 64$
b) $1 \times 1 \times 1 \times 1 = 1$
c) $2 \times 2 \times 2 \times 2 \times 2 = 32$
d) $2 \times 2 \times 2 \times 2 \times 2 \times 2 = 64$

3. a) 7^3
b) 8^5
c) 12^2
d) 6^7

4. a) 64
b) 0
c) 100 000
d) 36

5. a) 100
b) 1 000
c) 1 110

6. a) 3^2
b) São iguais.
c) 2^5
d) São iguais.

7. a) 6^2
b) 8^2

8. a) 2^2
b) 3^2
c) 4^2
d) 5^2

9. a) 25
b) 100
c) 36
d) 225
e) 144
f) 10 000

10. 2^3

11. a) 8
b) 125
c) 1 000
d) 27
e) 512
f) 1 000 000

12. cubo de 6: 216
4ª potência de 3: 81
5ª potência de 3: 243
8ª potência de 2: 256
quadrado de 11: 121

13. a) 2×999
b) 999^2
c) 999^3
d) 3×999
e) $2 \times n$
f) n^2
g) n^3
h) $3 \times n$

14. a) 100
b) 1 000
c) 10 000
d) 100 000
e) 1 000 000
f) 10 000 000

15. 12 zeros; um trilhão

16. a) 5^8
b) 1 953 125
c) 78 125

17. a) 1 331
b) 14 641
c) 161 051

18. a) 10 201
b) 1 002 001
c) 100 020 001

19. A: 89; Maurício.
B: 57; Gabriela.
C: 145; Alexandre.
D: 10; André.
E: 36; Luciana.
F: 37; Priscila.
Maurício; Talita.

20. Raul: pipa 52, Marina: pipa 25, Lílian: pipa 48, Gabriel: pipa 432. 81 é o número que está na pipa cujo dono não conhecemos.

21. a) 6
b) 28
c) 100

22. A: 0; Raquel.
B: 106; Ana.
C: 120; ninguém retirou esse livro.
D: 149; Rogério.
E: 2; Tales.
F: 25; Luísa.
Caçadas de Pedrinho; Rogério.

23. a) 4
b) 6
c) 9

24. a) 14
b) 3

25.

Número n	n é quadrado perfeito?	Em caso afirmativo, quanto é $\sqrt{n}$?
25	sim	5
64	sim	8
80	não	80 não é quadrado perfeito.
100	sim	10
121	sim	11
144	sim	12
225	sim	15
75	não	75 não é quadrado perfeito.
400	sim	20
625	sim	25

26. 14

27. a) 45
b) 210

28. a) 3^8
b) 2^{12}
c) 2^{10}
d) 10^{20}

29. a) I. Falsa; II. Falsa; III. Verdadeira.
b) adicionamos

30. a) 3^5
b) 10^2
c) 7^2
d) 12^2

31. a) subtraímos.
b) I. 10^5; II. 2^5; III. 2^8

32. a) 3^{10} b) 2^{12} c) 5^{18} d) 2^{20}

33. a) I. $(8^3)^5 = 8^{15}$; II. $(25^4)^{10} = 25^{40}$;
III. $(10^3)^2 = 10^6$; IV. $(7^3)^3 = 7^9$
b) multiplicamos.

34. a) 7 c) 1
b) 18 d) 1

35. a) Verdadeira.
b) Verdadeira.

36. a) 120^1 b) 312^0

37. a) 1 b) 308

38. a) 1 c) 27
b) 1 d) 10 000

39. a) 9^8 d) 5^{15}
b) $3^5 \cdot 4^7$ e) 3^{23}
c) 5^7 f) 10^2

40. 9

41. 59 049; 531 441

42. Luciana abriu a caixa 1, e Gabriela, a caixa 2. A caixa 3 não foi aberta.

43. Gabriela (7): girafa; Priscila (15): elefante; Luciana (11): rinoceronte; Alexandre (114): gorila; Fabinho (94): onça; Nicolau (1): leão. Não sabemos a preferência de Maurício.

44. a) $1 \cdot 10^3 + 9 \cdot 10^2 + 5 \cdot 10^1 + 8 \cdot 10^0$
b) $3 \cdot 10^4 + 2 \cdot 10^3 + 6 \cdot 10^1 + 5 \cdot 10^0$

45. a) 6 789 c) 25 001
b) 2 008 d) 607 080

46. 1 001, 1 010, 1 100

47. a) 99 999 c) 10 000
b) 98 765 d) 10 234

48. 612 algarismos.

49. 111, 112, 121, 122, 211, 212, 221, 222

50. a) 11 d) 110
b) 100 e) 1 101
c) 101 f) 11 001

51. a) 10
b) 26

52. $1 \cdot 3^3 + 2 \cdot 3^2 + 1 \cdot 3^1 + 2 \cdot 3^0$

UNIDADE 4 Múltiplos e divisores

CAPÍTULO 8 Divisibilidade

PARTICIPE

I. a) 56 862 : 4
b) 14 215
c) Sim, sobraram duas.
d) Não.

II. e) Não.
f) Não.
g) Sim. Sobrariam quatro.

III. a) Não, porque a divisão de 56 862 por 4 não é exata. Sim, porque a divisão de 56 862 por 6 é exata.
b) Sim; sim; não.
c) Sim; sim; sim.

1. a) Certo.
b) Errado, 680 não é divisível por 12.
c) Certo.
d) Errado, 209 é divisível por 11.

2. a) 0
b) 1
c) Sim. Porque as divisões têm resto zero.
d) Não. Porque as divisões não têm resto zero.
e) pares

3. 7 vezes.

4. 12, 78, 102, 134, 1 234, 0, 13 890

5. a)
245 | 3
2 81

372 | 3
0 124

447 | 3
0 149

1 468 | 3
1 489

2 445 | 3
0 815

b) Resposta no final do livro.
c) é.

6. 12, 78, 102, 3, 0, 555, 13 890

7. Sim. Sobrará 1 figurinha porque 1 + 9 + 7 + + 2 + 6 = 25; tirando 1 fica divisível por 3. Não sobrará figurinha, porque 59 175 é divisível por 3.

8. Para isso, é preciso saber que 17 482 não é divisível por 3, mas que 54 321 é divisível.

9. 0

10. a) Resposta no final do livro.
b) 2; 3

11. 12 300, 67 890, 112 704

12. a) 102, 104, 106, 108, 110, 112, 114, 116, 118
b) 102, 105, 108, 111, 114, 117
c) 102, 108, 114

13. a) Não; 7 d) Não; 3
b) Sim; 5 e) 0 ou 5
c) Sim; 0

14. 0 ou 5

15. 75, 210, 13 260, 5, 0, 12 345, 4 080

16. 410, 415, 140 e 145

17. a) 1, 4 ou 7 b) 0

18. 4

19. a) Qualquer que seja o algarismo do meio, o número não será divisível por 2.
b) 2, 5 ou 8

PARTICIPE

I. a) 42; não.
b) 21; não.
c) Sim.
d) 42
e) Sim.
f) Não.
g) Sim.
h) 43; 21; sim, sobraria 1 bandeja.
i) Sim, sobrariam 2 maçãs.
j) Não.

II. a) 42; é. b) 43; não é.

III. Não; não.

IV. Sim; sim.

V. Não.

VI. par (ou divisível por 2)

20.

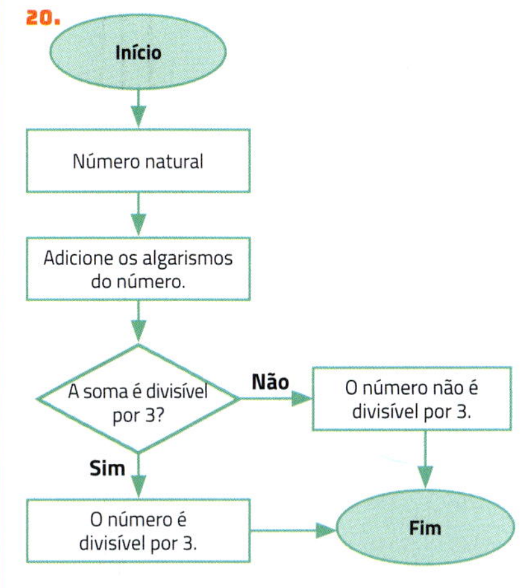

21. Exemplo de resposta:
Algoritmo
1º) verificar em que algarismo termina o número;
2º) verificar se esse algarismo é 0 ou 5;
3º) concluir se o número é ou não é divisível por 5.

Fluxograma

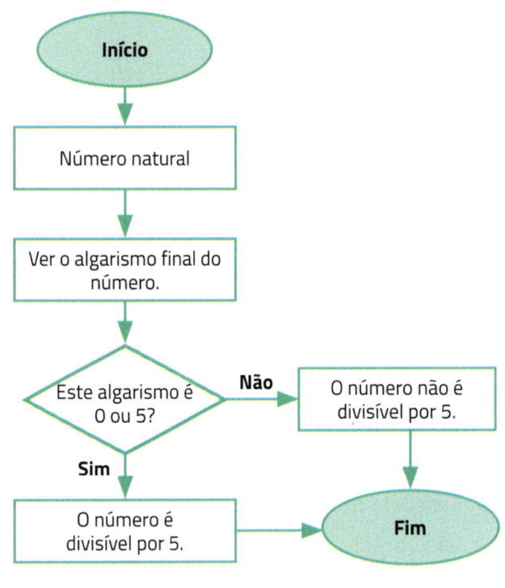

22.

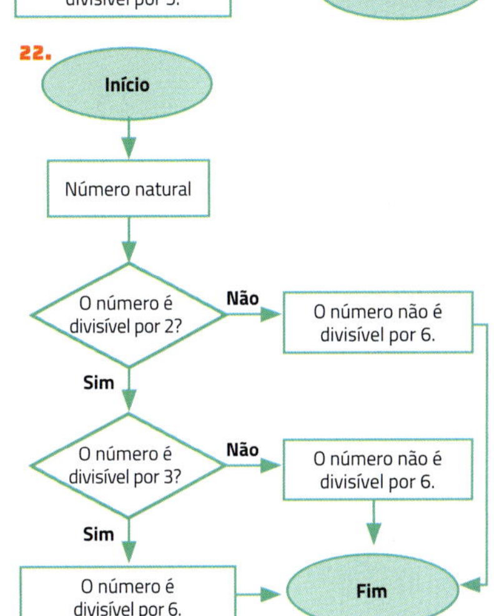

23. 1 056, 40 e 32

24. a) Sim. b) Não.

25. a) 5; 3
b) 8
c) Sim; sim.
d) Sim.

26. Resposta pessoal.

27. é

28. Porque são obtidos adicionando parcelas de 100, e 100 é divisível por 4.

29. a) Sim. Sim. Sim. b) Sim. Não. Não.

30.

Número dado	Número formado pelos dois últimos algarismos	Este número é divisível por 4?	Número dado	O número dado é divisível por 4?
316	16	sim	300 + 16	sim
4 148	48	sim	4 100 + 48	sim
13 126	26	não	13 100 + 26	não
47 108	08	sim	47 100 + 08	sim
11 222	22	não	11 200 + 22	não
101 010	10	não	101 000 + 10	não
123 456	56	sim	123 400 + 56	sim

a) Sim. b) Não.

31. divisível

32. 336, 540, 1 608, 1 776 e 18 092

33. 2012 e 2016

34. a) 2024 e 2028
b) Não, porque termina em 00 e não é divisível por 400.
c) Resposta pessoal.

35. Como 1 000 é divisível por 8, todo número terminado em 000 também é, porque é obtido adicionando parcelas de 1 000.

36. a) Sim; sim; sim.
b) Sim; não; não.
c) Sim; sim; sim.
d) Sim; não; não.
e) Sim; não; não.
f) Sim.
g) Não.

37. Resposta pessoal.

38. a) Sim; sim.
b) Sim; sim.
c) Não; não.
d) Sim; sim.
e) Não; não.

39. a) Sim.
b) Não.
c) soma; é

40. Alternativas **a**, **b**, **d** e **f**.

41. 441, 450, 459 ou 468.

42. a) 0 b) 1 208 000 e 950

43. a) Sim.
b) Sim.
c) Não.
d) Sim.
e) Sim.
f) Não.
g) Sim.
h) Sim.

44. a) Não.
b) Sim.

45. a) Não.
b) 4
c) 4
d) 9

CAPÍTULO 9 Números primos e fatoração

1. a) 1, 3, 7, 21; não. b) 1, 23; sim.

2. 2

3. a) Resposta pessoal. b) Resposta pessoal.

4. a) 2, 3, 5, 7, 11, 13, 17, 19, 23, 29, 31, 37, 41, 43 e 47.

b)

	51	52	53	54	55	56	57	58	59
60	61	62	63	64	65	66	67	68	69
70	71	72	73	74	75	76	77	78	79
80	81	82	83	84	85	86	87	88	89
90	91	92	93	94	95	96	97	98	99

c) São primos: 53, 59, 61, 67, 71, 73, 79, 83, 89 e 97.

5. a) Primo.
b) Composto.
c) Primo.
d) Composto.

6. a) 503 b) 809

7.
- Primo.
- Primo.
- Composto.
- Composto.
- Composto.
- Primo.
- Composto.
- Composto.
- Composto.
- Composto.
- Primo.
- Composto.
- Composto.
- Composto.
- Primo.
- Composto.

8. a) 1 009 b) 997

9. a) Seis
b) Nenhum.

10. $2 \cdot 18$; $3 \cdot 12$; $6 \cdot 6$; $9 \cdot 4$; $12 \cdot 3$; $18 \cdot 2$

11. a) $1 \cdot 300$; $2 \cdot 150$; $3 \cdot 100$; $4 \cdot 75$; $5 \cdot 60$; $6 \cdot 50$; $10 \cdot 30$; $12 \cdot 25$; $15 \cdot 20$
b) 15 e 20

12. 10 modos.

PARTICIPE

I. a) Por exemplo: $1 \cdot 60$, $2 \cdot 30$, $3 \cdot 20$, $4 \cdot 15$.
b) Possível resposta: $1 \cdot 6 \cdot 10$; $2 \cdot 3 \cdot 10$; $3 \cdot 4 \cdot 5$. Há outras possibilidades.
c) $2 \cdot 2 \cdot 3 \cdot 5$

II. a) Composto.
b) 1, 2, 4, 5, 8, 10, 20 e 40.
c) $2 \cdot 2 \cdot 2 \cdot 5$

PARTICIPE

I.

40	2
20	2
10	2
5	5
1	

$40 = 2 \cdot 2 \cdot 2 \cdot 5$
$40 = 2^3 \cdot 5$

II. a) Não; é primo.
b) Sim; é maior que 1 e não é primo.
c) $28 = 22 \cdot 7$

13. a) $2^4 \cdot 3$
b) $2^2 \cdot 23$
c) $2 \cdot 7^2$
d) $2^3 \cdot 3 \cdot 5$
e) $2^3 \cdot 3 \cdot 7$
f) $2^2 \cdot 3^2 \cdot 5$
g) $3^2 \cdot 5^2$
h) $2 \cdot 5^3$
i) $2^2 \cdot 7 \cdot 11$

14.

140	$3^2 \cdot 5 \cdot 11^2$
500	$2 \cdot 5^2 \cdot 13$
5 455	$2^2 \cdot 5 \cdot 7$
650	$2^2 \cdot 5^3$
	$2^{10} \cdot 3$
3 900	$2^2 \cdot 3 \cdot 5^2 \cdot 13$

3 072

15. a) 5
b) 13
c) 17
d) 29

16. a) 1 e 80; 2 e 40; 4 e 20; 5 e 16; 8 e 10.
b) 5 e 16
c) 8 e 10

17. Alternativa **a**.

CAPÍTULO 10 Múltiplos e mínimo múltiplo comum

1. 0, 6, 12, 18, 24, 30, 36, 42 e 48.

2. 35, 42, 49 e 56.

3. a) 0, 11, 22, 44, 55, 66, 88 e 99.
b) 33 e 77.

4. 100, 200, 300, 400, 500 e 600.

5. 00

6. 1 000, 2 000, 3 000, 4 000, 5 000 e 6 000.

7. 000

8. a) 100
b) 100 e 1 000.
c) 100
d) 100
e) 100 e 1 000.
f) Não é divisível por 100 e por 1 000.

9. a) Sim. b) Não.

10. a) 335
b) 341
c) 340
d) 333
e) 348

11. a) 108 b) 108 c) 36

PARTICIPE

I. Resposta pessoal.

II. 0, 6, 12, 18, 24, ...

III. Nos dias 6, 12, 18, 24 e 30.

IV. 6

V. a) Múltiplos de 4: 4, 8, 12, 16, 20 e 24. Múltiplos de 6: 6, 12, 18 e 24.
b) 12 e 24.
c) 12

12. a) 6, 12, 18, 24, 30, 36, 42 e 48.
b) 8, 16, 24, 32, 40 e 48.
c) 24 e 48.
d) 24

13. Às 10 horas.

14. Resposta pessoal.

15. 75

16. a) 36 c) 60
b) 120 d) 200

17. Parque de diversões.

CAPÍTULO 11 Divisores e máximo divisor comum

PARTICIPE

I. a) 180 : 9
b) Sim, porque 180 é divisível por 9.
c) 180 : 24
d) Não, porque 180 não é divisível por 24.
e) Sim.

II. a) Sim.
b) Não.
c) 12, 16, 24, 32, 48 e 96

---

1. a) Sim, porque 36 é divisível por 9.
b) Não, porque 36 não é divisível por 11.

2. a) Não. b) Sim.

3. a) Sim. c) Sim.
b) Não. d) Não.

4. a) 5
b) 2
c) 10
d) 6

5. a) 3 c) 116
b) 680 d) 205

6. a) *C*; 1, 2, 5 e 10
b) *A*; 1, 2, 3, 4, 6 e 12
c) *B*; 1, 2, 4 e 8

7. Certa.

8. 1, 2, 3, 6, 9 e 18

9. a) 1, 2, 5, 10, 11, 22, 55 e 110
b) 1, 2, 3, 4, 6, 8, 9, 12, 18, 24, 36 e 72

10. a)

		$\times$ 1
110	2	2
55	5	5, 10
11	11	11, 22, 55, 110
1		

b)

		$\times$ 1
72	2	2
36	2	4
18	2	8
9	3	3, 6, 12, 24
3	3	9, 18, 36, 72
1		

11. a) 1, 2, 3, 4, 5, 6, 10, 11, 12, 15, 20, 22, 30, 33, 44, 55, 60, 66, 110, 132, 165, 220, 330 e 660
b) quatro (2, 3, 5 e 11)

12. a) Não. b) Sim.

13. 117

PARTICIPE

I. 1, 2, 3, 4, 6, 8, 12 e 24

II. 1, 2, 3, 5, 6, 10, 15 e 30

III. 1, 2, 3 e 6

IV. 6

V. a) 1, 2, 4, 5, 7, 10, 14, 20, 28, 35, 70 e 140
b) 1, 2, 3, 5, 6, 10, 15, 25, 30, 50, 75 e 150
c) 1, 2, 5 e 10
d) Divisores comuns de 140 e 150
e) 10

---

14. a) 1, 3, 5 e 15 b) 15

15. 6 metros; 28 pedaços.

16. 2 metros; 340 pedaços.

17. 18 livros e 22 pacotes.

18. Resposta pessoal.

19. Resposta pessoal.

20. 4

21. a) 1 b) 7 c) 2 d) 1

22. a) são c) não são
b) não são d) são

UNIDADE 5 Frações

CAPÍTULO 12 O que é fração?

PARTICIPE

I. a) Desenhe um quadrado do tamanho da unidade e divida-o só em triângulos do tamanho do triângulo rosa.
b) 4
c) Um quarto.
d) $\frac{1}{4}$
e) e) e f)
g) $\frac{4}{4}$

II. a) Azul-escuro.
b) 8
c) Um oitavo.
d) $\frac{1}{8}$
e) um oitavo ou $\frac{1}{8}$; três oitavos ou $\frac{3}{8}$; seis oitavos ou $\frac{6}{8}$; oito oitavos ou $\frac{8}{8}$
f) $\frac{8}{8}$

PARTICIPE

a) 4; quantas partes tomamos.
b) 7; o número de partes em que o inteiro foi dividido.
c) $\frac{7}{7}$

---

1. a) Um meio.
b) Três quartos.
c) Oito onze avos.
d) Um quinze avos.
e) Dois terços.
f) Sete décimos.
g) Cinquenta e um centésimos.
h) Onze trinta e cinco avos.

2. a) $\frac{8}{9}$ d) $\frac{2}{4}$
b) $\frac{1}{4}$ e) $\frac{3}{4}$
c) $\frac{1}{3}$

3. a) $\frac{2}{5}$
b) 5; 2
c) $\frac{3}{5}$
d) 5; 3

4. a) $\frac{5}{9}$ b) $\frac{4}{9}$

5. Há várias possibilidades. Uma delas:

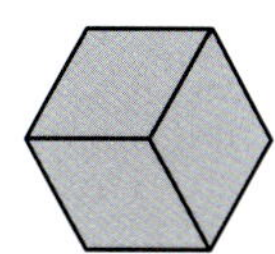

6. a) $\frac{7}{11}$ b) $\frac{4}{11}$

7. a) $\frac{50}{250}$
b) $\frac{11}{250}$

8. $\frac{4}{7}$

9. a) Um sexto.
b) Nove milésimos.
c) Quatro sétimos.
d) Cinco doze avos.
e) Onze cinquenta avos.
f) Sete treze avos.

10. a) $\frac{423}{1000}$ d) $\frac{3}{100}$
b) $\frac{2}{10}$ e) $\frac{3}{5}$
c) $\frac{7}{20}$

11. a) 5
b) 6
c) 8

12. a) 10 b) 18 c) 8

13. a) 7 b) 49

14. a) 15 b) 35

15. 5 anos.

16. 45

17. 6

PARTICIPE

I. a) $\frac{2}{3}$
b) 2
c) 3
d) O numerador.
e) Sim.
f) Resposta pessoal.

II. a) 3
b) $\frac{1}{3}$

III. a) 5
b) $\frac{5}{3}$

c) 5
d) 3
e) O numerador.
f) Sim.
g) Resposta pessoal.

IV. a) 3
b) 6
c) $\frac{6}{3}$
d) 6
e) 3
f) Sim.
g) Sim.
h) Duas.
i) 2
j) Resposta pessoal.

18. a) Figura 1: $\frac{4}{4}$; Figura 2: $\frac{3}{4}$; Figura 3: $\frac{7}{4}$
b) $\frac{4}{4}$: imprópria e aparente; $\frac{3}{4}$ própria; $\frac{7}{4}$ imprópria.
c) $\frac{7}{4} = \frac{4}{4} + \frac{3}{4}$
d) 1
e) $\frac{7}{4}$ = 1 inteiro + $\frac{3}{4}$

19. a) própria
b) imprópria e aparente
c) própria
d) imprópria
e) imprópria e aparente
f) própria
g) imprópria e aparente

20. $1\frac{3}{4}$

21. própria: $\frac{2}{7}$; impróprias: $\frac{11}{3}$, $\frac{9}{4}$, $\frac{19}{8}$, $\frac{8}{4}$, $\frac{14}{7}$, $\frac{10}{1}$, $\frac{120}{10}$; aparentes: $\frac{8}{4}$, $\frac{14}{7}$, $\frac{10}{1}$, $\frac{120}{10}$

22. $\frac{11}{3} = 3\frac{2}{3}$; $\frac{9}{4} = 2\frac{1}{4}$; $\frac{19}{8} = 2\frac{3}{8}$

23. 1

24. a) $\frac{8}{4} = 2$; $\frac{14}{7} = 2$; $\frac{10}{1} = 10$; $\frac{120}{10} = 12$
b) Resposta pessoal.
c) $\frac{12}{6}$
d) Resposta pessoal.

25. 0

26. a) $\frac{12}{4}$
b) imprópria e aparente
c) 3

27. a) $3\frac{3}{7}$ barras.
b) Dividir 3 barras em 7 partes iguais cada uma e dar 3 barras inteiras e três sétimas partes para cada neto.

28. a) 20
b) 8
c) 1
d) 2

29. a)
```
18 |_7_
 4   2
```
b) 2
c) 2
d) 4
e) $\frac{4}{7}$
f) $2\frac{4}{7}$

30. a) $5\frac{1}{5}$
b) $7\frac{5}{6}$
c) $29\frac{1}{2}$
d) $15\frac{5}{8}$
e) $11\frac{4}{13}$
f) $52\frac{13}{25}$

31.

Número misto	Fração imprópria
$2\frac{1}{3}$	$\frac{7}{3}$
$1\frac{2}{7}$	$\frac{9}{7}$
$4\frac{2}{7}$	$\frac{30}{7}$
$1\frac{1}{3}$	$\frac{4}{3}$
$2\frac{1}{2}$	$\frac{5}{2}$
$2\frac{3}{5}$	$\frac{13}{5}$
$3\frac{5}{11}$	$\frac{38}{11}$

32. 390 reais; 630 reais

33. 132

34. a) 29 quilômetros.
b) R$ 216,00
c) 34 caminhões.

CAPÍTULO 13 Frações equivalentes e comparação de frações

1. a) $\frac{4}{6}$
b) $\frac{2}{3} = \frac{4}{6}$
c) $\frac{14}{21}$
d) $\frac{2}{3} = \frac{14}{21}$
e) $\frac{20}{30}$
f) $\frac{2}{3} = \frac{20}{30}$

2. a) $\frac{10}{15}$
b) $\frac{20}{30} = \frac{10}{15}$
c) $\frac{4}{6}$
d) $\frac{20}{30} = \frac{4}{6}$
e) $\frac{2}{3}$
f) $\frac{20}{30} = \frac{2}{3}$

3. a) Verdadeira.
b) Falsa.
c) Verdadeira.
d) Verdadeira.

4. a) 6
b) 2
c) 5
d) 5

5. $\frac{4}{12}$ $\frac{5}{4}$ $\frac{15}{12}$ $\frac{42}{30}$ $\frac{55}{10}$

6. $\frac{30}{49}$

7. $\frac{24}{26}$

8. $\frac{14}{35}$

PARTICIPE

a) 1, 2, 3, 4, 6, 8, 12 e 24.
b) 1, 2, 3, 4, 6, 9, 12, 18 e 36.
c) 1, 2, 3, 4, 6 e 12.
d) $\frac{24}{36}$, $\frac{12}{18}$, $\frac{8}{12}$, $\frac{6}{9}$, $\frac{4}{6}$ e $\frac{2}{3}$.
e) $\frac{24}{36}$
f) $\frac{24}{36} \sim \frac{12}{18} \sim \frac{8}{12} \sim \frac{6}{9} \sim \frac{4}{6} \sim \frac{2}{3}$
g) $\frac{2}{3}$
h) Não.
i) mdc (2, 3) = 1
j) Primos entre si.

9.

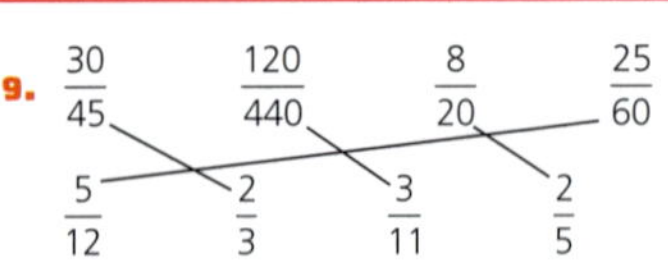

10. $\frac{1}{14}$, $\frac{2}{13}$, $\frac{4}{11}$, $\frac{7}{8}$

11. a) $\frac{2}{3}$
b) $\frac{2}{3}$

12. a) $\frac{1}{2}$
b) $\frac{1}{3}$
c) $\frac{1}{2}$
d) $\frac{2}{3}$
e) $\frac{3}{5}$
f) $\frac{5}{3}$

13. a) $\frac{7}{6}$
b) $\frac{3}{5}$
c) $\frac{7}{2}$
d) $\frac{7}{9}$

14. a) $\frac{2}{5}$
b) $\frac{2}{5}$
c) São iguais.

15. $\frac{4}{3}$, $\frac{4}{3}$; sim.

16. Ricardo e Andreia.

17. $\frac{2}{7}$, $\frac{20}{63}$; não são equivalentes.

18. a) $\frac{14}{21}$; $\frac{2}{3}$
b) $\frac{125}{225}$; $\frac{15}{27}$

19. a) $\frac{1}{20}$
b) $\frac{1}{4}$

20. a) $\frac{8}{13}$
b) $\frac{2}{17}$

21. $\frac{84}{300}$ e $\frac{55}{300}$

22. $\frac{1}{2}$, $\frac{1}{3}$, $\frac{1}{4}$; papel
$\frac{1}{5}$, $\frac{3}{7}$, $\frac{19}{70}$; vidro
$\frac{3}{4}$, $\frac{5}{6}$, $\frac{7}{10}$; plástico
$\frac{3}{28}$, $\frac{19}{60}$, $\frac{1}{70}$; metal

23. a) Cinema.
b) Sorveteria.
c) Praia.
d) *Shopping*.

24. a) ROBERTA: Recife (Pernambuco), RICARDO: Manaus (Amazonas), MAURÍCIO: Porto Alegre (Rio Grande do Sul), ALEXANDRE: Curitiba (Paraná)

b)

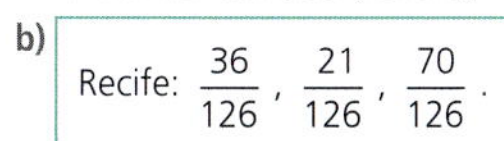

Recife: $\frac{36}{126}$, $\frac{21}{126}$, $\frac{70}{126}$.
Porto Alegre: $\frac{36}{60}$, $\frac{20}{60}$, $\frac{6}{60}$.
São Paulo: $\frac{36}{126}$, $\frac{21}{126}$, $\frac{140}{126}$.
Manaus: $\frac{80}{120}$, $\frac{24}{120}$, $\frac{105}{120}$.
Cuiabá: $\frac{36}{60}$, $\frac{20}{60}$, $\frac{10}{60}$.
Curitiba: $\frac{18}{12}$, $\frac{8}{12}$, $\frac{15}{12}$.

PARTICIPE

I. a) Menor.
b) $\frac{3}{12} < \frac{3}{8}$
c) São iguais.
d) $\frac{3}{12}$
e) Maior.

II. a) $\frac{1}{4}$, $\frac{1}{8}$, lilás.
b) $\frac{1}{8} < \frac{1}{4}$
c) Maior.
d) $\frac{1}{4} < \frac{2}{4}$
e) Menor.

III. $\frac{4}{8} < \frac{6}{8}$ $\quad \frac{1}{2} < \frac{3}{4}$

IV. Menor.

25. a) $\frac{2}{3}$
b) $\frac{11}{4}$
c) $\frac{1}{2}$
d) $\frac{2}{5}$

26. a) $\frac{5}{12}$
b) $\frac{3}{11}$
c) $\frac{3}{4}$
d) $\frac{8}{5}$

27. a) $3\frac{1}{4}$
b) $\frac{15}{2}$
c) $\frac{2470}{27}$
d) $\frac{1}{100}$

28. a) =
b) <
c) >
d) <
e) <
f) >
g) =

29. a) $\frac{7}{15}$: Júlio; $\frac{1}{2}$: Luca; $\frac{3}{5}$: Alexandre; $\frac{2}{3}$: Mário; $\frac{5}{6}$: Paulão.
b) $\frac{5}{8} > \frac{7}{16}$; o time da escola em que Jorge trabalha.

30. a) Bárbara.
b) 21 horas.
c) 2 horas.

31. Viviane.

CAPÍTULO 14 Operações com frações

1. a) A: $\frac{2}{10}$; B: $\frac{4}{10}$; C: $\frac{3}{10}$.
b) $\frac{2}{10} + \frac{4}{10} + \frac{3}{10} = \frac{9}{10}$

2. a) $\frac{7}{4}$
b) $\frac{4}{3}$
c) $\frac{17}{6}$
d) 1
e) $\frac{29}{5}$
f) $\frac{28}{5}$
g) $\frac{10}{3}$
h) 1

3. a) $\frac{13}{6}$
b) $\frac{5}{6}$
c) $\frac{17}{15}$
d) $\frac{25}{12}$
e) $\frac{5}{6}$
f) $\frac{5}{4}$
g) $\frac{247}{30}$
h) $\frac{31}{36}$

4. $11 > 10\frac{1}{3}$; portanto, o time de camiseta verde.

5. a) $\frac{101}{60}$
b) $\frac{4}{5}$
c) $\frac{11}{72}$
d) $\frac{2}{3}$

6. 1 680 ladrilhos.

7. a) R$ 184,00
b) R$ 46,00
c) $\frac{19}{24}$
d) 50 figurinhas.

8. 8 km

9. 16 500 litros.

10. $\frac{1}{5}$
a) $\frac{2}{5}$
b) $\frac{3}{5}$

11. a) $\frac{11}{5}$
b) $\frac{8}{3}$

12. a) $\frac{77}{5}$
b) $\frac{6}{9}$

13. a) $\frac{1}{10}$
b) $\frac{2}{21}$
c) $\frac{2}{27}$
d) $\frac{33}{16}$

14. b) 10, 1, $\frac{1}{2}$, $\frac{2}{15}$, $\frac{1}{30}$; Neide, Gabriel, Mário, Bela, Cristina.

15. a) Gabi: $\frac{3}{14}$; 27 pontos. Tonhão: $\frac{1}{7}$; 18 pontos. Zelu: $\frac{2}{21}$; 12 pontos. Fabiano: $\frac{2}{7}$; 36 pontos. Marta: $\frac{11}{42}$; 33 pontos.
b) Fabiano.
c) Zelu.

16. a) $\frac{2}{3}$
b) $\frac{25}{3}$
c) $\frac{4}{3}$

17. a) $\frac{7}{3}$
b) $\frac{20}{3}$
c) $\frac{7}{3}$

18. A atividade 16 é uma simples multiplicação; já a atividade 17 envolve uma multiplicação e uma adição.

19. a) 1
b) 1
c) 1
d) 1
e) 1
São iguais.

20. Verdadeira.

21. a) $\frac{5}{4}$
b) $\frac{2}{7}$
c) $\frac{1}{48}$
d) $\frac{125}{224}$
e) $\frac{29}{10}$

22. a) 2
b) 14

23.

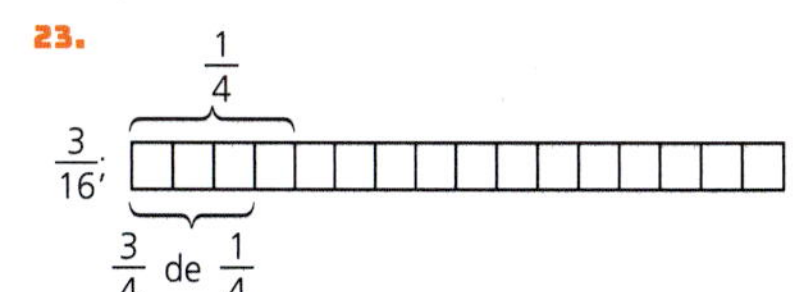

24. a) 45
b) $\frac{50}{3}$
c) $\frac{6}{5}$
d) $\frac{7}{4}$

25. $\frac{4}{21}$

26. a) Os dois comeram a mesma quantidade.
b) $\frac{1}{5}$

27. 120 laranjas.

28. Luciana e Talita; Gabriela e Mariana; Ricardo e Pedro; Alexandre e Nicole; Priscila e Renato; Maurício e Patrícia. Sobraram Paulo e Jussara.

29. a) $\frac{1}{2}$
b) 2
c) 15
d) $\frac{7}{12}$
e) $\frac{11}{9}$
f) $\frac{63}{100}$
g) $\frac{1}{4}$
h) $\frac{5}{2}$
i) $\frac{18}{7}$
j) $\frac{14}{11}$
k) $\frac{39}{4}$
l) $\frac{27}{7}$

30. $\frac{26}{5}$; $\frac{3}{4}$; $\frac{26}{25}$; 2; $\frac{10}{3}$

31. $\frac{5}{6}$

32. a) $\frac{3}{7}$
b) $\frac{3}{5}$
c) $\frac{1}{3}$
d) $\frac{3}{10}$

33. Uma; $\frac{25}{37}$, $\frac{88}{65}$, 1, $\frac{5}{16}$

34. a) 1
b) $\frac{239}{56}$

35. a) R$ 1 000,00
b) R$ 500,00
c) R$ 187,50
d) R$ 312,50
e) $\frac{5}{32}$

36. a) 520 pessoas.
b) 260 pessoas.
c) 130 pessoas.

37. $\frac{1}{6}$

38. a) Deve colorir 4 partes de verde.
b) Deve colorir 9 partes de amarelo.

39. 8; 12

40. Posto *A*: 4 500 doses; posto *B*: 7 500 doses.

41. Resposta pessoal.

PARTICIPE

a) 2; 3
b) $\frac{2}{3}$; 3
c) $\frac{8}{27}$

42. a) $\frac{1}{4}$
b) $\frac{1}{8}$
c) $\frac{1}{81}$
d) $\frac{9}{4}$
e) $\frac{343}{512}$
f) $\frac{16}{625}$

43. a) $\frac{27}{8} = 3\frac{3}{8}$
b) $\frac{225}{16} = 14\frac{1}{16}$
c) $\frac{529}{36} = 14\frac{25}{36}$

44. a) $\frac{25}{36}$
b) $\frac{7}{4}$
c) $\frac{89}{72}$
d) $\frac{11}{20}$

45. O maior é $\frac{5}{3}$.
a) 1
b) $\frac{3}{4}$
c) $\frac{5}{3}$
d) $\frac{1}{9}$

46. Nenhuma dá resultado maior que 10.
a) $\frac{20}{99}$
b) $\frac{625}{7\,056}$
c) 2
d) $\frac{3}{8}$
e) 1
f) $\frac{1}{27}$

UNIDADE 6 Números decimais

CAPÍTULO 15 Fração decimal e numeral decimal

1. a) décimo, centésimos, centésimos
b) centésimos, milésimos, milésimos
c) inteiros, décimos
d) inteiros, décimos, centésimos, milésimos, inteiros, milésimos

2. Brigadeiro.

3. a) Das dezenas.
b) Cinquenta e quatro inteiros e oito mil e doze décimos de milésimos.
c) Dos milésimos.
d) Vinte e oito inteiros e quatro mil, cento e cinco décimos de milésimos.

4. a) Um milionésimo.
b) Um inteiro e cento e vinte e oito centésimos de milionésimos.
c) Seis inteiros e cinco mil, quatrocentos e trinta e dois milionésimos.

5. dois reais e oitenta centavos
dois reais e trinta e cinco centavos
treze reais e sessenta e cinco centavos
um real e cinquenta e dois centavos
um real e oitenta e quatro centavos
cinquenta centavos
vinte e um reais e dezoito centavos
sete reais e noventa e três centavos
sete reais e oitenta e três centavos
seis reais e vinte e sete centavos

6. a) 1,105
b) 0,0032
c) 26,0597
d) 0,02
e) 2,007
f) 0,028
g) 4,3

PARTICIPE

a) $\frac{20}{100}$. Sim, porque seu denominador é 100.
b) 0,25; $\frac{25}{100}$
c) R$ 25,00
d) 0,55

7. $\frac{10\,925}{100}$ $\frac{37}{10}$ $\frac{31}{100}$ $\frac{2}{10}$
$\frac{205}{100}$ $\frac{13\,027}{1\,000}$ $\frac{594}{1\,000}$

8. a) $\frac{75\,401}{1\,000}$
b) $\frac{1\,986\,712}{1\,000}$
c) $\frac{66\,123}{1\,000}$
d) $\frac{13}{10\,000}$
e) $\frac{94\,247}{10\,000}$

9. a) 64,28
b) 0,4
c) 9,41
d) 28,1
e) 0,17
f) 0,047
g) 0,00027
h) 0,435

10. a) 495,82
b) 0,897
c) 197,3
d) 172,8
e) 0,059
f) 0,77

11. 0,071; 0,00037; 0,0723; 5,6876; 0,059

12. a) 1,5
b) 2,2
c) 0,18
d) 2,05
e) 1,875
f) 3,5
g) 18,2
h) 3,32
i) 0,568

13. Sim.

14.

Fração centesimal	Taxa percentual
$\frac{11}{100}$	11%
$\frac{45}{100}$	45%
$\frac{95}{100}$	95%
$\frac{135}{100}$	135%
$\frac{1}{100}$	1%
$\frac{31}{100}$	31%
$\frac{100}{100}$	100%
$\frac{112}{100}$	112%
$\frac{231}{100}$	231%
$\frac{4}{100}$	4%

15.

Taxa percentual	Fração centesimal	Forma irredutível
25%	$\frac{25}{100}$	$\frac{1}{4}$
80%	$\frac{80}{100}$	$\frac{4}{5}$
75%	$\frac{75}{100}$	$\frac{3}{5}$
15%	$\frac{15}{100}$	$\frac{3}{20}$
55%	$\frac{55}{100}$	$\frac{11}{20}$
147%	$\frac{147}{100}$	$\frac{147}{100}$
250%	$\frac{250}{100}$	$\frac{5}{2}$
10%	$\frac{10}{100}$	$\frac{1}{10}$

16. a) $\frac{70}{100}$ b) 70%

17. a) 20%
b) 15%

18. $\frac{1}{2}$; 50%
$\frac{6}{8}$; 75%
$\frac{3}{4}$; 75%
$\frac{1}{4}$; 25%

19.

Taxa percentual	Fração centesimal	Número decimal
19%	$\frac{19}{100}$	0,19
100%	$\frac{100}{100}$	1
213%	$\frac{213}{100}$	2,13
151%	$\frac{151}{100}$	1,51
21%	$\frac{21}{100}$	0,21
37%	$\frac{37}{100}$	0,37
4%	$\frac{4}{100}$	0,04
6%	$\frac{6}{100}$	0,06

20. Verdadeira.

21. a) 4 c) 450
b) 30 d) 3000

22. a) 250
b) 375
c) 1000

23. a) 80
b) 40
c) 20
d) 8
e) 40
f) 10
g) 2
h) 2
i) 44

24. a) 300
b) 68
c) 155
d) 425
e) 50
f) 720
g) 400
h) 2600
i) 7500
j) 100000

25. a) 50%
b) 25%

26. a) 100
b) 45

27. a) 170
b) 40

28. a) 135
b) 1215

29. a) R$ 45,00
b) R$ 855,00

30. a) R$ 51,00
b) R$ 901,00

31. a) 144 b) 624

32. Pedro deve receber R$ 600,00 e João deve receber R$ 800,00.

33. Resposta pessoal.

34. Resposta pessoal.

35. Resposta pessoal.

36. a) Errado.
b) Certo.
c) Certo.
d) Errado.
e) Certo.
f) Certo.

37. a) 7,1
b) 7,89
c) 8974,1
d) 1000
e) 512300000
f) 888000000000
g) 400
h) 47900

38. a) 14,2861
b) 0,00415
c) 97,415
d) 18,4152
e) 978,957
f) 1987,2

39. a) 0,071
b) 0,0009
c) 47,64
d) 0,8765
e) 0,00085
f) 0,000825
g) 0,89623
h) 0,000904

40. a) 10
b) 1
c) 0,1
d) 0,01

41. a) 100
b) 10
c) 1000
d) 10
e) 10
f) 10000

42. a) 8,76
b) 35
c) R$ 243,08
d) 1,342
e) 50
f) R$ 13.504,80

43. a) R$ 19,00
b) R$ 190,00
c) R$ 2090,00
d) R$ 20,90

PARTICIPE

a) 0,6 e 0,60.
b) Ambos representam a mesma quantidade.
c) 2,322; 2,135
d) 2,322. Os inteiros são iguais, mas 322 milésimos é maior do que 135 milésimos.

44. a) 197 c) 0,21
b) 11,1

45. a) $<$
b) $>$
c) $>$

46. João Paulo.

47. a) R$ 367,50; R$ 336,00; R$ 84,00; R$ 63,00; R$ 42,00
b) 15%

48. a) R$ 15,12; R$ 3,78; R$ 18,90
b) 40%; R$ 25,20

CAPÍTULO 16 Operações com decimais

PARTICIPE

a) Adição. O estudante pode ter um modo próprio de efetuar esta adição.

b) $\frac{15350}{100}$; 153,50

c)
$$\begin{array}{r} 139{,}90 \\ +\ 10{,}80 \\ 2{,}80 \\ \hline 153{,}50 \end{array}$$

1. a) 9,88
b) 107,58
c) 14,729
d) 1,5483
e) 5,67895

2. a) Resposta pessoal.
b) 543,50
c) Resposta pessoal.

3. Ricardo e Priscila; Camila e Gustavo; Luís e Alexandre; Maurício e Bela.
8 662,44
492,7382
1 488,94
8,994

4. a) 4,559
b) 0,029
c) 16,525
d) 6,14
e) 0,066
f) 474,314

5. a) Resposta pessoal.
b) R$ 26,25
c) Resposta pessoal.

6. a) São Paulo, Rio de Janeiro, Brasília, Salvador e Fortaleza.
b) 27,70 milhões.
c) Falsa.
d) Brasília.

7. a) R$ 7,60
b) R$ 8,00

8. 90,346 26,2556 1,5825
107,426 18,5285
Alexandre / Maurício / Gabriela / Ricardo / Priscila

9. a) Resposta pessoal.
b) 165 750
c) Resposta pessoal.

10. Uma laranja; farinha de trigo; açúcar; ovos; fermento

11. a) R$ 24,75
b) R$ 33,00

12.

Quadro I
$42,3 + 0,78 - 37,82 = 5,259$
$(0,415 + 9,162) \cdot 4,3\ 41 = 1811$

Quadro II
$11,94 \cdot (1,1)^2 - 13,008 = 1,4394$
$0,5 \cdot 0,25 \cdot 125 = 15,625$

a) Quadro I.
b) Em ambos.

13. a) 263,40
b) 134,95
c) 30,09
d) 2,25

14.

$(0,2)^2$ $(1,3)^2$ $(0,4)^3$ $(3,1)^2$ $(0,7)^3$ $(1,1)^2$

0,4 0,343 1,21 0,04 1,69 0,064 9,61 0,49

a) 1,626
b) 9,61

15. a) $\frac{225}{10\,000}$
b) $\frac{272}{1\,000}$
c) $\frac{69}{1\,000}$

16. a) 0,128
b) 0,0755
c) 1,23
d) 0,006

17. a) 49,5
b) 49,2

18. R$ 86,40; R$ 1.886,40.

19. 387 520 habitantes.

20. a) Marcos gastou R$ 133,35; sobraram R$ 46,65. Tereza gastou R$ 82,40; sobraram R$ 47,60.
b) R$ 43,40
c) R$ 14,62

21. 3,75

22. a) 31,5
b) 18,75
c) 10,375
d) 144,832

23. R$ 2,25

24. a) 0,22
b) 81,85
c) 126,47

25. a) Resposta pessoal.
b) 394,50
c) Resposta pessoal.

26. a) 0,024
b) 102,75
c) 17,875
d) 2,04
e) 9,6
f) 9,3625

27. R$ 405 096,25

28. a) 0,4375
b) 63,2
c) 0,08
d) 16,11
e) 2,675
f) 0,05

29. Resposta pessoal.

30. Resposta pessoal.

31. a) 2,3
b) 1,5
c) 2,1
d) 71,3

32. $\frac{9}{5}$

33. a) 2,66
b) 1,28
c) 1,66
d) 10,05

34. a) $\frac{171}{20}$
b) $\frac{1\,537}{300}$

35. a) 10,333
b) 10,142
c) 3,818
d) 8,666

36. Lugar de lixo é na lixeira.

37. vermelho, laranja, amarelo, verde, azul, anil e violeta.

PARTICIPE

a) Divisão; 15,60 : 1,20
b) $\frac{1\,560}{100}$; $\frac{120}{100}$
c) $\frac{1\,560}{100}$; $\frac{120}{100}$. Resposta pessoal.
d) 13 toalhas.
e) 13

38. a) 20,00
b) 1 950,00
c) 4 900,00

39. a) Resposta pessoal.
b) 22,22
c) Resposta pessoal.

40.

Presente	Resultado
boneca	303,75
bicicleta	37,50
bola de vôlei	4,08
livro	0,90
camiseta	9
tênis	281,25
tablet	0,09
mochila	2,04

41. a) 0,007
b) 18,500
c) 0,300
d) 17,133

42. a) 3; R$ 1,60
b) 4; R$ 0,60

43. 8

44. a) 5
b) 4
c) 1 lata, 3 galões e 2 latinhas.

45. a) 1,25 (exato)
b) 0,28 (exato)
c) 0,4545... (dízima periódica)
d) 1,8333... (dízima periódica)

PARTICIPE

a) 1, 2,3 e 4; 5 e 6
b) Não.
c) 4 e 6.
d) Não. Porque não sabemos ao certo a quantidade de casas decimais do resultado. (Pode ter mais casas decimais do que as que a calculadora mostra ou, ainda, ter infinitas casas decimais.)

46. $\frac{41}{4}$: exato; 10,25.
$\frac{4}{9}$: dízima $0,\overline{4}$.
$\frac{16}{3}$: dízima; $5,\overline{3}$.
$\frac{93}{25}$: exato; 3,72.
$\frac{974}{75}$: dízima; $12,98\overline{6}$.
$\frac{611}{4}$: exato; 152,75.
$\frac{450}{91}$: dízima; $4,\overline{945054}$.
$\frac{79}{125}$: exato; 0,632.
$\frac{5}{18}$: dízima; $0,2\overline{7}$.
$\frac{217}{5}$: exato; 43,4.
$\frac{173}{50}$: exato; 3,46.
$\frac{491}{3}$: dízima $163,\overline{6}$.

47. Alternativas **a**, **b** e **d**.

48. Resposta pessoal.

UNIDADE 7 Comprimento e área

CAPÍTULO 17 Comprimento

PARTICIPE

a) Resposta pessoal.

b) Palmos e pés, por exemplo.

c) Resposta pessoal. Os instrumentos usados para medir comprimentos são: régua, fita métrica, trena, metro de madeira, entre outros.

---

1. Resposta pessoal.

2. Júlia

3. Ricardo

4. centímetro – cm; metro – m; milímetro – mm; decímetro – dm; quilômetro - km

5. a) centímetro

b) quilômetro

c) metro

6. a) metros; decímetros

b) metro; centímetros

c) metro; milímetros

PARTICIPE

a) A distância entre as cidades foi medida em quilômetro, e a distância entre a prefeitura e a casa dos avós, em metro.

b) Sim.

c) milímetros; centímetros.

d) Sim, porque ambos possuem o mesmo comprimento.

e) 5 cm equivalem a 50 mm.

f) 80 mm equivalem a 8 cm.

g) 80 mm. Resposta pessoal.

h) Resposta pessoal.

---

7. 0,01 m = 1 cm 10 m = 1dam

0,1 m =1 dm 0,001 m = 1 mm

100 m= 1 hm 1 000 m = 1 km

8. a) 1 m

b) 1 000 m

c) 1 700 m

d) 1,29 m

e) 0,548 m

9. a) 100 cm

b) 10 cm

c) 100 000 cm

d) 210 cm

e) 3,7 cm

10. 11,851 m; colar.

162,27 m; sapatos.

6,789 m; perfume.

11.

professora	2 347 m
feliz	30,54 m
Ana Paula	1,297 m
Vanda	12,97 m
aniversário	494 m

Feliz aniversário, professora Ana Paula!

12. a) 75 cm b) 0,75 m

13. 25,4 mm

14. 30,48 cm

15. 10,97 m; atualmente essa distância está padronizada em 11 m.

CAPÍTULO 18 Poligonal, polígonos e curvas

1. 1 - consecutivos: $\overline{AB}$ e $\overline{BC}$; $\overline{AB}$ e $\overline{BD}$; $\overline{BC}$ e $\overline{BD}$; consecutivos e colineares: $\overline{AB}$ e $\overline{BD}$

2 - consecutivos: $\overline{AB}$ e $\overline{BC}$; $\overline{AB}$ e $\overline{BD}$; $\overline{AB}$ e $\overline{BE}$; $\overline{BC}$ e $\overline{BD}$; $\overline{BC}$ e $\overline{BE}$; $\overline{BD}$ e $\overline{BE}$; consecutivos e colineares: $\overline{AB}$ e $\overline{BD}$

3 - consecutivos: $\overline{AB}$ e $\overline{BC}$; $\overline{AB}$ e $\overline{BD}$; $\overline{BC}$ e $\overline{BD}$; consecutivos e colineares: $\overline{BC}$ e $\overline{BD}$

4 - consecutivos: $\overline{AO}$ e $\overline{BO}$; $\overline{AO}$ e $\overline{CO}$; $\overline{AO}$ e $\overline{DO}$; $\overline{AO}$ e $\overline{EO}$; $\overline{BO}$ e $\overline{CO}$; $\overline{BO}$ e $\overline{DO}$; $\overline{BO}$ e $\overline{EO}$; $\overline{CO}$ e $\overline{DO}$; $\overline{CO}$ e $\overline{EO}$; $\overline{DO}$ e $\overline{EO}$; consecutivos e colineares: $\overline{AO}$ e $\overline{DO}$; $\overline{BO}$ e $\overline{EO}$

2. ① a) poligonal

b) *A* e *G*

c) *A*, *B*, *C*, *D*, *E*, *F*, *G*

d) $\overline{AB}$, $\overline{BC}$, $\overline{CD}$, $\overline{DE}$, $\overline{EF}$, $\overline{FG}$

② a) poligonal

b) *H* e *M*

c) *H*, *I*, *J*, *K*, *L*, *M*

d) $\overline{HI}$, $\overline{IJ}$, $\overline{JK}$, $\overline{KL}$, $\overline{LM}$

3. 1 simples; 7 vértices e 6 lados.

2 não simples; 7 vértices e 6 lados.

3 não simples; 8 vértices e 7 lados.

PARTICIPE

a) São polígonos simples. Todos são quadriláteros: têm 4 lados e 4 vértices.

b) retângulos

c) quadrados

d) Letra G

---

4. a) Triângulo isósceles

b) Triângulo escaleno

c) Triângulo equilátero

d) Triângulo escaleno

5. a) Triângulo escaleno

b) Triângulo isósceles

c) Triângulo equilátero

d) Triângulo escaleno

6. Não. Se era um triângulo escaleno, os três lados precisam ter comprimentos diferentes.

7. A afirmação está correta. É possível encontrar dois lados congruentes em um triângulo equilátero, sendo, portanto, isósceles. O contrário, entretanto, nem sempre é verdadeiro, pois há triângulo isósceles com um dos lados de medida diferente dos outros dois lados congruentes.

8. a) Triângulo acutângulo

b) Triângulo obtusângulo

c) Triângulo retângulo

9. a) Triângulo retângulo

b) Triângulo acutângulo

c) Triângulo obtusângulo

d) Triângulo obtusângulo

10. Não. Um triângulo com ângulos iguais a 30°, 60° e 90° é um triângulo retângulo.

11. Priscila; hexágono

Luciana; octógono

Ricardo; eneágono

Alexandre; heptágono

Maurício; pentágono

Gabriela; decágono

12. Figura 1

a) quadrilátero

b) 4 vértices: *A*, *B*, *C*, *D*

c) lados: $\overline{AB}$, $\overline{BC}$, $\overline{CD}$, $\overline{DA}$

Figura 2

a) octógono.

b) 8 vértices: *H*, *I*, *J*, *K*, *L*, *M*, *N*, *O*

c) lados: $\overline{HI}$, $\overline{IJ}$, $\overline{JK}$, $\overline{KL}$, $\overline{LM}$, $\overline{MN}$, $\overline{NO}$, $\overline{OH}$

13.

Nome do polígono	Vértices	Lados	Ângulos
triângulo	3	3	3
decágono	10	10	10
pentágono	5	5	5
quadrilátero	4	4	4
hexágono	6	6	6

14. a) 2, 3, 5 e 6

b) 3 e 6

c) 2 e 3

d) 2, 3, 5 e 6

e) 3 e 6

f) 2 e 3

g) 3

h) Trapézio.

15. Construção.

16. Construção.

17. Construção.

PARTICIPE

Medir os lados de cada terreno, adicionar essas medidas e multiplicar por 3.

- 168 m
- 504 m

---

18. a) 24 cm

b) 17 cm

c) 14 cm

d) 12 cm

e) 17 cm

19. 8,5 m

20. 15,2 cm

21. 875 m

22. 320 m

23. Resposta pessoal.

24. 48 m

25. 1 540 m

26. 1 661 metros

27. Resposta pessoal.

28. a) *f*, *s*

b) *a*, *s*

c) *f*, *s*

d) *f*, *s*

e) *a*, *s*

f) *f*, *s*

29. a) internos: *A*, *C* e *E*; externos: *B* e *D*

b) internos: *O*, *Q* e *T*; externos: *P*, *R* e *S*

30. fechada simples; 1
fechada simples; 2
aberta simples; 3
fechada simples; 4
fechada não simples; 5
aberta não simples; 6
fechada simples; 7
fechada simples; 8

31. a) simples, fechada.
b) simples, fechada.

CAPÍTULO 19 Área

PARTICIPE

a) retângulo
b) 1 placa de piso cerâmico.
c) Possibilidade: multiplicando 15 por 10.
d) 150 placas.

1. Centímetro quadrado – cm²
Metro quadrado – m²
Decímetro quadrado – dm²
Quilômetro quadrado – km²

2. Alexandre.

3. m²; cm²

4. a) 100
b) 10 000
c) 1 000 000

5. 1 000 000

6. a) dm²
b) cm²
c) dm²
d) dm²
e) cm²
f) cm²
g) dm²
h) hm²
i) km²

7. a) 9,47 m²
b) 1,0615 m²

8. a) 3 000 000 m²
b) 10,1223 m²

9. 40 000 m²

10. a) 4,025 m²
b) 500 600 m²
c) 2,0304 m²
d) 200 430 m²

11. O quarteirão.

12. Alqueire.

13. a) 1 500 m²
b) 12 500 m²
c) 620 m²
d) 59 000 m²
e) 48 400 m²

14. 150 000m²
0,15 km²

15. 4 840 000 m²
4,84 km²

16. 1 379 400 m²

17. 7

18. 15,32 km²

19. a) 40 m²
b) 22 cm²
c) 32 cm²
d) 2 cm²
e) $\frac{81}{2}$ cm²
f) 7,56 cm²

20. a) 96 cm²
b) 16,25 cm²
c) 1,44 cm²
d) 7,29 m²
e) 25 cm²

21. 2 500 lajotas.

22. 3 100 azulejos.

23. R$ 975,00

24. 6,1152 m²

25. 200 m²

26. 0,8928 m²

27. Resposta pessoal.

28. a) 4 cm e 2 cm; 8 cm e 4 cm
b) Sim, o amarelo é uma ampliação do laranja.
c) Duas vezes.
d) Quatro vezes.

29. a) Construção.
b) Construção.
c) Construção.

30. por 2; por $\frac{1}{2}$

31. por 4; por $\frac{1}{4}$

32. sim; não, pois a área fica multiplicada pelo quadrado daquele número.

33. Os triângulos *PQR* e *OST*.

34. Sim. O quadrado de lado de 8 cm é uma ampliação do quadrado de lado de 5 cm.

35.

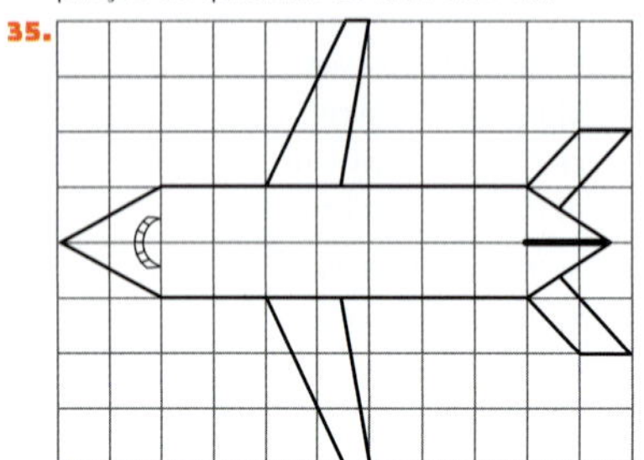

UNIDADE 8 Massa, volume, capacidade, tempo e temperatura

CAPÍTULO 20 Massa

1. a) Quilograma ou tonelada.
b) Quilograma.
c) Grama.

2. a) 1 kg
b) 1 g
c) 1 kg
d) 1 000 kg

3. a) 20 kg
b) 50 kg
c) 21 g

4. a) 2 000 kg
b) 3 000 kg
c) 16 100 kg

5. a) 4 t
b) 6,5 t
c) 82 t

6. a) 78,51 g
b) 3 456 g
c) 815,3 g
d) 627,856 g
e) 83,896 g
f) 1 118 g

7. a) 25 arrobas; 5 kg
b) 465 kg

8. 41 cm

9. 9,35 t

10. 7 150 litros.

11. 8 000 litros.

12. 4 352 m³

13. R$ 142,50

14. 2,88 kg

15. 48 biscoitos.

16. 242 garrafas.

17. 1 600 garrafas.

18. 19,78 kg

19. Resposta pessoal.

CAPÍTULO 21 Volume e capacidade

PARTICIPE

a) A água transbordou porque as bolinhas ocuparam o espaço da água dentro do copo.
b) Não.
c) Sim. Não.
d) Possível resposta: A quantidade de espaço ocupado por um objeto, o volume.

1. Ricardo.

2. a) Vinte e oito milésimos de metro cúbico (ou vinte e oito decímetros cúbicos).
b) Cinco inteiros e setecentos e trinta e cinco milésimos de metro cúbico (ou cinco metros cúbicos e setecentos e trinta e cinco decímetros cúbicos).
c) Um milionésimo de metro cúbico (ou um centímetro cúbico).

3. a) cm³
b) m³
c) m³

4. a) 1 000
b) 1 000 000
c) 1 000 000 000

5. 1 000 000 000 m³

6. a) 1 000 000 cm³
b) 1 000 cm³
c) 1 000 000 000 000 000 cm³

7. a) 0,000001 dam³
b) 0,001 m³
c) 0,000001 m³

8. a) 0,01 m³
b) 0,0019 m³
c) 6,485 m³
d) 9,84 m³
e) 1 200 m³
f) 0,0678 m³

9. a) 7,64 m^3
b) 2,0304 m^3
c) 54 m^3

10. 2,016 m^3

11. 36,8 m^3

12. 748 m^3

13. 48 m^3

14. a) 2 000 L
b) 350 L
c) 94,8 L
d) 4 500 L

15. a) litros, decilitros
b) litros, centilitros
c) litros, mililitros
d) meio, decilitro

16. 1 000 L

17. a) 1 000 cm^3
b) 1 000 000 mm^3

18. a) 0,036mL
b) 36 mm^3

19. a) 2 000 L
b) 1 800 L
c) 5 L
d) 0,5 L

20. a) 0,072 m^3
b) 1,3 m^3
c) 8 m^3
d) 0,01 m^3

21. 125 mL

22. Resposta pessoal.

CAPÍTULO 22 Tempo e temperatura

1. 83 dias.

2. a) 300 min
b) 7 200 min
c) 50 400 min
d) 43 200 min

3. a) 3 600 s
b) 604 800 s
c) 2 592 000 s
d) 31 104 000 s

4. a) 2 meses.
b) 3 meses.
c) 6 meses.

5. a) 2 anos.
b) 5 anos.
c) 10 anos.
d) 100 anos.

6. a) Minuto.
b) Hora.
c) Segundo.
d) Dia.

7. Às 16 horas.

8. Às 4 horas.

9. 44 dias e 1 056 horas.

10. a) 360 h
b) 720 h

11. a) 129 600 min
b) 30 min

12. a) 1 me 25 d 13 h 20 min
b) 4 d 4 h
c) 1 min 36 s
d) 2 h 1 min 24 s

13. a) 7 min 36 s = 456 s
b) 3 h 36 min > 12 900 s

14. a) 16 a 2 me
b) 1 me 9 d 9 h

15. a) 2 h 17 min < 217 min
b) 1 d 4 h > 1 600 min

16. 454 d

17. a) 7 h 24 min
b) 10 h 17 min

18. 97 min 20 s

19. 57 s

20. 1 h 49 min 20 s

21. a) 7 h 42 min
b) 1 h 5 min
c) 18 h 36 min 15 s
d) 2 h 4 min 59 s
e) 22 s
f) 28 d 8 h

22. 1 h 49 min 56 s

23. Às 10 h 33 min 20 s

24. a) 27 min 36 s
b) 19 h 59 min 47 s

25. Resposta pessoal.

26. Alternativas **a** e **d**.

27. 3 °C

28. a) 280 °C
b) 120 °C
c) 155 °C
d) 160 °C

29. Terça-feira.

30. a) Termômetro C.
b) Termômetro A: segunda-feira; termômetro B: quinta-feira; termômetro C: terça-feira; termômetro D: quarta-feira.

31. Resposta pessoal.

UNIDADE 9 Noções de Estatística e probabilidade

CAPÍTULO 23 Noções de Estatística

1. 660

2. 5 680 000

3. a) 50
b) 100
c) Metade do todo; metade da metade ou um quarto do todo.

4. a) 800
b) 950
c) 2 700
d) 2 560

5. 5%

6. a) $\frac{9}{1\,000}$
b) $\frac{1\,125}{10\,000}$

7. a) 46%
b) 35%
c) 32%
d) 80%
e) 37,5%
f) 62,5%
g) 53,75%
h) 22,25%

8. a) 45%
b) 25%
c) 40%
d) 12,5%

PARTICIPE

Pesquisa.

9. a)

Local de residência	Frequência absoluta (número de estudantes)	Frequência relativa (porcentagem)
Centro	22	55%
Zona Norte	10	25%
Zona Sul	8	20%
Total	40	100%

c) No Centro. Possivelmente porque o colégio se localiza nessa região ou nas proximidades.

10. a)

Intenção de voto	Frequência absoluta (número de estudantes)	Frequência relativa (porcentagem)
Antônio Carlos	20	50%
João Pedro	14	35%
Maria Clara	6	15%
Total	40	100%

b)

Intenção de voto	Frequência absoluta (número de estudantes)	Frequência relativa (porcentagem)
Antônio Carlos	8	50%
João Pedro	6	37,5%
Maria Clara	2	12,5%
Total	16	100%

c)

Intenção de voto	Nº de meninas	Porcentagem
Antônio Carlos	12	50%
João Pedro	8	33,33%
Maria Clara	4	16,67%
Total	24	100%

d) A intenção de voto é praticamente a mesma.

11. A intenção de voto não é a mesma em todas as regiões. No Centro vence Antônio Carlos; na Zona Sul ganha João Pedro; na Zona Norte há equilíbrio entre os dois.

12. a)

Esporte	Nº de alunos	Porcentagem
voleibol	12	30%
futebol	16	40%
natação	12	30%
Total	40	100%

b)

Esporte	Nº de meninos	Porcentagem
voleibol	0	0%
futebol	12	75%
natação	4	25%
Total	16	100%

c)

Esporte	Nº de meninas	Porcentagem
voleibol	12	50%
futebol	4	16,67%
natação	8	33,33%
Total	24	100%

d) Não. Entre os meninos, a maioria prefere o futebol; entre as meninas, a preferência por futebol é da minoria.

13. a) Número de aniversariantes por trimestre

Aniversário	Frequência absoluta	Frequência relativa
1º trimestre (jan./fev./mar.)	13	32,5%
2º trimestre (abr./maio/jun.)	11	27,5%
3º trimestre (jul./ago./set.)	10	25%
4º trimestre (out./nov./dez.)	6	15%
Total	40	100%

Fonte: Alunos da turma de Talita, outubro de 2021.

b) Não. Há mais aniversários no 1º trimestre e menos no 4º.

c)

Aniversário	Nº de meninos	Porcentagem
1º trimestre (jan./fev./mar.)	7	43,75%
2º trimestre (abr./maio/jun.)	5	31,25%
3º trimestre (jul./ago./set.)	2	12,5%
4º trimestre (out./nov./dez.)	2	12,5%
Total	16	100%

d)

Aniversário	Nº de meninas	Porcentagem
1º trimestre (jan./fev./mar.)	6	25%
2º trimestre (abr./maio/jun.)	6	25%
3º trimestre (jul./ago./set.)	8	33,33%
4º trimestre (out./nov./dez.)	4	16,67%
Total	24	100%

e) Os gráficos são diferentes. Resposta pessoal.

CAPÍTULO 24 Possibilidades e probabilidade

PARTICIPE

a) 2

b) 6º A ou 6º D

c) 2

d) 6º B ou 6º C

e) 2

f) 6º B ou 6º C

g) 4

h) 6º A × 6º B ou 6º A × 6º C ou 6º D × 6º B ou 6º D × 6º C

1.

Vencedor do jogo 1	Vencedor do jogo 2	Jogo final
6º A	6º B	6º A × 6º B
	6º C	6º A × 6º C
6º D	6º B	6º D × 6º B
	6º C	6º D × 6º C

2. a) 10 modos. b) 10 dias.

3. a) 9 modos. b) 9 visitas. c) 6 modos.

4. a) 12 modos.

b) 6 possibilidades: abacaxi e coco, abacaxi e limão, abacaxi e morango, coco e limão, coco e morango, limão e morango.

5. a) 26 cartas.

b) 52 cartas.

6. a) *ABEF*, *ACBEF*, *ACEF*, *ACDF* e *ACDEF*.

b) 5

7. 3

8. 3

9. 9

10. Resposta pessoal.

PARTICIPE

I. a) Resposta de acordo com o número de estudantes presentes na classe.

b) Resposta de acordo com o número de estudantes presentes na classe.

II. a) 40 b) 4 c) 10% d) 12 e) 30% f) Resposta pessoal.

11. $\frac{1}{40}$ ou 2,5%

12. $\frac{3}{5}$ ou 60%

13. $\frac{1}{10}$ ou 10%

14. $\frac{3}{10}$ ou 30%

15. $\frac{1}{20}$ ou 5%

16. $\frac{1}{2}$ ou 50%

17. a) 16 circunferências.

b) $\frac{1}{16}$ ou 6,25%

c) $\frac{1}{4}$ ou 25%

18. a) $\frac{1}{6}$ ou aproximadamente 16,67%

b) $\frac{1}{2}$ ou 50%

PARTICIPE

I. As repostas dependem do experimento.

II. Resposta pessoal.

AGRADECIMENTOS

Consignamos nossa mais sincera gratidão aos colegas pelo apoio recebido durante a elaboração deste trabalho.

Affonso Luiz Reyz de Paula Neves
Alvaro Zimmermann Aranha
Ambrogina L. Pozzi Cesar
Ana Maria de Souza Almeida Matos
Ângela Maria de Carvalho Barroso
Antonio Lourenço de Oliveira
Antonio Renato de Paula Pessoa
Arnaldo Mendonça
Augusto C. O. Morgado
Bárbara Lutaif
Carlos Balbino Pelegrinelli
Cesar Augusto Soares
Cesar Soares dos Reis
Cleister Alves Cordeiro
Danilo Carvalho Villela
Dylson Faria Lima
Edjarbas de Oliveira Jr.
Edna Maria C. Conceição
Eldon Nogueira de Albuquerque
Elias Veiga
Elisabete Longo Santiago
El-Mani Gomes
Elon Lages Lima
Evaldo Ribeiro da Cunha Fernando
José Campps Lavall
Fernando Willer Klein de Aquino
Flávio Leite Mota
Francisco Guilherme da Silva
Gracia Tereza Bittencourt Martins
Helena Maria Tonet
Henriette Tognetti Penha Morato
Hiroko Ando
Hugo José Nascimento
Iguatemi Coquinot de Alcântara Nunes
Irene Torrano Filisetti
Izelda Maciel Ramos
Jaine Rita Celentano Lino
João Alfredo Sampaio
João Dionísio Amorim
João dos Reis Neto
João Pereira dos Santos
Joaquim Serafim da Paz
José Cardoso
José Fonseca Júnior
José Geraldo
José Jorge Chama
José Wightnan de Carvalho
Judite David
Júlia Hosi
Leonor Farsic Fic
Luciano de Oliveira
Luiz Angelo Marengão
Luiz José de Macedo
Manoel Benedito Rodrigues
Manuel Maria Lourenço de Sousa
Marcelo Antônio Ferreira
Marcelo Marcio Morandi
Maria Aparecida Olivares Pusas Santos
Maria Aparecida Simões Okamura
Maria Consuelo G. B. da Silva
Maria José R. Pereira
Marisa Ortegosa da Cunha
Martha Helena Franco de Andrade
Mercês Edith Dubeux Beltrão
Messias Rosa do Nascimento
Milton Carvalho Barbosa
Mitiko Imoto Kawata
Nelson José Correia
Nilze Silveira de Almeida
Orozimbo Marinho de Almeida
Oscar Augusto Guelli Neto
Otaviano Alves
Pelegrino P. Dinard
Plínio José Oliveira
Regina Célia Santiago do Amaral Carvalho
Rêmulo Pifano
Roberto Meconi Júnior
Ronaldo Schubert Souto
Rosana Covões
Rosângela de Fátima dos Reis Silva
Sergio Augusto Sepúlveda Figueiredo
Sidney Tognini Martos
Silvia de Lima Guitti Oliveira
Silvia Helena Augusto
Valéria Araújo Barbosa
Vanda Cotosck
Vicente Carelli
Vilma Cotosck
Walfrido Diniz Gattoni
Wancleber Pacheco
Wilson José da Silva
Yoshiko Yamamoto Nukai

BIBLIOGRAFIA

100 jogos geométricos, de Pierre Berloquin (Lisboa: Gradiva, 1999).

100 jogos numéricos, de Pierre Berloquin (Lisboa: Gradiva, 1991).

A arte de resolver problemas, de George Polya (Rio de Janeiro: Interciência, 2005).

Ah, descobri!, de Martin Gardner (Lisboa: Gradiva, 1990).

Anuários do Conselho Nacional de Professores de Matemática dos EUA (NCTM) (São Paulo: Atual, 1995).

As maravilhas da Matemática, de Malba Tahan (Rio de Janeiro: Bloch, 1987).

As seis etapas do processo de aprendizagem em Matemática, de Zoltan P. Dienes (São Paulo: EPU, 1986).

Aventuras matemáticas, de Miguel de Guzman (Lisboa: Gradiva, 1990).

Coleção *O Prazer da Matemática*, de vários autores (Lisboa: Gradiva).

Coleção *Pra que serve Matemática?*, de Luiz Márcio Pereira Imenes e outros (São Paulo: Atual, 2004).

Coleção *Vivendo a Matemática*, de vários autores (São Paulo: Scipione, 1996).

Da realidade à ação – Reflexões sobre educação e Matemática, de Ubiratan D'Ambrósio (São Paulo: Summus, 1986).

Didática da resolução de problemas de Matemática, de Luiz Roberto Dante (São Paulo: Ática, 1999).

Divertimientos lógicos y matemáticos, de M. Mataix (Barcelona: Marcombo, 1993).

El discreto encanto de las matemáticas, de M. Mataix (Barcelona: Marcombo, 1986).

Estatística básica, de Wilton de O. Bussab e Pedro A. Morettin (São Paulo: Saraiva, 2017).

Etnomatemática – Elo entre as tradições e a modernidade, de Ubiratan D'Ambrósio (Belo Horizonte: Autêntica, 2016).

Fazer e compreender Matemática, de Jean Piaget (São Paulo: Melhoramentos, 1978).

História da Matemática, de Carl B. Boyer. Tradução de: Elza F. Gomide (São Paulo: Edgard Blücher/Edusp, 2012).

Matemática divertida e curiosa, de Malba Tahan (Rio de Janeiro: Record, 2008).

Matemática e língua materna, de Nilson José Machado (São Paulo: Cortez, 2001).

Na vida dez, na escola zero, de David Carraher e outros (São Paulo: Cortez, 2010).

O homem que calculava, de Malba Tahan (Rio de Janeiro: Record, 2008).

O livro dos desafios, v. 1, de Charles Barry Townsend (Rio de Janeiro: Ediouro, 2004).

Quebra-cabeças, truques e jogos com palitos de fósforo, de Gilberto Obermair (Rio de Janeiro: Ediouro, 2000).

Revista do Professor de Matemática (São Paulo: SBM).

Revista *Nova Escola* (São Paulo: Fundação Victor Civita).

Revista *Temas e Debates* (São Paulo: SBEM).